普通高等教育中医药类"十三五"规划教材

全国普通高等教育中医药类精编教材

药用植物栽培学

（第 3 版）

（供中药学、药学等专业用）

U0188093

主 编

董诚明 谷 巍

副主编

胡 珂 李 佳 马 琳

马云桐 许 亮 杨 全

上海科学技术出版社

图书在版编目（C I P）数据

药用植物栽培学 / 董诚明,谷巍主编. —3 版. —
上海:上海科学技术出版社,2020.4(2024.7 重印)
普通高等教育中医药类"十三五"规划教材　全国普
通高等教育中医药类精编教材
ISBN 978 – 7 – 5478 – 4789 – 3

Ⅰ.① 药… Ⅱ.①董… ②谷… Ⅲ.①药用植物 – 栽
培技术 – 中医学院 – 教材 Ⅳ.①S567

中国版本图书馆 CIP 数据核字(2020)第 033318 号

药用植物栽培学(第 3 版)
主编　董诚明　谷　巍

上海世纪出版(集团)有限公司
上海科学技术出版社 出版、发行
(上海市闵行区号景路 159 弄 A 座 9F – 10F)
邮政编码 201101　　www.sstp.cn
常熟市兴达印刷有限公司印刷
开本 787 × 1092　1/16　印张 18.5
字数 400 千字
2008 年 9 月第 1 版
2020 年 4 月第 3 版　2024 年 7 月第 16 次印刷
ISBN 978 – 7 – 5478 – 4789 – 3/R · 2018
定价:45.00 元

普通高等教育中医药类"十三五"规划教材

全国普通高等教育中医药类精编教材

普通高等教育中医药类"十三五"规划教材

全国普通高等教育中医药类精编教材

普通高等教育中医药类"十三五"规划教材
全国普通高等教育中医药类精编教材

　　新中国高等中医药教育开创至今历六十年。一甲子朝花夕拾，六十年砥砺前行，实现了长足发展，不仅健全了中医药高等教育体系，创新了中医药高等教育模式，也培养了一大批中医药人才，履行了人才培养、科技创新、社会服务、文化传承的职能和使命。高等中医药院校的教材作为中医药知识传播的重要载体，也伴随着中医药高等教育改革发展的进程，从少到多，从粗到精，一纲多本，形式多样，始终发挥着至关重要的作用。

　　上海科学技术出版社于1964年受国家卫生部委托出版全国中医院校试用教材迄今，肩负了半个多世纪的中医院校教材建设和出版的重任，产生了一大批学术深厚、内涵丰富、文辞隽永、具有重要影响力的优秀教材。尤其是1985年出版的全国统编高等医学院校中医教材(第五版)，至今仍被誉为中医教材之经典而蜚声海内外。

　　2006年，上海科学技术出版社在全国中医药高等教育学会教学管理研究会的精心指导下，在全国各中医药院校的积极参与下，组织出版了供中医药院校本科生使用的"全国普通高等教育中医药类精编教材"(以下简称"精编教材")，并于2011年进行了修订和完善。这套教材融汇了历版优秀教材之精华，遵循"三基""五性""三特定"的教材编写原则，同时高度契合国家执业医师考核制度改革和国家创新型人才培养战略的要求，在组织策划、编写和出版过程中，反复论证，层层把关，使"精编教材"在内容编写、版式设计和质量控制等方面均达到了预期的要求，凸显了"精炼、创新、适用"的编写初衷，获得了全国中医药院校师生的一致好评。

　　2016年8月，党中央、国务院召开了21世纪以来第一次全国卫生与健康大会，印发实施《"健康中国2030"规划纲要》，并颁布了《中医药法》和《〈中国的中医药〉白皮书》，把发展中医药事业作为打造健康中国的重要内容。实施创新驱动发展、文化强国、"走出去"战略以及"一带一路"倡议，推动经济转型升级，都需要中医药发挥资源优势和核心作用。面对新时期中医药"创造性转化，创新性发展"的总体要求，中医药高等教育必须牢牢把握经济社会发展的大势，更加主动地服务和融入国家发展战略。为此，精编教材的编写将继续秉持"为院校提供服务、为行业打造精品"的工作要旨，在全国中医院校中广泛征求意见,多方听取要求,全面汲取经验,经过近一年的精心准备工作,在"十三五"开局之年启动了第三版的修订工作。

本次修订和完善将在保持"精编教材"原有特色和优势的基础上,进一步突出"经典、精炼、新颖、实用"的特点,并将贯彻习近平总书记在全国卫生与健康大会、全国高校思想政治工作会议等系列讲话精神,以及《国家中长期教育改革和发展规划纲要(2010—2020)》《中医药发展战略规划纲要(2016—2030年)》和《关于医教协同深化中医药教育改革与发展的指导意见》等文件要求,坚持高等教育立德树人这一根本任务,立足中医药教育改革发展要求,遵循我国中医药事业发展规律和中医药教育规律,深化中医药特色的人文素养和思想情操教育,从而达到以文化人、以文育人的效果。

同时,全国中医药高等教育学会教学管理研究会和上海科学技术出版社将不断深化高等中医药教材研究,在新版精编教材的编写组织中,努力将教材的编写出版工作与中医药发展的现实目标及未来方向紧密联系在一起,促进中医药人才培养与"健康中国"战略紧密结合起来,实现全程育人、全方位育人,不断完善高等中医药教材体系和丰富教材品种,创新、拓展相关课程教材,以更好地适应"十三五"时期及今后高等中医药院校的教学实践要求,从而进一步地提高我国高等中医药人才的培养能力,为建设健康中国贡献力量!

教材的编写出版需要在实践检验中不断完善,诚恳地希望广大中医药院校师生和读者在教学实践或使用中对本套教材提出宝贵意见,以敦促我们不断提高。

全国中医药高等教育学会常务理事、教学管理研究会理事长

2016 年 12 月

　　本教材第一版自 2008 年问世以来,至今已有 11 年。在此期间,药用植物栽培学迅速发展,新成果、新技术、新理论不断涌现,教材的修订势在必行,以跟上学科的发展和时代的进步;同时,随着学科的发展和对教材认识的加深,修订教材的条件日趋成熟。自前两版出版后,本书得到了广大读者的鼓励和支持,并承蒙各兄弟院校的师生们提出了不少宝贵意见,在此深表感谢!

　　本版修订的原则是:基本保持原有体系;增添近年来较为成熟的新成就、新技术、新理论;文字上力求简练、通顺。修编顺序:第一章绪论修编人董诚明;第二章药用植物生长与发育修编人谷巍;第三章药用植物栽培与环境条件的关系修编人许亮;第四章药用植物栽培制度与土壤耕作修编人杨全;第五章药用植物繁殖与良种繁育修编人马琳;第六章药用真菌培育技术修编人胡珂;第七章药用植物栽培的田间管理修编人刘计权;第八章药用植物病虫害及其防治修编人徐福荣;第九章药用植物采收、加工与贮运修编人周莉英;第十章现代新技术在药用植物栽培中的应用修编人马云桐;第十一章人参修编人齐伟辰,三七修编人王智,川贝母修编人吴清华,川芎修编人吴清华,山药修编人李汉伟,大黄修编人吴清华,乌头(附子)修编人吴清华,丹参修编人周莉英,天麻修编人肖承鸿,巴戟天修编人徐惠龙,牛膝修编人李汉伟,白术修编人李琳,白芍修编人胡珂,甘草修编人李骁,半夏修编人周莉英,当归修编人周莉英,百合修编人李琳,延胡索修编人胡珂,地黄修编人李汉伟,知母修编人李骁,板蓝根修编人李骁,浙贝母修编人李琳,党参修编人刘计权,柴胡修编人刘计权,桔梗修编人齐伟辰,黄芩修编人齐伟辰,黄芪修编人齐伟辰,黄连修编人吴清华;第十二章牡丹皮修编人胡珂,厚朴修编人张景景,黄柏修编人张景景;第十三章西红花修编人张景景,金银花修编人李佳,菊花修编人胡珂;第十四章山茱萸修编人李汉伟、马毅,五味子修编人齐伟辰,连翘修编人周莉英,枳壳修编人王智,栀子修编人徐惠龙,枸杞子修编人周莉英,砂仁修编人徐惠龙;第十五章广藿香修编人杨全,细辛修编人杨全,穿心莲修编人徐惠龙,薄荷修编人徐惠龙;第十六章灵芝修编人肖承鸿,茯苓修编人胡珂;附录1中药材规范化生产肥料使用原则修编人肖承鸿,附录2中药材规范化生产农药使用原则修编人刘计权。

教材作为一种特殊的现代信息载体,应力求与时俱进、臻于完善,这也是编者一致的追求和目标。药用植物栽培学是一门实践性很强的学科,要完善教材,需要全体编者的不懈努力。但由于编者能力有限,诚恳吁请专家、同行、读者对书中存在的错误和不妥之处不吝指教,尤其希望在教学第一线使用本教材的老师多提意见,以利再版时予以修正。

《药用植物栽培学》编委会

2020 年 1 月

总　　论

各　论

附　　录

总　论

第一章 绪 论

导学

    1. 掌握药用植物栽培学的内涵;掌握中药材 GAP 的内容和 SOP 制定应遵循的原则。

    2. 熟悉药用植物栽培特点、意义、地位、目的与任务;熟悉中药材 GAP 基地建设的技术要求。

    3. 了解药用植物栽培的现状和发展趋势;了解中药材 GAP 产生的历史背景和实施意义。

中药是我国人民几千年来防病治病、养生保健的重要物质基础,对于中华民族的生存繁衍、兴旺昌盛做出了巨大贡献。中药材是具有农副产品性质的、用于防病治病的特殊商品。中药材生产处于整个中药产业的源头,中药材质量的优劣和产量的高低不仅影响广大药农的经济利益,而且直接关联着整个中药产业的效益、可持续发展和国际竞争力。

第一节 药用植物栽培学的内涵

一、药用植物栽培学的概念

中药绝大部分来源于药用植物。药用植物是指含有生物活性成分,用于治疗、预防疾病或具有保健功能的一类植物。药用植物栽培学是研究药用植物生长发育、产量和品质形成规律及其与环境条件的关系,并在此基础上采取栽培技术措施以达到稳产、优质、高效为目的的一门应用学科。药用植物栽培以传统经验为基础,在其发展过程中逐渐融入现代科学理论和技术。药用植物栽培主要涉及保证"植物—环境—措施"这一农业生态系统协调发展的各项农艺措施,包括了解不同药用植物的生物学特性、生长发育所需的环境条件,并在此基础上通过选地整地、繁殖和播种、田间管理、病虫草害的防治等各种栽培技术措施,满足药用植物生长发育和品质形成的要求,最大限度地提高药用植物的品质。

二、药用植物栽培的特点

（一）栽培种类繁多，栽培技术复杂

我国拥有丰富的中药资源。据第三次全国中药资源普查结果表明，我国可供药用的中药资源有 12 807 种，其中药用植物有 11 146 种。目前已经人工种植成功的药用植物有 300 余种，这其中既有木本植物也有草本植物，既有温带植物也有亚热带及热带植物；药用部位既有营养器官也有繁殖器官，既有地上部分也有地下部分，因此物种之间的生长发育规律及对生态环境的要求差异很大。如人参、细辛、黄连等种植时需有一定荫蔽条件；地黄、北沙参等阳性作物则需选向阳地块种植；甘草、黄芪、麻黄等原产黄土高原，若向长江流域引种往往因雨水过多导致生长不良，易遭病害。

（二）多数药用植物的栽培研究并不完善

尽管我国药用植物栽培的历史可追溯到 2 000 多年前，在药用植物的分类鉴定、选育与繁殖、栽培技术及加工贮藏等方面也积累了一定的经验，但与小麦、水稻等粮食作物种植的精工程度是无法比拟的。在药用植物栽培过程中，沿袭传统种植经验的现象还很普遍，有的栽培技术甚至还较粗放，质量意识还相对比较薄弱，科学高效的栽培技术推广体系尚不健全，中药材生产规模化、集约化程度还较低，已形成的优良品种还很少，中药材生产产量低、质量不稳定的现象还较为突出，这已成为制约中药国际化、现代化的一大瓶颈。因此必须加强药用植物的物种生物学、生态学、生理学、生物化学等方面的基础研究，并结合现代生物技术、现代农学及其他相关学科等知识和技术的综合应用研究，加快药用植物栽培的理论创新和实践创新。

（三）药用植物栽培的道地性

中药材多具有鲜明的区域性分布特性，即所谓道地性。道地药材是指传统中药材中具有特定的种质、特定的产区或特定的生产技术和方法所生产的货真质优的中药材。良好的生态条件、悠久的栽培历史及技术和优良的品种是道地药材形成的主要原因，遗传变异、环境饰变和人文作用（含生产技术等）是道地药材形成的基本条件。如吉林抚松人参，云南文山三七，重庆石柱黄连，四川江油附子、都江堰川芎，广东石牌藿香、阳春砂仁、化州橘红，河北热河黄芩、西陵知母，宁夏中宁枸杞，甘肃岷当归、铨水大黄，山东平邑金银花，河南"四大怀药"，浙江"浙八味"，安徽亳白芍、凤丹皮等。

（四）药用植物栽培注重产量更注重质量

中药材作为一种特殊商品，是用来治病防病的，其中所含有效成分的高低是中药材质量优劣乃至临床疗效的主要决定因素，而有效成分又受药用植物物种或品种、栽培技术、采收加工方法及贮藏条件等多种因素影响。因此，在药用植物栽培过程中更不应该忽视对其产品质量的重视。

三、药用植物栽培在国民经济中的意义

（一）生产优质中药材

药用植物栽培的基本出发点或任务就是生产优质中药材以满足临床用药需要。随着人们生活水准的提高、保健观念的更新以及医学模式从生物医学模式向生物—心理—社会医学模式的转

变,中药的发展空间日趋拓宽。面对这一形势,如何使中药的国粹优势得以更加充分的发挥与发展,需要我们从战略的高度上制定好发展优质中药材生产的计划与措施,生产出符合国际市场所急需的安全、有效的中药。

(二) 维护中药产业可持续发展的生态效益

随着社会对植物药的需求与日俱增,药用植物资源面临巨大压力。一些中药材如甘草、麻黄、银柴胡、肉苁蓉、雪莲、红景天、冬虫夏草、川贝母等由于过度采挖或掠夺式开发,资源量逐年萎缩,已直接影响了中医药可持续发展。药用植物栽培现已成为科学保护、合理开发和可持续利用中药资源的最有效途径。通过现代栽培技术不仅能拓宽中药材来源,保护道地药材和野生珍稀濒危物种资源,还能达到提高产量和质量、保障临床疗效的目的。

(三) 实现经济效益和社会效益和谐统一

药用植物栽培对促进农业产业化进程、调整农村经济结构、增加农民收入、促进地方经济发展意义重大。近年来,药用植物栽培得到全国许多地方政府的高度重视,纷纷将发展中药材规范化种植作为突破口,把中药材种植产业作为农民增收、财政增长、农业增效的新兴支柱产业来抓。

(四) 提升中药在国际的竞争力

中药是我国最具自主知识产权和出口发展潜力的大宗商品之一,中药材是目前我国出口创汇的主体之一,对我国国民经济发展和社会进步具有重大战略意义。通过中药材规范化生产可解决长期存在的中药材产品质量不稳定、农药残留和重金属超标等瓶颈问题,从源头控制中药材质量,为中药出口创汇提供技术保证。

四、药用植物栽培的地位与任务

药用植物栽培是中药产业群体中的第一产业和基础性产业。以规范化生产和产业化经营为主要特征的现代中药农业,是中药现代化、国际化的基础和前提条件。药用植物栽培与中药资源可持续利用是整个中医药事业发展的基础,其根本目标是保证优质药材持续稳定地供应国内外市场,造福人类健康,同时实现资源开发利用与环境保护的协调发展。

药用植物栽培核心内容和任务是生产优质中药材,即持续、稳定地生产中药材或其有效成分,实现紧缺或濒危中药资源的人工生产、野生抚育或半野生生产。应根据药用植物不同种类和品种的要求,提供适宜的环境条件,采取与之相配套的栽培技术措施,充分发挥其遗传潜力,探讨并建立药用植物稳产、优质、高效栽培的基本理论和技术体系,规范控制品种选育和驯化繁殖、田间管理、病虫害防治、采收加工、储运等环节,着力引进和发展现代栽培技术,大力发展规范化和集约化生产体系,实现安全、有效、稳定、可控的中药材生产目标。

学好药用植物栽培学,必须掌握与药用植物群体、环境及栽培措施 3 个环节有密切关系的各种知识,如植物生理学、植物生态学、生物化学、农业气象学、土壤学、植物保护学、中药化学等,并将上述有关学科的知识综合运用到药用植物栽培过程中,为最大限度地生产优质中药材提供智力储备。

第二节 药用植物栽培历史、现状与展望

一、药用植物栽培历史、现状

我国药用植物生产历史悠久,有关药用植物及其种植的记载可追溯到 2 600 多年以前。《诗经》曾记述了蒿、芩、葛根、苓、芍药等药用植物。《山海经》记载药物达百余种,其中多数为药用植物。秦汉时期的《神农本草经》载有 237 种药用植物,概述了生境、采集时间及贮藏方法。汉代张骞出使西域(公元前 123 年前后),曾从国外引进红花、安石榴、胡麻、胡桃、大蒜等到国内栽培。司马迁在《史记·货殖列传》中有"千亩栀茜,千畦姜韭,此其人,皆与千户侯等"的记述。北魏贾思勰所著《齐民要术》记述了地黄、红花、吴茱萸、竹、姜、栀、桑、胡麻、蒜等 20 余种中药材的栽培方法。隋代在太医署下专设主药、药园师之职,专司药用植物栽培,并设立药用植物引种园。《隋书·经籍志》中有《种植药法》《种神芝》各一卷。唐宋时期医学、本草学均有长足的进步,药用植物栽培也有相应发展。唐代《新修本草》全书载药 844 种,为我国历史上第一部药典,也是世界上最早的一部药典。唐代孙思邈所著《千金翼方》收载了枸杞、牛膝、车前子、萱草、地黄等药用植物的栽培方法,详述了选种、耕地、灌溉、施肥、除草等一整套栽培技术。北宋苏颂所著《本草图经》除详述每一药物的产地、生长环境、药材形态、鉴别等内容外,对部分药物亦简介其栽培要点。元、明、清代涉及药用植物栽培的著作更多,如元代的《农桑辑要》《王祯农书》,明代的《本草纲目》《群芳谱》《农政全书》,清代的《广群芳谱》《花镜》《植物名实图考》等,均记载有关药用植物栽培内容,有的还将其列为专卷,如《农桑辑要》列有药草门,《群芳谱》列有药谱。特别是明代李时珍在《本草纲目》这部医药巨著中,仅草部就记述了荆芥、麦冬等 62 种药用植物的人工栽培。总之,我国古代劳动人民在药用植物栽培技术的改进提高、野生药用植物的抚育驯化、国外药用植物的引种栽培和品种选育等方面积累了丰富的经验。

19 世纪中叶至中华人民共和国成立前,药用植物栽培未能得到重视,药用植物栽培事业受到严重摧残,民不聊生,药用植物栽培的产量和面积急剧下降,人工栽培的种类和数量极为有限。

中华人民共和国成立后,党和政府非常重视祖国医药遗产的继承和发展,大力扶持中药材生产,加强了中药材生产方面的人才培养,出台了一系列有利于中药材生产发展的方针、政策,建立了相应的组织机构,中药材生产得到了迅速恢复和健康发展。

中药材生产规模不断扩大。目前我国市场上流通的 1 200 余种中药材中,栽培年产量占年收购总量的 40%～50%(年收购总量 160 亿吨左右)。截至 2018 年,全国中药材种植面积 3 461 万亩。

栽培药材种类逐年增加。我国自 1957 年开始对供应紧缺的中药材实行人工种养以来,经过 60 多年的努力,目前已经人工种养成功的中药材有 300 余种。迄今已成功实现包括天麻、甘草、五味子、龙胆等药用植物的野生转家种,此外,还实现了包括西洋参、番红花、白豆蔻、丁香、越南清化桂等 20 多种国外贵重药用植物在国内的引种和规模生产。

产业化经营得到重视。近年来各地出台了扶持中药材产业化发展的政策,加大了对中药材生

产龙头企业的支持和扶持力度,积极尝试和推进公司加农户、基地带农户、农民合作组织和专业协会等多种产业化发展经营模式。

规范化中药材种植基地建设已见成效。国家食品药品监督管理局2002年4月17日发布了《中药材生产质量管理规范(试行)》,并从2002年6月1日起执行。截至2016年底,国家食品药品监管局发布了中药材GAP认证195个品种(含复查品种)符合GAP论证要求。

但应该清醒地看到,我国中药材生产还存在诸多问题:种质不清,种子种苗无标准,种植、加工技术不规范,农药残留或重金属含量超标,质量的稳定性不高,野生资源破坏严重等,这些问题的存在制约了中医药的国际化、现代化和可持续发展。如何提升整个中药的质量,已经成为当前一项十分重要而且紧迫的任务。

二、药用植物栽培的展望

目前我国临床常用中药材有500余种,其中300多种主要依靠人工栽培来满足医疗市场需求。随着人民生活水平的提高,保健事业的迅速发展,中药市场需求将日益增大,大力发展药用植物栽培已成为必然趋势。

提高中药材的质量是药用植物栽培研究的永恒主题。为稳定和提高中药材的质量,实现中药资源的可持续利用,必须从源头抓起,着力构建和完善现代中药的质量保障体系。中药材生产必须走产业化发展的道路,实施中药材GAP生产是促进中药产业化的重要措施之一。要逐步改变落后、分散的药材生产模式,把符合社会主义市场经济规律的企业组织形式引入药材生产,建立规范化、现代化的中药精细农业。

为此,应从以下几个方面开展工作:

(1)加强基础理论研究,利用相关学科的研究成果,实现药用植物栽培科学化:药用植物栽培的研究涉及多学科、多领域的研究成果的综合运用。中药材栽培技术与其产量和质量的关系涉及植物体内有效成分的合成、转化、积累的动态变化,以及与生境之间的相互关系等,要有效解决这些问题必须多学科(如农学、植物学、遗传学、植物化学等)紧密协作,综合研究。

(2)加强道地药材生产,培育品牌产品:道地药材在整个中药材中所占比例很大,发展道地药材的生产是保证中药材质量的重要措施。应在道地药材研究的基础上,按照中药材产地适宜性优化原则,因地制宜,合理布局,统一规划,实现规模化、集约化生产经营。

(3)加强绿色栽培技术的研究:应从生产基地布局、生产技术等各个环节加强对可能产生有害物质污染的防范和控制。在病虫害防治过程中应着力培育抗病虫害的优良品种,实施生物防治,建立健全的农药残留检测和控制体系,保护生态及生物圈的动态平衡。

(4)大力开展现代生物技术在中药材生产中的应用研究:中药材生产如与现代生物技术相结合,发展潜力巨大。如应用现代生物技术如试管育苗、快速繁殖、脱毒等新技术培育优良品种;通过诱变、杂交、选择突变体等技术创制新品种;应用组织细胞工程大规模生产特定有效成分;应用发酵工程发展真菌类中药的多糖类产品;开展药用植物工厂化栽培以实现中药材规模化、现代化生产。

(5)加强中药材可持续性发展的研究:加强优良种质资源的收集、保存及选育研究。开展药用植物连作障碍机制及调控的研究,对药用植物的连作障碍问题,应重点攻关,以利逐步解决。

第二章　药用植物生长与发育

导学

1. 掌握药用植物各部分生长的相关性内涵及在生产上的应用；掌握光周期反应和春化现象的内涵及其在生产上的应用。

2. 熟悉药用植物细胞生长 3 个时期的细胞特点；熟悉药用植物发育的概念。

3. 了解药用植物生长的季节周期和昼夜周期现象的概念；了解药用植物物候观测的各项指标。

药用植物的生长和发育是其生命活动中极为重要的生理过程，是由体内细胞在一定的外界环境条件下同化外界物质和能量，按照自身固有的遗传模式与顺序进行分生与分化来体现的。深入了解药用植物生长与发育规律，有助于合理调节栽培技术措施，有效控制植物生长发育进程，以满足生产的需要。

第一节　药用植物生长

植物生长是指植物在体积和重量（干重）上的不可逆增加，是由细胞分裂、细胞伸长以及原生质体、细胞壁的增长而引起。严格地讲，植物的个体发育是从合子的形成开始，但由于农业生产往往是从播种开始，因此，一般认为植物的个体发育始于种子萌发，进一步表现为根、茎、叶等营养器官的生长，然后进入生殖生长过程，最后形成新的种子。

一、药用植物的生长进程

（一）药用植物细胞生长

植物的生长是由组成它们的细胞的增生、体积加大以及分化所引起的。细胞的生长一般可分为分裂期、伸长期和分化期 3 个时期。

1. **分裂期**　在茎和根的生长点中的分生细胞原生质丰富，代谢旺盛，呼吸强度高，具有强烈的分裂能力。分生细胞增大到一定程度时，就发生细胞分裂，由一个母细胞分裂为两个子细胞。当子细胞生长到与母细胞同样大小时，又开始新的分裂。

2. **伸长期**　生长点中的分生组织细胞，只有一部分永远保持旺盛的分裂能力，而大多数分生细胞则从分裂期转入伸长期。在细胞伸长阶段,细胞的体积显著增加。细胞伸长生长时,伴随细胞壁的增多,原生质的含量也显著增加,包括核酸、蛋白质等的合成加强。刚刚由分生组织形成的新细胞,没有液泡,进入伸长阶段后,细胞中出现小液泡,然后小液泡逐渐增大并合并成一个大液泡。细胞形成液泡后,可进行渗透性吸水,随着水分的进入,细胞体积显著增大,此时是细胞生长最快的时期。

3. 分化期　细胞分化是指由分生组织细胞转变为形态结构和生理功能不同的细胞群的过程。伸长期的组织细胞生长到一定时期,往往导致细胞异质性的出现,即细胞的分化,形成薄壁组织、输导组织、机械组织、保护组织和分泌组织等不同的组织。分生组织细胞分化发育成不同的组织,是植物基因在时间和空间上顺序表达的结果。

(二) 植物的生长曲线

任何一个正在生长的组织、器官或整个植物体都是由无数正在生长的细胞所组成,因此它们都具有与生长着的细胞相同的生长变化。通过测量,可绘制出生长量对时间的曲线(图 2-1)。如果从总增长量的变化所画成的生长曲线,则近似于 S 形(图 2-1,曲线 1);从单位时间的生长速率所画成的生长曲线,则近似钟形(图 2-1,曲线 2)。从曲线上,可以看出:生长速度起初慢,乃是由于组织中的各细胞处于分裂期,细胞数量虽然迅速增多,但体积增加不明显;后来愈来愈快,生长速度急剧上升,乃是各细胞的生长进入伸长期,是细胞体积迅速增加的结果;到了后半段,生长减慢,乃是由于细胞生长逐渐进入分化期;最后进入成熟定期型,生长趋于停止。就植物的器官和一年生植物的整株植物而言,在整个生长过程中,生长速率都表现出"慢—快—慢"的特点,即开始时生长缓慢,以后逐渐加快,达到最高速度后又减慢以至最后停止。植物体或个别器官所经历的"慢—快—慢"的整个生长过程称之为生长大周期。但是,植物生长的进程和速度,

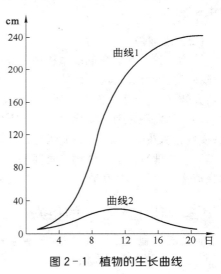

图 2-1 植物的生长曲线

是由其内部生命活动和环境条件的综合效应。所以,生产上可从植物在不同生活环境下所呈现的生长曲线,分析其产生差异的原因,采取适时、合理的技术措施,有效地控制植物生长的进程和速度,以达到生产的预期目的,获得理想的经济产量。

二、药用植物生长的周期现象

地球上的一切生命是由太阳辐射流入生物圈的能量来维持的,植物生长也不例外。但是,由于地球的公转与自转,太阳辐射能呈周期性的变化,因而与环境条件相适应的植物的生命活动也表现出同步的周期性变化。

(一) 季节周期现象

植物的生长在一年四季中也会发生有规律性的变化,称为植物生长的季节周期现象。这是因为一年四季中,光照、温度、水分等影响植物生长的外界因素是不同的。在温带地区,春天时温度回升,日照延长,植株上的休眠芽开始萌发生长;夏天时,温度与日照进一步升高和延长,水分较为充

足,植株进入旺盛生长;秋天时,气温逐渐下降,日照逐渐缩短,植株生长速率下降以至停止,进入休眠状态;到了冬天,植株处在休眠状态下。植物生长的季节周期性也是植物对外界环境周期性变化的适应。药用植物体内某些有效成分含量的高低,有时也呈现季节周期性的变化,这对于确定药用植物的采收适期有很大关系。例如,三棵针在营养生长期与开花期,小檗碱的含量变化不大,到了结果期,其含量可增加 1 倍以上。

(二) 昼夜周期现象

植物的生长按温度的昼夜周期发生有规律的变化称为植物生长的昼夜周期现象,或植物生长的温周期现象。一般来说,在夏季,植物的生长速率在白天较慢,夜晚较快;而在冬季,植物的生长速率在白天较快,夜晚较慢。

植物生长昼夜周期性的原因主要是:在夏季,白天温度高、光照强,蒸腾量大,植株易缺水,强光抑制植物细胞的伸长;晚上温度降低,呼吸作用减弱,物质消耗减少,积累增加;较低的夜温还有利于根系的生长以及细胞分裂素的合成,从而有利于植物的生长。但在冬季,夜晚温度太低,植物的生长受阻。

(三) 生理钟

植物生长的季节周期现象和昼夜周期现象是由于外界环境周期性变化引起的。但是,有些植物在不变化的外界环境下依然有昼夜周期现象。例如,豆科植物叶子夜合昼展的"睡眠运动",菜豆叶白天伸展、晚上下垂的昼夜运动在恒定的外界环境下依然发生。植物不受环境条件的影响,在体内存在的内源性节奏变化,称为生理钟或生物钟。生理钟现象例子还有很多,如牵牛花破晓开放,夜合花入夜闭合,气孔见光张开,夜来香夜晚散发香气,细胞分裂在黎明时最快,光合强度晌午最高等。生理钟现象对植物适应环境具有重要意义。如果生态节奏与植物内部节奏不同步,势必引起植物体内代谢发生紊乱,导致生理障碍。

三、药用植物生长的相关性

植物的细胞、组织、器官之间有密切的协调,又有明确的分工,有相互促进的一面,又有彼此抑制的一面,这种现象称为相关性。生产上常采取施肥、灌排、密植、修剪等技术措施,正确处理与调整各部分之间生长的相关性,以获得优质高产。

(一) 地上部分与地下部分生长的相关性

地下部分是指植物体的地下器官,包括根、块茎、鳞茎等,而地上部分是指植物体的地上器官,包括茎、叶、花、果等。它们的相关性可用根冠比(R/T)即地下部分的重量与地上部分的重量的比值来表示。

$$根冠比＝地下部分的重量／地上部分的重量$$

地下部分与地上部分的生长是相互依赖的。地下部分的根负责从土壤中吸收水分、矿物质以及合成少量有机物、细胞分裂素等供地上部分所用,但根生长所必需的糖类、维生素等却由地上部分供给。许多试验证明,根是赤霉素、细胞分裂素的合成场所,这些微量活性物质可沿着木质部导管运输到地上部分,以促进核酸和蛋白质合成,有利于器官生长和形态建成。一般而言,植物根系发达,地上部分才能很好地生长。所谓"根深叶茂"就是这个道理。

地下部分与地上部分的生长还存在相互制约的一面,主要表现在对水分、营养等的争夺上,并从根冠比的变化上反映出来。

影响根冠比的因素：

1. **土壤水分**　土壤水分缺乏对地上部分的影响远比对地下部分的影响要大。因为,虽然根和地上部分的生长都需要水分,但由于根生活在土壤中容易得到水分,而地上部分的水分是靠根来供应的,所以缺水时地上部分会更缺水,它的生长会受到一定程度的抑制,根的相对重量增加而地上部分的相对重量减少,根冠比增加。

当土壤水分较多时,由于土壤通气性不良,根的生长受到一定程度的影响,而地上部分由于水分供应充足而保持旺盛生长,因而根冠比下降,水稻生产上出现"旱长根、水长苗"就是这个道理。

2. **矿质元素**　不同营养元素或不同的营养水平,对根冠比的影响亦有所不同。

氮是由根吸收并运送到地上部分的,当土壤中氮素缺乏时,地上部分比地下部分更缺氮,因而地上部分的生长受到抑制,根冠比增加。当氮肥充足时,有利于地上部分蛋白质的合成,茎叶生长旺盛,同时消耗较多糖类,使运送到地下部分的糖类减少,因而根的生长受到抑制,根冠比下降。

磷、钾肥有调节碳水化合物转化和运输的作用,可促进光合产物向根和贮藏器官的转移,通常能增加根冠比。

3. **光强**　在一定范围内,光强度增加,促进叶片光合作用,积累营养物质较多,有利于根与树冠生长。但在强光下,空气相对湿度下降,植株地上部分蒸腾增加,组织中水势下降,茎叶的生长易受到抑制,因而使根冠比增大;光照不足时,向下输送的光合产物减少,影响根部生长,而对地上部分的生长相对影响较小,所以根冠比降低。

4. **温度**　根系生长与活动所需适温较树冠部为低,低温可使根冠比增加。例如在冬季,小麦地上部分已停止生长,根仍在生长。又如,有些春播作物在早春温度较低时,根系生长较快,而地上部分生长则较慢。

在生产上,控制与调整根和地下茎类药用植物的根冠比对产量影响很大。在生长前期,以茎叶生长为主,根冠比低;在中期,茎叶生长开始减慢,地下部分迅速增长,根冠比随之提高;后期,以地下部分增大为主,根冠比达最高值。故在生长前期要求较高温度、充足的土壤水分与无机氮素营养;到后期,适当降低土温,施用充足磷钾肥,有利于增大根冠比而提高产量。

(二) 营养生长与生殖生长的相关性

营养生长和生殖生长同样存在着相互依赖和相互制约的关系。一方面,生殖生长必须依赖良好的营养生长,生殖生长也可以在一定程度上促进营养生长;另一方面,营养生长和生殖生长会因为对营养物质的争夺而相互抑制。正在生长发育的花、幼果常成为植物体营养分配的中心,使茎叶中大量的矿物质、糖类、氨基酸等营养物质输送到花与幼果中去;同时,花、幼果中还可制造一些生长抑制剂运到茎叶中抑制营养器官的生长。所以,生产上常通过品种选育与栽培技术措施以调节营养器官与生殖器官二者的相互关系。

一般一次开花植物,在生长前期,以营养器官生长占优势,营养器官生长到一定阶段,生殖器官才逐渐形成,开花结实后,营养器官的营养物质陆续向生殖器官转移,营养器官趋于消亡。如薏苡等禾本科植物抽穗后,其枝叶生长就明显受抑制,随着生殖器官的发育,营养器官即告衰退。

多次开花植物往往营养生长与生殖生长重叠和交叉进行,开花并不导致植株死亡,只是引起营养生长速率的降低甚至停止生长。这一结果导致大小年现象,即头年高产,次年低产。造成"大小年"现象的主要原因就是"大年"时生殖生长过度造成了巨大的养分消耗,削弱了营养生长,致使树体营养不足,影响来年的花芽分化,花果减少,形成"小年"。因此,在生产中,可采取疏花疏果等措施,调节营养生长与生殖生长的矛盾,达到年年丰产的目的。同时,其他栽培措施也必须处理得当,以免两者关系失调。如水肥不足,营养器官生长太差,光合产物少,供应生殖器官的营养物质不足,势必影响花芽分化,或出现大量落花落果现象;如果水肥过多,枝叶过茂,营养器官出现疯长,消耗大量营养物质,也将造成花芽发育不良,开花结实稀少。

在生产上,根据所收获的部位是营养器官还是生殖器官,利用营养生长与生殖生长的相关性可制定出相应的生产措施。若以收获营养器官为主,则应增施氮肥促进营养器官的生长,抑制生殖器官的生长;若以收获生殖器官为主,则在前期应促进营养器官的生长,为生殖器官的生长打下良好的基础,后期则应注意增施磷、钾肥,以促进生殖器官的生长。

(三) 顶端优势(主茎与侧枝及主根与侧根的相关性)

正在生长的顶芽对位于其下的腋芽常有抑制作用,只有靠近顶芽下方的少数腋芽可以抽生成枝,其余腋芽则处于休眠状态。但在顶芽受损伤或人工摘除后,腋芽可以萌发成枝,快速生长。顶枝对侧枝的生长也具有同样的现象,这种现象称为顶端优势。由于顶端优势的存在使三尖杉等针叶类植物的树冠常呈现塔形。顶端优势的现象还表现在:生长中的花序、幼叶抑制其下侧芽生长,主根抑制侧根生长,冠果抑制边果生长。关于顶端优势的原因,目前主要存在两种假说。一是K.Goebel提出的"营养学说",认为顶芽构成营养库,垄断了大部分的营养物质,而侧芽因缺乏营养物质而生长受到抑制。二是 K.V.Thimann 和 F.Skoog 提出的"生长素学说",认为顶芽合成生长素并极性运输到侧芽,抑制侧芽的生长。

生产上育苗移栽或对枝条及根进行修剪,目的在于调整根或茎生长的相关性,以达到特定的生产目的。如以花、果实等入药的药用植物,如金银花、枸杞、菊花等,则需通过整形修剪、摘心、打顶等措施控制顶端优势,促进侧枝的生长,多开花、多结实;而以茎木、树液、树皮入药的药用植物,白木香、杜仲、厚朴等,应通过合理密植和修剪保持顶端优势,使主干发达,提高产量。

(四) 植物的极性

极性是指植物体或植物体的一部分(如器官、组织或细胞)在形态学的两端具有不同形态结构和生理生化特性的现象。生产上剪取插枝进行扦插繁殖时,在枝条的形态学上端萌芽、抽枝、展叶,而在形态学的下端生根。这种现象是由于插枝内部上下端生理上的差异造成的。植物体内各部分存在着呼吸强度、渗透浓度、生长素含量和 pH 等方面的差异都与形态学上的极性密切相关。关于极性的原因,通常认为与生长素的极性运输有关。生长素在茎中极性运输,集中于形态学的下端,有利于根的发端,而生长素含量少的形态学上端则发生芽的分化。

极性在指导生产实践上有重要意义。在进行扦插繁殖时,应注意将形态学下端插入土壤中,不能颠倒;在嫁接时,一般砧木和接穗要在同一个方向上相接才能成功。

第二节 | 药用植物发育

植物的生长在时间和空间上不是无限的,都有其发生、发展、衰老和消亡的过程。因此,植物体在一定的环境条件下进行生长的同时,还按照一定的遗传模式,发生着一系列有顺序、有规律的质的变化,导致由营养器官向生殖器官(花、果实、种子)的转变,称为发育。一般高等植物从受精卵开始经历着胚胎期、幼年期、成熟期和衰老期,直至消亡,完成个体发育周期。在整个周期中,花的形成常是植物体从幼年期转向成熟期的显著标志。

花的发育过程是一个非常复杂的过程,不仅仅是形态上的巨大变化,而且在开花之前,植物体内发生了一系列复杂的生理生化变化。成花过程一般包括 3 个阶段:首先是成花诱导,某些环境刺激诱导植物从营养生长向生殖生长转变;然后是成花启动,分生组织经过一系列变化分化成形态上可辨认的花原基;最后是花的发育或称花器官的形成。

对成花过程起决定作用的是成花诱导过程,适宜的环境条件是诱导成花的外因。自然条件下,特定地区的温度和日照长度随季节不同而发生有规律的变化,植物在长期的进化过程中,逐步发展了对适宜温度和日照长度感应的敏感性,以更好地适应环境,顺利完成生活周期。但有些植物的成花对温度和日照长度要求不严,几乎可以在任何适宜生长的条件下成花。关于低温和日照长度对成花的影响现已有较深刻的认识,同时对于决定植物开花的内部基因调控机制的研究也越来越多。

一、光周期反应

日照长度的变化常是季节变化的信号。植物对于日照长度的反应称为光周期反应,它对植物生长发育具有重要的适应意义。在高纬度地区,秋季的短日照比冬季的低温先期来临,于是,短日照可作为诱导芽进入休眠和低温锻炼的信号,使植物休眠,安全越冬。更重要的是光周期反应还对植物花芽分化与开花发生显著作用。植物种类不同,成花所要求的日照长度亦不一,这是植物成花的光周期反应。

根据植物开花对光周期的反应不同,一般将植物分为 3 种主要类型。

1. **短日植物**　是指在昼夜周期中日照长度短于某一临界值(临界日长)时才能开花的植物。如果适当地缩短光照,或延长黑暗可提早开花;相反,如果延长光照,则延迟开花或者不能开花。如瘤突苍耳、菊花、紫苏、日本牵牛等。

2. **长日植物**　是指在昼夜周期中日照长度大于某一临界值(临界日长)时才能开花的植物。延长日照长度可促进开花,而延长黑暗则推迟开花或不能开花。如天仙子、木槿等。

3. **日中性植物**　是指在任何日照长度条件下都能开花的植物。这类植物的开花对日照长度要求的范围很广,一年四季均能开花,如凤仙花、栀子、狭叶冬青、千里光、蒲公英等属于此类。

除了上述 3 种典型的光周期反应类型外,还有些植物,花诱导和花形成的两个过程很明显的分开,且要求不同的日照长度,这类植物称为双重日长类型。如芦荟等,其花诱导过程需要长日照,但花器官的形成则需要短日条件,这类植物称为长—短日植物。而风铃草、白三叶草、鸭茅等,其花诱导需短日照,而花器官形成需要长日条件,这类植物称为短—长日植物。还有一类植物,只有在一定长度的日照条件下才能开花,延长或缩短日照长度均抑制其开花,这类植物称为中日性植物。如甘蔗开花要求 11.5~12.5 h 的日照长度,缩短或延长日照长度,对其开花均有抑制作用。

所谓临界日长是指昼夜周期中诱导短日植物开花所需的最长日照或诱导长日植物开花所需的最短日照。对于长日植物来说,当日长大于其临界日长时,即可诱导开花,且日照越长开花愈早,在连续光照下开花最早。而对短日植物而言,日长必须小于其临界日长时才能开花,而日长超过其临界日长时则不能开花,但日长过短也不能使短日植物开花,如短日植物菊花(临界日长 15 h),

在日长只有 5～7 h 时,开花明显延迟。

不同的植物,诱导成花所需要的光周期数不同。一般植物需要的光周期数是几个至几十个,但短日植物苍耳、长日植物白芥等只需要 1 个光周期(即 1 日)诱导就可诱导成花。一般增加光周期诱导的天数,可加速花原基的发育,增加花的数目。

不同植物对光周期诱导要求的光强度不一样,一般在 50～100 lux,远远低于光合作用需要的光强。

无论是抑制短日植物开花,还是促进长日植物开花,都是以红光最有效,蓝光效果很差,绿光几乎无效。对短日植物而言,红光阻止植株开花,远红光促进开花;对长日植物来说,红光促使植物开花,而远红光则阻止开花。

植物感受光周期的部位是叶片,而诱导开花部位是茎尖的生长点。

植物成花的光周期反应与植物地理起源和长期适用于生态环境有密切关系。寒带植物多属于长日性,其自然开花期多在晚春和初夏;而热带和亚热带植物多属于短日性,开花期有些是在早春,有些则在夏末或初秋日照较短时;日中性植物可在不同的日长度下成花,它们的地理分布则受温度等其他条件的限制。

生产上,从异地引种时需注意其光周期反应。长日植物北移时,生长季节的日照比原产地为长,易于满足它对长日的要求,发育将提前完成,生长期缩短,但长日植物南移时,则其发育延迟,甚至不能成花。相反,短日植物北移时,夏季日照长而延缓发育,南移时则提早成花。所以,原产地与引入地的条件如差异太大,会导致过早或过晚成花,造成生产上损失。如果以营养器官为主要收获对象的药用植物,则可通过调节日照长度,抑制其转向生殖生长,再配合水肥条件,促进营养器官生长而增加产量。现代选种与育种的趋势是选育对光周期反应不敏感的品种,使其能在世界范围内有广泛的适应性。

二、春化现象

秋冬播种的冬性植物在种子发芽或苗期生长阶段需要经受一段时期的低温,到第二年才能和春播植物一样正常生长发育、开花结实的现象称为春化现象。需要春化的植物包括大多数二年生植物(如萝卜、甜菜、荠菜、天仙子等),一些一年生冬性植物(如冬小麦等)和一些多年生草本植物(如牧草)。

春化作用是温带地区植物发育过程中表现出来的特征。低温是春化作用的主要条件之一,但植物种类或品种不同,对低温的要求亦有差别。北方原产的冬性品种对低温要求严格,需要温度低(0～5℃)且时间长(30～70 日);黄河流域一带的半冬性品种要求的温度稍高(3～6℃),且要求的时间也比较短(10～15 日)。总体而言,对大多数要求低温的植物而言,最有效的春化温度在 0～17℃,春化的时间为几日至 3 个月。

多年生草本植物,春化处理可促进成花。多年生木本植物,有的需年年通过春化才能成花;有的在前一年夏天已发生花芽分化,但营养芽和花芽的休眠需经低温,翌春才能萌芽开花。

植物春化时除了需要一定时间的低温外,还需要适量的水分、充足的氧气、有机营养物质及适宜的光照长度的配合。如天仙子需要低温与长日照配合,才能促进花芽分化,引起开花结实。

春化现象与昼夜温周期或季节温周期现象不同。温周期主要影响营养生长、成花数量、坐果率高低或果实大小等,对诱导成花的影响则较少。

实验表明,植物在春化作用中感受低温的部位是分生组织和能进行细胞分裂的组织,通常是茎尖端的生长点,此外萌发的种子、休眠芽、幼苗乃至整体植物等也可成为感受低温处理的部位。

感受到低温刺激后主茎生长点可以把刺激完全传给后期形成的各级侧枝的生长点。

通过春化后，植物体内引起一系列的生理生化变化，包括呼吸速率、核酸和蛋白质含量，以及激素水平等。主要表现在：非还原糖、核酸、组蛋白的量增加，原生质的透性加大，抗坏血酸氧化酶和多酚氧化酶的活性提高，呼吸、光合和蒸腾强度加强，体内赤霉素含量增加。但是，通过这一系列生理生化变化而导致成花的机制尚有待进一步研究。

在药用植物栽培中，可利用人工春化，加速药用植物成花。如将萌动的药用植物种子经过人为的低温处理，可提早开花、成熟。此外，还可利用解除春化的措施来控制开花。如二年生药用植物当归，当年收获的块根质量差，药效不佳，需第二年栽培，但又易抽薹开花而影响块根品质，若在第一年将其挖出，贮藏于高温下使其不通过低温春化，就可减少次年的抽薹率，提高块根的产量、质量和药效。

第三节　药用植物物候期及其观测

一、药用植物的物候期

植物在一年中，受四季气候节律性影响，各器官的外观形态和生理功能发生有规律的变化，如发芽（萌芽）、展叶、开花、结果、落叶休眠等。这种植物有节律地与气候变化相适应的器官动态时期，称为物候期（phenological period）。

药用植物与其他农作物一样，其生长发育的不同时期会反映出季节气候周期变化。只有掌握药用植物生长发育过程对气候变化的要求才能使引种、试种获得成功。同时，认真做好药用植物的物候期观测，还可以使我们对农事操作和技术措施如整地、播种、施肥、整枝修剪、防治病虫害、采收等做出合理安排，以获得优质高产。

二、药用植物的物候期观测技术

（一）物候期观测点的选择

（1）观测地点应具代表性，充分考虑地形、土壤、植被等情况，尽可能选在平坦或相当开阔的地方。

（2）观测点应稳定，可连续观测多年。在一个固定地点观测的年代越久，记录得到的物候期资料就越准确。

（3）选定之后应将地点名称、生态环境、海拔、地形（平地、山地、凹地、坡地等）、位置和土壤等详细记载，并存档保存。

（4）物候期观测和气候观测可同时进行。

（二）观测植株的确定

供物候期观测的木本植物可采用定株办法，以露地栽培或野生、发育正常、已达开花结实的中龄树，每种选3～5株作为观测目标。选定后可挂上小牌，写明名称作为标志。

草本植物的生长发育易受局部小气候的影响,应尽量选择空旷区域的植株,以保证观测结果具有代表性。所选植株应该无病虫害,生长发育正常,选定后挂牌标记,并绘制平面位置图存档。

(三)物候期观测的时间

物候期观测的时间应常年进行,并要每天观测。在选定的观测项目中如无每天观测的必要时,亦可酌减观测次数,但须保证不失观测时期为原则。

一天中一般在气温最高的下午两点钟前后观测,早晨或夜间开花的植物则应调整观察时间。观测年限宜长不宜短。

(四)观测人员的固定

物候现象时刻变动,固定观察人员可有效保证前后联系,观察人员不宜时常变更。轮班观测,观察人对物候期特征标志的认识标准不同,影响观察的准确性、连贯性。

(五)观测记录

根据物候期观察的项目、标准做好物候期观察记录,定期对观察记录进行整理。

三、药用植物的物候期观测内容

1. **草本植物物候期观测** 编号、中文名、拉丁学名、种植时间、观测地点、经纬度、海拔、生态环境、地形、土壤、同生植物。

(1)萌动期:① 地下芽出土期。② 地面芽变绿色期。

(2)展叶期:① 开始展叶期。② 展叶盛期。

(3)开花期:① 花序或花蕾出现期。② 开花始期。③ 开花盛期。④ 开花末期。⑤ 第二次开花期。

(4)果熟期:① 果实始熟期。② 果实全熟期。③ 果实脱落期。④ 种子散布期。

(5)黄枯期:① 开始黄枯期。② 普遍黄枯期。③ 全部黄枯期。

2. **乔木和灌木的物候期观测** 编号、中文名、拉丁学名、植物年龄或种植时间、观测地点、经纬度、海拔、生态环境、地形、土壤、同生植物。

(1)萌动期:① 芽开始膨大期。② 芽开放期。

(2)展叶期:① 开始展叶期。② 展叶盛期。

(3)开花期:① 花蕾或花序出现期。② 开花始期。③ 开花盛期。④ 开花末期。⑤ 第二次开花期。⑥ 二次梢开花期。⑦ 三次梢开花期。

(4)果熟期:① 果实成熟期。② 果实脱落开始期。③ 果实脱落末期。

(5)新梢生长期:① 一次梢开始生长期。② 一次梢停止生长期。③ 二次梢开始生长期。④ 二次梢停止生长期。⑤ 三次梢开始生长期。⑥ 三次梢停止生长期。

(6)叶秋季变色期:① 叶开始变色期。② 叶全部变色期。

(7)落叶期:① 开始落叶期。② 落叶末期。

第三章　药用植物栽培与环境条件的关系

导学

　　1. 掌握光照、温度、水分等主要气候因子与药用植物生长发育之间的关系；掌握土壤的结构和质地；掌握肥料的种类、性质及平衡施肥技术。

　　2. 熟悉土壤的改良与修复。

　　3. 了解药用植物之间的化感作用。

　　环境条件由许多生态因子组成，包括气候、土壤、肥料等，这些因子相互促进或相互制约，综合作用于药用植物的生长发育过程，在一定程度上决定着药材的产量与质量。

第一节　主要气候因子与药用植物生长发育的关系

　　影响药用植物生长发育的主要气候因子包括光照、温度、水分、空气和风等，并且它们之间相互影响，某一因子的变化，往往导致其他因子发生相应变化。

一、光照

　　从种子萌发、幼苗生长到植物的生殖、衰老和休眠，从基因表达的分子水平到器官建成，光照在植物生长发育的全过程都扮演着重要角色。光照(光质、光照强度及光照时间)与药用植物的生长发育关系密切。

(一) 药用植物对光照的适应

　　不同的药用植物对光照有不同的需求，根据药用植物对不同光照强度的适应性，可将其分为：

　　1. 喜光植物(阳生植物)　此类植物的生长发育需要充足的阳光，一般需光度为全日照 70% 以上的光强。若光照不足，植株生长不良，产量低，如北沙参、地黄、菊花、红花、芍药、薄荷、枸杞、知母等。

　　2. 喜阴植物(阴生植物)　此类植物只适于生长在有遮蔽条件的阴暗环境中。一般需光度为全日照 10%～50%，如人参、西洋参、三七、黄连、细辛等。

3. **中间型植物(耐阴植物)**   此类植物对光的适应幅度较大,在日光照射良好的环境中能生长,在稍荫蔽环境下也能较好地生长,如麦冬、豆蔻、款冬、莴苣、紫花地丁等。

(二) 光照对药用植物生长发育的影响

光对植物生长发育的影响表现在两个方面:间接作用和直接作用。间接作用是指光通过影响光合作用、蒸腾作用和物质运输等,从而影响植物的生长发育。直接作用是指光形态建成作用,不同光照强度、光质和光照时间影响植物的株高、叶片、根系等形态学性状以及花芽分化与花器官形成等发育过程。许多植物的休眠、落叶、地下器官的形成及种子萌发等与昼夜长短的变化有关。同一种植物在不同生长发育阶段对光照强度的要求也不一样。通常,植物的幼苗期怕强光;开花结果期或块茎、块根等贮存器官膨大期需要较强的光照。

光质对药用植物的生长发育也有一定的影响。一般红光促进茎的伸长,紫外光对植物生长有抑制作用,蓝紫光使植物茎粗壮,有利于培育壮苗。在栽培药用植物时,可据此选择合适颜色的塑料薄膜,以满足药用植物的生长。例如,在人参、西洋参栽培中,宜选择淡色色膜,以淡黄、淡绿膜为最佳。在当归的覆膜栽培中,薄膜色彩对增产的影响依次为黑色膜>蓝色膜>银灰色膜>红色膜>白色膜>黄色膜>绿色膜。在引种驯化和生产栽培中,应充分考虑不同药用植物对光的喜好。

(三) 光与光合作用

药用植物干物质的 90% 以上来源于叶片的光合作用。光是影响光合作用的前提,也是最易变化的因子。光照强度和光质影响光合作用效率。叶片的光合速率与呼吸速率相等时的光照强度称为光补偿点,光合速率开始达到最大值时的光照强度称为光饱和点。这两个指标反映了植物对强光和弱光的利用能力。一般来说,光饱和点高、光补偿点低的植物对光能的利用率高。在太阳辐射中,对光合作用有效的是可见光。同等条件下,红光的光合作用效率最高,其次蓝紫光,最差为绿光。在田间栽培条件下,植物上层叶片吸收的红光和蓝光较多,下层吸收的绿光较多。

(四) 光能利用率

光能利用率是指植物光合作用所积累的有机物所含能量占照射在单位地面上的太阳能量的比率。由于太阳光的散射和折射以及植物代谢过程中的能量消耗,生产中仅有 5% 以下的光能被光合作用转化贮存在碳水化合物中。理论上植物对光能的利用率可达 10%,提高光能利用率的潜力很大。植物的光能利用率与光合面积、光合能力和光合时间有关。在生产上,采取合理密植和间作套种以增大光合面积,选用良种、合理施肥、增加二氧化碳浓度等以增强光合能力,适时种植和采收以增加光合时间,通过农艺措施的综合利用,可提高药用植物的光能利用率和产量。对药用植物栽培来说,在提高产量的同时更看重药用成分的产生与积累,在提高产量的同时应考虑药用成分的积累,以求中药材的高产、优质。

二、温度

植物所有的生理生化过程都是在一定的温度范围内进行的,温度的变化直接影响植物的生长发育过程。植物的生长存在"温度三基点",即满足植物生长发育的最低、最高和最适温度。植物分布的地域性和生长的季节性在一定程度上取决于温度,极端温度是危害植物的主要胁迫因子。栽培药用植物时,应根据生长的温度要求和当地气候条件确定播种时期,尤其是从远地引种,更应注意对温度的适应性。

(一) 药用植物对温度的适应

根据药用植物对温度的不同要求,可将其划分为以下几类:

1. **耐寒药用植物**　通常为生长在北方高纬度或高海拔寒冷地区的植物。一般能耐−2～−1℃的低温,可以忍耐短时间的−10～−5℃低温,最适生长温度为15～20℃。如人参、细辛、百合、当归、五味子、薤白、石刁柏及刺五加等。

2. **半耐寒药用植物**　通常为生长在中纬度或中海拔地区的植物。能耐短时间的−2～−1℃的低温,最适生长温度为17～20℃。如白芷、菘蓝、黄连、枸杞等。

3. **喜温药用植物**　通常为生长在南方低纬度或低海拔地区的植物。种子萌发、幼苗生长、开花结果都要求较高的温度,最适生长温度为20～30℃,低于15℃的温度则不利于授粉,易引起落花落果。如颠茄、枳壳、川芎、金银花等。

4. **耐热药用植物**　通常为生长在低纬度地区的植物。生长发育要求温度较高,最适温度多在30℃左右,个别药用植物在40℃下仍能生长。如槟榔、砂仁、丝瓜、罗汉果、冬瓜等。

(二) 温度对药用植物生长发育的影响

植物的不同生育期对温度的要求不同。一年生植物从种子萌发到开花结实各个时期所要求的温度,一般正好和自然界从春季到秋季的气温变化相吻合。如种子发芽时,要求较高的温度,幼苗时期的最适宜生长温度,往往比种子发芽时低些,营养生长时期又较幼苗期稍高。生殖时期要求较高的温度,在一定范围内,植物花芽分化随温度升高而加快。原产于冷凉气候条件下的植物,每年必须经过一定的低温期才能打破芽或种子的休眠,否则不会萌发或萌芽不整齐。

植物不同器官的生长对温度的要求也不同。地上部分的生长受气温的影响较大,地下根部的生长则明显受到地温的制约。根及根茎类药用植物地下部分在20℃左右生长较快,地温低于15℃,生长速度减慢。温度适宜还有利于种子的灌浆,促进种子成熟;温度过高使籽粒不饱满;温度过低则种子瘦小,成熟推迟。在植物生长的最适温度下,植物营养生长快,幼苗往往长得细长柔弱;在比最适温度稍低的条件下,植株生长反而健壮,此温度称协调最适温度。

(三) 低温和高温对药用植物的危害

低温会使植物遭受寒(冷)害和冻害。0℃以上低温所产生的危害称为寒害,0℃以下低温所产生的危害称为冻害。危害的程度因低温的程度、低温持续的天数、降温及升温的速度而异,也因植物抗寒性强弱而异。植物的种类、品种不同,或同一植物的不同的组织、器官和发育时期,其抗寒性常有很大差别。植物抵抗低温危害的能力称为抗寒性。多年生树木和越冬植物入秋以后,其抗寒性可随时序的推移而不断提高,从晚秋到冬季其抗寒性大为加强,这种从秋到冬所经历的提高抗寒能力的过程称为抗寒锻炼。生产上,必须根据植物的抗寒性,相应地选择和控制气候条件,加强植物的抗寒锻炼,使抗寒性提高到最大的限度,避免或减少寒害。此外,覆草、搭棚、霜冻前灌水等是常用的预防寒、冻害发生的措施。

在夏季,高温天气使蒸腾作用强烈,蒸腾大于水分吸收使植物发生缺水萎蔫,正常的代谢活动受到影响。另一方面,高温可影响酶的活性从而影响植物正常的生命活动。此时要特别注意及时灌溉降温,或使用遮阳网,也可通过覆盖降低地面温度。

三、水分

水分是药用植物生长发育必不可少的,水的存在是一切生命过程的先决条件。植物因有水而产生,也因有水而存在。农谚说"有收无收在于水",充分说明了保证植物对水分的需求在药用植物栽培中非常重要。

(一) 药用植物对水分的适应

不同药用植物对水分的要求有很大差异,根据药用植物对水分的适应能力和适应方式,可将其划分为以下几类:

1. **旱生植物**　这类植物能在干旱的气候和土壤环境中维持正常的生长发育,抗旱能力很强,它们在形态上和生理上常发生变化,表现出特殊适应性。如芦荟、仙人掌、麻黄、骆驼刺以及景天科植物等。

2. **湿生植物**　生长在潮湿的环境中,如沼泽、河滩、山谷等地,蒸腾强度大,抗旱能力差,水分不足就会影响生长发育,以致萎蔫。如水菖蒲、水蜈蚣、毛茛、半边莲、秋海棠及灯心草等植物。

3. **中生植物**　此类植物对水的适应性介于旱生植物与湿生植物之间,绝大多数陆生的药用植物均属此类,其抗旱与抗涝能力都不强。

4. **水生植物**　此类药用植物生活在水中,根系不发达,根的吸收能力很弱,输导组织简单,但通气组织发达。如泽泻、莲、芡实、浮萍、眼子菜、满江红等。

(二) 水分与药用植物生长发育

土壤水分含量的多少对植物地上部分和地下部分生长的影响不同,通常水分充足对植物地上部分生长有较显著的促进作用。人们常说"干长根,湿长芽"。在生产上可据此进行水分的合理控制,调节药用植物地上部分与地下部分的生长,以增加药用部位的产量。

土壤含水量还影响不同类型根的生长。当土壤处在适宜的含水量条件下,根系入土较深,生长良好;在潮湿的土壤中,根系不发达,多分布于浅层土壤中,易倒伏,生长缓慢,而且容易导致根系呼吸受阻,滋生病害,造成损失;在干旱条件下,植物根系将下扎,入土较深,直至土壤深层。因此,在药用植物栽培过程中,要加强田间水分管理,保证根的正常生长发育,以获得优质、高产药材。

(三) 合理灌溉

1. **药用植物的需水量**　植物根部从土壤吸收水分,大约只有1%保留在植物体内,其余主要经过蒸腾作用又返回到大气中。通常把蒸腾耗水量称为植物的生理需水量,以蒸腾系数来表示。蒸腾系数指的是每形成 1 g 干物质所消耗的水分的克数。植物种类不同,需水量也不一样,如人参的蒸腾系数在 150~200 g,莙达菜在 400~600 g。同一种药用植物的蒸腾系数也因品种和环境条件的变化而变化。

药用植物对水分的需求还因植物的不同生长发育阶段而异。总的来说前期需水量少,中期需水量多,后期需水量居中。一般从种子萌发到出苗期需水量很少,通常以保持田间持水量的 70% 为宜;前期苗株矮小,地面蒸发耗水量大,一般土壤含水量应保持在田间持水量的 50%~70%。中期营养器官生长较快,覆盖大田,生殖器官很快分化形成,需水量大。后期为各个器官增重、成熟阶段,需水量减少。

2. **需水临界期**　需水临界期是指药用植物在一生中(一二年生植物)或年生育期内(多年生植物),对水分最敏感的时期。该期水分亏缺,最容易造成药材产量损失和质量下降。植物从种子萌发到出苗期虽然需水量不大,但对水分很敏感,这一时期若缺水,则会导致出苗不齐。多数药用植物在生育中期因生长旺盛,需水较多,其需水临界期多在开花前后。例如,薏苡的需水临界期在拔节至抽穗期,而有些植物如蛔蒿、黄芪、龙胆等的需水临界期在幼苗期。

（四）旱涝对药用植物的影响

1. **旱害**　水分的蒸发大于吸收造成植物缺水,严重缺水的现象称干旱。干旱使得原生质的水分含量减少,植株出现缺水萎蔫状态,植物气孔关闭,蒸腾减弱,气体交换和矿质营养的吸收与运输缓慢,光合作用受阻而呼吸强度反而加强,干物质消耗多于积累,植物叶面积缩小,茎和根系生长差,开花结实少,衰老加速,严重时造成植株干枯死亡。干旱会破坏植物体内水分平衡,使可溶性糖来不及转变为淀粉,被糊精胶结在一起,形成玻璃状而不是粉状的籽粒。此时蛋白质的积累过程受阻较淀粉为小,种子中蛋白质含量相对较高。

植物对干旱有一定的适应能力,这种适应能力称为抗旱性。例如知母、甘草、红花、黄芪、绿豆及骆驼刺等抗旱的药用植物在一定的干旱条件下,仍有一定产量,如果在雨量充沛的年份或灌溉条件下,其产量可以大幅度地增长。

为了提高植物的抗旱性,除进行抗旱育种外,在栽培实践上常采取抗旱锻炼的方法,用适当的干旱条件处理植物的种子。近来还采取化学药剂如乙酸苯汞、8-羟基喹啉硫酸盐等蒸腾剂,使气孔暂时闭合,减少水分丢失,增强抗旱能力,称为化学抗旱。

2. **涝害**　涝害是指田间水分过多,使土层中缺乏氧气,根系正常呼吸受阻,影响水分和矿物质元素的吸收,从而对植物造成间接危害,种子不能正常成熟。同时,由于无氧呼吸而积累乙醇等有害物质,引起植物中毒。另外,氧气缺乏,好气性细菌如硝化细菌、氨化细菌、硫细菌等活动受阻,影响植物对氮素等物质的利用;嫌气性细菌活动大为活跃（如丁酸细菌等）,使土壤溶液的酸性增强,同时产生有毒的还原性产物如硫化氢、氧化亚铁等,使根部呼吸窒息。根及根茎类药用植物对土壤水分过多非常敏感,红花、芝麻等花果实类植物也不耐涝,栽培上常采取起高畦、排涝等措施,避免水涝危害。

（五）水质污染对药用植物的影响

水质污染主要包括工厂排放的各种废水,农田病虫害防治过程中施用化学农药和化学肥料所产生的污染,城市生活废水以及来自垃圾场或医院的污染等。污水中的某些有毒物质如酚、氰、砷、铬等达到一定浓度时,可直接毒害植物,使植物根部腐烂,生长不良,枯黄而死。另外污水流入土壤,污染物沉积于土壤中,使土壤性质恶化,并破坏了土壤微生物的活动,继而影响植物的正常生长。土壤中的污染物被植物吸收后,还将危害人、畜。

在进行药材种植地的选择上,应注意远离污染源,且水质等要达到规定的质量标准。

四、空气和风

（一）空气

空气含有相对恒定的氮气、氧气、水汽、二氧化碳、稀有气体以及极微量的氢、臭氧、氮的氧化物、甲烷等气体,是影响药用植物生长发育的重要生态因子之一。植物生长发育所必需的硫绝大部分来自空气(90%),硫与糖类、蛋白质、脂肪的代谢都有密切关系。植物体中的碳大部分来源于空气中的二氧化碳。

由于人类活动或自然过程,一些有害物质（污染物）被排到大气中,且通过气孔进入到植物叶片。当大气中污染物浓度达一定限度时,即形成大气污染。有害物质的过量排放引起温室效应、酸雨的形成、大气臭氧洞出现等。排放到空气里的有害物质,主要是二氧化硫、一氧化碳、氟化物、铅尘、碳氢化物等。排入大气的氮氧化物和碳氢化物受太阳紫外线作用可产生有毒的二次污染物,如臭氧(O_3)、醛类、硝酸酯类(PAN)等多种复杂化合物。因此,药用植物的栽培应严格遵守中药材GAP生产对产地环境的要求,种植地应远离污染区。

在生态学中,空气湿度是一个非常关键的量,它决定一个生态系统的组成。如气生的兰科植物,完全靠气生根在空气中吸收水气,它们的生长与空气湿度休戚相关。此外,空气湿度明显影响病虫害的分布和发生,病虫害只有在适宜的湿度下,才能生长发育、繁殖或传播。

空气湿度还与其他环境因子共同起作用影响药用植物体内一些有效成分的含量,如适宜温度或湿润土壤或高温高湿环境,有利于生长的植物体内无氮物质形成积累,特别有利于糖类及脂肪的合成,不利于生物碱和蛋白质的合成;在少光潮湿的生态环境下,当归中挥发性成分含量低,非挥发性的成分如糖、淀粉等却含量高。

(二) 风

风可以改变空气的气体分布、空气温度和空气湿度,从而影响植物的生长发育以及植物的分布。适度的风力使空气中的气体、热量均匀分布,尤其在田间植物种植密度大的情况下,还可改善田间小气候,保证光合作用、呼吸作用过程中二氧化碳、氧气的供应及排出,促进植株体内有机物的合成,同时降低小气候的空气湿度,减少病虫害的发生。此外,风有利于植物的授粉受精。世界上大多数有花植物是异花授粉,只有少数为自花授粉。据初步统计,将近1/5的有花植物都是靠风传粉。

第二节　药用植物栽培与土壤的关系

土壤是地壳表面能够生长植物的疏松表层,是药用植物栽培的基础,是药用植物生长发育所需水、肥、气、热的供应者。除了少数寄生和漂浮的水生药用植物外,绝大多数的药用植物都生长在土壤里。发展药材生产,就必须创造良好的土壤结构,改良土壤性状,使土壤中的水、肥、气、热得以协调,利于药用植物生长发育,达到优质高产的目的。

一、土壤的基本特性

土壤最基本的特性是具有肥力。所谓肥力,是指土壤具有能同时并不断地供给和调节植物生长发育所需水、肥、气、热的能力。这4个要素相互联系、相互制约。衡量土壤肥力的高低,不仅要看每个肥力因素的绝对贮备量,更重要的是土壤中的肥力因素是否协调。

土壤肥力因素按其来源不同可分为自然肥力与人为肥力两种。自然肥力是自然土壤所具有的肥力,它是在生物、气候、母质和地形等外界因素综合作用下,发生和发展起来的,这种肥力只有在未开垦的处女地上才能找到。人为肥力是农业土壤所具有的一种肥力,它是在自然土壤的基础上,通过耕作、施肥、种植植物、兴修水利和改良土壤等农业措施,用劳动创造出来的肥力。自然肥力和人为肥力在栽培植物当季产量上的综合表现,则称为土壤的有效肥力。药用植物产量的高低,是土壤有效肥力高低的重要标志。土壤肥力的高低,可通过大搞农田基本建设、精耕细作、改土、灌溉、施肥等措施来调节。

二、土壤的组成

土壤是由固体、液体和气体三相物质组成的复杂的自然体。固体部分包括矿物颗粒、有机质和微生物;液体部分为土壤水分;气体部分为土壤空气。土壤水分和空气存在于固体部分所形成的空隙中。组成土壤的三相物质,相互联系、相互制约,并不断在内外因素的综合影响下进行着各种复杂的变化。

(一)土壤矿物质

土壤矿物质是组成土壤固体部分最主要、最基本的物质,占土壤总重的90%以上,由许多粗细不同的土粒组成,全部来自岩石矿物的风化,是植物矿物质养分的重要来源。不同土壤矿物质在供应、保持和固定养分方面都有各自不同的特点。

(二)土壤有机质

土壤有机质主要来源于动植物残体、分泌物和排泄物等,是在微生物的作用下,发生矿质化或腐殖质化而形成的。矿质化是把一些复杂的有机体分解为能够溶解于水的无机盐类供植物营养,并放出二氧化碳;腐殖质化是将有机质先行分解,然后重新合成一种新的黑色或暗褐色胶体物质——腐殖质。腐殖质是土壤有机质中比较稳定的部分,具有很强的吸水吸肥能力,是土壤有机质的主体,占土壤有机质总量的85%~90%。我国大多数土壤的有机质含量一般为1%~2%,高的可达5%~10%以上,和矿物质相比其含量虽然不多,但对土壤肥力影响很大。

有机质不仅是植物养分的重要来源,它还可改善土壤的物理性状,提高土壤保水保肥能力,促进植物的生长发育,促进有益微生物的活动,提高土壤溶液的缓冲性,提高土温,促进磷的活化吸收。

(三)土壤微生物

土壤微生物主要包括细菌、放线菌、真菌、藻类和原生动物等。细菌是土壤微生物中数量最大的一个类群,较重要的有:氨化细菌、硝化细菌、固氮细菌、硅酸盐细菌和硫细菌。土壤微生物能分解难溶于水的矿物质和有机质,且能使有机质转化成腐殖质,有些还能固定空气中的氮(固氮细菌)为植物所吸收利用。但土壤中还有许多有害微生物,它们能使药用植物遭受病害。

(四)土壤水分

土壤可借助土粒表面的吸附力和微细孔隙的毛管力来保持水分,土壤水分是植物生活所需水分的主要来源。根据土壤的持水能力和水分移动情况,可将土壤水分为4种基本类型:束缚水、毛管水、重力水、地下水。其中束缚水不能为植物吸收利用,重力水一般不能为旱生植物所吸收利用,地下水可经毛细管上升为植物利用。毛管水是植物生活中的有效水分,它能保证植物根系吸水的不断补给。在生产上要尽量减少毛管水无益消耗。如生产上常采用雨后松土割断毛管联系或镇压土层以避免毛管水与大气直接进行水气交换,从而减少水分损失。

这4种水在土壤内同时存在,彼此间密切联系,也可变更。如束缚水过多可变为毛管水,毛管水过多受重力作用而成为重力水,重力水流到不透层停留为地下水。

(五)土壤空气

主要是由大气渗入土中的气体和土壤中生物化学过程产生的气体所组成。如水汽、二氧化碳、氧气、沼气、硫化氢等。

土壤空气的组成和数量经常发生变化。若土壤通气性差,则土壤中的二氧化碳、硫化氢以及沼气等的含量不断增加,而氧气的含量不断减少,使植物根的呼吸和微生物的活动都会受到抑制或毒害;同时,不利于种子发芽,严重时还会使种子中毒而丧失其生活功能。此外,土壤透气性不良,有机质分解也缓慢,且因氧气不足,土壤中的养分大多处于还原状态,特别是氮素营养也迅速恶化。若土壤通气良好,则对植物的生长、微生物的活动均有良好的作用。

三、土壤的结构

自然界的土壤,不是以单粒分散存在的,而是在内外因素的综合影响下,形成大小不等的团聚体。这种土壤颗粒的空间排列方式及其稳定程度、孔隙的分布和通连状况称为土壤的结构性,而它的表现形式则称为土壤结构。它是在土壤发育过程中产生的一种新的土壤性质,是土壤重要的农业性质,也是鉴别土壤肥力的重要依据。

土壤结构种类较多,这里介绍与肥力有关的两种土壤结构。

(一) 团粒结构

团粒结构是腐殖质与钙质将分散的土粒胶结在一起所形成的土团,大如豌豆,小如芝麻,一般以直径 1～10 mm 的团粒结构的土壤肥力好,尤以直径 2～5 mm、近似球形的团粒结构为好。

具有团粒结构的土壤有两种孔隙,在团粒内部密布毛管孔隙,在团粒间有大的非毛管孔隙,这对调节土壤的水分和空气很重要。团粒结构里的水与气配合适当时,土壤温度也比较稳定,养分状况也较好,既能源源不断地满足作物生长发育对养料的需要,又不会因为一时分解过多,造成养料的损耗。因此,团粒结构的土壤可改善土壤水、肥、气的矛盾,为植物的生长发育提供良好的生活条件。

(二) 非团粒结构

非团粒结构的土粒排列紧密或很分散,只有土粒之间有空隙,下雨时充满了水,赶走了空气,有机质不易分解;天晴时水分大量蒸发,又充满了空气,土壤中有机质发生强烈的分解。养分不断释放,但由于缺水不能被植物利用。因此,在这种结构的土壤中,水和空气存在着尖锐的矛盾。同时,下雨后土表泥泞,干后板结难耕,对植物生长发育很不利。这类土壤只有通过增施有机肥料和适量的石灰,来创造和改良土壤结构,以解决水和气的矛盾,提高土壤肥力。

四、土壤的质地

任何一种土壤,都不是单纯由一种矿物质颗粒组成,常常是由各种大小不等的矿物质颗粒搭配组成。土壤中大小矿物质颗粒的不同百分率组成,称为土壤质地。含粗粒多的为砂土,细粒多的为黏土,粗细适量的为壤土。不同质地的土壤,对药用植物的生长发育所需水分和养分的供给亦不同。

(一) 砂土

土壤颗粒中直径为 0.01～0.03 mm 的颗粒占 50%～90% 的土壤称为砂土。此类土壤排水通气能力强,耕作阻力小,但保水保肥力差,养分含量低,土温变化剧烈,易发生干旱。土壤水少,昼夜温差大,适合于种植珊瑚菜、仙人掌等耐旱性强、生育期短、要求土壤疏松的药用植物。这类土壤中栽培的药用植物前期生长相对较快,后期易脱肥,施肥上应做到少量多次。

(二) 黏土

含直径小于 0.01 mm 的颗粒在 80% 以上的土壤称为黏土。黏土中有机质含量一般稍高于砂土,土壤通气性、透水性差,抗旱性也差。土壤结构致密,耕作阻力大,但保水保肥性强,供肥慢,肥效持久。药用植物一般都不适宜在黏土上种植,只适合一些水生药用植物的生长,如泽泻、菖蒲、芡实等。

(三) 壤土

壤土的性质介于砂土与黏土之间,是一种比较优良的质地类型,其通气、透水、保水保肥、供水供肥性和耕作性能都很好。这类土壤,含砂粒较多的称砂壤土,黏粒较多的称黏壤土。壤土是药用植物栽培中理想的土壤,尤其适宜于根及根茎类药用植物。

五、土壤酸碱性

土壤酸碱性是土壤重要的化学性质,反映土壤酸碱性状况的指标是 pH。若 pH>7,一般称之为碱土,其值越大,碱性越强;若 pH<7,则为酸性,该值越小,酸性越强。它是在土壤形成过程中产生的。因此,它受气候、土壤母质、植被及耕作管理条件等影响很大。一般南方土壤比北方土壤偏酸,因为南方雨水多,大部分的碱性物质被冲入土壤下层,同时因气温高,有机质分解迅速,产生了酸性物质。

土壤的酸碱度不同,适于种植药用植物的种类亦异。酸性土壤适于种植肉桂、槟榔、黄连等,碱性土壤适于种植甘草、枸杞等,而中性土壤则适于大多数药用植物的生长。在生产上,一方面要根据药用植物进行合理的田间布局,另一方面也可采取农业措施改变土壤酸碱性,以适应药用植物生长发育的需要。

六、土壤的改良与污染土壤的修复

(一) 土壤的改良

1. **盐碱土的改良**　盐碱土又称盐渍土。主要分布于华北、西北及东北部和东南滨海地区。根据含盐种类和酸碱度不同,可分为盐土和碱土两类。盐土主要含氯化物和硫酸盐,呈中性或弱碱性,碱土主要含碳酸盐和重碳酸盐,呈碱性或强碱性,pH 高达 9~10,有机质被碱溶解,常遭淋失,严重破坏土壤肥力。盐碱土的通透性和耕作性能都很差,耕作十分困难。

改良盐碱土应采用以水肥为中心、因地制宜、综合治理的措施。如种植绿肥能提供大量的有机质和氮素,是改良盐碱土、解决肥源和培养地力的好办法;种植水生植物泡田洗盐,淡化耕作层;可在盐碱地上作垄,将植物种植在盐分少的垄沟里;还可对含碳酸钠的碱土施用石膏,改善土壤的透气透水性,降低碱性。此外,在盐碱地上植树造林可降低风速,减少地面蒸发,减轻和抑制土壤返盐,还可利用雨水淋洗,加速脱盐。

2. **红壤的改良**　我国的红壤主要分布于长江以南地区,地处热带和亚热带,日照充足,雨量充沛,林木生长繁茂,有机质增长快,分解也快,且易流失,同时因雨水多,土壤中大部分碱性物质被淋失,而不易流动的铁、铝相对聚积,尤其是铝的积累,造成红壤呈酸性及强酸性反应,降低了土中磷素的有效性。红壤中含较多很细的黏粒,土壤结构不良,当水分多时,土粒吸水分散成糊状;干旱时水分容易蒸发散失,土壤变得坚硬。

缺乏有机质是红壤低产的主要原因,大力种植绿肥,增施有机肥,从而改善其吸收性能,提高保水保肥能力,这是改良红壤的根本措施。施用磷肥和石灰可提高有效磷含量,中和红壤的酸性,加强有益微生物的活动,而且还可改良土壤结构,使红壤的物理性状得以改善。选择适宜植物进行合理轮作也是提高土壤肥力的重要措施。

此外,大面积利用和改良红壤,还需要把治山、治水结合起来,做好水土保持。

3. **重黏土和重砂土的改良**　重黏土的主要特点是土质黏重,结构紧密,耕作困难。同时,土壤缺乏有效养分,尤其缺磷,但土层较厚,且能保水保肥。可通过深耕,增施有机肥料,种植绿肥,适当施用石灰,以改良土壤养分状况;也可以采用挑沙面泥,改善土壤质地。

重砂土的主要特点是松散、保水保肥力差。可采用掺泥面土,增厚土层,种植绿肥,增施有机肥料等措施,以改良土壤结构,提高土壤的保水保肥能力。

(二) 污染土壤的修复

近年来,我国土壤污染不断加剧,已成为可持续发展的重要制约因素。土壤中的主要污染物质有:重金属(汞、镉、铬、铅、砷、铜等)、农药、有机废物、放射性污染物、寄生虫、病原菌、矿渣粉等。

污染土壤修复可以改变污染物在土壤中的存在形态或与土壤的结合方式,以降低其在环境中的可迁移性与生物可利用性,或降低土壤中有害物质的浓度。目前主要包括以下几种技术:

1. **物理修复技术**　主要有换土法、热处理法等。通过加热的方式,可使土壤中的挥发性重金属如汞、砷等挥发并回收或处理。用未被污染土壤置换或覆盖污染土壤也可达到部分修复目的。此法费用高,局限性较大。

2. **化学修复技术**　是利用重金属与改良剂之间的化学反应对土壤中的重金属进行固定,或通过物理化学过程(洗脱等)将有机化合物从土壤中去除。常用的改良剂有石灰、沸石、碳酸钙、磷酸盐和促进还原作用的有机物质等。

3. **生物修复技术**　利用某些特定的动植物或微生物吸走或降解土壤中的污染物以达到净化土壤的目的。目前,药用植物栽培生产中很少运用这些技术,但它们在中药材规范化种植研究及推行中有较大的发展空间。

(1) 动物修复:土壤中的某些低等动物(如蚯蚓和鼠类等)能吸收土壤中的重金属,待其富集重金属后,驱出集中处理,对重金属污染土壤有一定的治理效果。

(2) 植物修复:利用植物吸收、富集、转移和转化土壤中的污染物,是一种安全、经济、有效且非破坏性的修复技术。目前植物修复较成功的有杨树、柳树和紫花苜蓿等。

(3) 微生物修复:是近 20 年发展起来的一项用于污染土壤治理的新技术,主要利用土壤中的微生物分泌酶来降解污染物。如细菌、放线菌、酵母菌和真菌中有 70 个属、200 多个种能降解石油。

(4) 分子生物学技术:分子生物学技术已越来越多地被引入到污染土壤的治理中。利用植物或微生物体内与富集重金属或转化污染物相关的蛋白基因,生产出具有超富集能力的转基因植物,提高对污染土壤的修复能力。目前已分离出 100 多种重金属抗性基因。

复合污染是目前土壤污染的典型特征,现有土壤修复资料表明,物理修复、化学修复和生物修复方法只是针对某一类型的污染物,复合污染往往需要采用多种技术才能实现土壤修复。污染土壤的生态化学修复是微生物修复、植物修复和化学修复的技术综合,代表了 21 世纪污染土壤修复技术的发展方向,前景广阔。实践中,还可以通过增施有机肥、改变耕作制度等手段,综合治理土壤污染。

第三节　药用植物栽培与肥料的关系

肥料是指施入土壤或喷施于植物地上部分,用于提供、保持或改善植物营养和土壤物理、化学性能及生物活性,能提高农产品产量或改善农产品品质或增强植物抗逆性的有机、无机或微生物类物质,是药用植物生长发育所需养分的重要来源。

一、肥料与药用植物生长发育的关系

肥料对于药用植物的生长发育起作用,主要是通过营养元素形成的化合物发挥功效。所以,归根到底是营养元素与药用植物生长发育的关系。

药用植物生长发育过程中的营养来源除了种子萌发和幼苗生长阶段可部分依赖种子中的贮藏物质外,绝大部分来自其地上部分的光合作用和根系自土壤溶液中吸收的矿质营养元素。药用植物必需的营养元素有 16 种:碳(C)、氢(H)、氧(O)、氮(N)、磷(P)、钾(K)、钙(Ca)、镁(Mg)、硫(S)、铁(Fe)、锰(Mn)、硼(B)、锌(Zn)、铜(Cu)、钼(Mo)、氯(Cl)。按药用植物需要的不同,可将这16 种营养元素划分为:大量营养元素(N、P、K)、中量营养元素(Ca、Mg、S)和微量元素(Fe、Mn、Zn、B、Cu、Mo、Cl),C、O、H 这 3 种元素虽然在植物体中数量很大,通常占其干物质总量的 94% 左右,但因其主要来源于空气和水,所以不列入矿质养分中。但生产实践和科学研究发现,除以上 16 种元素之外,还有一些元素对某些药用植物是不可缺少或有特殊作用的,如硅(Si)、钠(Na)、钴(Co)、硒(Se)、矾(V)、镍(Ni)、碘(I)等元素,被称作药用植物的有益元素。

药用植物所需的营养元素除了空气供给一部分碳、氢、氧,根外施肥时由叶片吸收一些矿质营养外,其他元素均由土壤提供。通常植物生长发育对氮、磷、钾等养分需要量较大,而土壤中固有的量远远不能满足其生长、生产的需要。因此,必须通过人为补施相应的元素肥料才能大幅度增加植物产量。其中,氮、磷、钾 3 种养分元素,各种植物生长、形成产量对其需要量最大,故常被称为肥料的"三要素"。

营养元素最直接的作用就是提高植物产量,这是由于营养元素的重要生理功能所决定的。矿质营养元素主要有四大方面的生理功能:① 组成有机物。最典型的是氮、磷和硫。它们作为蛋白质、核酸、叶绿素、维生素、植物激素等许多重要有机物的组成成分直接参与代谢。由于氮在这些有机物中占有很大比例,因此生产中首先要保证充足的氮肥供应才能获得一定的产量。② 作为酶的活化剂调节各种代谢活动。像钙、镁、钾以及大部分微量元素都是植物体内生物化学反应所需酶的活化剂。缺少这些矿质元素,代谢活动就会减弱或出现紊乱,使植物不能正常生长。③ 充当电子载体,使植物体内氧化还原反应得以顺利进行。具有这种功能的主要是一些重金属元素,如铁、铜、锌和钼。它们本身就能改变价数而发挥接受和传递电子的功能。④ 建立渗透势,维持离子平衡。例如钾起渗透剂的作用。它在植物体内含量一般为干重的百分之几,高的可达百分之十几。这种元素不参与有机组成,其主要作用之一就是建立渗透势,调节水分代谢,保持植物的姿态。另外,它作为一种阳离子起到与阴离子平衡而中和植物细胞内部电性的作用。下面对主要矿质元素的生理功能进行表述。

1. **氮**　植物吸收的氮主要是无机态的铵态氮和硝态氮,也可以吸收某些可溶性的小分子的有机氮,如尿素、氨基酸及酰胺等,但吸收量有限,其营养意义远不及铵态和硝态氮。

氮是药用植物体内许多重要的有机化合物的成分,在许多方面影响着药用植物的代谢过程和生长发育。氮是蛋白质的主要成分,蛋白质含氮素 16%～18%,是药用植物细胞原生质组成中的基本物质,没有氮也就形成不了蛋白质。氮既是生长过程中进行光合作用的叶绿素的组成成分,也是核酸的组成成分。药用植物体内各种代谢过程中起生物催化作用的酶也含有氮,此外,氮还是维生素 B_1、B_2、B_5 的成分。

氮素充足时,植株枝叶繁茂、躯体高大、分蘖(分枝)能力强,籽粒中蛋白质含量高。氮可促进植物对磷、钾、钙的吸收,显著增产。还可促进植物体内生物碱、苷类和维生素等有效成分的形成与积累,如施用尿素可提高贝母总生物碱含量。但施氮过多,会造成茎叶徒长,延迟成熟。

2. **磷**　植物体内全磷(P_2O_5)含量一般占干物重的 0.2%～1.1%,大多数药用植物磷的含量在 0.3%～0.4%。磷既是药用植物体内许多重要有机化合物的组成成分,又以多种方式参与药用植物体内的各种代谢过程,在药用植物生长发育中起着重要的作用。磷是核酸的主要组成部分,而核酸又是核蛋白的重要组成部分,核蛋白存在于细胞核中,对药用植物生长发育和代谢过程极为重要。

磷具有提高药用植物的抗逆性和适应外界不良环境的能力。如磷能提高细胞中原生质胶体的水合程度和细胞的充水性,提高原生质胶体的保水能力,减少水分的损失;磷能促进药用植物体内的碳水化合物代谢,使细胞中可溶性物质和磷脂的含量增加,因而在较低温度下,保持原生质处于正常状态,增加抗寒能力。磷脂中含有磷,是药用植物细胞膜的重要组成部分。药用植物体内有许多重要含磷化合物,如腺三磷(ATP),各种脱氢酶、氨基转移酶等。磷参与药用植物体内的碳水化合物、脂肪等代谢过程。

磷在生命活动最旺盛的组织中含量较高,对植株的分蘖、分枝以及根系生长都有良好作用。磷能加速细胞分裂,增强植株抗病、抗逆能力。例如人参在开花前喷施磷肥,可以促进参根的形成和长大,提高参根质量和产量。

3. **钾**　一般植物体内含钾量(K_2O)占干物重的 0.3%～5.0%。钾主要是呈离子状态存在于细胞的液泡中。钾是药用植物体内许多酶的活化剂,在代谢过程中起重要作用,不仅可促进药用植物的光合作用,还可促进氮代谢,提高药用植物对氮的吸收和利用。此外,钾也参与了药用植物体内光合产物的代谢和运输;钾能调节药用植物细胞的渗透压,维持叶片挺立。

钾的另外一个重要作用是提高药用植物抵抗不良环境(低温、病害、盐碱、干旱等)的能力,能使原生质胶体吸水膨胀,提高原生质对水的束缚能力,减少水分蒸腾,还可以提高淀粉和糖分、可溶性蛋白质、各种盐分和碳水化合物的含量,从而减少因为水在细胞内结冰引起的细胞破裂。

钾能增强植物的光合作用,促进碳水化合物的形成、运转和贮藏,促进氮的吸收,加速蛋白质的合成,促进维管束和块茎的发育,提高抗倒伏、抗病虫害的能力,使果实种子肥大饱满。

营养条件对种子的化学成分有显著影响。对淀粉种子,氮能提高蛋白质含量;钾能加速糖类由叶、茎向果实种子或其他贮存器官(如块根、块茎)的运输,并加速其转化。对油料种子,磷和钾对脂肪的形成有积极的影响。

4. **钙**　钙能稳定药用植物的细胞膜结构,对药用植物根系的养分离子的选择性吸收、生长、衰老、信息传递及抗逆性方面起重要作用,钙以形成细胞壁果胶质的结构分子存在于细胞壁中,对稳定细胞壁有重要作用。存在于药用植物细胞中的 Ca^{2+} 对液泡内的阴阳离子平衡和渗透调节十分重要。此外,钙也是非常重要的酶(如 ATP 酶、磷脂酶)活化剂,可促进蛋白质合成。

5. **镁**　镁是药用植物叶绿素的组成成分,叶绿素 a 和叶绿素 b 中都含有镁,对药用植物的光合作用、碳水化合物代谢和呼吸作用具有重要意义。镁也是许多酶的活化剂,镁能促进维生素 A 和维生素 B 的合成,对提高药用植物的品质有一定作用。

6. **硫**　硫是构成药用植物细胞蛋白质和酶不可缺乏的成分,半胱氨酸、胱氨酸和甲硫氨酸 3 种氨基酸含有硫,许多蛋白质都含有硫;一些生理活性物质如维生素 B_1、H_1,辅酶 A 等都含有硫,它在许多药用植物重要的生理过程中起促进作用。硫虽然不是叶绿素的组成成分,但叶绿素的形成少不了硫。

此外,铁是叶绿素合成所必需的,与光合作用有着密切的关系;铁通过 Fe^{2+} 和 Fe^{3+} 的变价参与药用植物细胞内的氧化还原反应和电子传递,铁与有机物螯合生成的细胞色素、豆血红蛋白、铁氧化还原蛋白等对药用植物体内硝酸还原有重要作用。硼在药用植物生长中非常重要,能促进碳水化合物的正常运输,参与半纤维素及有关细胞壁物质的合成,促进细胞分裂和细胞伸长及生殖器官的发育,还能促进核酸和蛋白质的合成及生长素的运输。铜是药用植物体内许多氧化酶的成分,或是一些代谢酶的活化剂,参与许多氧化还原反应;铜与有机物结合构成铜蛋白参与光合作用,也参与氮代谢,还能促进药用植物的器官发育。锌是药用植物某些酶的组分或活化剂,如乙醇脱氢酶、铜锌氧化歧化酶、碳酸酐酶和 DNA 聚合酶都有锌;锌通过酶的作用对药用植物的碳、氮代谢产生影响;生长素的合成也与锌有关;同时,锌也促进药用植物生殖器官的发育,参与光合作用中二氧化碳的水合作用和蛋白质代谢。锰在药用植物体内的作用主要是通过各种代谢过程中酶的活性来影响的;如锰可以活化硝酸还原酶和脱氢酶,对三羧酸循环与氮代谢产生影响;锰在叶绿素中直接参与光合作用中的氧化还原过程,促进水的光解。钼以钼酸盐的形式被植物吸收;当吸收的钼酸盐较多时,可与一种特殊的蛋白质结合而被贮存;钼是硝酸还原酶的组成成分,缺钼硝酸不能还原,常呈现缺氮病症;豆科植物根瘤菌的固氮特别需要钼,因为氮素固定是在固氮酶的作用下进行的,而固氮酶是由铁钼蛋白和铁蛋白组成的。

微量元素种类、含量也影响药用植物的生长发育,甚至影响药材的临床功效。药用功能相似的药用植物,所含微量元素的量有一定的共性。每种道地药材的特征性微量元素图谱表明其生境土壤中化学元素的种类与含量多少。施用微量元素往往能够有效地提高药材的质量和产量。例如施用硫酸锌可提高丹参产量;施用钼、锌、锰、铁等微肥可使党参获得增产;对于人参,单施锰肥比单施铜肥和单施锌肥的增产幅度大,而施用铜、锌、钼、钴等微量元素可增加皂苷的含量。但微量元素含量过高会产生毒害作用。因此,应根据土壤中微量元素种类和不同药材的需求合理施用微量元素肥料。

二、药用植物养分吸收的机制

植物的营养状况主要决定于对养分的吸收,为了合理施肥,促进植物的生长发育,达到高产优质生产,必须要了解植物如何吸收营养,也就是植物养分吸收的机制和特点。

根系对矿质元素离子的吸收经过交换吸附(被动吸收)和代谢吸收(主动运输)两个过程。在根对矿物质元素离子吸收的过程中,细胞内的呼吸作用为吸收过程提供 H^+、HCO^- 及其能量等。所以,根对矿质元素离子的吸收是植物体生命活动的有机组成部分,它和植物其他生理活动如根对水的吸收之间既相互联系又具有相对的独立性。

（一）吸收区域

根系是植物吸收矿质的主要器官，它吸收矿质的部位和吸水部位都是根尖未栓化的部分。过去不少人分析进入根尖的矿质元素，发现根尖分生区积累最多，由此以为根尖分生区是吸收矿质元素最活跃的部位。后来更细致的研究发现，根尖分生区大量积累离子是因为该区域无输导组织，离子不能很快运出而积累的结果；而实际上根毛区才是吸收矿质离子最快的区域，根毛区积累较少是由于能很快运走的缘故。

（二）根系吸收养分的过程

1. **离子吸附中根部表面**　根部细胞呼吸作用放出 CO_2 和 H_2O。CO_2 溶于水生成 H_2CO_3，H_2CO_3 解离出 H^+ 和 HCO_3^- 离子，这些离子可作为根系细胞的交换离子，同土壤溶液和土壤胶粒上吸附离子进行离子交换。离子交换有两种方式：一种方式是根与土壤溶液的离子交换。根呼吸产生的 CO_2，溶于水中后形成的 CO_3^{2-}、H^+、HCO_3^- 等离子，以及根吸收的生理活性不大的某些离子，如 Na^+、Cl^- 等，和根外土壤溶液中的一些离子发生交换，代换到土壤溶液中的上述离子再和土壤胶粒上的离子交换。如此往复，根系便可不断吸收矿质。第二种方式是接触交换。当根系和土壤胶粒密切接触时，根系表面的离子可直接与土壤胶粒表面的离子交换。因为根系表面和土壤胶粒表面所吸附的离子，是在一定的吸引力范围内震荡着的，当两者间的离子的震荡面部分重合时，便可相互交换。

离子交换按"同荷等价"的原理进行，即阳离子只同阳离子交换，阴离子只能同阴离子交换，而且价数必须相等。

由于 H^+ 和 HCO_3^- 迅速地分别与周围溶液和土壤胶粒的阳离子和阴离子进行交换，因此盐类离子就会被吸附在细胞表面。

2. **离子进入根内部**　离子从根表面进入根导管的途径有质外体途径或共质体途径。

（1）质外体途径：根部有一个与外界溶液保持扩散平衡，自由出入的外部区域称为质外体又称自由空间。各种离子通过扩散作用进入根部自由空间，但是因为内皮层细胞上有凯氏带，离子和水分都不能通过。因此自由空间运输只限于根的内皮层以外，不能通过中柱鞘。离子和水只有转入其共质体后才能进入维管束组织。不过根的幼嫩部分，其内皮层细胞尚未形成凯氏带前，离子和水分可经过质外体到达导管。另外在内皮层中有个别细胞（通道细胞）的胞壁不加厚，也作为离子和水分的通道。

（2）共质体途径：离子通过自由空间到达原生质表面后，通过主动吸收或被动吸收的方式进入原生质。在细胞内离子可以通过内质网系统和胞间连丝从表皮细胞进入木质部，然后离子从木质部的薄壁细胞释放到导管中。释放的机制可以是被动的，也可以是主动的，并具有选择性。木质部薄壁细胞质膜上有 ATP 酶，可能这些薄壁细胞在分泌离子运向导管中起着积极的作用。离子进入导管后，主要靠水的集流而运到地上器官，其动力为蒸腾拉力和根压。

（三）根细胞对养分的吸收

到达根系表面的营养元素通过植物根系的主动吸收和被动吸收进行体内。

1. **被动吸收**　被动吸收指有机养分顺浓度梯度进入胞内，这种吸收方式大多是在载体的协助下进行的。

（1）扩散作用：扩散作用是指分子或离子顺着化学势或电化学势梯度转移的现象。电化学势梯度包括化学势梯度和电势梯度两方面，细胞内外的离子扩散决定于这两种梯度的大小；而分子的扩散决定于化学势梯度或浓度梯度。典型的植物细胞,在细胞膜的内侧具有较高的负电荷,细胞膜的外侧具有较高的正电荷,细胞从环境中吸收了较多的阳离子,致使细胞内该离子浓度较高。按照化学势梯度,细胞内的阳离子应向外扩散;而按电势梯度,由于细胞内有较高的负电荷,则这种阳离子又应该从细胞外向内扩散。离子究竟向什么方向扩散呢?要取决于化学势梯度与电势梯度的相对数值大小。

(2)离子通道:离子通道被认为是细胞膜中由大分子组成的孔道,可为化学或电学方式激活,控制离子通过质膜的顺势流动。组成离子通道的大分子常为寡聚体糖蛋白,能降低离子跨膜转运所需的能量,催化离子快速、被动、致电的单向转运。它也增加水和许多非带电体及有机离子的运动。

膜片钳技术的应用,极大地推动了对离子通道的研究。所谓膜片钳技术,是指从一小片细胞膜获取电子学信息的技术,即将跨膜电压保持恒定(电压钳位),测量通过膜的离子电流大小的技术。现已观察到原生质膜中有 K^+、Cl^-、Ca^{2+} 通道。原生质膜中也可能存在着供有机离子通过的通道。从保卫细胞中已鉴定出两种 K^+ 通道:一种是允许 K^+ 外流的通道,另一种是 K^+ 吸收的内流通道,两种通道都受膜电位控制。

离子通道的构象随环境条件的改变而发生变化。在某些离子通道构象时,它的中间会形成孔,允许溶质通过。孔的大小及孔内表面电荷等性质决定了它转运溶质的选择性。根据孔开闭的机制可将通道分为两类:一类对跨膜电势梯度发生反应,另一类对外界刺激(如光照、激素等)发生反应。由通道进行的离子转运是顺化学势或电化学势梯度进行的。跨膜的内部蛋白中央孔道允许离子(K^+)通过。在这里,K^+ 顺其电化学势梯度(注意通道右侧过量的负电荷),但逆着浓度梯度从通道左侧(外)移向右侧(细胞质)。感受蛋白可对细胞内外由光照、激素或 Ca^{2+} 引起的化学刺激做出反应。通道上的阀门可以通过一种未知的方式对膜两侧的电势梯度或由环境刺激产生的化学物质做出开或关的反应。

(3)载体:载体也是一类内部蛋白,由载体转运的物质首先与载体蛋白的活性部位结合,结合后载体蛋白产生构象变化,将被转运物质暴露于膜的另一侧,并释放出去。通过动力学分析,可以区分开溶质是经通道还是经载体进行转运。经通道进行的转运是一种简单的扩散过程,没有饱和现象;经载体进行的转运则依赖于溶质与载体特殊的结合,因结合部位的数量有限,具有饱和现象。

2. **主动吸收**

(1)质子泵:通过载体的主动转运需要 ATP 提供能量。在高等植物根细胞质膜上存在着 ATP 酶,又称为 ATP 磷酸水解酶,它可催化 ATP 水解生成 ADP、磷酸,并释放能量。ATP 酶是质膜上的插入蛋白,可以将 ATP 水解释放的能量用于转运离子。ATP 酶上有一个与阳离子 M^+ 的结合部位,还有一个与 ATP 的 Pi 结合的部分。当未与 Pi 结合时,M^+ 的结合部位对 M^+ 有高亲和性,它在膜的内侧与 M^+ 结合,同时与 ATP 末端的 Pi 结合(称为磷酸化),释放 ADP。当磷酸化后,ATP 酶处于高能态,其构象发生变化,将 M^+ 暴露于膜的外侧,同时对 M^+ 的亲和力降低,将 M^+ 释放出去,并将结合的 Pi 水解释放回膜的内侧,又恢复原先的低能态构象,开始下一个循环。

由于这种转运造成了膜内外正、负电荷的不一致,形成跨膜的电位差,故这种现象称为致电。又因为这种转运是逆电化学势梯度进行的主动转运,所以也将 ATP 酶称为一种致电泵。

不是所有的阳离子都以这种方式转运。H^+ 是最主要的通过这种方式转运的离子。将转运 H^+ 的 ATP 酶称为 H^+ - ATPase 或 H^+ 泵。

(2)Ca^{2+} 泵:Ca^{2+} 是另一种通过 ATP 酶转运的离子。质外体中通常含较高浓度的 Ca^{2+},而细

胞质中 Ca^{2+} 浓度则十分低(微摩数量级)。$Ca^{2+}-ATPase$ 逆电化势梯度将 Ca^{2+} 从细胞质转运到胞壁或液泡中。细胞质中 Ca^{2+} 浓度很小的波动就会显著影响许多酶的活性,植物细胞可以通过调节 $Ca^{2+}-ATPase$ 的活性使细胞质中 Ca^{2+} 保持一定水平。

植物对矿质营养的吸收是以消耗代谢能的主动吸收为主。

(四) 叶片对矿质元素的吸收

植物除了根系以外,地上部分(茎叶)也能吸收矿质元素。生产上常把速效性肥料直接喷施在叶面上以供植物吸收,这种施肥方法称为根外施肥或叶面施肥。

溶于水中的营养物质喷施叶面以后,可通过气孔和湿润的角质层进入叶内。角质层是多糖和角质(脂类化合物)的混合物,分布于表皮细胞的外侧壁上,不易透水。但角质层有裂缝,呈细微的孔道,可让溶液通过。溶液经过角质层孔道到达表皮细胞外侧壁后,进一步经过细胞壁中的外连丝到达表皮细胞的质膜。外连丝(ectodesmata)里充满表皮细胞原生质体的液体分泌物,从原生质体表面透过壁上的纤细孔道向外延伸,与质外体相接。当溶液经外连丝抵达质膜后,就被转运到细胞内部,最后到达叶脉韧皮部。外连丝是营养物质进入叶内的重要通道,它遍布于表皮细胞、保卫细胞和副卫细胞的外围。

营养物质进入叶片的量与叶片的内外因素有关,嫩叶比老叶的吸收速率和吸收量要大,这是由于二者的表层结构差异和生理活性不同的缘故。温度对营养物质进入叶片有直接影响,在30、20、10℃时,叶片吸收 ^{32}P 的相对速率分别为100、71和53。由于叶片只能吸收溶解在溶液中的营养物质,所以溶液在叶面上保留时间越长,被吸收的营养物质的量就越多。凡能影响液体蒸发的外界环境因素,如风速、气温、大气湿度等都会影响叶片对营养物质的吸收。因此,向叶片喷营养液应选择在凉爽、无风、大气湿度高的期间(如阴天、傍晚)进行。

三、药用植物的需肥量

(一) 不同植物或同一植物的不同品种需肥情况不同

药用植物所需营养元素的种类、数量、比例等因植物种类而异。从需肥量角度来说,地黄、薏苡、大黄、玄参、枸杞等药用植物需肥量大,曼陀罗、补骨脂、贝母、当归等需肥量中等,小茴香、柴胡、王不留行等需肥量小,而马齿苋、地丁、高山红景天、石斛、夏枯草等需肥量很小。从需要氮、磷、钾的量上看,芝麻、薄荷、紫苏、云木香、地黄、荆芥和藿香等属于喜氮的药用植物,薏苡、五味子、枸杞、荞麦、补骨脂和望江南等为喜磷的药用植物,人参、甘草、黄芪、黄连、麦冬、山药和芝麻等吸收钾的量相对较多。

以种子入药的药用植物需要氮肥较多,同时要供给足够的磷、钾,以使后期籽粒饱满。豆科药用植物能固定空气中的氮素,故需钾、磷较多,仅在根瘤尚未形成的幼苗期可施少量氮肥。全草类药用植物要多施氮肥,使叶片肥大,质地柔嫩。

根茎类药用植物需肥量大,适合于土层深厚、肥沃、疏松、排水良好的砂壤土中栽培。种子萌发后,幼苗期地上部分生长缓慢,吸收养分较少,需氮量最大,其次为磷;后期氮不能过量,否则会导致地上部徒长,需硼较多,缺硼对根部膨大会产生不良影响。此类需要更多的磷、钾和一定量的氮。

全草类药用植物种类繁多,生长期短,产量高,因此对土壤、水肥条件要求较高。它们一般根系较浅,单位面积上株数较多,要求肥沃湿润的土壤,肥水供应充足。全草类药用植物从土壤中吸收氮、磷、钾等养分,主要取决于土壤的供肥能力、土壤的环境条件及各种植物的生长特性。在无公害药用植物生产中,必须严格控制植物体中 $NO_3 - N$ 含量。

果实类药用植物需肥量高,耐肥力强。在营养生长阶段需肥量较少,但对氮、磷较敏感,缺氮、磷会影响花芽分化和果实品质。进入生殖生长阶段需肥量逐渐增加,在果实膨大期需充足的氮、磷,以合成大量的碳水化合物;氮、磷不足时,果实发育受阻,产量降低。

(二)同一植物在不同生育期需肥不同

同一药用植物不同生育时期所需营养元素的种类、数量和比例也不一样。一般情况下,植物对矿质营养的需要量与它们的生长量有密切关系。在萌发期间,因种子贮藏有丰富的养料,一般不吸收矿质元素;幼苗可吸收一部分,但需要量少,随着幼苗长大,吸收矿质元素逐渐增加;开花结实期,对矿质元素吸收达高峰;以后,随着生长的减弱,吸收量逐渐下降,至成熟期则停止吸收。以花果入药的药用植物,幼苗期需氮较多,磷、钾可少些;进入生殖生长期后,吸收磷的量剧增,吸收氮的量减少,如果后期仍供给大量的氮,则茎叶徒长,影响开花结果。以根及根茎入药的药用植物,幼苗期需要较多的氮(但丹参在苗期比较忌氮,应少施氮肥),以促进茎叶生长,但不宜过多,以免徒长,另外还要追施适量的磷以及少量的钾;到了根茎器官形成期则需较多的钾,适量的磷,少量的氮。

但是不同药用植物对各种元素的吸收情况又有一定差异,因此,在不同生育期,施肥对生长的影响不同,对增产效果有很大的差别。其中有一个时期施用肥料的营养效果最好,这个时期被称为最高生产效率期(或植物营养最大效率期)。一般药用植物的营养最大效率期是生殖生长时期。

综上所述,不同药用植物、不同品种、不同生育期对肥料要求不同,因此,要针对药用植物的具体特点,进行合理施肥。

第四节 药用植物化感作用

药用植物在生长发育过程中向周围环境释放出化学物质,从而对其他植物产生直接或间接的有利或不利的影响,称为药用植物的化感作用。这类化学物质可能是根系分泌物、挥发性物质或者是植物体某一组织器官死亡后的分解产物。这种有利或不利的影响可简单理解为植物间的相生相克。

早在公元前,人类就对植物化感作用有所了解,但直到 1890 年以后才开始有真正意义的相关研究。1937 年,奥地利植物学家 Molish 提出"化感作用(allelopathy)"一词。1984 年 Rice 在其经典著作 Allelopathy 中对其进一步定义为:"一种植物(包括微生物)通过向环境释放化学物质而对另一种植物(包括微生物)产生直接或间接的有害或有益的作用。"国际化感学会于 1996 年将化感作用定义为:由植物、真菌、细菌和病毒产生的化合物影响农业和自然生态系统中的一切生物生长发育的作用。我国植物化感作用研究起步较晚,但发展迅速。2004 年在沈阳召开了首届中国植物化感作用学术研讨会暨中国植物保护学会植物化感作用分会筹备大会。此后,关于林木、农作物、蔬菜、中草药以及杂草化感作用的研究报道不断出现。

一、化感物质

植物化感作用的载体是化学物质,被称为化感物质。确定化感物质是植物化感作用研究的核心,迄今发现的化感物质几乎都是植物次生代谢物质,其特征为分子量较小,结构多样,但生物活性较强,主要通过莽草酸和异戊二烯代谢途径产生。Rice 根据化感物质的结构把它们分为:水溶性有机酸、直链醇、脂肪族醛和酮;简单不饱和内脂;长链脂肪族和多炔;萘醌、蒽醌和复合醌;简单酚,苯甲酸及其衍生物;肉桂酸及其衍生物;香豆素类;类黄酮;单宁;类萜和甾类化合物;氨基酸和多肽;生物碱和氰醇,硫化物和芥子油苷;嘌呤和核苷等 14 类。通常,将化感物质大致分为酚类、萜类、炔类、生物碱和其他结构等 5 类。如艾的茎和叶产生的挥发性物质以及艾的挥发油对 3 种杂草的幼苗生长均有明显的抑制作用;月桂酸和 2,6 -二叔丁基苯酚是地黄作用于芝麻的化感物质;阿魏酸、香草酸等酚酸类化感物质可能是造成地黄连作障碍的因子;西洋参 *Panax quinquefolium* L. 根际土壤中存在着易溶于正丁醇和水的三萜皂苷类化合物对西洋参的生长有影响。

植物根、茎、叶、花、果实和种子等器官在其生育期各阶段都可能产生化感物质,但含量有所不同。同一供体植物对不同受体植物的化感作用也存在差异。

化感物质的释放方式取决于其化学成分的性质,主要释放途径有根系分泌、茎叶挥发(主要是萜类)、雨露淋溶、植物残体腐解等 4 种。

化感物质的分离鉴定以及生物活性测定是确定化感物质的重要步骤。化感物质往往是微量的,在收集、分离和鉴定时有一定的难度。如目前学者多采用土培、水培、基质培等分析药用植物根系分泌物的化感物质。广泛采用的提取方法有夹层法、常温吸附法、腐解法、水蒸气蒸馏法和浸提法。提取后再采用树脂法、层析法、分子膜及超滤技术、高效液相色谱、气相色谱、气质联用等手段进行分离和鉴定。最后用种子发芽试验、幼苗生长试验和田间试验对其进行生物测定。

化感作用在逆境中表现尤为强烈,生长在非最佳的养分、温度或湿度条件下的植物比生长在没有压力的环境中的植物对化感作用更敏感。如高温增强化感物质的活性,低温降低化感物质的活性。

目前研究植物化感作用的机制多偏重于抑制作用。主要的生理表现为:通过影响细胞膜电位和改变膜透性等影响代谢活动;通过抑制线粒体电子传递和氧化磷酸化两种方式影响呼吸作用;通过改变叶绿素合成或作用于光系统 PS Ⅱ元件从而抑制光合作用和氧的释放;通过降低受体植物中的赤霉素和生长素水平从而抑制植物的生长;通过抑制受侵植物 ATP 酶的活性影响受侵植物的光合与呼吸作用;还可影响植物对矿质元素的吸收,对植物激素、种子萌发所需的关键酶类的抑制等。

植物的化感作用有明显的选择性、专一性。如黑胡桃 *Juglans nigra* 产生的胡桃醌抑制苹果树生长,但对梨、桃、李树无影响。

同一化感物质对同一植物在浓度高低不同时,会产生抑制或促进两种截然不同的作用。而互相作用的两种植物都可能产生并释放出化感物质,但最终结果取决于彼此释放的化感物质的相对浓度。如凤眼莲与小球藻和栅列藻均可分泌出抑制对方生长的化合物,只有当其中一方快速生长形成较大群体时,相应的化感物质累积浓度高,即会抑制另一方的生长。

二、药用植物的化感自毒作用

有些植物释放的化学物质可对同种植物的生长发育产生抑制作用的现象称为植物的化感自毒作用(allelopathic autotoxicity),即植物自身的分泌物,其茎、叶的淋溶物及残体分解产物所产生的有毒物质累积较多时,会抑制同种植物根系生长,降低根系活性,改变土壤微生物系统的作用,从而有助于病原菌的繁殖,并导致作物生长不良、发病、死亡。

自毒作用是植物种内相互影响的方式之一,是生存竞争的一种特殊形式。其作用方式具有选择性、浓度效应、共同作用效应等显著特征。当自毒化感物质积累到一定浓度时,就会影响药材的产量和质量。西洋参茎叶、须根和根系分泌物中存在活性较高的自毒物质,当自毒物质在土壤中含量为 1 g/kg 时,四年生西洋参则不能生长。地黄生长过程中,逐渐积累的根系分泌物是导致地黄连作障碍的主要成因。根系分泌物的相关研究表明:阿魏酸、香草酸等酚酸类化感物质的共同作用可能是造成地黄连作障碍的因子。黄檗枝叶和黄檗果皮的化感作用对自身种子的萌发及幼苗生长都具有抑制作用,是导致黄檗野生种群自我更新障碍的因素之一。凤丹皮中含有香豆素、肉桂酸和丹皮酚等多种次生代谢物,这些物质中有多种被确认为是典型的自毒化感物质。

三、影响植物产品释放化感物质的因子

(一)遗传因子

遗传因子是不同植物产生不同种类、不同数量的化感物质,同种植物不同品种或品系产生同一化感物质的能力有异的根本原因。如 Fujii 研究了 189 份水稻材料的化感特性,发现热带粳稻材料具有较多的化感特性,在其他改良粳稻中,化感特性较少;Dilday 对水稻化感作用育种方面的初步研究已得到 ludia T-43 水稻化感作用是由多基因调控的结果。

(二)环境因子

植物化感物质的生成受其生长环境,如光、营养、水分、温度、化学物质等影响很大,尤其在逆境条件下往往增加化感物质的产生和释放。如 CO_2 浓度升高,水稻根系分泌甲酸和乙酸的总量显著增加。但有的情况下,植物的化感物质的产生也会受到抑制。如凤眼莲的根系处在强光照下,其分泌抑藻的化感物质的能力降低。

(三)微生物

微生物对植物化感作用有直接或间接的影响,表现在有的根系分泌物原无毒性,但进入环境后经微生物作用后变为有毒。如桃根分泌的扁桃苷无毒,经微生物分解产生的苯甲酸对桃树苗颇有毒性。与此相反,生理活性很强的莨菪亭和反式肉桂酸因被细菌分解很快失活。此外,植物的化感物质对微生物产生作用,进而影响到其他植物的生长。如长在松林下的帚石南 Callunna vulgaris,它的活体植株和枯枝落叶能分泌或释放出一种抑制真菌生长的物质,当移走这种石南植物后,林下就出现了能提高栽培树种生长速率的有益真菌——牛肝菌 Baletus spp.的孢子体。

四、化感作用在药用植物栽培中的特点

(一)多年生药用植物化感作用表现更为突出

由于中药材需求不断增加,野生资源日益减少,人工栽培过程中的连作障碍已成为制约我国中药材生产发展的重大问题。目前,在栽培的中药材中 70% 以上是根与根茎类药材,许多中药材的根、根茎、块根、鳞茎等地下部分既是吸收和积累营养的器官又是药用部位,并且存在着一个突出问题:即绝大多数根类药材忌连作,连作的结果是使药材品质和产量均大幅度下降。此外,其中大多数是多年生,生长周期长。这与生长周期短的药用植物不同,不仅由于重茬导致连作障碍,而且随着栽培年限的增加,药用植物不断地向环境释放化感(自毒)物质,当土壤中有毒物质积累到一定浓度时,就会严重影响中药材的产量和质量,导致减产,甚至绝收。研究结果表明,许多中药材如西洋参、人参、黄连、贝母、地黄等的连作障碍与其化感作用有关。因此,加强中药材化感作用研

究,探讨如何合理利用和克服化感作用在中药材栽培中显得更加重要。

(二)药用植物更易产生化感物质

中药材发挥临床疗效的化学物质是其体内某些活性成分的种类和数量,且多为次生代谢产物。中药材栽培所追求的目标就是提高其含量,这些产物不仅是药效成分,有些也可能是化感物质,所以决定了药用植物的化感作用研究的特殊性。此外,在外界环境胁迫条件下,药用植物的有效成分含量可能随之增加,同时化感物质产生量与释放量可能随之增加,从而加剧药用植物化感自毒作用的影响。

彻底消除药用植物的化感自毒作用是不现实的。降低化感作用对药用植物连作障碍的影响,应该以生态控制为主,建立合理的轮作制度,构建高效的复合群体,既能有效利用不同的土壤养分,又可以调节土壤中的微生物微生态群落,控制土壤病害的加剧或蔓延,使其降低甚至消失。

五、植物化感作用的应用

(一)净化水质

水体富营养化已成为一个严重的环境污染问题,严重的水体富营养化导致某些藻类异常增殖并形成水华。水华的频繁出现,不仅影响水生生态系统的结构和功能,其藻类毒素通过食物链还可能影响人类的健康。故对湖泊富营养化水治理中最紧迫的任务之一就是对藻类的治理。

水生植物对藻类的化感抑制作用的研究发现,使化感作用开始应用于富营养化水体藻类控制领域。利用某些水生植物的化感物质抑制藻的生长,吸收水域中过量养分,则可达到净化水质的目的。利用植物化感作用抑制藻类生长具有生态安全和快速高效的优点。但在水生植物自然分布少或不适合种植大型水生植物的景观水域,应用水生植物抑制藻的生长具有周期长、短期难以见效等缺点。

近年来,应用水生药用植物来控制藻类暴发已取得一些成效:应用芦苇 *Phragmitis communis* 浸提液抑制绿藻;应用菖蒲 *Acorus calamus* 浸提液可以抑制多种藻类;目前应用药用植物抑藻的研究主要集中在海洋赤潮藻类,成效显著。黄连、槟榔、板蓝根、苦参、鱼腥草浸提液对塔玛亚历山大藻 *Alexandrium tamarense* 的抑藻效应研究表明:应用黄连、槟榔的抑藻效果最好,两者联合使用可以增强药物的抑藻能力。大蒜粗提液对赤潮藻类塔玛亚历山大藻、锥状斯氏藻 *Scrippsiella trochoidea* 有很好的抑藻效果,且其抑藻成分稳定,不受高温及长期贮藏的影响。防己、重楼、黄连、贯众都有明显的抑藻效果。

此外,在滨内布置以凤眼莲为主体的生态系统就是成功的范例。

(二)杂草的生物控制和防治

生物入侵已成为全球关注和研究的热点问题,生物入侵在许多地域引发了严重的生态和经济等问题,其中外来植物种或杂草的入侵是主要问题。目前中国外来杂草已达 23 科共 108 种,其中近 10 种已成为入侵种。这些外来杂草的入侵已对农林和自然生态系统造成极大的危害。利用植物化感作用控制农田杂草是 21 世纪发展可持续农业的生物工程技术之一。药用植物作为合成杀虫剂和除草剂的替代物,具有用量较小、非目标毒性、易分解、兼容性好、无污染的特性,其对生物及杂草的控制较安全。如不同浓度的角茴香根和地上部位的水浸液可抑制反枝苋种子的萌发和幼苗根的生长,预示着角茴香中的化感物质具有作为除草剂的先导化合物的可能性。青蒿和龙须草的化感抑制作用有利于其在紫茎泽兰入侵群落中伴生生存,同时,对紫茎泽兰幼苗种群的建立及其入侵扩散也产生一定阻碍作用。益母草水提取物具有明显的"低促高抑"的化感物质特征,且化感作用与植物器官有关。因此,对这些伴生的药用植物,特别是对其化感作用机制的合理利用,有可能是一种对于入侵植物或杂草进行生态控制的有效途径。

（三）有益植物的合理组合

在药用植物栽培过程中,药用植物之间、药用植物与其他作物之间的合理种群格局是至关重要的。一方面要利用植物之间有利的化感作用,合理地间作套种,安排茬口;另一方面要采取有效措施,克服不利的化感作用(尤其是自毒),趋利避害,解决中药材连作障碍问题。药用植物与其他作物进行轮作、间作、套作时,不但要考虑到光照、温度、水分和营养等因素,且要考虑化感作用的影响。如茅苍术、京大戟、黄姜(盾叶薯蓣)、半夏和阔叶麦冬5种药用植物与花生套种,可有效调节花生根系微生物区系,明显改善花生和药用植物连作障碍。为合理利用耕地,提高土地利用率,林一药、果一药、农一药等复合型栽培模式正在逐渐发展。如在沙棘、云杉和白桦林中间作柴胡、大黄、板蓝根、黄芪等药材取得成功。

六、化感作用在药用植物栽培中的应用前景

（一）确定合理的种植制度

建立合理的轮作、间作和套种的耕作制度,可有效地利用化感作用控制田间杂草及降低作物之间的负效应,减少病虫害,提高作物的营养效应,达到提高作物产量、品质和土地的产出率的目的。牡丹和棉花间作,人参与紫苏间作,既可以充分利用地力、空间、光能,达到高产高效,也可以利用作物之间的相生作用减少病虫害的发生。柴胡秋季播种时可与冬油籽或冬小麦套种,春季播种时可与春小麦、春油籽、胡麻等作物套种。在前茬为紫苏和施紫苏子土壤上种植西洋参,其存苗率和生物学重量有显著提高。

轮作是克服连作障碍的有效途径。药用植物自毒作用理论研究证明,药用植物的亲缘关系越远,其轮作的效果越好。

（二）培育抗连作品种

化感作用与植物品种显著相关。通过品种选育,可以培育出对化感作用有着较强抵抗能力的优良品种,提高其抗连作性。茅山苍术和英山苍术是苍术的两个不同的化学型,它们对茅山苍术种子具有不同程度的化感作用,苍术的自毒现象在种内不同品种间存在着差异。化感物质一般是植物的次生代谢产物,而且受多基因控制。在药用植物品种选育的过程中,可结合化感作用机制的研究,找出控制植物化感作用的某个或某些基因,然后对其基因序列进行修饰,对其化感作用表达进行调控。

（三）调节水肥平衡,减少化感物质释放

在不同的土壤、水分和肥力状况下,药用植物化感物质的分泌有差异。在缺磷的土壤中,许多植物能释放酚类化感物质;在低氮土壤中生长的植物释放的酚类化感物质则减少;氮、磷、硫的缺乏能使向日葵产生大量的咖啡奎宁酸;黑麦在高营养土壤中产生的化感物质羟基肟酸少。因此,适当调控土壤肥力和水分是降低化感作用的重要途径。

（四）调控土壤生态环境,降解药用植物有毒化感物质

施用有机肥、微生物菌肥、微量元素等,对于调控土壤生态环境、降解药用植物有毒化感物质

具有良好效果。如接种泡囊丛枝菌(AM)真菌可以显著增加植株对磷、氮及微量元素的吸收。在银杏、荆芥、曼陀罗等药用植物上接种 AM 真菌,均可显著促进植株生长。

(五) 加快特殊药用植物的繁育

在药用植物栽培中,一些原产高寒山区的、喜阴的或短命的药用植物种子有较深的休眠习性,如西洋参从果实成熟到种子萌发需要 18～22 个月,给西洋参栽培带来很大困难。目前已有报道,西洋参果实中存在多种抑制物质是使种子具有休眠特征的主要原因,现已分离鉴定出 4 种抑制物质——乙酸、丁酸、异丁酸和苯乙酮。除西洋参外,到目前为止,发现种子含有抑制物的药用植物有人参 *Panax ginseng*、胡芦巴 *Trigonella fonum-graecum*、山茱萸 *Cornus officinalis*、刺楸 *Kalopanax sesptemlobus*、伊贝母 *Fritillaria pallidiflora*、茜草 *Rubia cordifolia*、红豆杉 *Taxus chinensis*、黄连 *Coptis chinensis* 和肉苁蓉 *Cistanche salsa* 等。

总之,植物间的化感作用是当今科学研究的前沿之一,药用植物化感作用的基础研究还相当薄弱,尽管已经取得了一定的研究成果,但仍存在一些问题:① 化感物质的成分效应。如目前所得到的化感物质均为混合物,具体起作用的化学成分,尤其他们的特有的化感物质尚不明确,或以单个化感物质为研究而忽视了几种化感物质的协同增效作用。② 化感物质的浓度效应。一般情况下,随着浓度的降低,化感物质的抑制或促进作用会逐渐减弱、消失,最常见的是呈现出"高抑低促"趋势。这种浓度对作用效果的根本逆转在化感作用的机制研究和实际应用中都具重要意义。但随着药用植物化感物质分离、提取和鉴定工作逐渐成熟和深入,药用植物将成为重要的天然的杀虫灭菌除草剂,并建立化感作用在药用植物之间或与农林作物间的作用谱,为建立有益植物的合理组合的研究奠定基础。此外,具化感作用的药用植物的竞争优势也将使其成为遗传育种的优质种质资源得以研究和利用。

第四章　药用植物栽培制度与土壤耕作

导学

　　1. 掌握栽培制度与复种的内涵；掌握间、混、套作的运用原则；掌握土壤耕作的主要目的。

　　2. 熟悉药用植物复种的条件；熟悉轮作应注意的问题；熟悉翻地的注意事项。

　　3. 了解复种方式及间混套作类型；了解连作障碍产生的主要原因及合理轮作的作用；了解表土耕作的主要内容。

　　我国幅员辽阔，生态环境条件各异，药用植物种类、品种繁多，栽培制度差异很大。因此，正确采用栽培制度对高产优质生产药用植物具有十分重要的意义。

第一节　药用植物栽培制度

一、栽培制度

　　栽培制度是某一地区或生产单位所有栽培作物在空间和时间上的配置方式，即确定栽培作物种类后，配置这些作物所采用的种植体系，包括复种、单作、间作、套作、混作、轮作与连作等。

　　药用植物栽培制度是药用植物生产的全局性措施。它受当地自然条件、社会经济条件和科学技术水平的制约。合理的栽培制度既能充分利用自然资源和社会资源，又能保护资源，保持农业生态系统平衡，达到药用植物的优质高产，促进农、林、牧、副、渔各业全面发展。

二、复种

（一）复种的概念

　　复种是指在一年内在同一耕地上种植作物次数的种植方式。复种主要应用于生长季节较长、降水较多的暖温带、亚热带或热带地区。复种能提高土地和光能的利用率；提高作物的单位面积及年总产量；减少土壤的水蚀和风蚀；充分利用人力和自然资源。

　　复种的类型因分法不同而异。按年和收获次数分有：一年一熟、一年二熟、一年三熟、一年四熟、二年三熟、二年五熟或七熟。按植物类别和水旱方式分有：水田复种、旱地复种、粮食复种、粮肥复种、粮药复种等。按复种方式分有接作复种、套作复种、间套作复种等。

衡量大面积复种程度高低,通常采用复种指数表示。复种指数是指某一地区,全年种植总面积和耕地总面积之比。它是衡量耕地利用程度的重要指标,常用百分数表示。例如:某农场有耕地 500 亩,全年作物的种植总面积为 1 000 亩,则该农场的复种指数为 200%。

(二) 复种的条件

一个地区能否复种和复种程度的大小,受当地的热量、降水量、土壤、肥料、劳力和科技发展水平等条件的制约。热量条件好、水分充足、无霜期长、总积温高有利于提高复种指数。

1. **热量条件** 热量资源是确定能否复种和复种程度大小的基本条件之一。热量是作物生长发育过程中不可缺少的环境因子,作物的生长发育需要一定的温度条件,只有当热量累积到一定程度,作物才能完成其整个生育期。热量资源一般以积温表示。积温为大于某一临界温度值的日平均气温的总和,又称活动积温。积温有 $\geq 0°C$ 以上的积温及 $\geq 10°C$ 以上的积温。安排复种时,既要掌握当地气温变化和全年 $\geq 0°C$、$\geq 10°C$ 以上的积温状况,又要了解各种植物对平均温度和积温的要求。各种植物所要求的积温有很大差别。

2. **水分条件** 在热量允许的前提下,水分资源状况也是影响复种的因素之一。水分条件包括降水量、灌溉和地下水。降水量不仅要看年降水总量,而且还要看月分布量是否合理,如过分集中,必然出现季节性干旱,复种就要受到限制。

3. **地力与肥料条件** 地力与肥料是限制复种指数和复种方式的条件之一。随着复种指数的增加,从土壤中带走了大量养分,地力消耗较大。为保持地力平衡,保证复种有良好收成,必须做到用地与养地相结合。除安排必要的养地作物外,还需要合理耕作,扩大肥源,增施肥料,以保持土壤肥力,使地力经久不衰。

4. **劳力和机械化条件** 发展多熟复种,还必须与当地生产条件、社会经济条件相适应。在一年一熟至二熟或二熟至三熟的地区,由于上下茬时间衔接较紧,劳力和机械化条件能否满足复种实施所需要求,也是影响复种能否顺利进行的重要因素。

5. **技术条件** 除了上述自然、经济条件外,还必须有一套相适应的耕作栽培技术,以克服季节与劳力的矛盾,平衡各作物间热能、水分、肥料等的关系。

(三) 复种的主要方式

单独药用植物复种的方式少见,一般都结合粮食、蔬菜等作物进行复种,把待种药用植物作为一种作物搭配在复种组合之内。药用植物复种主要的方式(注:"—"表示年内复种,"→"表示年间轮作)有:

1. **一年二熟制** 如莲子—泽泻;冬小麦—菘蓝等。
2. **一年三熟制** 如小麦—油菜—泽泻。
3. **二年三熟制** 如莲子—川芎→夏甘薯(或中稻)。

三、单作与间作、混作、套作

(一) 概念

1. **单作** 即在一块土地上一个生育期间只种一种植物,也称净种或清种。其优点是便于种植和管理,便于田间作业的机械化。人参、西洋参、牛膝、当归、郁金、云木香等单作居多。

2. **间作** 是指在同一块土地上,同时或同季节成行或成带状(多行)间隔种植两种或两种以上的生育季节相近的植物。间作可提高土地利用率,减少光能的浪费。通常把多行成带状间隔种植的称为带状间作。带状间作利于田间作业,提高劳动生产率,同时也便于发挥不同植物各自的增产效能。

3. 混作　是指在同一块田地上,同时或同季节将两种或两种以上生育季节相近的植物,按一定比例混合撒播或同行混播种植的方式。混作通过不同作物的合理组合,可提高光能和土地的利用率,达到增产保收的目的。如选用耐旱涝、耐瘠薄、抗性强的作物组合时,能减轻旱涝等自然灾害及病虫害的影响。

混作与间作都是由两种或两种以上生育季节相近的植物在田间构成复合群体,增加田间种植密度,充分利用空间提高光能利用率,两者只是配置形式不同,间作利用行间,混作利用株间。在生产上有时把间作和混作结合起来。

4. 套作　是指在同一块田地上,前茬植物生育后期,在其株、行或畦间种植后茬植物的复种方式。套作多应用于一年可种两季或三季作物的地区。它把两种生育季节不同的植物一前一后搭配起来,充分争取了时间,缓和了农忙期间用工矛盾,同时充分利用了空间,使田间在全部生长季节内,始终保持一定的叶面积指数,提高了土地利用率。

(二) 间作、混作、套作的运用原则

间作、混作、套作是在人为调节下,充分利用不同植物间某些互利关系,组成合理的复合群体结构。它使复合群体既有较大的叶面积,又有良好的通风透光条件,充分利用光能和地力,保证稳产增收。但在实施过程中应把握如下原则:

1. 作物种类和品种搭配必须适宜　药用植物、蔬菜等都具有不同形态特征、生理生态特性,将它们间作、混作、套作在一起构成复合群体时,以达到互利互惠,减少竞争,必须选择适宜的植物种类或品种搭配。在品种搭配时,可选择高秆与矮秆的搭配,深根与浅根的搭配;从适应性方面考虑,要选择喜光与耐阴,耗氮与固氮等植物搭配;从品种熟期上考虑,间作、套作中的主作物生育期可长些,副作物生育期要短些,在混作中生育期要求要一致。

2. 密度和田间结构必须合理　密度和田间结构是解决间作、混作、套作中植物间对水、肥、气等一系列竞争的关键措施。间作、混作、套作时,其植物要有主副之分,要处理好同一植物个体间的矛盾,又要处理好各间混套作植物间的矛盾,以减少植物间、个体间的竞争。

3. 栽培管理措施必须与作物的需求相适应　在间作、混作、套作情况下,虽然合理安排了田间结构,但不同作物在不同生育期对土壤肥力、光照、水分等均有不同要求,依然可能存在争光、争肥、争水的矛盾,必须加以认真考虑,做好前期准备工作。

(三) 间作、混作、套作类型

1. 间作、混作类型　药用植物间作、混作类型主要有:

(1) 粮药、菜药间作、混作:将粮食或蔬菜作物与药用植物进行间作、混作,如玉米(高粱)+穿心莲(紫苏、金钱草、细辛、贝母、车前、川芎);马铃薯(甘薯)+洋金花(长春花、枸杞、木瓜)等。

(2) 林(果)药间作、混作:适宜于林下或果树下栽培的药用植物,应根据林(果)植物的不同生育期选择不同习性的药用植物实施间作、混作。一般幼林(果)阶段其行(株)间有较充足的光照,可间作、混作多种药用植物,但进入成年林(果)期后,往往适宜间作、混作一些喜阴矮秆药用植物,如人参、西洋参、黄连、三七、细辛、草珊瑚等。

(3) 药药间作、混作:如薏苡与紫苏、黄芪与大黄、杜仲与穿心莲等。

2. **套作类型**   以棉为主的套作区,可用红花、芥子、王不留行、莨菪等代替小麦进行套作。以玉米为主的套作区,可套种郁金、穿心莲等。

四、轮作与连作

(一) 概念

轮作是指在同一块田地上按照一定的顺序轮换种植植物的栽培方式。其中又分植物轮作和复种轮作,前者指不同的植物之间的轮作方式,后者指不同的复种方式之间的轮作方式。

要确保植物种类和种植面积的稳定,就需要有计划地合理地进行轮作,即在时间上和空间上安排好各种植物的轮换。单一植物轮作容易安排;复种轮作时,要按复种的植物种类和轮作周期的年数划分好地块。通常轮作区数(各区面积大小相近)与轮作周期年数相等,这样才能逐年换地,循环更替,周而复始地正常轮作。

连作是指在同一块田地上重复种植同种(或近缘)植物或同一复种方式连年种植的栽培方式。前者又称单一连作,后者又称复种连作。复种连作与单一连作也有不同。复种连作在一年之内的不同季节仍有不同植物进行轮换,只是不同年份同一季节栽培植物年年相同,而且它的前后作植物及栽培耕作等也相同。

(二) 连作障碍及其原因

连作障碍是指连续在同一区域或生产单位土壤上栽培同种或近缘作物后引起的作物生长发育不良、产量和品质下降的现象。连作障碍的发生主要包括几个原因,包括土壤养分过度消耗、病虫害增加和土壤有毒物质累积等。其中土壤有毒物质主要来自植物挥发、淋溶、直接分泌或植株降解等途径,这些物质改变了土壤理化性质以及土壤微生物种类和数量,从而影响后茬作物的产量和品质。许多药用植物,如地黄、人参、玄参、北沙参、川乌、白术、天麻、当归、大黄、黄连、三七等都存在连作障碍的问题。

连作障碍主要原因有:

(1) 土壤养分失衡,导致植物生长发育全程或某个生育时期所需的养分难以满足。

(2) 土壤微生物群落结构改变,病原、害虫侵染源增多,导致发病率、受害率加重。

(3) 土壤中植物自身代谢的自毒物质的增加。

(4) 土壤理化性质的改变。

(三) 合理轮作的作用

合理轮作可明显提高药用植物的产量和质量。其作用主要表现在:

1. **均衡利用土壤养分**   各种作物从土壤中吸收各种养分的数量和比例各不相同。如叶及全草入药的药用植物,需氮、磷较多,豆科药用植物需钙较多,且能增加土壤中氮素含量。深根作物可以利用由浅根作物溶脱而向下层移动的养分,并把深层土壤的养分吸收转移上来,残留在根系密集的耕作层,深根系和浅根系作物的轮作,可以调节土壤肥力。因此作物轮作,有利于土壤养分均衡利用,避免其片面消耗。合理轮作,容易维持土壤肥力均衡,做到用养结合,充分发挥土壤潜力。

2. **减少病、虫、草害**   许多病虫害对寄主都有一定的选择性,且它们在土壤中存活都有一定年限。因而如果将感病的寄主作物与非寄主作物实行轮作,便可消灭或减少这种病虫在土壤中的数量,减轻病虫害。另外,不同作物栽培过程中所运用的农业措施不同,对田间杂草有不同的抑制和防除作用。

3. **改善土壤理化性状,减少有毒物质**　具有庞大根系的禾谷类作物可疏松土壤、改善土壤结构。绿肥作物可直接增加土壤有机质来源。水旱轮作有利于土壤通气和有机质分解,消除土壤中的有毒物质。

(四) 药用植物轮作应注意的问题

(1) 叶类、全草类药用植物,如大青叶、毛花洋地黄、薄荷、细辛、颠茄、荆芥、紫苏、泽兰等喜肥植物,要求土壤肥沃,需氮肥较多,宜与豆科作物轮作。

(2) 用小粒种子进行繁殖的药用植物,如桔梗、柴胡、党参、香薷、藿香、穿心莲、紫苏、牛膝、白术等,播种覆土浅,易受草害,应选豆茬或收获期较早的中耕作物作前茬。

(3) 同一科植物或同是某些病害的寄主植物,或同是某些害虫取食的植物,不宜轮作。如地黄与大豆、花生有相同的胞囊线虫,枸杞与马铃薯有相同的疫病等,安排茬口时要特别注意,可分年轮换。

第二节　土　壤　耕　作

一、药用植物对土壤的要求

药用植物对土壤总的要求是:要具有适宜的土壤肥力,能满足药用植物在不同生长发育阶段对土壤中水、肥、气、热的要求。栽培药用植物理想的土壤应当是:① 有一个深厚的土层和耕层,整个土层最好深达 1 m 以上,耕层至少在 25 cm 以上,有利于保蓄水分、贮存养分以及根系发展。② 耕层土壤松紧适宜,并相对稳定,能协调水、肥、气三者之间的关系。③ 土壤质地沙黏适中,含有较多的有机质,具有良好的团粒结构或团聚体。④ 土壤 pH 适度,地下水位适宜,土壤中不含有过多的重金属和其他有毒物质。

通常情况下,栽培植物和杂草从土壤中吸收大量水分和养料的同时,其根系深入土层会对土壤发生理化、生物等作用;栽培管理过程中的施肥、耕作、灌溉、排水等作业,一方面有调节、补充土壤中水、肥、气、热的作用,但同时又破坏表土结构,压实耕层。因而经过一次或一年生产活动之后,耕层土壤总是由松变紧,有机质减少,孔隙度越来越小。因此土壤耕作已成为药用植物生产过程中必不可少的生产环节。

二、土壤耕作的目的

土壤耕作是指在生产过程中,通过农机具的物理机械作用改善土壤耕层构造和表面状况的技术措施。土壤耕作的主要目的有:

(一) 改良土壤耕层的物理状况和构造,协调土壤中水、肥、气、热等因素间的关系

耕地经过一季或一年生产活动后,耕层土壤总是由松变紧,孔隙度变小,土壤肥力下降,影响后作植物的生长。耕作的目的之一就是疏松耕层,增加土壤总孔隙和毛管孔隙,增加土壤的透水性、通气性和蓄水量,提高土壤温度,促进微生物活动,加速有机质分解,增加土壤中有效养分含量,

为药用植物种子萌发、幼苗移植和植株生长创造良好的耕层状态。

（二）保持耕层的团粒结构

在药用植物生产过程中，由于自然降水、灌水、人、畜、机械力等因素的影响，以及有机质的分解，耕层上层(0～10 cm)的土壤结构易受到破坏，逐渐变为紧实状态；土壤下层由于根系活动和微生物作用，结构性能逐渐恢复，受破坏轻，结构性能较好。通过耕翻，调换上下层位置，可使受到破坏的土壤结构得以恢复。

（三）创造肥土相融的耕层

土壤耕作可使施于土壤表面的肥料通过正确的耕作措施翻压、混拌于耕层之中，促进其分解，减少损失，使土肥相融，增进肥效。

（四）清除杂草，控制病虫害

田间杂草往往是病虫害滋生的主要场所，通过土壤耕作清除杂草有利于控制病虫害。

（五）创造适合于药用植物生长发育的地表状态

土壤耕作可有效控制土壤水分的保蓄和蒸发，创造适合于药用植物生长发育的地表状态。

三、土壤耕作的时间和方法

药用植物耕作的时间与方法要依据各地的气候和栽培药用植物的特性来确定。

（一）翻地

1. **深耕** 就是把田地深层的土壤翻上来，把浅层的土壤翻入深层。深耕具有翻土、松土、混土、碎土的作用，促使深层的生土熟化，增加土壤中的团粒结构，熟化土壤，加厚耕层，改善土壤的水、气、热状况，提高土壤的有效肥力，同时还能消除杂草，防除病虫害等。合理深耕具有显著的增产效应。

深耕时应注意以下几点：

(1) 耕翻深度要因地制宜。凡底土结构良好，有机质含量较高，或表土层黏土层厚的可以翻得深些。飞沙土和河边沙土不宜深翻。就大多数药用植物根系分布来说，50％的根量集中在 0～20 cm 范围内，80％的根量集中在 0～50 cm 范围内。因而，0～50 cm 范围内，药用植物产量随深度的增加而有不同程度的提高，但深耕增产并不是越深越好。试验表明，耕翻深度以 30～40 cm 为宜。因为达到一定深度后，氧的含量少，温度低，有效养分缺乏，不利于根系的生长。不同的药用植物对深耕有不同要求，对于深根性药用植物如黄芪、甘草、牛膝、山药应超过一般耕翻深度，而平贝母、川贝母、半夏、耧斗菜、黄连等浅根药用植物应低于一般深度。

(2) 分层深翻，不乱土层，不要一次把大量生土翻上来。因为底层生土有机质缺乏，养分少，物理性状差，有的还含有亚氧化物，翻上来对植物生长不利。一般要求做到熟土在上，生土在下。机耕应逐年加深耕层，每年加深 2～3 cm 为宜。

(3) 深翻结合施肥。有利于土肥相融，改善土壤理化性质，提高土壤肥力。

(4) 旱地注意耙耱保墒，排水不良地块，注意排水。干旱地区注意要适合墒情耕作，冬翻保墒或雨后耙耱保墒，尽量减少机车作业次数。对排水不良的地块，应结合深翻挖好排水沟。

(5) 注意水土保持。药用植物种植用地多为坡地、荒地，坡地应横坡耕作，这样可以减缓径流速度,防止水土流失。

(6)深耕宜在晴天进行。深耕要抓紧晴天适时进行,不要在土壤湿度过大时深翻,以免土壤板结,破坏结构。

2. 翻地时期 全田耕翻要在前作收获后才能进行,其时间因地而异。一般以秋冬季节土壤结冻前最适宜,使土壤有较长时间的熟化过程,既可增加土壤的吸水力,又可消灭土壤中的病、虫源,还能提高春季土壤温度。如果没条件冬翻,来春必须尽早深耕。我国东北、华北、西北等地,冬季寒冷,翻耕土地多在春、秋两季进行;长江以南各地,冬季温暖,许多药材长年均可栽培,一般是随收随耕。

北方的春耕是给已秋耕的地块耙地、镇压保墒和给未秋耕的地块补耕,为春播和秧苗定植作好准备。为防止跑墒,上年秋翻的地块,多在土壤解冻 5 cm 左右时,开始耙地。对于那些因前作收获太晚或因其他原因没能秋耕的地块,第二年必须抓住时机适时早耕翻,早耕温度低,湿度大,易于保墒。适当浅耕(16~20 cm),力争随耕随耙,必要时再进行耙耱和镇压作业,以减少对春播植物的影响。

(二)表土耕作

表土耕作是用农机具改善 0~10 cm 以内的耕层土壤状况的措施。它主要包括耙地、耱地、镇压、畦作、起垄、中耕等作业,多数在耕地后进行。

1. 耙地 翻地后利用各种耙,如圆盘耙、钉齿耙、弹簧耙平整土地的作业。耙深一般为 4~10 cm。耙地可以破碎土垡,疏松表土,保蓄水分,增高地温,同时具有平整地面、混拌肥料、耙碎根茬杂草等作用,还可减少蒸发,抗旱保墒。

2. 耱地 又称耢地,我国北方旱区在耙地之后或与耙地结合进行的一项作业。传统方法多用柳条、荆条、木框等制成的耱(耢)拖擦地面,使形成 2 cm 左右的疏松覆盖层,下面形成较紧实的耕层,以减少土壤表面蒸发;同时也有平地、碎土和轻度镇压的作用。这是北方干旱地区或轻质土壤常用的保墒措施。

3. 镇压 指耕翻、耙地之后利用镇压器的重力作用适当压实土壤表层的作业。镇压是常用的表土耕作措施,它可使过松的耕层适当紧实,减少水分损失;还可使播后的种子与土壤密接,有利于种子吸收水分,促进发芽和扎根;镇压可以消除耕层的大土块和土壤悬浮,保证播种质量,使之出苗整齐健壮。

4. 畦作 畦作是我国多雨地区或地下水位高的地区精耕细作的一种耕作栽培方式。作畦目的主要是控制土壤中的含水量,便于灌溉和排水,又可减少土壤水分蒸发,改善土壤温度和通气条件。通常畦宽:北方 100~150 cm,南方 130~200 cm。畦高多为 15~22 cm。常见的有平畦、低畦、高畦 3 种。

平畦适用于雨量均匀,不需经常灌溉的地区或雨量均匀,排渗水良好的地块上采用。平畦保墒好,便于耕作,且节省畦沟用地,提高土地利用率,增加单位面积的产量。但不利排水,雨后或灌水土壤易板结。

低畦是畦间走道比畦面高,畦面低于地面,便于蓄水灌溉。在雨量较少或种植需要经常灌溉植物时,多采用低畦。

高畦是在降雨丰富、地下水位高或排水不良的地方采用的一种畦作方式。高畦畦面凸起,暴露在空气中的土壤面积大,水分蒸发量大,使耕层土壤中含水量适宜,地温较高,适合种植喜温的瓜类、茄果类和豆类(黄芪、甘草除外)药材。在土层较浅的地方种植人参、西洋参、三七、细辛等也采用高畦增加耕层厚度。在冷凉地区栽培根及根茎类药材时,最好也采用高畦,这样既提高了床温,又增长了主根长度。

5. **垄作**　垄作是我国东北和内蒙古地区主要的耕作形式。垄作栽培在田间耕层筑成高于地面的狭窄土垄的作业,一般垄高 20～30 cm,垄距 30～70 cm。垄作有加厚耕层、提高地温、改善通气和光照状况、便于排灌等作用。

6. **中耕**　在药用植物的生长过程中,在其行株间进行的表土耕作,以达到疏松表土、破除板结、增加土壤通气性、提高土温、促进土壤中好气微生物活动和土壤养分有效化、去除杂草、促使植株根系伸展的目的,还可以调节土壤水分,当土壤干旱时中耕可切断表土毛细管,减少水分蒸发,在土壤过湿时中耕则因表土疏松而有利于蒸发过多的水分。中耕一般在药用植物封行前进行。浅根性药用植物,中耕宜浅;深根系药用植物,中耕宜深。

第五章 药用植物繁殖与良种选育

导学

1. 掌握药用植物种质的概念及基本特性。
2. 熟悉种子繁殖和营养繁殖的主要方法、良种选育技术、引种驯化方法等。
3. 了解药用植物品种、栽培技术和产量品质的相互关系。

植物产生同自己相似的新个体称为繁殖。这是植物繁殖后代,延续物种的一种自然现象,也是植物生命的基本特征之一。药用植物种类繁多,繁殖方法不一,生产上应依据药用植物间种性差异,采用最佳繁殖方法或途径,以获最佳经济效益。

第一节 药用植物繁殖材料

药用植物繁殖材料是指可用于繁殖的药用植物种子和植物体的其他部分。具体来说,药用植物繁殖材料包括栽培或野生的可供繁殖的植物全株或者部分,如植株、苗木(含试管苗)、果实、种子、砧木、接穗、插条、叶片、芽体、块根、块茎、鳞茎、球茎、花粉、细胞培养材料等。

药用植物栽培学中有关种子的概念与植物学中是不同的。植物学中,种子是指种子植物的种子器官;药用植物栽培学所指的种子是广义的,凡是可供繁殖的任何植物器官或植物体的任何部分都可称种子(种质、繁殖材料等)。

一、药用植物种质的概念及基本特性

(一) 药用植物种质的概念

药用植物种质是指药用植物自身存在的控制植物体生物性状和代谢过程,并能从亲代传递给后代的遗传物质总体。药用植物种质可以是一个群落、一株植物、植物器官(如根、茎、叶、花药、花粉、种子等),也可以是细胞等。

(二) 药用植物种质的基本特性

1. 种质包含生物体的所有遗传物质 这些物质是生物体发育的原始要素,能控制整个生物体

的发育,并具有繁殖能力。

2. **种质所包含的遗传物质可以传递** 种质可通过繁殖从一个世代传到下一个世代,是遗传性状的物质基础。

3. **种质决定药用植物的"种性"** 植物分类学上的种就是一个特定的种质,它决定了各种植物的形态特征、生理特性、生态习性等。种质还是一种自然资源,其遗传多样性决定了某一物种种质资源的丰度。

在药用植物栽培过程中,种质是影响产量与质量的关键因素,而种子、种苗是种质的载体。因此,为确保实现药用植物的优质、稳定、高效,从源头上避免种源混乱、种质混杂的现象,必须有一个科学的种子、种苗标准。

二、种子质量标准

种子标准由一系列标准和规程组成,包括品种标准、种子生产规程、检验规范、质量标准等,涉及种子的生产、加工、检验、贮藏、包装等过程,其中种子质量标准是种子标准化的最重要、最基本的内容。

作为特殊的经济作物,药用植物种子特性与农作物种子特性不同,至今还没有国家统一的质量标准。近几年,关于此方面的研究逐渐增多,但只对少数药用植物的种子种苗质量标准作了初步制定,将种子的净度、饱满度、生活力、发芽率、健康状况作为衡量种子分级标准的主要依据,种子的外形特征、含水量作为衡量分级标准的次要依据。

以下简单介绍不同繁殖材料的优质种子、种苗质量要求。

(一) 种子质量标准

充分成熟,充实饱满,具固有形态和色泽,品种一致,生活力较强,种子纯度高,千粒重符合本种的标准,干燥程度达到安全含水量。无杂质、瘪粒、虫蛀、霉烂等。

(二) 根质量标准

根条完整、新鲜,长度和粗度适宜,具有若干个不定芽,品种一致,生长年限一致,无损伤、霉烂、病虫,生活力强。

(三) 地下茎质量标准

根茎(球茎、鳞茎等)要求粗壮和芽饱满。品种一致,具固有形态和色泽,生活力强,无损伤、霉烂、病虫、干燥失水、表皮皱缩或萎蔫。

(四) 地上茎质量标准

1. **插条质量标准** 由于种质和扦插时期的差异,对插条质量要求也不同。一般地,休眠插条在休眠季节剪取,绿枝插条在生长期剪取。插条长约20 cm,每根插条有芽2~4个,绿枝插条上端可留叶1~5片,下端叶片应完全剪除,叶片大的可剪一半。插条应保持新鲜湿润,不能失水萎蔫,无损伤、腐烂、病虫。具体视不同种质而定。

2. **接穗质量标准** 采自成年优良植株上的枝条,接穗无花芽,上端有芽2个以上,无失水萎蔫、损伤、腐烂、病虫,生命力强。

(五) 芽质量标准

1. **芽片质量标准** 用于芽接,削取的芽片应呈长盾形,稍带有木质部,芽饱满、完整,无损伤、失水萎蔫。不得用花芽作芽片。

2. **珠芽质量标准**　珠芽饱满肥厚,具固有形状和色泽,品种一致,生活力强。无畸形、损伤、腐烂、失水干缩、病虫。

(六)叶片质量标准

采自优良植株的叶片,要求新鲜、无损伤,无病虫害。

三、种苗质量标准

种苗质量标准一般主要依据种苗的根粗、茎粗、根长、枝长、根的数量、分枝数量等指标而进行分级。

(一)实生苗质量标准

通过种子繁殖获得的幼苗称实生苗,分草本实生苗和木本实生苗两类。带叶的草本实生苗一般称为秧苗,如泽泻、黄连、紫苏等;不带叶只有宿根的一般称为种根,如当归、党参、桔梗、人参、三七等。木本实生苗一般称为树苗,如杜仲、黄柏、厚朴、山茱萸、槟榔、侧柏等。

实生苗应是无病虫苗床上生产的优良秧苗、种根、树苗,品种一致,苗龄相同,等级一致;生长发育良好,叶片正常,无病斑、虫伤,无抽薹开花;根系发达,无损伤、腐烂,具固有形态和色泽,芽饱满,抱合紧密,未萌发,带土或不带土;整株形态正常,新鲜,不得失水萎蔫。无病虫苗、等外级种苗、其他品种种苗、杂草苗等混入。

(二)扦插苗质量标准

1. **茎扦插苗质量标准**　茎扦插苗应是无病虫苗床生长良好的扦插苗。根系发达,根多而长。新生茎生长达到一定高度,无病斑、虫害和损伤。按根系、苗高、茎粗及冠幅大小等综合考虑,可分为优、良、中、劣4级。新根、茎、枝、叶中有一项生长极差的,均为不合格苗。

2. **根扦插苗质量标准**　多为草本植物,根扦插与茎扦插苗不同之处在于前者无老茎,质量标准可参考茎扦插苗。母根腐烂、破损为不合格苗。

(三)压条苗质量标准

应来自无病虫健壮种株,从母株分割的切口光滑,无腐坏、污染物或者撕裂痕迹。新生根系发达,根多而长,枝、叶生长旺盛,开花正常。无病斑、虫害和其他损伤。具体可参考茎扦插苗质量标准。

(四)嫁接苗质量标准

嫁接苗应来自无病虫的苗圃。接穗与砧木已完全愈合,发育成新植株。接穗以上部位的砧木已被剪除,下端砧木上已无萌发芽。接穗萌发的新梢生长良好,无病虫害,叶色正常。靠接的接穗从母体上切割分离,切口光滑,无腐烂、无污染或撕裂痕迹。具体可参考茎扦插苗质量标准。

(五)组织培养苗质量标准

药用植物组织培养苗的各种药用成分,功效、药理作用等必须与原植物的相同,且含量不得低于原植物。具体可参考实生苗质量标准。

第二节 种子繁殖

由种子发育而形成新个体的繁殖方法,称为种子繁殖。种子繁殖是植物有机体在长期发展过程中形成的适应环境的一种特性,其后代不仅数量多而且具有较强的可塑性和更广泛的适应性。因此,用种子繁殖,繁殖系数大,方法简便而经济,也有利于引种驯化和培育新品种,在药用植物栽培实践中应用最为广泛。但是,种子繁殖的后代由于遗传物质的重组而在生长过程中产生变异,且开花结果较迟,尤其是木本药用植物,其成熟年限较长,结果迟,所以有些药用植物须采用营养繁殖。

一、种子的特性

(一) 种子休眠

种子是在休眠状态下的有生命的活体。种子在适于发芽的条件下,暂时还不能发芽的现象称为生理休眠。种子由于得不到发芽所需的条件,暂时不能发芽的现象,称为强迫休眠。生理休眠的原因较多:一是胚尚未成熟;二是胚虽在形态上发育完全,但贮藏物质还没有转化成胚发育所能利用的状态;三是胚的分化虽已完成,但胚细胞原生质出现孤离现象,在原生质外包有一层脂类物质。上述 3 种情况均需经过后熟作用才能萌发。四是在果皮、种皮或胚乳中存在抑制物质,阻碍胚的萌发;五是由于种皮太厚太硬,或有蜡质,影响种子萌发。

(二) 种子的寿命

种子是有一定寿命的。种子的寿命是指种子能保持生活力的时间,即在一定环境条件下能保持生活力的最长年限。各种药用植物种子的寿命相差很大。寿命短的只有几日或不超过一年,如肉桂、杜仲、细辛等的种子应随采随播,隔年种子几乎全部丧失发芽力;伞形科植物如当归、白芷等种子的寿命也不超过 1 年。寿命长的可达 5 年以上,如豆科、蓼科、苋科等。一般植物种子寿命2~4 年,如茄科、葫芦科等。种子寿命与贮藏条件关系极大。贮藏条件合适可延长种子的寿命。但是,生产上还是以鲜种子为好,因为隔年种子往往发芽率降低。

二、种子萌发的条件

种子萌发,除本身必须具备生活力这个内在因素外,还需要适宜的外界条件,主要是指水分、温度和氧气,这 3 个条件称为种子萌发三要素,缺一不可。

种子萌发需要吸足水分,其内部才能进行各种生化反应和生理活动。各种药用植物种子萌发时吸水量是不同的。一般来说,脂肪类种子吸水少,蛋白质高的种子吸水多,淀粉质种子吸水量居中。

种子萌发需要适宜的温度。原产热带、亚热带的药用植物,种子发芽一般需要较高的温度,如穿心莲的种子发芽最低温度10.6℃,最适温度28~30℃;原产温带、寒温带的药用植物,种子发芽时能适应较低的温度,如大黄种子0~1℃就能发芽,15~20℃发芽最快,低于0℃或超过35℃发芽受到抑制。

种子萌发时,呼吸作用强烈,需要吸收很多氧气。土壤氧气供应状况对种子发芽有直接影响。一般药用植物的种子需要 10％以上的氧浓度,才能正常发芽,尤其是含脂肪较多的种子,萌发时需要更多的氧气。

三、种子的质量检验

种子质量检验包括的内容有:

1. **种子净度**　是指样品中去掉杂质和废种子后,留下的本作物健康种子的重量占样品总重量的百分率。生产上一般要求达到 95％;但小种子因花梗、细茎残体与种子大小、比重相近,很难分开,所以要求达到 75％左右;刚开始野生转家种品种要求达到 50％左右。

2. **种子含水量**　是指种子中所含水分的重量占种子总重量的百分率。

3. **种子千粒重**　是指自然干燥的 1 000 粒种子的绝对重量,以克为单位。千粒重可作为衡量种子饱满度的重要依据。同一物种或品种的种子千粒重越大,表明种子越饱满,质量也越好。

4. **种子发芽力**　包括发芽率和发芽势。发芽率是指发芽终期的全部正常发芽种子粒数占供检种子粒数的百分率。发芽势是指在规定日期内的正常发芽种子粒数占供检种子粒数的百分率。

$$种子发芽率(\%)＝发芽终期全部正常发芽粒数／供检种子粒数×100\%$$
$$种子发芽势(\%)＝规定日期内能正常发芽粒数／供检种子粒数×100\%$$

药用植物种子发芽率多分为甲、乙两级,甲级种子要求发芽率达到 90％～98％,乙级种子要求达到 85％左右;少数药用植物种子发芽率较低。

发芽势是衡量种子发芽速度和整齐度,即种子生活力强弱程度的参数。

5. **种子生活力**　是指种子发芽的潜在能力,或种胚所具有的生命力。化学试剂染色法是快速检测种子生活力的常用方法。

四、播种

(一) 种子准备及播种量

在播种之前要进行种子准备工作,要对种子进行质量检验:包括种子生活力、发芽率和发芽势、净度、纯度、千粒重等,应对该批种子有一个全面了解才能进行播种。播种量是指每亩土地播种所需的种子数量。播种量除应根据播种方法、密度、千粒重、发芽率等情况决定外,还应结合当地气候、土壤及其他环境条件酌情增减。一般种植密度大、千粒重高但发芽率和净度低的种子,播种量应多些,反之则可少些。

(二) 种子处理

播种前进行种子处理是一项经济有效的增产措施。它不仅可以提高种子品质,防治病虫害,打破种子休眠,促进种子萌发和幼苗健壮生长,发芽整齐,且由于其操作简便,取材容易,成本低,效果好,生产上被广泛采用。种子处理的方法很多:

1. **化学物质处理**

(1) 一般药剂处理:用化学药剂处理种子,必须根据种子的特性,选择适宜的药剂和适当的浓度,严格掌握处理时间,方可收到良好的效果。如明党参的种子在 0.1％小苏打、0.1％溴化钾溶液中浸 30 min,捞起立即播种,一般发芽提早 10～12 日,发芽率提高 10％左右。

(2) 植物激素处理：常用的激素有吲哚乙酸、α-萘乙酸、2,4-二氯苯氧乙酸、赤霉素等。如使用浓度适当和浸种时间合适，能显著提高种子发芽率和发芽势。如党参种子用0.005％的赤霉素溶液浸6 h，发芽势提高125％，发芽率提高115.3％。

(3) 微量元素处理：以适宜浓度的微量元素溶液浸种，可促进萌发。溶液浓度和浸种时间，因植物种类不同而有差异。常用的微量元素有硼、锰、锌、铜、钼等。

2. 物理因素处理

(1) 浸种：采用冷水、温水或冷、热水变温交替浸种，不仅能使种皮软化，增强透性，促进种子萌发，而且还能杀死种子所带病菌，防止病害传播。不同的种子，浸种的时间和水温亦不相同。如穿心莲种子在37℃温水中浸24 h，桑、鼠李等种子45℃温水浸24 h，均能显著促进发芽。

(2) 晒种：晒种不仅能促进种子的后熟，提高种子发芽势和发芽率，还能防治病虫害。晒种时，最好能将种子薄薄地摊在竹席或竹匾上晒，如在水泥场地上晒种，应特别注意防止温度过高灼伤种子，丧失发芽力。晒种时要经常翻动种子，促使受热均匀。晒种时间的长短，要根据种子特性和温度高低而定。

(3) 层积处理：层积法是打破种子休眠常用的方法，银杏、忍冬、黄连、吴茱萸等种子常用此法来促进后熟。先将种子与腐殖质土或洁净细沙(1∶3)充分拌和，装于花盆或小木箱内，存放阴凉处。如种子数量多，也可选干燥阴凉处挖坑，坑的大小视种子数量而定，先在坑底铺一层细沙，上放一层种子，再盖细沙，如此层积，在最上面覆盖一层细沙，使之稍高出地面即可。

(4) 机械损伤处理：利用破皮、搓擦等机械方法损伤种皮，使难透水、气的种皮破裂，增强透性，促进种子萌发。如杜仲采用剪破翅果，取出种仁直接播种，上盖1 cm左右沙土，在适温(均温18～19℃)和保持土壤湿润的情况下，25～30日出苗率可达87.5％。种皮被有蜡质的种子，可先用细沙摩擦，使种皮略受损伤，浸种充分发芽率显著提高。

3. 生物因素处理　主要是利用有些细菌肥料，能把土壤和空气中植物不能直接利用的元素，变成植物可吸收利用的养分的作用，以促进植物的生长发育。或增加土壤中有益微生物。常用的菌肥有根瘤菌剂、固氮菌剂、磷细菌剂和"5406"抗生菌肥等。如豆科植物决明、望江南等，用根瘤菌剂拌种后，一般可增产10％以上。

(三) 播种期

药用植物特性各异，播种期很不一致。通常以春、秋两季播种为多。一般耐寒性差、生长期较短的一年生草本药用植物以及种子没有休眠特性的木本药用植物宜春播，如薏苡、紫苏、荆芥、川黄柏等。耐寒性较强、生长期较长或种子需要休眠的药用植物应秋播，如珊瑚菜、厚朴等。由于我国各地气候差异很大，同一种药用植物，在不同地区播种期也不一样，如红花在南方宜秋播，而在北方则多春播。每一种药用植物在当地都有一个最适宜的播种期，在这个时期内播种，产量高，质量好。错过季节播种，产量和品质都会显著下降。因此，播种期应根据药用植物生物学特性和当地的气候条件而定，做到不违农时，适时播种。

(四) 播种深度

播种深浅和覆土厚薄，直接影响到种子的萌发、出苗和植物生长，甚至决定着播种的成败。播种深度与种子大小及其生物学特性、土壤状况、气候条件等多种因素有关。种子大的可适当深播，反之则宜浅播；在质地疏松的土壤，可适当深播，黏重板结的土壤，则要浅播；气候寒冷、气温变化大、多风干燥的地区，要稍深播，反之则应浅播。一般播种深度为种子直径的2～3倍。

（五）播种方法

药用植物的播种方法分直播和育苗移栽,直播即将种子直接播于大田。但有的药用植物种子极小,有的苗期需要特殊管理或生育期很长,应先在苗床育苗,然后移植大田,如毛地黄、人参、泽泻、杜仲、穿心莲等。育苗移栽可延长生育期,节省土地,便于精细管理和连接茬口。在播种操作上可分为点播(穴播)、条播和撒播,应根据各种药用植物的生物特性、土地情况和耕作方法等,选择适当的方法。一般苗床育苗以撒播、条播为好,田间直播则以点播、条播为宜。

五、育苗

（一）保护地育苗

保护地育苗是在有保护设施条件下统一培育幼苗的一项育苗新技术。保护地育苗与传统露地育苗相比,具有如下优点:一是缩短幼苗的生育期,提高土地利用率,增加单位面积年产量;二是提早成熟,增加早期产量,提高经济效益;三是节省种子用量;四是减少外界不良天气对芽苗的影响,减少病虫害,提高芽苗质量;五是适应现代化集约化规模生产要求,可大批量快速培育壮苗。

1. 播种前准备及播种　在播种前 25～30 日建好棚,深耕,施足底肥;然后将肥与土混匀、锄细整平,开沟作畦;多按 1～1.5 m 开厢;播种前 5～7 日进行床土消毒。同时进行种子处理、浸种、催芽、播种。

2. 保护地育苗的方式　主要有:① 阳畦。由风障、畦框、覆盖物三部分组成。其形式很多,以改良阳畦性能为佳。改良阳畦由土墙、棚架、土屋顶、覆盖物(薄膜或玻璃及蒲席)等部分组成。② 温床。利用阳畦(或小拱棚)的结构,在床底增加加温设施即为温床。温床的热源,除利用马粪、鸡粪、树叶等有机物酿热外,还可采用水暖、烟囱热和电热线加温带等。③ 塑料大棚。利用塑料薄膜和竹木、钢材、水泥构件及管材等材料,组装或焊接成骨架,加盖薄膜而成。④ 温室。温室是由地基、墙地构架、覆盖物、加温设备等部分构成。温室采用煤火、暖气、热风、地下热水等加温设施。

3. 保护地育苗的管理　① 温度要稳定,最好控制在 20～25℃。② 苗床保证有充足光照。③ 炼苗:保护地内生长的幼苗长期处在温高、湿大、光照弱的环境条件下,柔弱娇嫩,抗逆性差。为了使幼苗能适应分苗或定植后的环境,应在栽植前进行炼苗。炼苗主要采用降低床温、控制浇水、加强通风等措施。经过锻炼的秧苗,茎变粗、节间短、叶色浓绿、新根多,定植后缓苗快、长势强、抗逆性强,开花结果早,产量高。④ 追肥:在基肥不足的情况下,追施一定量的氮肥。⑤ 浇水:一般保持苗床湿润为好,在定植前把秧苗浇透。⑥ 防鼠:注意鼠害。⑦ 注意大棚保护地消毒:为了防止因作物长期连作和棚内湿度大而造成的病虫害发生和蔓延,应该对多次使用的大棚进行严格消毒。

（二）露地育苗

露地育苗指不用覆盖物或只在短时盖一层薄膜临时防冷的育苗方法。露地育苗是最简单的一种育苗法。这种方法多用于春季晚熟栽培或一年一季的越夏栽培,但主要是初夏和夏秋季节。

1. 苗床的选择　苗床应选择地势高燥、向阳、排灌方便、土层深厚、富含腐殖质、疏松透气、保水保肥性良好的砂壤地块,施用的肥料应充分腐熟,田间排灌沟渠一定要畅通。

2. 苗床的准备　播前翻耕好土壤,施足以农家肥、有机肥为主的基肥,并加拌一些复合肥,耙细整平土壤,做好苗床。

3. 播种方法　播种方法宜先浇底水,覆一薄层细土后再播种。少数发芽缓慢的药材种子,则需浸种催芽后播种。选择雨后晴天播种。切忌大雨来临前播种,以免冲走种子或泥沙淤积影响种子发芽出苗。播种后,春季可加设简易的覆盖,如薄膜、草帘等,白天揭开,傍晚覆盖防霜,夏季播种必须保持土壤湿润。播种后需盖稻草遮阳,保湿育苗,防暴雨冲刷种子。

4. **加强苗期管理** 播后要覆碎草,或草帘以遮阳、防热和保墒,当芽顶土时揭去。7~8月份气温高,水分蒸发量大,此时要勤浇水,以满足芽苗生长的需要。浇水要做到凉水浇凉地,即在清晨或傍晚地温和水温都较低时进行,高温时浇水,易伤根死苗。中耕的同时要清除苗床内的杂草,涝雨天气要注意排水。苗期可施淡粪水2~3次。近年来普遍推广应用遮阳网遮阳育苗,效果很好,可提高出苗率和成苗率。

5. **适时定植** 夏秋露地育苗,苗龄一般较短,应适时移栽,以利成活。一般30~40日即可移栽定植。

(三) 无土育苗

无土育苗是指育苗期间不使用土壤,而是用岩棉、炉灰渣、河沙、蛭石、炭化稻壳等无土基质代之,并施用人工配制的营养液的一种快速育苗方法。无土育苗是近年来发展起来的一种育苗方法,由于采用了各种通透性好的无土基质和养分平衡的营养液,极大地改善了幼苗的生态条件,促进幼苗生长发育,所以出苗快,长势强,生长迅速,整齐一致,苗健壮。

1. **基质的选择和处理** 基质是固定植物根系,并为植物根系创造一个良好的养分、水分、氧气供应状况的载体。应注意选择通气性良好、保水性强的材料做基质。但应不含有毒物质,酸碱度中性或微酸性。常见的有:陶粒、珍珠岩、草炭土、炉灰渣、沙子、炭化稻壳、炭化玉米芯、粒径2~3 cm的碎砖、发酵好的锯末、甘蔗渣、栽培食用菌废料等。这些基质可以单独使用,也可几种混合使用。基质选好后,要注意基质的消毒处理,如采用喷淋0.2%的高锰酸钾溶液消毒。

2. **建造苗畦** 在育苗场所,按宽约1.5 m、长根据地形和面积需要而定,挖6~12 cm深,用酿热物的挖12~14 cm深,整平,四周用土或砖块做成埂。然后在畦内铺上农膜(可用旧膜)和酿热物,按15~20 cm见方打6~8 mm粗的孔,以便透气、渗水。除膜下的土中掺入酿热物外,有条件的在膜上还可垫一层5~10 cm的酿热物,铺平踩实后,再在上面铺上基质2~3 cm厚,整平后即可播种。

3. **营养液的配制** 营养液要求营养成分全面,浓度适宜,pH 5.5~6.5为宜。具体配法是:在每1 000 L水中加入尿素400 g、磷酸二氢钾450~500 g、硼酸3 g、硫酸锌0.22 g、硫酸锰2 g、硫酸钠3 g和硫酸铜0.05 g,充分溶化后即成。也可采用炉灰渣、草炭土等基质,可不加微量元素。还有基质加有机肥法:基质+1/200的膨化鸡粪,或基质+2/3的腐熟有机肥,混匀,铺平即可。苗期只浇清水即可,一般不施用其他肥料。在育大苗时,可在育苗后期喷洒0.2%的尿素+0.3%磷酸二氢钾1~2次。

4. **精细播种** 严格种子消毒,保证种子不带病菌。浸种催芽有利出苗。为防止营养液漏出,可在育苗盘底部铺上整块塑料薄膜,然后铺基质3~4 cm厚,整平后准备播种。播种前将基质用清水浇透,但不要积水,然后将种子均匀撒在基质表面,播种密度可为熟土育苗的3~4倍,播种后在种子上覆基质1~1.5 cm,上面再覆盖塑料薄膜保湿。

5. **移苗前肥水管理** 出苗后及时把薄膜掀去,让幼苗充分见光。这时只需要浇清水即可,保持基质湿润,其他管理同常规育苗。出苗期间,温度控制在25~30℃,空气相对湿度保持在85%以上。当幼苗缓苗后,开始浇灌营养液,前期每周供应1次营养液。当2片真叶展开后再开始每周浇

2次营养液,以保持基质湿润为宜。2次浇营养液之间若基质干燥可浇清水保持湿润。其他管理同常规育苗。

6. 起苗移植　无土育苗起苗、运苗便利。秧苗根量大,基质疏松,起苗伤根少,定植易成活。定植起苗前1日可停止浇水,使基质稍干便于抖落。起出的苗应立即浸沾营养液或清水,以防干根,尽早定植。

六、移栽

药用植物经过一段时间的育苗,当苗长到一定高度或一定大小时应及时移栽。一般草本在幼苗长出4~6片真叶时移栽,木本则须培育1~2年才能移栽。移栽时期应根据药用植物种类和当地的气候而定。落叶木本药用植物一般以休眠期及大气湿度大的季节移栽最为适宜,如杜仲、厚朴等落叶木本药用植物,多在秋季落叶后至春季萌发前移栽;酸橙、樟树等常绿木本,则应在雨季移栽。草本药用植物除严寒酷暑外,其余时间均可移栽。

移栽应选择阴天无风或晴天傍晚进行。移栽前一段适当时期应节制浇水,进行蹲苗。移栽时,如果床土较干燥,须先行浇水,使土壤松软,便于起苗,带土移栽更易成活。

栽种要按规定行株距采用穴栽或沟栽。栽植深度以不露或稍超过苗根原入土部分为宜。根系要自然伸展,覆土要细,适当压实,浇透定根水。木本药用植物大都采用穴栽,穴要大,穴底平,适量施基肥,栽苗时要将主根剪短,常绿幼苗还要剪去部分枝叶,苗要栽正,填入细土,务使根系伸展,浇水湿透土壤,再覆土将穴填满,踩紧压实。

第三节　营养繁殖

高等植物的一部分器官脱离母体后能重新分化发育成一个完整植株的特性,称为植物的再生作用。营养繁殖就是利用植物营养器官的这种再生能力来繁殖新个体的一种繁殖方法。营养繁殖的后代来自同一植物的营养体,它的个体发育不是重新开始,而是母体发育的继续,因此,开花结实早,能保持母体的优良性状和特性。但是,繁殖系数较低,有的种类如地黄、山药等若长期进行营养繁殖容易引起品种退化。利用组织培养技术进行营养繁殖,则繁殖系数较高。常用的营养繁殖方法主要有:

一、分离繁殖

将植物的营养器官分离培育成独立新个体的繁殖方法,称为分离繁殖。此法简便,成活率高。分离时期因药用植物种类和气候而异,一般在秋末或早春植株休眠期内进行。根据采用母株的部位不同,可分为分球茎(如番红花、慈姑等)、分块茎(如山药、白及等)、分根(如丹参、紫菀等)和分株(如砂仁、麦冬、雅连等)等。

二、压条繁殖

将茎或枝条压入土中,生根后与母株分离而成为新个体的繁殖方法,称为压条繁殖。这是营养繁殖中最简便的方法,凡用扦插、嫁接等不易成活的植物常用此法繁殖。

（一）普通压条法

将近地面枝条的适当部位进行环割,然后将割伤处弯曲压入土中生根,并加以固定,枝梢应露出地面,并用支柱扶直扎牢,生根后与母体分离另行栽植,如忍冬、连翘、辛夷等。

（二）空中压条法

在母株上选1～2年生枝条,在准备触土的部位刻伤或环割,将松软细土和苔藓混合湿润后裹上,外用尼龙薄膜包扎,下口捆紧,上口稍松,或用从中部剖开的竹筒套住,其内填充细土,注意浇水,经常保持泥土湿润,待长出新根后,便与母株分离栽植。此法适用于植株高大,枝条不易弯曲触地的药用植物,如酸橙、佛手、龙眼等。（图5-1）

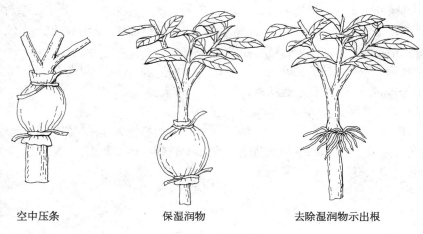

空中压条　　　　　　保湿润物　　　　　去除湿润物示出根

图5-1　空中压条

（三）堆土压条法

在枝条基部先行环割,或先将枝条靠地面短截,使其萌生多数分枝,再在基部堆覆泥土,长出新根后,在晚秋或早春分离移植。此法适用于根部萌蘖多,分枝较硬不易弯曲入土的药用植物,如贴梗海棠、木芙蓉、郁李等。

三、扦插繁殖

剪取植物营养器官如根、茎、叶等的一部分插入土中,使之长成新植株的繁殖方法,称为扦插繁殖。此法经济简便,生产上广泛采用。

（一）扦插繁殖的原理

扦插繁殖是利用植物营养器官的分生和再生能力,能发生不定根或不定芽,长成新植株。插条入土后,首先在其基部切面伤口处产生一层薄壁细胞,以保护伤口防止病菌入侵和营养物质流失,并能发生不定根,但并非发根的主要部位。一般以节部最易生根,不定根主要是由根原基的分生组织分化而成。

（二）影响扦插成活的因素

1. **植物的种类和枝龄**　扦插生根成活,首先决定于药用植物的种类和品种。不同种类、不同品种、同一植株的不同部位,根的再生能力均不相同。如无花果、菊花、连翘等枝插最易发根,猕猴桃、柑橘、藿香等次之。山楂、大枣根插则易发枝,枝插则不易生根。枝条年龄对扦插影响很大,枝龄较小,其分生组织生活力强,再生能力也强,易生根成活。

2. 营养物质和激素　碳水化合物和含氮有机物是发根的重要营养物质。插条中的淀粉和可溶性糖类含量高时发根力强。含氮有机物和硼等对根原基的形成和分化有一定的作用。激素能加强插条中淀粉和脂肪水解,提高过氧化氢酶活性,促进新陈代谢,加强可溶性化合物向插条下部运行,加速形成层细胞分裂和愈伤组织的形成,以提高插条生根能力。

3. 环境条件　插条生根期间,应保持较大湿度,避免插条水分散失过多而枯萎。如水分不足,将影响插条的成活。土壤应保持充分湿润,土壤水分含量不能低于田间持水量的 50%,尤其在温度较高、光照较强的情况下,应每日或隔日浇水。各种植物插条生根对温度的要求常不相同。一般插条生根最适土温为 15～20℃。苗床以选择土质疏松、通气和保水状况良好的砂质壤土为宜。土壤通气良好,有利插条发根。

（三）促进插条生根的方法

1. 机械处理　对扦插不易成活的植物,可预先在生长期间选定枝条,采用环割、刻伤、缢伤等措施,使营养物质积累于伤口附近,然后剪取枝条扦插,可促进发根。

2. 化学药剂处理　有些植物在一般条件下扦插生根缓慢或困难,经化学药剂处理,可促进迅速生根。如丁香、石竹等插条下端用 5%～10% 蔗糖溶液浸渍 24 h 后扦插,效果显著。

3. 生长素处理　生产上通常用吲哚乙酸、萘乙酸、2,4-二氯苯氧乙酸、胡敏酸等处理插条,可显著缩短插条发根时间,甚至生根困难的植物也可诱导插条发根。在具体应用生长素时,应根据不同植物或同一植物的不同器官对液剂、粉剂、油剂的反应,先做药效试验,以便正确掌握浓度与处理时间,防止发生药害。

（四）扦插时期

因植物的种类、特性和气候而异。草本植物适应性较强,扦插时间要求不严,除严寒酷暑外,均可进行。木本植物一般以休眠期为宜;常绿植物则宜在温度较高、湿度大的雨季扦插。

（五）扦插方法

根据扦插材料不同,扦插方法通常可分为根插法(如山楂、大枣、大戟等)、叶插法(如落地生根、秋海棠等)和枝插法。枝插法根据枝条的成熟程度,又可分为硬枝扦插(如蔓荆、木槿、木瓜等)和嫩枝扦插(如菊花、藿香等)。生产上应用最多的是枝插法,方法如下:

木本植物选一二年生枝条,草本植物用当年生幼枝或芽做插穗。扦插时选取枝条,剪成 10～20 cm 的小段,每段应有 2～3 个芽。上切面在芽的上方 1 cm 处,下切面在节的稍下方剪成斜面,常绿树的插条应剪去叶片或只留顶端 1～2 片半叶。将插条按一定株距斜倚沟壁,上端露出土面为插条的 1/4～1/3,盖土按紧,使插条与土壤密接。插好一行应即浇水,再依次扦插,常绿树或嫩枝扦插应搭设荫棚或用芦箕等覆盖。扦插期间注意浇水,保持土壤湿润。

四、嫁接繁殖

将一株植物上的枝条或芽等组织接到另一株带有根系的植物上,使它们愈合生长在一起而成为一个统一的新个体,这种繁殖方法称为嫁接繁殖。嫁接用的枝条或芽叫接穗,带有根系的植物称砧木。嫁接能加速植物的生长发育,保持植物品种的优良性状,增强植物适应环境的能力,既生长快,又结果早。但药用植物的嫁接要特别注意有效成分的变化。

(一) 嫁接成活原理

植物嫁接能够成活,主要靠砧木和接穗两者结合部分形成层的再生能力。嫁接后首先由形成层细胞进行分裂,进而分化出结合部的输导组织,使砧木和接穗的输导组织相沟通,保证水分和养分的输导,使两者结合在一起,成为一个新的植株。

(二) 影响嫁接成活的因素

1. **亲和力**　亲和力是指接穗和砧木嫁接后愈合生长的能力,它是影响嫁接成活的主要因素。两者亲和力高嫁接成活率也高,反之,则成活率低。亲和力高低与接穗和砧木的亲缘关系有直接关系,一般亲缘关系愈近,亲和力愈高。所以,嫁接时接穗和砧木的配置要选择近缘植物。

2. **生理状态**　植物生长健壮,发育充实,体内贮藏的营养物质较高,嫁接容易成活。所以,要选择生长健壮、对当地环境条件适应性强、生长发育良好的砧木,接穗要从健壮母株的外围选取发育充实的枝条。砧木和接穗萌动早晚对成活也有影响,一般接穗以尚未萌动时,砧木已开始萌动为宜,否则接穗已萌发,抽枝发叶,砧木供应不上水分、养分,而影响嫁接成活。接穗的含水量也会影响形成层细胞的活动,如接穗的含水量过小,形成层细胞停止活动,甚至死亡。一般接穗含水量在50%左右最好。所以,接穗在运输和贮藏期间要避免过干,嫁接后也要注意保湿。

3. **嫁接技术**　嫁接成活的主要关键是接穗和砧木两者形成层的紧密结合,所以,接穗的削面一定要平滑,这样才能使接穗和砧木紧密贴合。在嫁接时,一定要使接穗和砧木两者的形成层对准,有利两者的输导组织沟通、愈合。所以,正确而熟练地运用嫁接技术,对于提高嫁接成活率有着重要的作用。

(三) 嫁接方法

常用的嫁接方法,主要有枝接和芽接两类。近年发展起来的种胚嫁接和注射胚乳嫁接,多用于禾本科植物。现将生产上常用的枝接法和芽接法简述如下:

1. **枝接法**　枝接是用一定长短的一年生枝条为接穗进行嫁接。根据嫁接的形式又可分为劈接、切接、舌接、嵌合接、靠接等。劈接多在早春树木开始萌动而尚未发芽前进行。先选取砧木,以横径2~3 cm为宜,在离地面2~3 cm或平地面处,将砧木横切,选皮厚纹理顺的部位劈深3 cm左右,然后,取长5~6 cm带有2~3个芽的接穗,在其下方两侧削成一平滑的楔形斜面,轻轻插入砧木劈口,使接穗和砧木双方的形成层对准,立即用麻皮或尼龙薄膜扎紧(图5-2)。

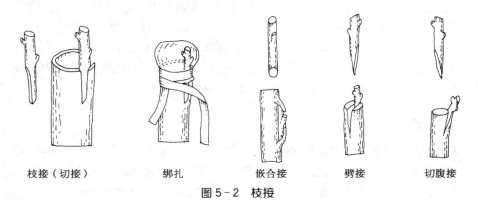

| 枝接(切接) | 绑扎 | 嵌合接 | 劈接 | 切腹接 |

图5-2　枝接

　　2. **芽接法**　芽接是在接穗上削取一个芽片,嫁接在砧木上,成活后由接芽萌发形成植株。芽接法是应用最广泛的嫁接方法。利用接穗最经济,愈合容易,结合牢固,成活率高,操作简便易掌握,工作效率高,可接的时期长。芽接法无论在南方北方均可进行,时间以夏秋为宜。根据接芽形状不同又可分为芽片接、哨接、管芽接和芽眼接等几种方法。目前应用最广的是芽片接。在夏末秋初(7～9 月),选径粗 0.5 cm 以上的砧木,在适当部位选平滑少芽处,横切一刀,再从上往下纵切一刀,长约 1.8 cm。切的深度要切穿皮层,不伤或微伤木质部,切面要求平直、光滑。接着,在接穗枝条上用芽接刀削取盾形稍带木质部的芽,由上而下将芽片插入砧木切口内,使芽片和砧木皮层紧贴,两者形成层对合,用麻皮或尼龙薄膜绑扎。芽接后 7～10 日,轻触芽下叶柄,如叶柄脱落,芽片皮色鲜绿,说明已经成活。叶柄脱落是因为砧木和接穗之间形成了愈伤组织而成活,其叶柄下产生了离层的缘故。反之,叶柄不落,芽片表皮呈褐色皱缩状,说明未接活,应重接。接芽成活后15～20 日,应解除绑扎物,接芽萌发抽枝后,可在芽接处上方将砧木的枝条剪除。(图 5 - 3)

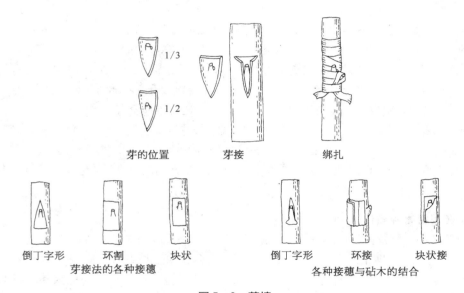

图 5 - 3　芽接

第四节　良种选育

一、良种的含义和作用

　　药用植物栽培上所指的品种,是由那些适应于当地环境条件,在植物形态、生物学特性以及产品质量都比较一致、性状比较稳定的植株群体所组成。优良品种就是在一定地区范围内表现出有效成分含量高、品质好、产量高、抗逆性强、适应广、遗传稳定等优良特性的品种。如人参的大马牙、二马牙,地黄的金状元、小黑英、白状元、邢疙瘩等品种。

药用植物不是一般的农作物,良种选育具有比一般农作物更为复杂的育种程序。目前药用植物所应用品种多属地方品种、农家品种、地方类型、生态类型、化学类型等,且存在相互混杂、品种不纯等问题,这不仅影响中药材产量,还直接影响中药材的质量,造成中药材质量稳定性和可控性较差。通过药用植物种质创新及良种繁育,可充分发挥其优良种性,实现不增加劳动力、肥料情况下也可获得较多收成的目的,这对发展中药农业、增加收益具有十分重要的意义。

二、良种选育的途径

(一)药用植物种质的搜集和整理

中药材良种选育应充分利用自然界生物多样性,即利用同一物种由于长期的自然选择和人工选择所形成的具有一定特色的种质资源,表现出植株在形态、抗性、产量、有效成分含量等方面的个体差异。育种工作者应充分利用这一现象,通过一定的选育程序,形成符合育种目标的优良新品种。

种质资源依据来源可分为本地的、外地的、野生的和人工创造的。人工创造的种质资源包括杂交、诱变所育成的新品种或中间材料。本地种质资源具有高度的适应性、类型多、群体复杂、变异大等特点,可用于适应性亲本杂交和直接选种。外地种质资源具有本地资源中所没有的遗传性状,如某些抗病性等,可用作杂交亲本,以获得丰富遗传变异。野生种质资源既可用作杂交亲本,以培育新品种、新类型或新材料,也可驯化成新作物。药用植物种质资源多属这一类。

良种选育工作首先应深入调查、广泛搜集种质资源,并对所搜集的种质资源进行鉴定与整理。搜集的方法有:考察搜集、通讯征集、市场购买、交换资源等,现多以实地考察为主,同时应充分利用现代信息交换的手段,以降低种质资源搜集成本。对搜集到的种质资源要及时整理归类、建立档案,并进行统一编号登记。

(二)药用植物种质保存

1. 种植保存　种植保存地的选择要根据各种药用植物的分布规律和原产地自然生态环境来确定,应尽可能与原产地相似,尽量降低因环境改变所造成的生长不适应性,以提高保存质量。在种植保存过程中还要尽量避免天然杂交和人为混杂,以保持药用植物种质的遗传特性和种群结构。一般隔年更新1次,也可3~5年更新1次。

2. 贮藏保存　对于数量众多的药用植物种质资源,如果长期进行种植保存,工作量非常大,并且由于人为差错、天然杂交、生态条件的改变等原因极易引起遗传变异和基因丢失。因此除了每隔若干年播种一次以恢复种质活力外,一般多采用贮藏保存,即种质库保存。种质资源库已成为一种有效保护种质资源的新手段,种质资源库分为短期(2~5年)、中期(10~30年)、长期(30年以上)保存。种质资源库利用现代化的技术装备,创造适合种质资源长期贮存的低温低湿环境,并尽可能提高自动化程度。我国第一座国家级中药材种质资源库建设在浙江省中药研究所内。

除了上述保存方法外,还可采用离体保存和基因文库技术来进行种质资源的保存。

(三)良种选育

1. 选择育种　同一物种在长期繁衍过程中,由于自然生态环境的变化和人类的干预,在群体内总会发生遗传变异,这些遗传变异经过长期的积累,使同一物种的个体间产生差异。若出现的变异符合育种目标就应加以利用。这种从现有品种中选择优异株系育成新品种的方法,称为选择育种。我国药用植物品种选育工作起步较晚,不论是野生还是栽培药材种内个体间差异均普遍存在,这为选择育种提供了较大的选择余地,因此选择育种是药用植物育种最简易、快速、有效的方法。常用的有个体选择法和混合选择法。

(1)个体选择法:根据育种目标从原始群体中选择优良的单株,分别留种、播种,经过鉴定比较,选择优良区系加速种子繁殖,育成新品种,这样只经过一次选择的称为一次个体选择法。如果在一次个体选择的后代中,性状还不一致,需要经过两次以上的选择,称为多次个体法。个体选择法简单易行,见效快,便于群选群育。

(2)混合选择法:一个品种经长期种植,在品种内会形成不同类型的遗传群体,选择表现优良而性状基本一致或某一性状相同的类型的单株,混合处理,以后各种一小区与原品种或对照品种进行比较,鉴定品种的利用价值。这样经过一次选择的称为一次混合选择法。如果一次选择后的材料还不一致,要经过两次以上的选择,称为多次混合选择法。混合选择法操作简易,并能迅速从混杂群体中分离出优良的类型,为生产提供大量种子。

2. 杂交育种　同一物种不同生态类型、地理类型,地方品种的某些性状都会有一定的差异,生长在高纬度的要比低纬度的抗寒性强。杂交育种就是利用物种内个体间的差异,把生产上需要的性状综合到同一个品种中去。

杂交育种首先是亲本选择,选择的原则是,双亲必须具有较多的优点、较少的缺点,且优缺点要尽量达到互补,并且亲本之一最好是当地的优良品种。

其次是杂交方式的确定,有单交、复合杂交或回交等方式,实际工作中应根据育种目标和亲本的特点来确定采用何种杂交方式。

(1)简单杂交:即两个遗传性不同的品种进行杂交。如甲、乙两品种杂交,甲作母本,乙作父本,可写成甲(♀)×乙(♂),一般常写成甲×乙。地黄北京1号就是由小黑英×大青叶而选育成的新品种。这种杂交方式可以综合双亲的优点,方法简便,收效快,应用广泛。

(2)复合杂交:是指两个以上品种的杂交,即甲×乙杂交获得杂种一代后,再与丙杂交。在杂交育种发展到较高阶段,为了达到对于新品种的多方面要求,常采用数个品种杂交,从而综合多数亲本的优良性状。

(3)回交:由杂交获得的杂种,再与亲本之一进行杂交,称为回交。用作回交的亲本类型称为轮回亲本。通常为了克服优良杂种的个别缺点,更好发挥它的经济效果时,采用回交是容易见效的。

杂种后代的处理是杂交育种的关键,目前较常用的方法有系谱法和混合法。当杂种稳定后,开展品种比较试验,从中选育出理想的新品种。

3. 人工诱变育种　诱变育种是采用物理和化学方法,对药用植物某一器官或整个植株进行处理,诱发遗传性产生变异,然后在变异个体中选择符合需要的植株进行培育,从而获得新品种。其特点是:提高变异频率,扩大变异范围,为选育新品种提供丰富的原始材料。常用的有物理诱变(辐射)育种和化学诱变育种。

(1)物理诱变(辐射)育种:利用放射性物质放射出 α、β、γ 射线,X 射线,以及中子流和无线电微波等处理植物的种子、营养器官和花粉,引起植物突变,从中选有生活力和有价值的突变类型,育成新品种的方法,称为物理诱变育种或辐射育种。

物理诱变育种要有明确的育种目标,材料一般选择二三个综合性状优良的品种或品系进行处理,分别改良其某一两个不足之处,或用性状尚未稳定的杂交后代进行处理,以克服它的个别缺点,使之臻于完善。品种选定后,一般选择无性繁殖器官或用种性纯、籽粒饱满的种子来处理,以利后代的正确鉴定和选择,提高处理效果。

在进行物理诱变育种时应注意辐射剂量与引变效果关系。不同植物类型,同一植物的不同器官,以及不同发育阶段和不同的生理状态,对射线等的敏感性有很大的差异。辐射敏感性还与处理的温度、氧气等环境因素有密切关系。一般来说,随着剂量的增加,变异频率也提高,但损伤效应也随之增大,若剂量超过一定限度,就会全部死亡。一般认为以稍低于半数致死剂量作为辐射剂量较为合适。

辐射处理可分为内照射和外照射。所谓内照射,是用 ^{32}P、^{35}S 等浸泡处理种子、块根、鳞茎等,或施于土壤中让植物根系吸收。所谓外照射,是利用各种类型的辐射装置照射育种材料,如种子、花粉等。目前以照射种子较为普遍,可分为干种子、湿种子和萌发种子 3 种,一般以照射干种子较为方便。值得注意的是:种子的数量要适当,种子量过多,会给选育工作带来麻烦;过少,则成活植株少,变异机会少,不能有效地选择。处理的种子量,应根据辐射剂量的高低,处理材料对辐射敏感性、种子大小、繁殖系数、辐射后代的种植方法及育种单位的具体条件而定。

辐射处理后代的选择和培育是物理诱变育种的重要环节。辐射一代除极少数有显性遗传外,一般是形态变异,不能遗传。因此,对第一代常不选择,收获时按品种、不同剂量处理分别收获保存,供下代种植。辐射二代是分离最大的一个世代,是选择变异类型的重要世代,在整个生育期都必须认真细致地观察,选择理想的变异单株,加以培育。辐射三代及以后各代,应按系统详细观察,注意具有综合优良性状系统的选择,加速繁育。

(2) 化学诱变育种:用化学诱变药剂处理种子或其他器官,引起遗传性变异,选择有益的变异类型,培育新品种的方法,称为化学诱变育种。常用的化学诱变剂有:甲基磺酸已酯(EMS)、乙烯亚胺(EI)、硫酸二乙酯(DES)、秋水仙碱等。秋水仙碱被广泛应用于染色体加倍,培育多倍体。诱变剂所用浓度和处理时间,随植物种类及药剂不同而异。

化学诱变剂处理只能使后代产生某些变异,还要经过几个世代的精心选育,才能从中选出优良的变异类型。在选育时要根据先宽后严的原则,抓住主要矛盾,分清主次,严格选择。选育方法与辐射育种基本相同。

4. 单倍体育种 利用单倍体植株加倍、选择、繁殖和培育等育成新品种的方法称为单倍体育种。例如,植物花粉的染色体数为体细胞的一半,因而是单倍体。以花粉经人工离体培养出来的植物一般都是单倍体植物。百合、颠茄等药用植物的花粉培养已成功地诱导出单倍体植株,可再经染色体加倍,从中选择优良个体,培育成新品种。

单倍体育种的主要特点是:① 可稳定杂种性状,缩短育种年限。② 提高对杂种后代的选择效率,节省劳力和用地。③ 克服远缘杂种不育与杂种后代分离等所造成的困难。④ 快速培育异花授粉植物的自交系。⑤ 单倍体植株的人工诱变率高,育种成效大。

单倍体育种程序为:① 诱导花粉细胞分裂增殖,长出愈伤组织。② 诱导愈伤组织分化,长成小苗。③ 使分化出的小苗正常生长。④ 单倍体植株的培养和染色体加倍。⑤ 花粉植株后代的选育。花药培养的操作技术可参照植物组织培养。

5. 体细胞杂交育种 体细胞杂交就是把来自不同个体的体细胞,在人工控制条件下,如同两性细胞受精那样,人工完成全面的融合过程,继而把融合的细胞人工培养成一个杂种植株。运用这种方法综合植物的优良性状,创造新的突变,从中选育出理想的新品种或新类型,称为体细胞杂交育种。体细胞杂交是一个比较复杂的细胞生物学过程,要经过很多技术环节,并且要在无菌状态和一定环境条件下进行,主要有分离原生质体,诱导原生质体融合,诱导异核体再生新细胞壁、分裂和核融合,诱导细胞团分化成植株等环节。另外,由体细胞杂交产生的杂种是双二倍体,其可育性与遗传稳定性将比远缘有性杂交好得多。

三、良种繁育

育成的药用植物新品种，其种子量往往较少，而用种单位的需种量往往较大，供需矛盾在所难免，解决这一矛盾的有效办法则是加速良种繁育。良种繁育可保证优良品种的优良特性，在短期内扩大新品种群体，为生产提供源源不断的繁殖材料。一般的繁育程序为原种生产、原种繁殖和大田用种繁殖等。

（一）原种生产

原种是指育成品种的原始种子或由生产原种的单位生产出来的与该品种原有性状一致的种子。原种应符合新品种的三性要求，即一致性、稳定性和特异性，在田间生长整齐一致，纯度高。一般农作物品种纯度不小于 99％，但由于药用植物种类繁多，不同药用植物的品种基础条件差异很大，因此很难定出统一的纯度标准。其次与目前生产上应用的品种相比，原种的生长势、抗逆性、产量和品质等应有一定提高。原种是新品种繁育的种子来源，因此原种生产应该有严格的程序，在确保其纯度、典型性、生活力等同时，快速繁育种子，扩大种群，为生产提供优质良种。

（二）原种繁殖

原原种经一代繁育获得原种，原种繁育一次获得原种一代，繁育二次获得原种二代。在原种繁育时要设置隔离区，以防止混杂，确保品种纯度，特别是常异花授粉药用植物，一定要有防止生物学混杂的设施，否则会因为品种间传粉而降低原种纯度。

（三）大田用种繁殖

大田用种繁殖是指在种子田将原种进一步扩大繁殖，为生产提供批量优质种子，由于种子田生产大田用种要进行多年繁殖，因此每年都要留一部分优良植株的种子供下一年种子田用种，这样种子田就不需要每年都用原种。常用的方法有一级种子田良种繁殖法和二级种子田良种繁殖法。一级种子田良种繁殖法是指种子田生产的优质种子用于下一季的种子田种植，而种子田生产的大部分种子经去杂去劣后就直接用于大田生产。二级种子田良种繁殖法是指种子田生产的优质种子用于下一季的种子田种植，种子田生产的大部分种子经去杂去劣，在二级种子田中繁殖一代再经去杂去劣后种植到大田，一般在种子数量还不够时采用二级种子田良种繁殖法，但用此法生产的种子质量相对较差。

（四）良种繁育制度

1. **品种审定制度**　为了引导药材新品种的生产、经营和使用，保障药材生产安全，科学界定和积极推广优良新品种，维护育种者、经营者、使用者的合法权益，必须建立健全的品种审定制度。单位或个人育成或引进某一新品种后，必须经一定的权威机构组织的品种审定委员会的审定，根据品种区域试验、生产试验结果，确定该品种能否推广和适宜推广的区域。

2. **良种繁育制度**　建立良种繁育制度是确保良种繁育顺利开展的前提，要明确良种繁育单位，建立适合该种药材生长的种子圃。还要根据新品种的繁殖系数和需求量，合理制订生产计划和方案。设立原原种种子田和原种种子田。种子田要与大田生产分开，并由专业人员负责，同时要建立种子生产技术档案，加强田间管理，加强选择工作，以确保种子质量。

3. **种子检验和检疫制度**　药材新品种种子生产出来后，应加强种子质量检验，从而保证种子质量。对于从外地引进、调进的种子或调出的种子必须进行植物检疫，以防止因新品种的推广应用造成的植物病虫害的传播。

（五）良种扩繁技术

1. 育苗移栽法　选择排灌方便、不积水、有机质含量高且疏松的壤土作为育苗地,尽量稀播,播种后要精心管理。尤其是小粒种子,一般不宜直播,力争一粒一苗。

2. 稀播稀植法　稀播稀植不仅可以扩大植物营养面积,使植株生长健壮,而且可以提高繁殖系数,获得高质量种子。

3. 利用植物繁殖特性　对既可有性生殖又可无性繁殖的药用植物,可充分利用它的所有繁殖潜力。除了扦插和分蘖移栽外,有的药用植物还可利用育芽扦插,同时把珠芽、地上部小鳞茎、小块茎等充分利用起来。

4. 组织培养法　运用组织培养技术进行无性快繁是一条提高繁殖系数的有效途径。

5. 加代法　对于生长期较短、日照要求又不太严格的药用植物,可利用我国幅员辽阔、地势复杂及气候多样等有利条件,进行异地或异季加代,一年可繁育多代,从而达到加速繁殖种子的目的。

四、良种推广

（一）区域性试验

1. 区域性试验的主要任务　鉴定新品种的主要特征、特性,在较大的范围内对新品种的丰产性、稳定性、适应性和品质等性状进行系统鉴定,为新品种的推广应用区域划定提供科学依据。同时要在各农业区域相对不同的自然、栽培条件下进行栽培技术试验,了解新品种的适宜栽培技术,使良种有与之相适应的良法。

2. 区域性试验的方法　区域性试验应根据该种药用植物的分布、自然区划和品种特点分区进行,以便更好地实现品种布局的区域化。要按照自然条件和当地的栽培制度,划分几个农业区,然后在各区域内设置若干个试验点开展试验研究。每个试验点按一般的品种比较试验设置小区试验和重复,同时加强田间管理,以提高试验的精确性。

（二）生产示范试验

生产示范试验是在较大面积的条件下,对新品种进行试验鉴定,试验地面积应相对较大,试验条件与大田生产条件基本一致,土壤地力均匀。设置品种对照试验,并要有适当的重复。生产示范试验可以起到试验、示范和种子繁殖的作用。

（三）栽培试验

栽培试验一般是在生产示范试验的同时,或在新品种决定推广应用以后,就几项关键的技术措施进行试验。目的在于进一步了解适合新品种特点的栽培技术,为大田生产制定栽培技术措施提供科学依据,做到良种良法一起推广。

（四）良种推广

经审定合格的新品种,划定推广应用区域,编写品种标准。新品种只能在适宜推广应用区域内推广,不得越区推广。

五、良种复壮

（一）品种混杂退化原因

优良品种在生产过程中,若不严格按照良种繁育制度进行繁育和生产,经过几年的推广应用,往往会发生混入同种植物的其他品种种子，使其逐渐丧失原有的优良品种特性，这就是品种混杂退化现象。品种混杂退化后，不仅丧失了优良品种的特性特征，同时往往造成产量降低、品质下降。品种混杂退化的根本原因是缺乏完善的良种繁育制度，没有采取防止混杂退化的有效措施，对已发生的混杂退化的品种不进行去杂去劣，或没有进行正确的选择和合理的栽培等。主要原因有：

1. **机械混杂**　在生产操作过程（如种子翻晒、浸种、播种、补苗、收获、运输、贮藏等）中，由于不严格遵守操作规程，人为地造成其他品种种子种苗混入。机械混杂后，不同品种相互混杂，进一步会造成生物学混杂。

2. **生物学混杂**　药用植物在开花期间，由于不同品种间发生杂交所造成的混杂称为生物学混杂。自然杂交是异花授粉植物品种混杂的重要原因，其自然杂交率一般有5%左右。自花授粉植物，自然杂交率虽然一般在1%以下，但也有发生自然杂交而造成混杂退化的情况。生物学混杂使品种个体间产生差异，严重时会造成田间个体间生长参差不齐。

3. **自然突变**　在自然条件下，各种植物都会发生自然突变，包括选择性细胞突变和体细胞突变。自然突变中多数是不利的，从而造成品种退化。

4. **长期的无性繁殖**　一些药用植物长期采用无性繁殖，以上一代营养体为下一代的繁殖材料，植株得不到复壮的机会，致使品种生活力下降。

5. **留种不科学**　一些生产单位在留种时，由于不了解选择目标和不掌握被选择品种的特性特征，致使选择目标偏离原有品种的特性特征，当然就不可能严格地去杂去劣。另外，许多药用植物产品收获部位就是繁殖材料，如延胡索块茎、浙贝母的鳞茎等既作商品又作繁殖材料，遇到行情好的年份，就将大的好的加工成商品出售，剩下小的次的作种，这也会造成品种退化。

6. **病毒感染**　一些无性繁殖药用植物，常会受到病毒的侵染，如果留种时不进行严格选择，将带有病毒的材料进行种植，也会引起品种退化。

7. **环境因素和栽培技术**　优良品种都有一定的区域适应性，并要在特定的栽培管理条件下才能正常生产发育，因此不适当的栽培技术和不合适的生长环境都会引起品种退化。

（二）品种提纯复壮方法

任何优良品种都应经常去杂保纯，及时采取措施防止品种退化。应根据品种混杂退化的原因，采取相应的措施。

1. **选优更新**　选优更新是指对推广已久或刚开始推广的品种，进行去劣选优。"种子年年选，产量节节高"，就反映了这一道理。选优更新是防止和克服生产上良种的混杂退化，提高良种种性，延长良种使用年限，充分发挥育种增产潜力，达到持续高产稳产的有效措施。具体方法有：① 单株选择法。单株选择法是指根据优良品种的特征、特性进行株选。在优良品种接近成熟时，在留种田中选择生长旺盛、抗逆性强、产量性状好的典型优良单株作种。按照生产上对种子的需求量安排选择数量。为提高选择效果，还可将选得的材料在室内复选一次，将不符合品种特性的剔除后混合脱粒，作为下一年度种子田的用种。② 穗行提纯复壮法。植株接近成熟时，在种子田或大田里选择植株生长旺盛、抗逆性强、产量性状好的单株几百株或更多，再经室内复选一次，剔除不符合典型特征的单穗。将入选单株穗分穗脱粒后分别贮藏。将上年入选的单穗种子严格精选处理后进行种植。在生长关键环节进行选择，选定具有本品种典型特征或典型性状、生长整齐和成熟一致的单株穗。将当选的单穗进行编号，在下年种成穗系圃。经第二年比较试验后，将当选穗系收获后进行混合脱粒，供种子田或繁殖田用种。③ 片选法。此法适用于品种纯度较高和新推广应用的优良新品种提纯复壮。在种子田或品种纯度高、隔离条件好、生长旺盛一致的田块里,进行多次去杂去劣。一般在苗期、旺长期和生长后期进行 3 次除杂。待种子成熟后,将除杂过的所有种子混收,供种子田或繁殖田用种。

2. 严防混杂　良种在选育过程中,必须做好防杂保纯工作,防止品种机械混杂和生物学混杂。严格把好种子处理、播种、收获等关口,以防机械混杂。对于异花授粉植物,在繁殖过程中特别要做好隔离工作,一般采用空间隔离和时间隔离两种方法,防止品种间串花杂交。

3. 改变繁殖方法　这是无性繁殖的药用植物在栽培上采用的复壮措施。如怀山药用芽头繁殖 3 年以后,改用零余子或种子来培育小块根作种。

4. 改变生育条件和栽培条件　任何品种长期种植在同一地区,它的生长发育会受当地不利因素的影响,优良特性就会逐渐消失。因此,改变种植地区,改善土壤条件,以及适当改变或调整播种期和耕作制度等都可以提高种性。

第五节　药用植物的引种驯化

植物的引种驯化,就是把外地或外国的某一种植物引到本地或本国栽培,经过一定时间的自然选择或人工选择,使外来植物适应本地自然环境和栽培条件,成为能满足生产需要的本地植物。它主要包括两个方面:一是将野生的变为家种,二是将外地栽培的植物引入本地栽培。

一、引种驯化的意义和任务

(一)引种驯化的目的和意义

任何植物对原产地和栽培地的适应性,是由植物系统发育在历史上形成的本性和外界环境条件相统一而决定的。但这两种因素及其所形成的相互关系,不是静态不变的,而是动态变化的。因此,我们可以通过引种驯化的途径,对植物进行合理的干预和培育,使之朝着我们所要求的方向改变,以满足医疗卫生事业发展的需要。对药用植物而言,其引种驯化目的在于,通过引种驯化使药用植物的有效成分得以保持或提高。从中华人民共和国成立以来,我国在药用植物引种方面取得了巨大的成就,大大地丰富了我国药用植物资源,扩大了栽培区域。如从国外引种成功砂仁、槟榔、沉香、金鸡纳、颠茄、毛地黄等;过去产地集中的道地药材,现在已广泛引种推广的有云木香、地黄、红花、白芷、怀牛膝等;野生药用植物成为家种的有贝母、黄芪、天麻等。由此可见,大力开展引种驯化工作,对实现就地生产,就地供应,满足人民保健事业的需要,加速我国社会主义现代化建设具有重大意义。

(二)引种驯化的主要任务

(1)引种驯化常用的重要药用植物:为了适应防病治病的需要,对防治常见病、多发病以及战备所需的重要品种,应积极地引种试种和繁殖推广,如地黄、当归、党参、贝母、黄连等。

(2)引种驯化野生药用植物:许多野生药用植物资源日见减少甚至濒危,不能满足需要,应积极开展野生变家种的引种驯化工作,成为当前生产上迫切任务,如石斛、血竭等。

（3）各地区已引种成功的药用植物,应迅速繁殖,尽快推广,扩大生产。

（4）引种驯化重要的药材:对国外原产的热带和亚热带药用植物,应积极地引种试种,以尽快地满足医疗用药的需要,如乳香、没药、大枫子、血竭、胖大海等。

（5）大力开展药用植物引种驯化的科学研究工作:如药用植物的资源调查、选种和育种、病虫害防治、优质丰产的栽培技术、种子采收、贮藏、发芽问题、南药北移的越冬问题和北药南植的越夏问题等一系列研究工作都有待进一步积极开展。

二、引种驯化的步骤

（一）准备阶段

1. 调查和选择引种的种类　药用植物的种类繁多,各地名称不一,常有同名异物、同物异名的情况,给引种工作带来困难和损失。因此,在引种前必须进行详细的调查研究,根据国家发展中药材生产计划和当地药材生产与供求的关系,确定需要引种的种类,并加以准确的鉴定。

2. 掌握引种资料　引种所必需的有关资料,应进行调查和收集,了解被引种的药用植物在原产地的海拔、地形、气候和土壤等自然条件,该植物的生物学和生态学特性,以及生长发育的相应阶段所要求的生态条件,对于栽培品种,还要详细了解该植物的选育历史、栽培技术、品种的主要性状、生长发育特性、群众反映以及引种成败的经验教训等。

3. 制订引种计划　引种计划的确定,必须根据调查研究所掌握的资料结合本地区实际情况进行分析比较,并注意在引种过程中存在的主要问题,如南药北移的越冬问题、北药南植的过夏问题、野生变家种的性状变异问题等,经全面地分析考虑后,制订引种计划,提出引种的目的、要求、具体步骤、途径和措施等。

4. 技术上的准备　引种计划确定后,就应根据预定计划迅速作好繁殖材料、技术力量和必要的物质准备。在搜集材料时,应选择优良品种和优良种子,并进行检疫、发芽试验、品质检查和种子处理等工作,还应注意种子、种苗的运输和保管,广泛收集有关栽培技术的文献资料,以备查阅参考。

5. 引种园的设计和利用　药用植物的引种工作一般在引种园内进行,故应有计划地予以设计,以便根据生产需要进行各项科学研究工作。引种园主要有两类:一类是考察与鉴定引种栽培的药用植物在本地的生长发育情况及其适应性,这主要是通过观察记载,积累详细而正确的资料,以供制订推广栽培方法时参考。另一类是为了解决某一个或几个问题而进行深入研究,或进行良种培育。

（二）试验阶段

药用植物田间试验的目的与要求:引种驯化的田间试验,一般应先采用小区试验,然后大区试验,在多方面的反复试验中观察比较,将研究所得的良好结果应用于生产实践。在进行田间试验时,目的性要明确,抓住生产上存在的关键问题进行试验,并须注意田间试验的代表性、一致性和稳定性。

田间试验前,必须制订试验计划,其主要内容包括:名称、项目、供试材料、方法、试验地点和基本情况(包括地势、土壤、水利及前作等)、试验的设计、耕作、播种及田间管理措施、观察记载、试验年限和预期效果等。

在田间试验过程中,要详细观察记载,了解环境条件对植物生长发育的影响,因为环境条件的任何变化,都会在某种程度上引起植物性状上的相应变化,只有详细地、认真地观察记载,才能对试验结果作出正确地分析和结论,找出问题,以便进一步深入试验研究。

(三)繁殖推广

引种的药用植物经过试验研究,获得一定的成果,就可以进行试点推广。在试点栽培中要继续观察,反复试验,通过实践证明这种药用植物引种后,已能适应本地区的自然条件,在当地生产上确能起增产作用,即可扩大生产,进行推广。

三、引种驯化的方法

(一)直接引种法

直接引种法是指从外地(或原产地)将药用植物直接引进栽培到引种地的方法。在相同的气候带内,或两地的气候条件相似,或植物本身适应性较强的条件下,可采用直接引种法,以下几种情况可采用此法:

(1)位于温带的哈尔滨直接引种暖温带河北、山西等地的银杏、枸杞等,能正常生长,安全越冬,因为暖温带和温带相连接,在气候带上,它是温带向亚热带的过渡带,直接引种比较容易成功。

(2)南方山地的药用植物引种到北方平原或由北方平原向南方山地引种,亦可采用直接引种法,如云木香从云南海拔 3 000 m 的高山地区,直接引种到北京低海拔 50 m 的地区;人参从东北海拔 800～1 000 m 的地区,引种到四川南川金佛山海拔 1 700～2 100 m 地区栽培,也获得成功。

(3)将越南、印度尼西亚等热带地区的一些药用植物,直接引种到我国海南岛、台湾等地栽培也较易成功。

(4)长江流域各地之间的气候条件相似,很多药用植物可直接引种。如四川从浙江引种白术、延胡索、杭菊花;江苏从河南引种怀地黄、怀牛膝;从浙江引种浙贝母、芍药等,均获成功,并有大面积生产。

(5)植物本身适应性较强:如南亚热带的穿心莲,越过中亚热带,直接引种到北亚热带地区,也能成功。

(二)驯化引种法

这是经过驯化,使被引种植物产生新的适应性的引种方法。对于气候条件差异很大的地区之间,或适应性差的药用植物,宜采用此法引种。驯化引种主要有下列方法:

1. **实生苗的多世代选择** 根据植物个体发育的理论,由种子产生实生苗可塑性大,在植物幼苗发育阶段,进行定向培育最容易动摇其遗传性,而产生与新的生态条件相适应的遗传变异性,从而获得适应引种地区环境条件的新类型。此法可从原产地采收引种植物的种子,在引种地区进行连续播种,经过几代的选择,选出既适应新环境又能保持该品种优良特性的个体。例如毛地黄引种到北京,第一年播种出苗后,加以培育,对能自然越冬而留下的植株,采种后,第二年再播种,如此反复进行,逐渐使它增强抗寒性而适应于当地的环境条件。

2. **逐步驯化法** 就是将所要引种的种子,分阶段逐步移到所要引种的地区。有两种方法,一是将引种植物的实生苗从原产地分阶段逐步向新的地区移植,使植物逐步经受新环境条件的锻炼,动摇其遗传保守性,而获得新的适应性。另一种是将引种植物的种子,分阶段播种到过渡地区,培育出下一代,连续播种几代,从中选出适应能力最强的植株,采收种子,再向另一过渡地区种植。如把南药逐渐北移,可用种子逐步引种驯化,成功的可能性较大。但此法要经很长时间。此外,还可用无性杂交法、有性杂交法等进行引种驯化。

（三）引种驯化过程中的注意事项

（1）必须认真作好植物检疫工作，防止病虫害的传播。

（2）引种时最好用种子繁殖实生苗，因实生苗的可塑性大，遗传保守性弱，容易接受新环境的影响而产生新的适应性。

（3）生长期长的地区引种到生长期短的地区，利用种子繁殖时，要注意选择早熟品种，或进行温床育苗，延长植物的生长期。

（4）注意对种子和种苗的选择，不能从年龄太大、生长发育差、有病虫害的植株上采收种子。

（5）对有些发芽困难或容易丧失发芽力的种子，引种运输时应注意种子的保存（如用砂藏法），播种前应掌握种子的生理特性，采用适当的种子处理措施，促进发芽，如金鸡纳、细辛、五味子、黄连等。

（6）引种必须先行小面积试验研究，获得成功后才进行大面积的繁殖推广。

（四）引种驯化成功的标准

引种驯化成功的标准：① 与原产地比较，植株不需要采取特殊保护措施就能越冬，度夏，正常生长及开花结实，并获得一定产量。② 能够以常规可行的繁殖方式（无性或有性）进行正常繁殖。③ 没有改变原有的药效成分和含量以及医疗效果，药用部位质量符合国家有关标准。④ 种后有一定的经济效益和社会效益。

第六章　药用真菌培育技术

导学

1. 掌握培养基制备及灭菌的方法;掌握两种常用的人工栽培药用真菌方法。
2. 熟悉药用真菌的生活习性及营养;熟悉菌种的分离和制作的过程。
3. 了解药用真菌培养的历史及发展概况;了解菌种保藏与复壮的意义。

药用真菌是中药的重要组成部分,利用真菌入药在我国有悠久的历史,从《神农本草经》及以后历代本草书籍中都记载有芝草、茯苓、猪苓、冬虫夏草、银耳等作药用。据不完全统计,我国已记载的真菌 3 000 余种,已阐明疗效的药用真菌有 100 余种。目前,药用真菌的来源野生采集外,还可通过人工培养乃至工厂化生产,从而保证了药源,为药用真菌的广泛利用开辟了新的途径。

第一节　药用真菌培育研究概况

一、药用真菌概述

自然界中的真菌种类繁多,按经典分类属植物界,菌类植物,真菌门,但多年来也有学者将其视为一界生物,同植物界、动物界一起构成生物进化的三大方向。通常所说的药用真菌,多限于生长发育到一定阶段能够形成个体较大的子实体或菌核的高等真菌,它们大部分属于担子菌亚门,少数属于子囊菌亚门。据不完全统计,已知的药用真菌分布于 40 多个科中,它们在生长发育代谢活动中,能够产生氨基酸、多糖、生物碱、甾醇、萜类、苷类以及维生素等对人体疾病有抑制或治疗作用的物质。

凡含有药效成分,具有药用功能的真菌称为药用真菌,如:僵蚕、麦角、马勃、冬虫夏草、猪苓、雷丸等;既可食用,又可药用的真菌称为食药兼用菌,如:黑木耳、银耳、香菇、松江蘑、亮菌等。从用法上可分为两类:一是直接利用子实体、菌丝体或菌核入药,如茯苓、麦角;二是利用所产生的菌素物质入药,如猴头菌素、亮菌素等。药用真菌的主要入药部位有:菌素、菌核和子实体。菌丝平行结合成绳索状称菌素;菌丝组成坚硬的休眠体称菌核;高等真菌在生殖时期形成的有一定形状和结构,能产生孢子的菌丝体称子实体。

随着从平菇、草菇、金针菇中发现抗癌成分,从真菌中寻找抗癌药为业界所瞩目。特别是从银耳、茯苓、猪苓、云芝和香菇等担子菌中所提取的真菌多糖,对肿瘤有较强的抑制作用且毒性极小,其作用机制主要是通过提高机体免疫功能,间接抑制肿瘤的生长,而不同于其他毒性类药物直接杀伤细胞,从而为抗癌药物的研究与应用开辟了新途径,引起国内外高度重视。

二、药用真菌培育发展概况

药用真菌培养在我国有悠久的历史,最初使用的真菌全部靠野外采集,但野生资源常受环境、季节等条件限制,产量难以满足需要,因此人工培养应运而生。如东汉学者王充在《论衡》一书中就记载了紫芝的栽培方法,"芝生于土,土气和而芝草生";唐代苏恭等的《唐本草注》中叙述了木耳的栽培方法;此后宋代陈仁玉的《菌谱》和元代的《王祯农书》中都详细记载了香菇的栽培方法;我国银耳栽培始于近代的光绪二十年(1894 年),100 多年来除我国能大规模生产外,世界上只有少数国家和地区能小批量栽培。

中华人民共和国成立后,有关生产、研究机构分别对灵芝、蜜环菌、亮菌、猴头、猪苓、茯苓等进行了发酵、药化、药理及临床等方面的综合研究,新工艺的形成使麦角新碱、密环菌片、亮菌片等的生产周期大大缩短。现在药用真菌的来源已有野生采集、人工栽培和工业化生产三个途径。随着现代生物技术的广泛应用,药用真菌的开发与利用将显现出广阔的前景。

第二节 药用真菌的生活习性

一、药用真菌的生活方式

真菌为异养植物,没有叶绿素,不能进行光合作用,常以共生、腐生或寄生等异养方式获得营养。

(一) 共生

从活的有机体吸取养分,同时又提供该活体有利的生活条件,彼此互相受益、互相依赖。如猪苓与密环菌。有些药用菌能与植物共生,形成菌根,真菌吸收土壤中的水分和无机养料提供给植物,并分泌物质刺激植物根系生长,而植物合成碳水化合物提供给真菌,称为菌根真菌。

(二) 伴生

伴生是一种松散联合,从中可以是一方得利,也可双方互利。如银耳与香灰菌,因为银耳分解纤维素和半纤维素的能力弱,也不能充分利用淀粉,所以不能单独在木屑培养基上生长,只有与香灰菌丝混合接种在一起时,才能较好地利用香灰菌丝分解木屑的产物繁殖结耳。

(三) 腐生

从死亡的动植物体或其他无生命的有机物中吸取养分的真菌称为腐生,目前能够人工栽培的药用菌基本属于腐生菌类。通常有两种类型:

1. **专性腐生菌**   只能生活在各种生物尸体上的真菌。据其分解的有机物是木本还是草本又可分为：

(1) 木腐生菌：如香菇、银耳等，其生长在死树、断枝等木材上。

(2) 草腐生菌：如草菇、双孢蘑菇等，其生长在草、米糠、粪等有机物上。

2. **兼性腐生菌**   以寄生为主但也具有一定腐生能力的真菌，如安络小皮伞类。

(四) 寄生

从活的动植物体上吸收养分的真菌称为寄生。也有两种类型：

1. **专性寄生菌**   只能生活在活的有机体上，如冬虫夏草、麦角菌。

2. **兼性寄生菌**   以腐生为主，但在一定条件下又可转移到活的有机体上继续生活，往往兼有腐生菌和共生菌的特征。如密环菌类既能在枯木上腐生，也能和兰科植物天麻共生；黑木耳既能在枯木上腐生，也能在活木上寄生，但以腐生为主，所以也称为弱寄生菌类。

二、药用真菌的生长发育及其环境条件

(一) 药用真菌的生长

1. **菌丝体的生长**   药用真菌的菌丝体以顶端为生长点，不断向四周呈辐射状伸展，形成菌落。菌丝常分为两种：生于基质内或基质表面的为基内菌丝；不直接接触基质的为气生菌丝。菌丝吸收和运输养分的速度与菌龄和环境条件有关，幼龄菌丝较老龄速度快；中温型菌丝在 20℃以上时较 20℃以下时速度快。

2. **子实体的分化与发育**   菌丝体达到生理成熟后，遇到合适的环境条件就能完成菌丝聚集，子实体分化、发育及成熟等几个阶段。

(二) 药用真菌生长发育的环境条件

药用真菌菌丝的任何一段在适宜的条件下都可发育为一个新个体，影响个体形成的因素很多，除本身遗传特性、生理状况外，还有环境条件。

1. **温度**   各种药用真菌往往只能在一定的温度范围内生长，按其生长速度可分为最低、最适和最高生长温度，超过最低或最高生长温度，菌丝的生命活动就会受到抑制，甚至死亡。如草菇菌丝体在 5℃时就会逐渐死亡，但香菇菌丝体即使在 −20℃低温下也不会死亡。一般菌丝体较耐低温，在 0℃左右只是停止生长，并不死亡，最适生长温度为 18～28℃；而子实体发育温度较一般植物为高，且不同种类的温度差别较大，可分为：① 低温型。适温在 20℃以下，如香菇。② 中温型。适温在 20～24℃，如银耳。③ 高温型。适温超过 24℃，如灵芝。

2. **水分和空气相对湿度**   水分是药用菌的重要组分，菌丝体和新鲜子实体中约有 90%的水分，它们绝大部分来自培养基，所以培养基最适含水量一般在 60%左右。大多数菌丝体生长要求的空气相对湿度为 65%～75%；子实体发育阶段为 80%～95%。

3. **空气**   药用真菌大多是好气性菌类，过高的 CO_2 浓度会抑制菌丝体的生长。在子实体形成前期，微量的 CO_2 浓度(0.034%～0.1%)是必要的，后期 0.1%以上的浓度对子实体就有毒害作用。如 CO_2 浓度大于 0.1%时，双孢蘑菇往往出现菌柄长、开伞早、品质下降等现象；浓度超过 0.6%时，菌盖出现畸形；灵芝在 CO_2 浓度为 0.1%时，一般不形成菌盖，菌柄分枝呈鹿角状，观赏灵芝即是在此条件下培育成的。

4. **光照**   药用菌在菌丝生长时一般不需要光，但子实体分化发育时大部分需要一定的散射

光,而直射光不利于生长。根据子实体形成时期对光线的要求,可分为:只有在散射光的刺激下,才能较好地生长发育属于喜光型真菌,如香菇、草菇等在完全黑暗条件下不形成子实体;灵芝、金针菇等只能形成有菌柄无菌盖的畸形子实体,并不产生孢子;在完全黑暗的条件下完成生活史,有了光线,子实体不能形成或发育不良属厌光型真菌,如双孢蘑菇、茯苓等。中间型药用菌对光线反应不敏感,不论有无散射光,其子实体都能够正常生长发育,如黄伞等。

5. 酸碱度(pH)　大多数药用菌喜 pH 3~6.5 的偏酸性环境,最适为 5.0~5.5,当 pH 大于 7.0 时生长受阻,大于 8.0 时生长停止。但也有例外,如草菇喜中性偏碱的环境。大多数培养基的有机物在分解时,产生的有机酸可使基质 pH 降低。同时,培养基灭菌后 pH 也略有降低。因此在配制时应将 pH 适当调高,或添加 0.2% 磷酸二氢钾作为缓冲剂。

第三节　药用真菌菌种分离与培养

一、药用真菌的营养与培养基的制备

(一) 药用真菌的营养

1. 碳源　凡能供给真菌碳素营养的物质称碳源,如纤维素、木质素、单糖、有机酸等。

2. 氮源　凡能被真菌利用的含氮物质称氮源,如马铃薯汁、麦麸、马粪等。在子实体形成期培养料中氮素的含量须低于菌丝生长期,一般菌丝生长期碳氮比为 15~20：1,出菇期为 30~40：1。不同的菌类对碳氮比的要求会有一定差异。

3. 水分　在真菌有机体中含量最大。

4. 无机盐类　少量供给即可满足真菌生长需要,如钾、钠、钙等。其主要功能是构成菌体的成分,或作为酶或辅酶的组成部分或维持酶的活性,或调节渗透压等。磷、硫、钾等元素在培养基中的适宜浓度为 100~500 $\mu g/L$,而铁、钴、锰等需要量甚微(千分之几毫克)。

5. 生长因素　是真菌生命活动中不可缺少而需要量又极少的有机营养物质,如维生素等。维生素在 120℃ 以上时易被破坏,因此培养基灭菌时需防止温度过高。

(二) 培养基制备

培养基种类很多,按营养成分可分三类:利用含有丰富营养的天然有机物质制成的培养基称天然培养基;利用已知成分的化学药品配制成的培养基称合成培养基;采用部分天然物质为碳源及生长因素的来源,再添加些无机盐类称半合成培养基。若按制备形式可分为两类:固体培养基和液体培养基。

二、消毒与灭菌

药用真菌在自然界中常与其他的微生物共处同一环境中,在栽培过程中常易污染杂菌,一旦杂菌的生长占优势,将会导致整个生产的失败,因此各环节都要注意防止杂菌生长,必须进行消毒与灭菌,常用的方法如下:

（一）干热灭菌

适用于燃烧不变性的物品,将其直接置火焰上燃烧灭菌;如接种针、镊子等。玻璃器皿、刀片、剪子等金属器具,也可先用干净的牛皮纸或纱布包好(以便取出使用),在电热干燥箱中进行热空气灭菌(160～180℃下 3 h)。要注意温度不可过高,否则纸与布会焦化而粘在器具之上。

（二）湿热灭菌

1. 高压蒸汽灭菌法　用高压灭菌锅,在蒸汽压达到 110 kPa/ cm²,温度 121℃时,保持 30 min,可达到灭菌效果。一般用于玻璃器皿、培养基等,木屑米糠培养基灭菌时间需延长至 1 h。操作时应注意保证灭菌的压力和时间;装量不能太满,容器之间要有孔隙;排放冷空气要完全。

2. 间歇灭菌法　在没有加压蒸汽设备时,可用普通蒸笼从上汽时计时,蒸煮 1 h 后降温,保持 25～30℃培养 1 日,第二日如法蒸煮,反复 3～4 次即可。此法也可用于含明胶、牛乳等成分在 100℃以上处理较长时间易变性的培养基。

（三）过滤除菌法

采用过滤器将杂菌滤除。一般用于因加热而变性的培养基、溶液及空气。如超净工作台。

（四）紫外线灭菌法

用波长 2 000～3 000 Å 的紫外灯照射 30 min,可杀死空气中的微生物。一般用于接种室、超净工作台、恒温室等的灭菌。

（五）药物灭菌法

1. 升汞液　0.1％升汞液可作非金属器皿和材料的表面灭菌,应注意材料灭菌后要用无菌水反复冲洗,防止接种时带入消毒液。

2. 漂白粉　2％～5％漂白粉液可用于恒温室、接种室墙壁消毒。

3. 乙醇　常用 70％～75％做消毒剂,可作非金属器皿和材料的表面灭菌。

4. 甲醛-高锰酸钾　通常用 7.5 ml/ m³熏蒸接种箱、无菌室。

三、菌种的分离、保存与复壮

（一）菌种分离培养

1. 组织分离法　利用菌菇中幼嫩的活组织,在无菌条件下接种在适宜其生长的培养基上,回复菌丝生长成为没有组织分化的菌丝体,以获得纯菌种的方法。

(1) 子实体组织分离法:选肥厚、无病、幼嫩的种菇,用 0.1％升汞或 70％～75％乙醇进行表面消毒,然后用无菌水冲洗。从菌柄处撕开,用无菌刀在菌盖与菌柄交界处切取米粒大小的组织块,在无菌条件下迅速接入适当的培养基上,在适温培养箱中培养,数日后可长出新菌丝。为了保证获得的是纯菌种,要求一切必须严格进行无菌操作。

(2) 菌核组织分离法:少数子实体不发达的药用真菌,可利用菌核进行组织分离以获得纯菌种。操作方法与子实体分离法相同,只是切开的部位是菌核。

(3) 菌索分离法:对即不易长子实体,又不易形成菌核的种菇可用菌索分离,操作亦同子实体分离,但需注意选择菌索前端生长点部分。

2. 孢子分离法

(1) 多孢子分离法:真菌的有性孢子,都是由异性细胞核经核配后形成的,具双亲的遗传性,变异性大,生命力强。为避免异宗结合的菌菇发生单孢不孕现象,多采用此法。因为真菌的有性繁殖一般有两种类型:由同一个担孢子萌发的两条初生菌丝细胞间,通过自体结合能够产生有性孢子——担孢子的现象称同宗结合,是自交可孕的。而由同一个担孢子萌发的初生菌丝细胞间不结合,只有两条不同性别的菌丝细胞间才能结合产生子实体的现象称异宗结合,为自交不孕的。

多孢子分离首先选择优良子实体为分离材料,然后采集孢子,操作方法有以下几种:

1) 涂抹法:将接种针插入菌褶间,抹取成熟但尚未弹射的孢子,或使成熟的孢子散落在无菌玻璃珠上,再抹于培养基上。

2) 孢子印法:使大量孢子散落在无菌色纸或玻璃片上,形成孢子印或孢子堆,从中挑取部分移植于培养基上。

3) 空中孢子捕捉法:孢子弹射时可形成云雾状,将孢子云上方置培养基,使孢子飘落其上。

4) 弹射分离法:将分离材料置培养基上方,使孢子直接落到培养基上培养。具体操作有:① 钩悬法。在孢子尚未弹射之前,将成熟子实体切成 $1\ cm^3$ 小块,用灭菌后的挂钩悬挂于试管内,待孢子成熟后弹射到培养基上。② 贴附法。将 $1\ cm^3$ 的子实体小块贴附于试管壁上,待孢子成熟后弹射到培养基上。

(2) 单孢子分离法:手法较复杂,普遍使用菌液连续稀释法。为最大限度地降低孢子在无菌水中的分布密度,最终使每滴水中只含 $1\sim2$ 个孢子,然后吸取孢子悬浮液滴在培养基上培养,选优良菌落纯化。此法对于异宗结合类型的真菌,无论菌丝如何生长永远不会形成子实体,所以不能用于生产,多用于杂交育种。

(二) 菌种保藏与复壮

菌种是重要的生物资源,是药用真菌生产与研究工作的基础,一个优良菌种如果保藏不善,就会引起生活力和遗传性状衰退、被杂菌污染或死亡。

1. **菌种保藏**　基本原理是根据真菌的生理生化特性,控制环境条件,使菌种的代谢活动处于不活泼的休眠状态,以达到长期保持其优良性状的目的。常用的保藏方法有:

(1) 斜面低温法:在斜面培养基上培养到菌丝旺盛生长时移放到 4℃ 左右的冰箱中,经 $3\sim6$ 个月转接一次,在使用前一两日置常温下活化转管。除草菇等高温型真菌外都可以使用(草菇需提高到 $10\sim15$℃保藏)。

(2) 麸曲法:用麸皮加水拌匀,分装于小试管,厚约 1.5 cm,疏松,常规灭菌,冷却后接入菌种培养至长好,室温下放入装有 $CaCl_2$ 的干燥器中干燥几日,20℃以下可保藏 $1\sim2$ 年。

(3) 石蜡油封藏法:在菌种的表面灌注无菌的液体石蜡,防止培养基水分蒸发及空气进入,直立放在低温干燥处保存 $1\sim2$ 年。一般置于室温下保藏比放在冰箱内更好。若是保藏孢子,可将砂土装入小试管并经过严格灭菌后,再将无菌孢子拌入其中,用石蜡封口,放在干燥器中密封保存。

2. **菌种的退化和复壮**　菌种在生产保藏过程中,常因外界条件和内在因素的矛盾,造成某些形态和生理性能逐渐劣变的现象称为菌种衰退。把已衰变退化的菌种,通过人为方法使其优良性状重新得到恢复的过程称菌种复壮。避免菌种的退化和复壮主要方法有:

(1) 采用低温保藏,防止老化,每隔一定时期,注意调换不同成分的培养基,调整、增加某种碳源、氮源或矿质元素等。

(2) 减少传代,控制突变型在数量上取得优势的机会。

(3) 进行单菌落分离,选育生产性能良好的菌株,并有计划地把无性和有性繁殖的方法交替使用,组织分离最好每年进行一次,有性繁殖3年一次。

(4)淘汰已衰退的个体,选择有利于高产菌株的培养条件。

四、菌种培养

药用真菌接种之前首先要进行菌种培养,菌种培养是将分离提纯得到的少量菌种,扩大培养成足够用于生产的大批菌种的制种过程。

生产上最常用的既经济,产量又稳定的是菌丝法。制作方法如下:

(一)一级菌种(母种)的培养

选择适当配方,按常规制成斜面培养基,选优良健壮成熟的种菇,在无菌条件下取一小块接于培养基上,置25~30℃下培养出菌丝,即得纯菌种。

(二)二级菌种(原种)培养

选适当配方,营养成分高于母种培养基。如木屑米糠培养基、棉籽壳稻草培养基,使含水量在60%~65%拌匀(如果是用作段木栽培的原种,需拌入与其树种相同的木块),分装于菌种瓶内,装量2/3即可,高温灭菌1 h。从母种内挑取4~5 mm³的小块放入培养基中央,置适温培养至菌丝长满瓶,即得二级菌种。

(三)三级菌种(栽培种)的扩大培养

选择适当的配方,营养再高于原种(如果是用作段木栽培的三级菌种,需将木块加大些,并另备长度较培养瓶高度为短的木棍,每瓶插入1~2支)。制备方法同上,取原种长满菌丝的小块(或木块1~2片与混合物少许),接入瓶内,培养至菌丝长满瓶(或有特殊香气),可供接种。

制种后可接种在不同的培养基(如段木、袋用料等)上大规模培养。

第四节 | 药用真菌的人工栽培

药用真菌生产方式分为人工栽培与菌丝体发酵培养两大类,人工栽培常用的方法有:

一、段木栽培

药用真菌多为木腐生型,段木栽培就是模拟药用真菌在自然条件下的生态环境,将菌种人工接于段木上,诱使其长出子实体、菌核或菌索的一种方式。具体操作过程如下:

(一)选择场地

场地选择与真菌种类有关,如茯苓喜酸性砂壤并排水良好的南坡;灵芝、银耳选水源方便、荫蔽潮湿、避风向南的场地。

(二)段木准备

选择树种尽量以野生状态下为准,其中以壳斗科植物为佳;选择营养丰富、水分适中时期砍伐,常以晚秋落叶后到第二年春树木萌发前为好;然后进行剃枝、锯段、干燥、打孔等项处理。

(三) 接种

把已培养好的菌种(三级菌种)接入段木组织中使之定植下来,这是段木栽培的关键。接种前应严格检查段木组织是否枯死,水分状况是否适中,应选择阴天进行为宜。

(四) 管理

保持栽培场地清洁;根据生产菌对光照、温湿度、空气的要求,通过搭棚、遮阴、加温、喷水等方法进行调节。

(五) 杂菌污染与病虫害防治

段木栽培易受霉菌、线虫及白蚁危害。

1. **霉菌** 有青霉、曲霉、毛霉等,可争夺养分和生存空间,抑制培养菌的生长。防治:培养基灭菌要彻底;严格检查菌种质量,适当加大接种量;立即销毁污染菌种。

2. **线虫** 从土壤或水中进入段木,蛀食生产菌基部,使上部得不到营养而腐烂。防治:段木靠地面不宜太近,保持水源清洁;覆土材料最好进行巴氏消毒,并在地面上撒施石灰;隔离病区,停水使其干燥,并用1%的冰醋酸清洁处理烂穴,防止蔓延。

3. **白蚁** 蛀食段木,影响生产菌生长。防治:可用敌百虫诱杀或找出蚁室烧毁。

(六) 采收

往往因菌类不同从接种到采收所需时间及采收次数各异。如银耳接种后40日即可陆续采收多次;灵芝4个月收获,每年可收2～3次。

二、瓶(袋)栽技术

瓶(袋)栽是利用玻璃瓶或塑料瓶(袋)室内栽培药用真菌的一种方式。基本操作如下:

(一) 培养基制备

选用适宜培养基,调匀备用。

(二) 装瓶(袋)

将培养基边装瓶(袋)边压实,装量为瓶(袋)高度的2/3,松紧以瓶(袋)倒置,培养基不落下为宜,离瓶(袋)口3～5 cm处用钢笔粗木棒在中央按一小洞,以利空气进入均匀,封口扎紧(用瓶塞的按常规包装)。

(三) 灭菌

常规高压灭菌45～60 min或间歇灭菌3日。

(四) 接种

在无菌条件下将三级菌种迅速接入培养基中央小洞内,迅速封口,置于22～28℃培养室培养。

(五) 管理

室内空气相对湿度保持70%左右,后期可达85%～90%,早晚适当通风,保持空气新鲜,控制温度、光照,待子实体长出后可打开封口。

(六) 杂菌污染与防治

青霉菌可隔绝氧气,抑制生产菌生长;毛霉、根霉、链孢霉等多污染培养基,与培养菌争夺养分和生存空间。防治:选择新鲜、含水量适中的培养料,拌匀,当天配料当天分装灭菌,擦净容器上的培养料;选用生活力、抗逆性强的优良菌种,接种时严格无菌操作;创造生产菌适宜的生长发育条件,在不影响生长的情况下尽量降低空气相对湿度;定期检查,及时剔除污染菌种;对污染轻的栽培瓶(袋)可用浓石灰水冲洗,或用75%的酒精注射污染处,控制病菌蔓延,后置低温处隔离培养;如污染严重,可将其深埋或烧毁,切忌到处乱扔或未经处理就脱瓶(袋)摊晒。

(七) 采收

培养至大量散发孢子时即可采收。

第七章　药用植物栽培的田间管理

导学

1. 掌握药用植物栽培中田间管理的各种措施和植株调整的方法与技术。
2. 熟悉植物生长调节剂的种类及其在药用植物栽培中的应用。
3. 了解药用植物栽培中田间管理的意义。

药用植物从播种到收获的整个栽培过程中,在田间所采用的一系列管理措施称为田间管理。田间管理是获得优质高产的重要措施。俗话说:"三分种,七分管,十分收成才保险。"不同种类的药用植物,其药用部位、生态特性和收获期限等均不相同。必须根据各自的生长发育特点,分别采取特殊的管理方法,如三七、黄连需遮阴,栝楼需设支架,附子、白芍需修根,牛膝、玄参需打顶,白术、贝母需摘花等,以满足中药材对环境条件的功能要求,达到优质高产的目的。田间管理既要充分满足药用植物生长发育对阳光、温度、水分、养分和空气的要求,又要综合利用各种有利条件,克服不利因素,及时调节、控制植株的生长发育,使药用植物生长发育朝着人类需求的方向发展。

第一节　常规田间管理措施

一、间苗、定苗及补苗

(一)间苗与定苗

根据药用植物最适密度要求而拔除多余幼苗的技术措施称为间苗。药用植物多数是采用种子繁殖的,为了防止缺苗和选留壮苗,其播种量往往大于所需苗数,故需适当拔除一部分过密、瘦弱和有病虫的幼苗。间苗的原则一是根据各种药用植物密度的要求有计划地选留壮苗,保证有足够的株数;二是根据不同苗期的生长情况适时间苗。间苗的时间一般宜早不宜迟,间苗过迟,幼苗生长过密会引起光照和养分不足,通风不良,造成植株细弱,易遭病虫害。此外,幼苗生长过大,根系深扎土层,间苗困难,并易伤害附近植株。间苗的次数可视药用植物的种类而定。一般情况下,大粒种子的种类,间苗1~2次,小粒种子的种类,间苗2~3次。进行点播的种类如牛膝等每穴先留壮苗2~3株,待苗稍长大后再进行第二次间苗。最后一次间苗称为定苗。定苗后必须及时加强苗期管理,才能达到苗齐、苗全和苗壮的目的。

(二) 补苗

为保证苗齐、苗全,保持最佳种植密度,必须及时对缺株进行补苗或补种。大田补苗是和间苗同时进行的,即从间出的苗中选择生长健壮的幼苗进行补栽。为了保证补栽苗成活,最好选阴天进行,所用苗株应带土,栽后浇足定根水。如间出的苗不够补栽时,则需用种子补播。

二、中耕、除草和培土

中耕即松土,是药用植物生长发育期间人们对其生长的土壤进行浅层的耕作。中耕能疏松土壤,减少地表蒸发,改善土壤的透水性及通气性,加强保墒,早春可提高地温;在中耕时还可结合除蘖或切断一些浅根来控制植物生长。除草是为了消灭杂草,减少水肥消耗,保持田间清洁,防止病虫的滋生和蔓延。除草一般与中耕、间苗、培土等结合进行。

中耕、除草多在植株封行前,选择晴天或阴天进行。中耕深度视植物地下部分生长情况而定,根系分布在土壤表层的宜浅耕,如延胡索、紫菀、射干、柳叶白前等;主根较长,入土深的中耕可深些,如牛膝、白芷、芍药等。一般情况下,中耕深度为 4~6 cm。中耕次数应根据当地气候、土壤、杂草及植物生长情况而定。幼苗阶段杂草易滋生,土壤易板结,中耕宜浅,以利保水;雨后或灌水后应及时中耕,避免土壤板结。

根及根茎的药用植物在中耕除草时,还要进行培土。培土是将行间的土壤壅在植物根部。其作用是:提高地温以保护植物越冬(如菊花、辽细辛等);夏季起降温作用以利植物过夏(如浙贝母等);防止植株倒伏;避免根部外露,保护芽头(如玄参);促进生根(如半夏);促进多结花蕾(如款冬等);促进地下器官的生长(如射干、黄连等)。培土的时间视不同植物而定,一二年生植物在生长中后期进行;多年生草本和木本植物,一般在入冬前结合防冻进行。培土的方法视播种方法不同而异,条播培土宜成梯形或三角形的"垄";点播及木本植物培土宜成圆锥形的"堆";撒播的和栽培密度大的培土采用将土撒布于株间。

三、灌溉与排水

植物生长所需的水分是通过根系从土壤中吸收的,当土壤中水分不足时植物就会发生枯萎,轻则影响正常生长而造成减产,重则会导致植株死亡;若水分过量,则会引起植物茎叶徒长,延长成熟期,严重时使根系窒息而死亡。因此,在药用植物栽培过程中,要根据植物对水分的需要和土壤中水分的状况,做好灌溉与排水工作。

(一) 灌溉

1. 灌溉的原则   灌溉应根据植物的需水特性、不同的生长发育时期和当时当地的气候和土壤条件适时进行。

(1)耐旱植物一般不需灌溉,若遇久旱时可适当少灌,如甘草、麻黄等;喜湿植物若遇干旱应及时灌溉,如薄荷、荆芥等;水生植物常年不能缺水,如泽泻、莲等。

(2)苗期根系分布浅,抗旱能力差,宜多次少灌,控制用水量,促进根系发展,以利培育壮苗;植株封行后到旺盛生长阶段,根系深入土层需水量大,而此时正值酷暑高温天气,植株蒸腾和土壤蒸发量大,可采用少次多量,一次灌透的方法来满足植株的需水量;植物在花期对水分要求较严格,水分过多常引起落花,水分过少则影响授粉和受精作用,故应适量灌水;果期在不造成落果的情况下土壤可适当偏湿一些,接近成熟期应停止灌水。

（3）炎热和少雨干旱季节应多灌水,多雨湿润季节则少灌或不灌水。

（4）砂土吸水快但保水力差,黏重土吸水慢而保水力强。团粒结构的土壤吸水性和保水性好,无团粒结构的土壤吸水性和保水性差。故应根据土壤结构和质地的不同,掌握好灌水量、灌水次数和灌水时间。

2. 灌溉时间　灌溉时间应根据植物生长发育情况和气候条件而定,要注意植物生理指标的变化,适时灌水。灌水间隔的时间不能太长,特别是在经常灌溉的情况下,植物的叶面积不断扩大,体内的新陈代谢已适应水分的环境条件,这时如果灌溉的间隔时间太长,植物就会缺水,造成对植物更为不利的环境条件,受害的程度会比不灌溉还严重。

灌溉应在早晨或傍晚进行,这不仅可以减少水分蒸发,而且不会因土壤温度发生急剧变化而影响植株生长。

3. 灌溉量　为了正确地决定灌溉量,必须掌握田间土壤持水量、灌溉前最适的土壤水分下限、湿土层的厚度等情况。灌水量可按下列公式计算:

$$m = 100H(A - \mu)$$

式中：m 表示灌水量；H 表示土壤活动层的厚度(m)；A 表示土壤活动层的最大持水量(%)；μ 表示灌水前土壤的含水量。

4. 灌水质量　灌溉水质量应符合国家关于农田灌溉水质二级标准(GB 5084—2005)。灌溉水不能太凉,否则会影响根的代谢活动,降低吸水速度,妨碍根系发育。如果灌溉水确系凉水,则在灌溉前应另设贮水池或引水迂回,使水温升高后再进行灌溉。

5. 灌溉方法　主要有如下几种:

（1）沟灌法:即在育苗或种植地上开沟,将水直接引入行间、畦间或垄间,灌溉水经沟底和沟壁渗入土中,浸湿土壤。沟灌法适用于条撒或行距较宽的药用植物,可利用畦沟作灌溉沟,不必另行开沟。沟灌法的优点是:土壤湿润均匀,水分蒸发量和流失量较小;不破坏土壤结构,土壤通气良好,有利于土壤中微生物的活动;便于操作,不需要特殊设施。是目前最为常用的方法。

（2）浇灌法:又称穴灌法。将水直接灌入植物穴中,称浇灌法。灌水量以湿润植株根系周围的土壤即可。在水源缺乏或不利引水灌溉的地方,常采用此法。

（3）喷灌法:即利用喷灌设备将灌溉水喷到空中成为细小水滴再落到地面上的灌溉方法。因此法类似人工降雨,故被世界各国农业生产广泛采用。与地面灌水相比,其优点是:① 节约用水。因喷灌不产生水的浮层渗透和地表径流,故可节约用水。与地面灌溉相比,一般可节约用水 20%以上,对砂质土壤而言,可节约用水 60%～70%。② 降低对土壤结构的破坏程度,保持原有土壤的疏松状态。③ 可调节灌区的小气候,减免低温、高温、干旱风的危害。④ 节省劳力,工作效率高。⑤ 对土地平整状况要求不高,地形复杂的山地亦可采用。缺点是需要有相应的设备,投资大。

（4）滴灌法:利用埋在地下或地表的小径塑料管道,将水以水滴或细小水缓慢地灌于植物根部的方法,称为滴灌法。此法是把水直接引到植物根部,水分分布均匀,土壤通气良好,深层根系发达。与喷灌法比较,能节约用水 20%～50%,并可提高产量,是目前最为先进的灌溉方法,值得推广应用。

（二）排水

在地下水位高、土壤潮湿,以及雨量集中、田间有积水时,应及时进行排水,以防植株烂根。排水的方法主要有明沟排水和暗沟排水两种。

1. **明沟排水**   在地表直接开沟进行排水的方法称明沟排水。明沟排水由总排水沟、主干沟和支沟组成。此法的优点是简单易行,是目前最广泛采用的方法。但此法排水沟占地多,沟壁易倒塌造成瘀塞和滋生杂草,致使排水不畅,且排水沟纵横于田间,不利于机械化操作。

2. **暗沟排水**   在田间挖暗沟或在土中埋入管道,将田间多余水分由暗沟或管道中排除的方法,称暗沟排水。此法不占土地,便于机械化耕作,但需费较多的劳力和器材。

第二节　植株调整

植株调整是利用植物生长相关性的原理,对植株进行摘蕾、打顶、修剪、整枝等,以调节或控制植物的生长发育,使其有利于药用器官的形成。通过对植株进行修整,使植物体各器官布局更趋合理,充分利用光能,使光合产物充分输送到药用部位,从而达到优质高产的目的。

一、草本药用植物的植株调整

(一) 摘蕾与打顶

1. **摘蕾**   即摘除植物的花蕾。除留种地和药用部位为花、果实和种子的药用植株外,其他药用植株在栽培过程中,可通过摘除花蕾的措施来提高产量和品质。因为药用植物开花结果会消耗大量的养分,为了减少养分的消耗,对于根及根茎、块茎等地下器官入药的植物,常将其花蕾摘掉,以提高药材的品质与产量。

摘蕾的时间一般宜早不宜迟。植物种类不同,其发育特性亦不同,因而摘蕾的要求亦不尽一致,如玄参、牛膝常于现蕾前剪掉花序和顶尖;白术、地黄等则只摘去花蕾。留种植株虽不宜摘蕾,但可以适当摘除过密、过多的花蕾,因为疏花、疏果可增加种子的饱满度和千粒重。

2. **打顶**   打顶即摘除植株的顶芽。打顶的目的主要是破坏植物的顶端优势,抑制地上部分的生长,促进地下部分的生长,或者抑制主茎生长,促进分枝。如栽培乌头(附子),及时打顶并不断摘去侧芽,可抑制地上部分生长,促进地下块根迅速膨大。又如菊花、红花等花类药材,通过打顶促进多分枝,增加花的数目,提高单株产量;薄荷在分株繁殖时,由于生长慢,植株较稀,于 5 月上旬将植株顶端去掉 1～2 cm,促进侧枝发育,可提早封行,增加茎叶产量。打顶的时间和长短视植物的种类和栽培目的而定,一般宜早不宜迟。

摘蕾与打顶都要注意保护植株,不能损伤茎叶,牵动根部。并应选晴天进行,不宜在雨露时进行,以免引起伤口腐烂,感染病害,影响植株生长发育。

(二) 修剪

修剪包括修枝和修根。修枝主要用于木本植物,但有些草本植物,尤其是草质藤本植物也要进行修枝,如栝楼主蔓开花结果迟,侧蔓开花结果早,所以应摘除主蔓而留侧蔓,以提高产量。

修根只在少数以根入药的植物中采用。修根的目的主要是保证其主根生长肥大,以提高产量。如乌头(附子)修去过多的侧生块根,使留下的块根生长肥大;芍药除去侧根,保证主根生长肥大,达到高产的目的。

二、木本药用植物的植株调整

木本药用植物在栽培过程中如果任其自然生长,则植物体各器官生长不均衡,有些药用植物枝叶繁茂,冠内枝条密生,紊乱而郁蔽。这样,不仅影响通风透光,降低光合作用效率,导致病虫为害,有时会造成生长和结果不平衡,大小年结果现象严重,且还会降低花、果实和种子的产量和品质。因此,木本药用植物(尤其是以花、果实、种子入药的)在栽培过程中,必须进行植株调整。调整的方式主要有整形与修剪。

(一) 整形

整形是通过修剪控制幼树生长,合理配置和培养骨干枝,以便形成良好的树体结构,也称为整枝。正确的整形不仅能使木本植物各级枝条分布合理,提高通风透光效果,减少病虫害,形成丰产树形,而且成型早,骨干牢固,便于管理。丰产树形的要求是:树冠矮小,分枝角度开张,骨干枝少,结果枝多,内密外稀,波浪分布,叶幕厚度与间距适宜。常见的丰产树形有以下几种:

1. **主干疏层形**　这种树形有明显的中央主干,干高 1 m,在主干上有 6 个主枝,分 3 层着生。第一层主枝 3 个,第二层主枝 2 个,第三层主枝 1 个。第一、第二层间距 1.1 m 左右,第二、第三层间距 0.9 m 左右,全树高 3.5 m 左右。由于树冠成层形,树枝数目不多,树膛内通风透光好,能充分利用空间开花结果,故能丰产。

2. **丛状形**　定干 50 cm,不留中央主干,只有 4～5 个主枝,主枝呈明显的水平层次分布,全树高 2 m 左右。这种树形树冠扩展,内膛通风透光好,能优质高产。

3. **自然开心形**　没有中央主干,只有 3 个错开斜生的主枝,树冠矮小,高 2 m 左右。这种树形由于树冠比较开张,树膛内通风透光较上述两种树形为好,有利于内膛结果,增加结果部位。实践证明,这种树形比上述两种树形的单株产量一般高 1～2 倍。

(二) 修剪

修剪是整形的具体措施,通过各种修剪技术和方法对枝条进行剪除或整理,促使植株形成丰产树形和朝着有利方向生长,提高产量和质量。

1. **修剪方法及作用**　木本药用植物修剪方法包括短截、缩剪、疏剪、长放、曲枝、刻伤、除萌、疏梢、摘心、剪梢、扭梢、拿枝、环剥等。

(1) 短截:亦称短剪。即剪去一年生枝梢的一部分。其作用有:增加分枝,缩短枝轴,使留下部分靠近根系,缩短养分运输距离,有利于促进生长和更新复壮。短截可分为轻、中、重和极重短截,轻至剪除顶芽,重至基部留 1～2 个侧芽。短截反应特点是对剪口下的芽有刺激作用,以剪口下第一芽受刺激作用最大,新梢生长势最强,离剪口越远受影响越小;短截越重,局部刺激作用越强,萌发中长梢比例增加,短梢比例减少;极重短截时,有时发 1～2 个旺梢,也有的只发生中、短梢。

(2) 缩剪:亦称回缩。即在多年生枝上短截。缩剪对剪口后部的枝条生长和潜伏芽的萌发有促进作用,对母枝则起到较强的削弱作用。其具体反应与缩剪程度、留枝强弱、伤口大小有关。如缩剪留强枝,伤口较小,缩剪适度,可促进剪口后部枝芽生长;过重则可抑制生长。缩剪的促进作用,常用于骨干枝、枝组或老树复壮更新上;削弱作用常用于骨干枝之间调节均衡、控制或削弱辅养枝上。

(3) 疏剪:亦称疏删。即将枝梢从基部疏除。疏剪可减少分枝,使树冠内光线增强,利于组织分化而不利于枝条伸长,为减少分枝和促进结果多用疏剪。疏剪对母枝有较强的削弱作用,常用于调节骨干枝之间的均衡,强的多疏,弱的少疏或不疏剪。但如疏除的为花芽、结果枝或无效枝,反而可以加强整体和母枝的生长势。疏剪在母枝上形成伤口,影响水分和营养物质的运输,可利用疏剪控制上部枝梢旺长,增强下部枝梢生长。

(4) 长放:亦称甩放。即一年生长枝不剪。中庸枝、斜生枝和水平枝长放,由于留芽数量多,易发生较多中短枝,生长后期积累较多养分,能促进花芽形成和结果。背上强壮直立枝长放,顶端优势强,母枝增粗快,易发生"树上长树"现象,故不宜长放。

(5) 曲枝:即改变枝梢方向。曲枝是加大与地面垂直线的夹角,直至水平、下垂或向下弯曲,也包括向左右改变方向或弯曲。加大分枝角度和向下弯曲,可削弱顶端优势或使其下移,有利于近基枝更新复壮和使所抽新梢均匀,防止基部光秃。开张骨干枝角度,可以扩大树冠,改善光照,充分利用空间。曲枝有缓和生长、促进生殖的作用。

(6) 刻伤和多道环刻:在芽、枝的上方或下方用刀横切皮层达木质部,叫刻伤。春季发芽前后在芽、枝上方刻伤,可阻碍顶端生长素向下运输,能促进切口下的芽、枝萌发和生长。多道环刻,亦称多道环切或环割。即在枝条上每隔一定距离,用刀或剪环切一周,深至木质部,能显著提高萌芽率。

(7) 除萌和疏梢:抹除萌发芽或剪去嫩芽称为除萌或抹芽;疏除过密新梢称为疏梢。其作用是选优去劣,除密留稀,节约养分,改善光照,提高留用枝梢质量。

(8) 摘心和剪梢:摘心是摘除幼嫩的梢尖,剪梢包括部分成叶在内。摘心与剪梢可削弱顶端生长,促进侧芽萌发和二次枝生长,增加分枝数;促进花芽形成,有利提早结果;提高坐果率。秋季对将要停长的新梢摘心,可促进枝芽充实,有利越冬。摘心和剪梢必须在急需养分调整的关键时期进行。

(9) 扭梢:即在新梢基部处于半木质化时,从新梢基部扭转180°,使木质部和韧皮部受伤而不折断,新梢呈扭曲状态。扭梢有促进花芽形成的作用。

(10) 拿枝:亦称捋枝。即在新梢生长期用手从基部到顶部逐步使其弯曲,伤及木质部,响而不折。拿枝可使旺梢停长和减弱秋梢生长势,形成较多副梢,有利于形成花芽。秋梢开始生长时拿枝,可形成少量副梢和腋花芽。秋梢停长后拿枝,能显著提高次年萌芽率。

(11) 环状剥皮:简称环剥。即将枝干韧皮部剥去一圈。环剥暂时中断了有机物质向下运输,促进地上部分糖类的积累,生长素、赤霉素含量下降,乙烯、脱落酸、细胞分裂素增多,同时也阻碍有机物质向上运输。环剥后必然抑制根系生长,降低根系吸收功能,同时环剥切口附近的导管中产生伤害充塞体,阻碍了矿质营养元素和水分向上运输。因此,环剥具有抑制营养生长、促进花芽分化和提高坐果率的作用。

2. 修剪时期　木本药用植物一年中的修剪时期,可分为休眠期修剪(冬季修剪)和生长期修剪(夏季修剪)。生长期修剪可细分为春季修剪、夏季修剪和秋季修剪。

(1) 休眠期修剪(冬季修剪):指落叶树木从秋冬落叶至春季芽萌发前,或常绿植物从晚秋梢停长至春梢萌发前进行的修剪。休眠期树体内贮藏养分较充足,修剪后枝芽减少,有利于集中利用贮藏养分。落叶树枝梢内营养物质的运转,一般在进入休眠期前即开始向下运入茎干和根部,至开春时再由根茎运向枝梢。因此,落叶树木冬季修剪时期以在落叶以后、春季树液流动以前为宜。常绿树木叶片中的养分含量较高,因此,常绿树木的修剪宜在春梢抽生前、老叶最多并将脱落时进行。

(2) 生长期修剪(夏季修剪):指春季萌芽后至落叶树木秋冬落叶前或常绿树木晚秋梢停长前进行的修剪。由于主要修剪时间在夏季,故常称为夏季修剪。

1) 春季修剪：主要包括花前复剪、除萌抹芽和延迟修剪。花前复剪是在露蕾时，通过修剪调节花量，补充冬季修剪的不足。除萌抹芽是在芽萌动后，除去枝干的萌蘖和过多的萌芽。延迟修剪，亦称晚剪。即休眠期不修剪，待春季萌芽后再修剪。延迟修剪能提高萌芽率和削弱树势。此法多用于生长过旺、萌芽率低、成枝少的种类。

2) 夏季修剪：指新梢旺盛生长期进行的修剪。此阶段树体各器官处于明显的动态变化之中，根据目的及时采用某种修剪方法，才能收到较好的调控效果。夏季修剪对树木生长抑制作用较大，因此修剪量要从轻。

3) 秋季修剪：指秋季新梢将要停长至落叶前进行的修剪。以剪除过密大枝为主。由于带叶修剪，养分损失比较大，次年春季剪口反应比冬剪弱。因此，秋季修剪具有刺激作用小，能改善光照条件和提高内膛枝芽质量的作用。

第三节　药用植物的合理施肥

实施 GAP，进行绿色中药材栽培，除合理选地、优种育苗、科学栽培、病虫害防治等关键技术外，合理施肥也是一个重要环节。近年来，人们越来越注意到合理施肥的重要性，合理施肥既要遵循施肥理论，又要讲究科学的施肥技术。

一、肥料种类及其性质

肥料是植物的粮食，也是培肥土壤、改善植物营养环境的重要物质基础。不同的植物在不同的土壤上生长，所需肥料的种类不同。所以，了解常用肥料的知识，并掌握其特点，是科学施肥的关键之一。肥料种类繁多，来源、性质、成分和肥效各不相同，根据肥料的特性及成分可将肥料分为无机肥料、有机肥料、微量元素肥料、微生物肥料四大种类。

（一）无机肥料

通过化学合成或通过矿物加工而成的以无机化合物形式存在的肥料，称为无机肥料，又称化学肥料，简称化肥。按所含养分种类，化肥分为氮肥、磷肥、钾肥、钙镁硫肥等。此外，含有两种或两种以上营养元素的化肥称为复合肥。

常用的氮肥有尿素、碳酸氢铵、硝酸铵等。由于硝态氮对人体有害，GAP 规定禁止使用硝酸铵和硝酸钠。常用的磷肥有过磷酸钙、钙镁磷肥、磷矿粉等。常用的钾肥有氯化钾、硫酸钾等。除了氮、磷、钾肥料外，生产上施用较多的还有钙、镁、硫肥，常用的有钙镁磷、硫酸镁、硫酸铵、硫酸钾等。常用的复合肥有硝酸钾、磷酸二铵、磷酸一铵、磷酸二氢钾等。化肥的养分含量高，肥效快，使用方便。但长期单独施用会使土壤板结，还可能带入重金属。另外，过多施用化肥，易造成植物生长过快，影响有效成分含量，这在药用植物的栽培中需要给予足够的重视。

（二）有机肥料

有机肥料是完全肥料，它含有植物生长所需的各种营养元素。有机肥料种类很多，包括人粪尿、家畜禽粪、厩肥、堆肥、沤肥、饼肥、沼气池肥、泥炭、腐殖酸肥料、绿肥等。这些物质需经过发酵腐熟后才能作为有机肥料施用,特别是人畜粪尿可能带有能够感染人体的病原菌和寄生虫卵,必须腐熟后施用。它含有植物所需的多种养分,是一种完全肥料,但需要经过土壤微生物的分解作用,才能为植物所利用。有机肥料来源广、成本低、肥效持久,对改善土壤结构和提高作物品质都具有良好的促进作用。有机肥料具有以下共性:

(1) 有机肥料不但含有作物所必需的大量元素和微量元素,而且还含有丰富的有机质,形成土壤腐殖质,它是土壤肥力的重要物质基础。

(2) 有机肥料中的养分多呈有机态,须经微生物的矿化作用才能被作物吸收利用,因此,肥效稳而长,是一种迟效性肥料。农家肥在土壤中分解释放养分的同时,还会产生一些有机酸,促进土壤中难溶性无机盐类的转化,使之成为易被植物吸收的养分,提高土壤中原有养分的有效性,发挥土壤中潜在肥力的作用。

(3) 有机肥料含有大量的有机质和腐殖质,对改土培肥有重要作用。腐殖质是土壤有机质的主体,占土壤有机质总量的 50%～65%。腐殖质可促进土壤中团粒结构的形成,改善土壤的物理性状,协调土壤水、气比例,提高土壤保肥供肥能力,改善土壤热状况,提高土壤的缓冲性能,使土壤肥力水平有所提高。

(4) 有机肥料含有大量的微生物和微生物分泌的生理活性物质。农家肥施入土壤后还可增强土壤微生物的活性,从而加速土壤中有机物质的分解与养分释放。同时微生物本身在其生命活动的过程中,还可分泌各种物质,如有机酸、酶、生长素及抗生素等,也会促进植物生长发育。同时有机肥料彻底分解所产生的二氧化碳,可促进植物的光合作用。

由于农家肥中所含的养分大多为有机态的物质,所以其肥效慢,但肥效持久而稳定。为了满足植物在各个生长阶段都能得到充分的养分供应,可以将有机肥料与化学肥料配合使用,使二者缓急相济,取长补短,充分发挥肥料的利用率。

中药材 GAP 中对中草药生产中施肥准则规定,施用肥料的种类以有机肥为主,允许施用经充分腐熟达到无害化卫生标准的农家肥。

(三) 微量元素肥料

微量元素肥料主要是一些含硼、锌、钼、锰、铁、铜、镍、氯的无机盐化合物。中国目前常用的有20 余个品种。常用的微量元素肥料有硫酸锌、硫酸亚铁、硫酸锰、硼砂、钼酸铵等。微量元素肥料施入土壤后易被土壤吸附固定而降低肥效。国内外已研制出有机螯合态的微量元素肥料,其效果好,但费用较高。

原则上微量元素肥料的施用取决于作物需要量、土壤中微量元素的供给状况和施用技术,一般只在微量元素缺乏的土壤上施用。由于微量元素从缺乏到过量而发生毒害的数量范围很窄,因此,对微量元素肥料的施用,包括用量、浓度和施用方法都必须特别注意,施用过量往往产生毒害。施用方法有作基肥和根外追肥,也有用作种肥,因肥料种类而异。近 20 年来,随着我国农业生产的发展,微量元素肥料施用面积成倍增加,尤其在经济作物上的施用更为广泛。微量元素肥料有单质肥和复合肥,目前我国微量元素肥料品种基本上是无机盐形态,而且以单质肥居多。有机螯合微肥比无机微肥效果好,但其成本高,故大都应用于经济作物和果园。

(四) 微生物肥料

微生物肥料又称菌肥、生物肥,是一种以微生物生命活动使农作物得到特定肥料效应的制剂。主要有根瘤菌肥料、固氮菌肥料、磷细菌肥料、硅酸盐细菌肥料、复合菌肥料、其他微生物肥料(如

VA 菌根真菌肥料）。

微生物肥料本身是菌而不是肥，一般情况下它本身并不含有植物需要的营养元素，而是含有大量的微生物，通过这些微生物的生命活动，改善作物的营养条件。将它们施到土壤中，在适宜的条件下进一步繁殖、生长，通过一系列的生命活动，促进土壤、肥料中某些养分物质有效化，间接地提供作物所需的营养物质。同时，由于某些微生物生命活动的分泌物和代谢物能够刺激作物根系，从而促进作物对养分的吸收。再加上有益微生物在作物根际广泛生长而降低或抑制有害微生物的存活，能够表现出减轻病虫危害的效果。合理施用微生物肥料，能够达到降低化肥用量、提高化肥利用率、提高作物产量、改善栽培产品的品质、减少环境污染的目的。虽然微生物菌肥益处很多，但它的肥效较低，难以满足作物生长对养分的需求，生产上不能代替化肥。

根据微生物肥料的上述特点，在施用上要注意以下几方面的问题：要采取措施创造适宜于有益微生物生长的环境条件，以保证微生物肥料中的有益微生物得以大量繁殖与充分发挥作用；微生物肥料不能单独施用，一定要和有机肥料配合施用，有机肥料中的有机质是微生物的能量来源，分解后又能改善微生物的营养条件；使用和存放微生物肥料不能与杀菌药剂同时存放或使用，如需结合防病，一定在间隔 48 h 以上；微生物肥料不能在阳光下暴晒，要存放在阴凉处，使用时也要避免产品直接暴露在阳光下，只有这样才能保证肥效。

二、合理施肥的基本原则

合理施肥有其深刻的含义。首先从经济意义上讲，通过合理施肥，不仅协调作物对养分的需要与土壤供养的矛盾，从而达到高产、优质的目的，而且以较少的肥料投资，获取最大的经济效益；其次从改土培肥而言，合理施肥的结果体现地与养地相结合的原则，为作物高产、稳产创造良好的土壤条件。此外，合理施肥还应注意保持生态平衡，保护土壤、水源和植物资源免受污染。

（一）合理施肥的基本原理

1. 养分归还（补偿）学说　养分归还（补偿）学说是由德国杰出化学家李比希提出的，其要点是：随着作物每次收获（包括籽粒和茎秆），必然要从土壤中取走大量养分；如果不正确地归还养分于土壤，地力必然会逐渐下降；要想恢复地力就必须归还从土壤中取走的全部东西；为了增加产量就应该向土壤施加灰分元素。

养分归还（补偿）学说的实质是为了增产必须以施肥方式补充植物从土壤中带走的养分，它符合生物循环的规律，所以是正确的。但这一学说也有它不足之处，主要为是否必须归还从土壤中取走的全部东西。经过研究证明，由于植物在生长发育过程中所需各种营养元素的量不同，所以从土壤中取走的各种养分量也各异，如粮食作物，吸收的氮、磷、钾、钙和镁较多，其中氮和磷有80％以上集中于种子，而钾和钙则相反，80％集中在茎叶中，人们消耗粮食，致使氮、磷成为主要受损失的养分，其中氮又是主要的。因粮食作物从土壤中吸取氮、磷是按 3∶1 的比例，而农家肥还给土壤的氮磷比一般为 2∶1，所以除了豆科植物外，一般作物养分归还（补偿）的重点是氮营养，而磷元素只要适当补充就可达到平衡。而钾元素补充较少，钙元素一般不需补充。

2. 最小养分律　最小养分律也是李比希在 1843 年提出来的，它的要点是：决定作物产量的是土壤中某种对作物需要来说相对含量最少而绝非绝对含量最少的养分；最小养分不是固定不变的，而是随条件变化而变化的；继续增加最小养分以外的其他养分，不但难以提高产量，而且还会降低施肥的经济效益。

最小养分律是指在作物生长过程中，如果出现了一种或几种必需营养元素不足时，按作物需要量来说最缺的那一种养分就是最小养分。这种最小养分是会影响作物生长和限制产量的，当最小养分增加到满足作物需要以后，原来是最小养分的元素就被另一种含量最少的元素所代替，出现新的最小养分。因此，这种已经不算是最小养分的元素增加再多，也不能明显地提高产量。例如一块地，氮、磷、钾三要素中，氮的含量最缺，氮就是最小养分，这时施用氮肥就能增产；当土壤中氮素含量满足作物生长要求，而磷的含量最缺，磷就变成最小养分，施磷就可获得增产；当土壤中氮、磷含量均能满足要求时，钾又最缺，那么钾这时便成为最小养分，必须增施钾肥。

最小养分律关系到正确施肥和肥料选择的规律，忽视这个规律，就使养分失去平衡，既浪费肥料，又不会高产。为正确地运用最小养分律，在指导施肥实践中应注意：最小养分不是指土壤中绝对含量最少的养分，而是指按作物对各种养分的需要量而言，土壤中相对含量最少即土壤供给能力最小的那种养分。补充缺乏这种养分量多少，尚须做田间试验，例如进行的化肥联网试验，就是探索土壤最小养分律，以此制定最佳施肥方案。

最小养分不是固定不变的，可以是大量营养元素，也可能是某种微量元素。例如有的玉米出现"花白病"，经过施锌后病症消失，这说明土壤的最小养分是锌。要用发展的观点来认识最小养分律，抓住不同时期、不同地点的主要矛盾，决定重点施用肥料。最小养分是限制产量提高的关键所在，如果忽视最小养分，会给施肥带来盲目性，继续增加其他养分，结果由于最小养分未得到补充和调整，则影响产量的限制因素依然存在，降低肥料利用率，影响肥料经济效益的发挥。

3. **报酬递减律**　报酬递减律是指："从一定土地上所得到的报酬，随着向该土地投入的劳动和资本量增大而有所增加，但随着投入单位劳动和资本的增加，报酬的增加却在逐渐减少。"

米采利希等人深入地探讨了施肥量与产量之间的关系，发现：① 在其他技术条件相对稳定的前提下，随着施肥量的渐次增加，作物产量也随之增加，但作物的增产量却随施肥量的增加而呈递减趋势，即与报酬递减律吻合。② 如果一切条件都符合理想的话，作物将会产生出某种最高产量；相反，只要有任何某种主要因素缺乏时，产量便会相应地减少。米采利希学说的文字表达是：只增加某种养分单位量(dx)时，引起产量增加的数量(dy)，是以该种养分供应充足时达到的最大产量(A)与现在的产量(y)之差成正比。米采利希的学说使得肥料的施用由过去的经验性进入了定量化的境界，可避免盲目施肥，提高肥料的利用率，发挥其最大的经济效益。因此，它是施肥的基本理论之一。

报酬递减律是指当某种养分不足，已成为进一步提高产量的限制因素时，施肥就可以明显地提高作物的产量。随着施肥量的增加，产量逐步提高，而施肥所增加的产量，开始是递增的，后来却有递减现象。也就是说，从一定土地上所得到的报酬，开始时随着投资的增多而增加，而后则随着投资的进一步增多而报酬逐渐减少，就是说粮食增加与肥料用量并不等比增加。

4. **营养元素同等重要和不可代替律**　无论氮、磷、钾三要素，还是硼、锰、铜、锌、钼等微量元素，都是作物正常生长所必需的。实践证明，凡是作物所必需的各种营养元素，它们对作物所起的作用都是同等重要，而且它们之间是彼此不可代替的。同时也并不因为作物对它们需要量有所不同，而在重要性上有什么差别。比如尽管微量元素在植物体中的含量比大量元素少百倍、千倍，甚至十万倍，但缺少任何一种微量营养元素，作物也不能正常生长发育，严重缺乏时，作物就会死亡。例如原黑龙江生产建设兵团 56 团，由于土壤严重缺乏有效硼，曾发生过大面积春小麦"不稳症"，施硼肥后，产量明显提高。对土壤中微量元素在临界值以下，不同元素的敏感作物，如油菜对硼、大豆对铜、玉米对锌、果树对铁等要注意补充施入，避免因微量元素缺乏而成为作物产量与品质的障碍。

5. **限制因子律**　作物生长受许多条件影响，不只限于养分。一般认为，影响作物生长的基本环境条件有 6 个,即光、热、水、空气、养分和机械支持。这些外界因子除了光以外,均全部或部分地与土壤有密切关系。作物生长和产量常取决于这些因子,而且它们之间需要良好的配合。假若其中某一因素和其他因子失去平衡,就会影响甚至完全阻碍作物生长,并最终表现在作物产量上,这就是所谓"限制因子律"。这可以用木桶表示各因子和产量之间的关系。木桶中水平面(代表产量)的高低,取决于组成木桶的各块木板(代表各种环境条件)的长短。换句话说,木桶盛水量(代表产量高低)是由多块木板(代表环境条件)共同决定的。若其中一块木板短了,其盛水量就受到这块短缺木板的限制,其他木板再长也无济于事。先把短的补上,水就能多装了,然后再发现第二个短板再补上,要不断把木桶做高做大,产量才能越来越高。因此首先抓住最"短"的制约因素,即所谓木桶理论。

(二) 合理施肥的原则

合理施肥,就是既要最大限度地利用肥料中的有效养分,提高肥料利用率,又要最大限度地提高药用植物产量,改善品质,获得显著的经济效益;既要有利于培肥地力,保护农产品和生态环境不受污染,又要有利于中药农业可持续发展。因此,必须遵循下述施肥的四原则:

1. **根据不同药用植物种类的生长特点及不同生育时期的营养需求科学选肥、合理施肥** 一般对于多年生的特别是根类和地下茎类药用植物,如白芍、大黄、党参、牛膝、牡丹等,以施用充分腐熟好的有机肥为主,增施磷钾肥,配合使用化肥,以满足整个生长周期对养分的需要。全草类药用植物在整个生长期以施氮肥为主,促进枝叶旺盛生长。果实种子类药用植物生长期需补充氮肥,花期、坐果期加强磷、钾肥及微量元素的供应,促进坐果率和果实肥大,冬季果实采收后,应重施有机肥以补充来年所需的营养。如广藿香在生长期以施氮肥为主;巴戟天根部含糖量很高,苗期主要施氮肥,生长的中后期则应多施钾肥及有机肥以促进根部生长。花、果实、种子类的中药材则应多施磷、钾肥。在中药材不同的生长阶段施肥不同,生育前期要施用氮肥,用量要少,浓度要低;生育中期,氮肥用量和浓度应适当增加;生育后期,多施用磷、钾肥,促进果实早熟,种子饱满。

2. **根据土壤供肥特点合理施肥** 根据土壤的养分状况、酸碱度等选用施肥种类,缺氮、磷、钾肥或微量元素的土壤就应有针对性的补充所需的养分。砂质土壤,要重视有机肥如厩肥、堆肥、绿肥、土杂肥等的施用,掺加客土,增厚土层,增强其保水保肥能力。追肥应少量多次,避免一次施用过多而流失。黏质土壤,应多施有机肥,结合掺加沙子,施用炉灰渣类,以疏松土壤,创造透水通气条件,并将速效性肥料作种肥和早期追肥,以利提苗发棵。砂壤土是多数中药材栽培最理想的土壤,施肥以有机肥和无机肥相结合,根据栽培品种的各生长阶段需求合理地施用。红壤、赤红壤应注重施用磷肥;酸性土壤忌施酸性肥,碱性土壤不施碱性肥料;黏土一次施用化肥量可稍大,砂质土则宜少量多次、少施勤施为好;酸性土壤可施难溶性磷肥,石灰性土壤施难溶性磷肥则无效;北方土壤一般不缺钾素,可以少施钾肥;低湿土壤施用有机肥(尤其是新鲜有机肥)易导致土壤通气条件恶化,所以应慎重。

3. **根据不同肥料的特性合理施肥** 肥料品种繁多,性质差异很大,施肥必须考虑肥料本身的性质与成分。有机肥肥效长而平缓,多用作基肥,施用量大;而种肥应选择对种子萌芽出土没有影响的腐熟有机肥、化肥,易分解、挥发养分的肥料宜深施覆土,以减少养分损失,提高肥效。追肥宜选用速效化肥,施用量要适中,采用撒施、条施、穴施、浇灌等均可,且施用后要覆土;磷肥移动性差且容易被固定,所以一般要集中施用,并要靠近根层;磷矿粉只适于酸性土壤;微量元素肥料以叶面喷施为主,有时用于蘸根或浸种。

4. **根据气候条件合理施肥** 注意减少因不利天气而造成肥料的损失。因为雨量的多少及温度的高低都直接影响施肥的效果,如天气干旱不利于施肥作用的发挥,而雨水过多施肥,又容易使肥料流失。气温高,雨量适中,有利于有机肥加速分解,低温少雨季节宜施用腐熟的有机肥和速效肥料等,旱土作物宜在雨前2~4日施肥,而水生植物则宜在降雨之后施肥,防止流失。

5. 利用先进科学技术研制开发各类中药材的专用肥　目前,药用植物施肥技术的整体水平较低。在人参等少数药用植物上已开展了专用肥的研究和应用,效果明显。

三、施肥的方式

施肥可分为基肥、种肥、土壤追肥和根外追肥。基肥也叫底肥,是播种前或移植前施入土壤的肥料,其作用是供给植物整个生育期所需养分,一般用肥效持久的有机肥料做基肥,并适当配合化学肥料。种肥是播种、定植时或与种子一起施用的肥料,其作用主要是供给幼苗生长所需养分。种肥以速效肥料为好,尿素、氯化铵、碳酸氢铵、磷酸铵等由于易灼伤种子或幼苗,故不宜用作种肥。种肥浓度不宜过高,不能过酸、过碱,不能含有有毒物质或产生高温。追肥是在植株生长发育期间施用的肥料,其作用是及时补充基肥的不足,一般用速效肥做追肥,高度腐熟、速效养分含量高的有机肥也可作追肥。根外追肥是将水溶性肥料喷洒在植物的叶面上。几种施肥方式要灵活掌握。

四、施肥的方法

1. 撒施　将肥料均匀撒在地面上,翻耕时一起翻入土中,然后耙匀,使土壤与肥料混合,减少养分损失。

2. 沟施　在植物行间或近根处开沟,将肥料施入沟内,然后盖土。

3. 穴施　在绿地或树木树冠周围挖穴,将肥料施入穴内,然后盖土。

4. 浇灌　将肥料溶于水,浇在植物行间沟穴内,浇后盖土。

5. 洞施　在不能开沟施肥的地方,可采用打洞的办法将肥料施入土壤。可用土钻或机动螺旋钻,钻孔直径5 cm左右,深度30~60 cm。肥料最好为专用缓释肥料或有机肥混合化肥。

6. 叶面喷施　将肥料配成一定浓度的溶液,喷洒在植物茎叶上。

7. 浸种、拌种、沾根　用肥料的稀溶液浸种,或用其固体稀释制剂拌种,可促进幼苗早期生长。对于移植苗木或秧苗,可用肥料溶液或固体制剂蘸根,然后栽植。

8. 埋干和树干注射　当树木营养不良时,尤其是缺乏微量元素时,可在树干中挖洞填入相应养分元素的盐类。幼树、花木等可采用树干注射的方法将微量元素增加到植物体内。埋入量或注射量约为植物1年或数年的吸收量。

第四节 | 植物生长调节物质及其应用

一、植物生长调节物质的种类

植物生长调节物质是一类可调节植物生长发育的微量有机物质,分为两大类:一类是存在于植物体内经天然合成的,叫植物激素;另一类则是通过人工合成且从外部施入植物体内,叫植物生长调节剂。此外还有一些天然存在的生长活性物质和抑制物质。植物生长调节剂是人工合成的有机化合物，具有促进、抑制或以其他方式改变植物某一生长过程的功能，是一类与植物激素具有相似生理和生物学效应的物质。已发现具有调控植物生长和发育的功能物质有生长素、赤霉素、细胞分裂素、乙烯、脱落酸、油菜素内酯、水杨酸、茉莉酸和多胺等，而作为植物生长调节剂被应用在农业生产中主要是前 6 类。

（一）生长素

生长素的化学名称是 3-吲哚乙酸（IAA），大多集中在生长旺盛的部位。IAA 对植物生长最明显的作用是促进细胞的伸长和细胞壁结构的松弛。IAA 对生长的影响随着浓度的增加而增加，但达到一定的浓度就会引起明显的抑制作用。IAA 还具有促进形成层活动，不定根形成，延迟衰老，促进或延迟脱落，形成顶端优势，促进坐果和单性结实等作用。在木本药用植物栽培上，IAA 主要应用于扦插生根、疏花疏果、促进开花、防止采前落果、控制萌蘖枝的发生等方面。

（二）赤霉素

又称"九二〇"，在植物体内天然存在有 72 种，即 GA_{1-72}。赤霉素在生长旺盛的部位含量较高，如茎端、根尖、果实和种子。赤霉素的主要作用是刺激细胞伸长，对节间伸长有明显促进作用，但不影响节间的数目，促进植物生长的作用随着浓度的增加而增加，但达到一定的浓度后就不再增加，但无抑制作用；在果树上赤霉素可以促进坐果，增大果实，诱导单性结实，延迟衰老。赤霉素不影响光合强度，但明显增加呼吸强度。在生产上，赤霉素的效应主要有抑制花芽形成，打破休眠，促进幼苗生长，诱导单性结实，促进细胞分裂与组织分化，促进坐果等。

（三）细胞分裂素

也称为细胞激动素，是一类嘌呤的衍生物。细胞分裂素广泛地存在于高等植物中，在细菌、真菌、藻类中也有细胞分裂素。高等植物的细胞分裂素主要分布于茎尖、根尖、未成熟的种子和生长的果实等。细胞分裂素的主要生理作用是促进细胞分裂、增大，可促进芽的萌发，克服顶端优势，促进侧芽萌发，延缓蛋白质和叶绿素的降解，从而延迟衰老，可以促进坐果（柑橘），促进花芽形成等。

（四）乙烯

广泛存在于植物的各种器官，正在成熟的果实和即将脱落的器官含量比较高。逆境条件下，例如干旱、水涝、低温、缺氧、机械损伤等均可诱导乙烯的合成，称之为逆境乙烯。乙烯最明显的生物学效应是引起三重反应（抑制茎的伸长生长，促进膨大生长）和偏上性反应（叶柄上部生长快而下部慢，使叶下垂，叶面反曲）。乙烯可以促进果实成熟，促进花芽形成，促进落叶、落花和落果，抑制营养生长。

（五）油菜素内酯

广泛分布于不同科属的植物及植物的不同器官中，其中含量较高、活性较强的是一种叫油菜素甾酮，具有 GA 和 CTK 的双重作用，油菜素内酯促进伸长的效果非常显著，其作用浓度要比生长素低好几个数量级。其作用机制与生长素相似，通过促使细胞壁松弛从而促进生长。同时，油菜素内酯还能抑制生长素氧化酶的活性，提高植物内源生长素的含量。另外，油菜素内酯还能调节与生长有关的某些蛋白质的合成与代谢，实现对生长的控制；调节植物体内营养物质的分配，使处理部位以下的部分干重明显增加，而上部干重减少，植物的物质总量保持不变；影响核酸类物质的代谢,延缓植物离体细胞的衰老;提高作物的耐冷性。

(六)生长延缓剂和生长抑制剂

生长延缓剂主要抑制梢顶端分生组织细胞分裂和伸长,它可被赤霉素所逆转。而生长抑制剂则完全抑制新梢顶端分生组织生长,它不能被赤霉素所逆转。其效应主要有抑制营养生长,促进花芽形成,增加坐果,促进果实上色,提早成熟,适时开花和反季结果,提高抗旱性。

二、植物生长调节物质的应用

植物生长调节物质通过调节与控制植物的生长发育,提高作物抗逆性,提高光合作用效率,改变光合产物的分配,达到提高产量、改善品质的目标。植物生产调节剂具有以下作用特点:作用面广,应用领域多;用量小,速度快,效益高,残毒少;针对性强,专属性强等。最大的优点是用量小,增产效果高,抗逆作用强(耐寒、耐酸等),正因为具有用量小、增产作用大、投入小、见效快等优点,故目前已广泛应用到药用植物栽培的各个环节,主要体现在以下几个方面。

(一)促进药用植物的扦插繁殖

扦插繁殖是目前生产上常用的繁殖方式之一,利用生长调节物质促进插条生根是解决这一问题的关键技术。应用生长素类植物生长调节剂如 NAA、IBA、ABT 等处理山豆根插条能够促进插条生根,提高扦插成活率。用 ABT_1 生根粉 100 mg/kg 浸泡银杏插穗基部 1 h,成活率为 70%~80%,用 ABT_1 生根粉 1 000 mg/kg 或吲哚丁酸 1 000 mg/kg 速浸 10 s,其插条生根率高达 95%。辛夷插条通常难以生根,用 100、150 mg/kg ABT 生根粉处理有明显改善效果。GA 100 mg/L、NAA 150 mg/L 和 IBA 150 mg/L 有利于亚洲百合品种的鳞片产生小鳞茎,小鳞茎发生率高达100%;NAA 处理一年生枸杞插穗,不仅成活率高,且生根早、根系多且长。

(二)打破种子休眠,促进萌发

在生产上使用适当浓度的植物生长调节剂处理种子,可以促进种子萌发,提高其发芽率和发芽整齐度,增强种子或植株对逆境的抗性。如用适当浓度的赤霉素处理可以打破西洋参、黄连、杜仲、贝母、细辛等药用植物种子的休眠,促进天麻种子的萌发。用外源激素 GA_3、2,4 -二氯苯氧乙酸和 GA_3 + 2,4 -二氯苯氧乙酸处理红景天种子,可促进其提前萌发,并能促进根和芽平衡生长,使幼苗的生活力达到较高水平。

(三)促进生长,提高产量,改善品质

植物生长调节剂还可调节植物营养物质在各器官之间的运输和分配,改变植株株型和群体结构,促进茎部粗壮,叶片肥厚,抑制旺盛的营养生长和生殖生长,促进地下器官的产量提高和品质的改善。如在番红花大田生产中,用 100 mg/kg 的 GA_3 和 10 mg/kg 的激动素处理 9~10 g 的球茎 20 h,能够显著提高花的产量 50% 以上。菊花生长过旺过高容易在开花时倒伏,喷施 100~120 mg/kg 的烯效唑,有控高促矮作用。8 月底现蕾期还不能正常现蕾的菊花,在现蕾时喷施 300 mg/kg 乙烯利增产效果明显。用 B_9 处理人参,可抑制其茎和花轴伸长,促进株型矮化,多长苞芽,形成多茎,增强植株的光合能力,提高产量。延胡索长时间的开花对块根等营养体的生长发育具有显著抑制作用,在盛花期前用 1 000 mg/kg 40% 乙烯利液喷施延胡索,疏花效果显著;除蕾后再喷洒 0.5~1 mg/kg 的三十烷醇 1~2 次,能提高块茎产量 25% 以上。在人参苗期,用多效唑喷洒植株,能有效控制人参的营养消耗,加快生殖生长,减轻病害发生。

（四）其他方面的应用

用乙烯利喷洒银杏，可以促进果实脱落。罗汉果花果期喷施含生长调节剂类的微肥进行保花保果；桔梗花期喷施 1 000 mg/kg 的乙烯利进行疏花疏果，提高产量。

第五节　其他田间管理措施

一、覆盖与遮阴

（一）覆盖

覆盖是利用稻草、树叶、植物蒿秆、厩肥、土杂肥、草木灰、泥土或塑料薄膜等覆盖于地面或植株上的管理措施。覆盖可以调节土壤的温度和湿度；防止杂草滋生和表土板结；有利于植物越冬和过夏；防止或减少土壤水分蒸发；提高药材产量等。覆盖的时间和覆盖物的选用应根据药用植物不同生长发育时期及其对环境条件的要求而定。有些药用植物如荆芥、紫苏、党参等的种子细小，播种时不便覆土或即便覆土较薄，但表土易干燥从而影响出苗；有些种子发芽慢，需时长，土壤湿度变化大易影响出苗。因此，它们在播种后需盖草，以保持土壤湿润，防止土壤板结，促进种子早发芽，出苗齐全。有些药用植物在生长过程中也需要覆盖，如夏季栽培白术在株间盖草；栽培三七在畦面上盖草或草木灰；浙贝母留种地覆盖稻草保种越夏等。

许多植物不能忍受冬季严寒的侵袭，需要覆盖，以确保安全越冬。如东北地区种植白芷，在冬天则需盖土或马粪；东北移植的三年生人参亦要覆盖防冻等。

覆盖对木本药用植物如厚朴、黄皮树、杜仲、山茱萸等，尤其是在幼林生长阶段的保墒抗旱更有重要意义。这些药用植物大都种植在土壤贫瘠的荒山、荒地上，水源条件较差，灌溉不便，只要在定植和抚育时，就地刈割杂草、树枝，铺在定植点周围，保持土壤湿润，才能提高造林成活率，促进幼树生长发育。覆盖厚度一般为 10～15 cm。在林地覆盖时，覆盖物不要直接紧贴植物主干，以防在干旱条件下，昆虫集居在杂草或树枝内，啃食主干皮部。

近年来，在药用植物的栽培上采用地膜覆盖，增产效果明显，如可使三七增产 36%，甜叶菊增产 24% 等。地膜覆盖是利用超薄的聚乙烯薄膜覆盖在地面上所产生的物理阻隔作用，充分利用太阳光能，有效地改变土壤中的水、肥、气、热状况，创造相对稳定的生产环境，促进植物生产发育，达到优质高产的目的。

（二）遮阴

一些阴生药用植物（如黄连、三七、人参等）以及在苗期喜阴的植物（如五味子、肉桂等）须在栽培地上采用遮阴措施，以避免植株受高温和强光直射，保证其正常生长发育。目前，遮阴的方法有间、套种作物荫蔽，林下栽培，搭设荫棚等。由于不同的植物对光照条件的反应不同，要求荫蔽的程度也不一样。因此，应根据植物种类及其发育时期的不同，采用不同的遮阴措施。

1. 间、套种作物遮阴　对于一些喜湿、不耐高温、干旱及强光，但只需较小荫蔽条件下就能正常生长的药用植物，可采用此法进行遮阴。如半夏与玉米间作，利用玉米遮阴可减少日光对半夏的直接照射,给半夏创造阴湿的环境条件,有利于生长发育;麦冬也可在夏、秋季间作玉米,同样取得较好的效果;孩儿参的留种地套种早熟大豆,利用其茂盛的枝叶遮阴,降低地温,有利于孩儿参安全越夏;黄芪的幼苗期套种油菜、小麦等,有利于其幼苗生长发育。

2. 林下栽培 一些药用植物可在林下栽培,利用树木的枝叶遮阴,如黄连、细辛、砂仁等均可采用此法。但必须根据各种植物所需的荫蔽程度,对树木采取间伐、疏枝等措施进行调节。如黄连在苗期的荫蔽度为80%,移栽当年为70%左右,第二年为65%左右,第三年为50%左右,以后则逐年变小,到收获当年可不用遮阴。

3. 搭棚遮阴 对于大多数阴生药用植物,目前最常用的遮阴方法是搭设荫棚进行遮阴。用于搭棚的材料可因地制宜,就地取材,选择经济耐用的材料。荫棚的高度、方向,应根据地形、地貌、气候和药用植物的生长习性而定。近年来,采用遮阳网代替荫棚进行遮阴,可减少对林木资源的破坏,以保护生态环境。此法简单易行,经济实用,是值得大力推广的一种遮阴方法。

二、搭架

当藤本药用植物生长到一定高度时,茎常不能直立,往往需要设立支架,以便牵引茎藤向上伸展,使枝条生长分布均匀,增加叶片受光面积,提高光合作用效率,促进株间空气流通,降低温度,减少病虫害的发生,以利植物的生长发育。

对于株形较大的药用藤本植物如忍冬、罗汉果、五味子、栝楼、绞股蓝等应搭设棚架,使茎藤均匀地分布在棚架上,以便多开花结果;对于株形较小的如天门冬、党参、山药、蔓生百部、鸡骨草等,只需在株旁立竿作支柱牵引。

三、寒潮、霜冻和高温的防御

药用植物在栽培过程中,常会遇到不良气候条件的侵袭,如寒潮、霜冻、高温等,往往导致植株生长受到影响,轻则生长不良,影响产量与质量,重则枯萎死亡,颗粒无收。因此,必须做好对这些恶劣环境的防御工作。

(一)抗寒防冻

低温能使药用植物受到不同程度的伤害,甚至引起死亡。尤其是越年生或多年生植物,由于要经受冬季严寒的侵袭,故常遭受冻害,易致幼苗死亡或块根、块茎组织遭到破坏而腐烂。不同程度的低温对药用植物危害的程度亦有差异。

抗寒防冻的目的是为了避免或减轻冷空气的侵袭,提高土壤温度,减少地面夜间散热,加强近地层空气的对流,使植物免遭或减轻寒冻为害。

抗寒防冻的措施很多,除选择和培育抗寒力强的优良品种外,还可采取以下措施:

1. 调节播种期 药用植物在不同的生产发育时期,其抗寒能力不一样。一般苗期和花期的抗寒能力较其他生长期弱,因此适当提早或推迟播种期,可使苗期或花期避过低温为害。

2. 灌水 灌水是一项重要的防霜冻的措施,因为水的比热较大,灌水后能放出大量潜热,增大土壤的热容量和导热率,增加空气温度,缓和气温下降,从而提高地面温度。据报道,灌水可提高地面温度2℃左右。灌水时间与灌水防冻效果有一定关系,越接近霜冻日期灌水,防冻效果越好。因此,必须预知天气情况和降霜特征,才能掌握好灌水防冻的时间。一般在春秋季,由东南风转西北风的夜晚,易发生降霜;潮湿、无风而晴朗的夜晚或云量很少,且气温低时就有降霜的可能性。因此,春秋季大雨过后,必须注意气候变化,适时做好灌水防霜冻工作。

3. **追肥**　在降霜前追施磷、钾肥,配合施用火烧土,能增强药用植物的耐寒能力。因为磷能促进植物的根系生长,扩大根系吸收面积,促进植株生长健壮,提高对低温、干旱的抗性。钾能促进植株纤维素的合成,利于木质化,在生长后期,能促进淀粉转化为糖,提高植株的抗寒性。

4. **覆盖、包扎与培土**　对于珍贵或植株矮小的药用植物,可用稻草、麦秆或其他草类进行覆盖防冻。对于落叶的木本药用植物,在寒冷季节到来之前可用稻草等包扎苗木,并结合根际培土,以防冻害。在北方地区,不宜过早除去保护物,以免遭受"倒春寒"的危害。

药用植物遭受霜冻危害后,应及时采取措施加以补救,力争减少损失。如采用扶苗、补苗、补种和改种,加强田间管理等。对于木本药用植物在发芽前可将受冻枯死部分剪除,以利新梢萌发,促进植株复壮。

(二) 高温的防御

夏季温度过高会导致大气干旱。高温干旱对药用植物的生长发育威胁很大,特别是对一些不耐温的阴生植物,尤为如此。在生产上可培育耐高温、抗干旱的优良品种,采用灌水降低地温,喷水增加空气湿度,覆盖遮阴等办法来降低温度,降低高温干旱的危害程度。

第八章 药用植物病虫害及其防治

导学

1. 掌握药用植物病虫害的综合防治措施。
2. 熟悉常用的农药的性质及其使用方法。
3. 了解药用植物常见的病虫害种类及其发生规律。

药用植物在生长发育过程中,常因遭受病虫的侵染而导致生长不良,甚至整株、成片衰败或死亡,从而严重影响药材的质量和产量。由于药用植物栽培种类繁多、生态环境多样,其病虫害的种类和发生情况较为复杂,防治过程中农药残留问题越显突出。因此,做好药用植物病虫害的有效防治,加强药用植物栽培的规范化管理,是保证药用植物优质、稳产和高效栽培的关键。

第一节 药用植物的病害

药用植物在生产过程中,受到病原生物的侵染或不良环境条件的影响,正常生理功能受到干扰或破坏,使之在生理及形态结构上产生一系列反常的状态,最终引起产量和品质下降的现象,称为药用植物的病害。

药用植物病害的发生可能是由某一或某些因素作用的结果,其中直接引起病害发生的因子称为病原。病原按其性质可分为生物性病原和非生物性病原两大类。由非生物性病原如严寒、酷暑、旱涝等不利的环境因素或营养失衡等所致的病害,没有传染性,称为非侵染性病害或生理性病害。由生物性病原如真菌、细菌、病毒等侵入植物体所致的病害,具有传染性,称为侵染性病害或寄生性病害。

在侵染性病害中,致病的寄生物称病原生物,简称病原物,侵染性病害由真菌、卵菌、病毒、类病毒、细菌、线虫和寄生性种子植物等病原物引起的。被侵染的药用植物称寄主。侵染性病害不仅取决于病原物的作用,而且与寄主的生理状态(如抗逆性)以及环境条件也有密切关系。药用植物侵染性病害的形成过程,实际上是寄主与病原物在外界条件影响下相互作用的过程。

一、药用植物病害的症状

药用植物感病后,在外部形态上所呈现的病变称为病害的症状,症状包括病状和病症两种。

病状是药用植物染病后本身所表现出的反常状态,如变色、花叶、斑点、腐烂、萎蔫、丛生、畸形等。而病症则是病原物在药用植物发病部位所形成的特征性结构如霉状物、粉状物、黑斑点、粒状物、菌脓等。非侵染性病害和病毒病通常没有病症。一般来说,病状较易被发现,而病症要在病害发展到一定阶段才能表现出来。

药用植物的各种病害都有其一定的症状和发病特点,根据症状并鉴定病原物可对药用植物病害作出正确的诊断。

二、药用植物病害的主要病原

1. **真菌、卵菌**　目前已知的药用植物病害绝大部分是由真菌引起的,致病真菌的种类多、分布广、形态复杂,在药用植物栽培中,能引起多种严重病害。真菌发育过程有营养和繁殖两个阶段,营养体大多为菌丝体,在生长后期或遇不良环境时形成各种菌丝组织体。繁殖时以孢子进行无性和有性繁殖。无性孢子在适宜条件下常大量产生,是许多病害再侵染的菌原。

真菌性病害一般在高温多湿条件下容易发生,病菌多以有性孢子、菌核、菌丝体或分生孢子在病株残体、种子、土壤中过冬。多以孢子随气流、水流传播。可通过自然孔口(气孔、皮孔、水孔、蜜腺等)和伤口侵入,部分真菌可直接由角质层侵入。在适合的温、湿度条件下孢子萌发,长出芽管侵入寄主植物体内,并以菌丝体在寄主体内扩展、蔓延,吸取寄主的养料,从而对寄主产生危害。真菌引起的药用植物病害的病状主要有坏死、枯萎、斑点、腐烂、畸形和隆肿等,在病变部位常形成明显的霉层、黑点、粉末等病症,这是真菌性病害区别于其他病害的重要特征。

卵菌,过去将卵菌划分在真菌门的鞭毛菌亚门,随着对卵菌生物学特征及遗传进化的研究,发现卵菌与真菌亲缘关系较远,卵菌学家将卵菌从真菌中划分到茸鞭生物界。卵菌包括疫霉菌、腐霉菌、霜霉菌等,引起疫病、霜霉病、猝倒病、根腐、茎腐、果腐等病害。

2. **病毒、类病毒**　病毒是一种极微小的非细胞形态的微生物,其结构非常简单,主要由核酸及保护性蛋白质外壳组成。它的寄生性很强,只能在活的寄主细胞内生活,在外界环境影响下可以不活化。病毒病主要借助于昆虫(主要有蚜虫、飞虱、烟粉虱、蓟马、叶蝉等)、土壤真菌、线虫传播,有些病毒病也可通过种子、无性繁殖材料、嫁接、接触等传播,主要由伤口(虫伤、机械伤、病斑伤、冻伤等)侵入到寄主体内。植物病毒可利用有限的基因信息或编码蛋白,与寄主编码的因子互作,改变寄主细胞的正常代谢途径,使寄主植物发生病变,系统性感染病毒可通过胞间运动和长距离运输到全株,所以受害植株一般在全株表现出系统性的病变。目前,药用植物病毒病的发生相当普遍,寄生性强、致病力大、传染性高,主要症状表现为花叶、卷叶、黄化、畸形、簇生、丛枝矮化、缩顶、坏死、斑点等。

类病毒是一类最小的植物寄生物,它比病毒更简单,只有核酸链,无蛋白质外壳。由类病毒引起的症状主有畸形、坏死、变色等,如菊花矮化病、柑橘裂皮病等。

3. **细菌**　侵害药用植物的细菌多为好气性杆状菌,生长发育最适温度为 $25\sim30℃$,超过 $50℃$ 可致死。药用植物细菌病害的侵染源主要为活植株、病株残体、繁殖材料、土壤等。细菌借流水、雨水、昆虫、线虫等传播,在高温、高湿条件下易发病,一般通过自然孔口和伤口侵入到寄主体内。所引起症状多呈组织坏死,表现为萎蔫、腐烂、穿孔、局部畸形、斑点等,发病后期遇潮湿天气,在病部溢出细菌黏液,是细菌病害的特征,如栀子叶斑病等。叶片、嫩枝、果实被害初期,往往表现出水渍状、半透明的病斑,在其周围一般形成黄色晕圈。细菌性腐烂常散发出特殊的腐败臭味。

4. **植原体**　属原核生物界的软壁菌门,为无细胞壁的单细胞生物,只能在植物体内繁殖,属专性寄生物。主要通过叶蝉、飞虱、木虱等刺吸式口器的昆虫传播为害,菟丝子和嫁接也能传播。植原体在植物体内产生激素类代谢产物,扰乱寄主植物的正常生理功能,引起植株丛枝、花器变态、小叶、巨芽、丛簇、矮化、黄化等症状,如枣疯病、牡丹、泡桐丛枝病、长春花黄化病等。

5. **线虫** 为一种分布很广的低等动物。寄生在植物体上的植物病原线虫,体积微小,其长不到 10 mm,多数为 0.5～2.5 mm。雌雄同型或异型。体壁外层有一不透明的角质层,口器具刺状吻针,以刺吸植物汁液,并分泌各种酶和毒素引起病变。植物受线虫危害后常表现为生长不良,植株矮小,色泽失常,甚至早期枯死。若根部被害,主根、侧根常形成肿瘤或过度分枝,根部组织坏死和腐烂等。

线虫以卵、幼虫或成虫等形式在土壤或种苗中越冬,主要靠种苗、土壤、肥料等传播。潮湿的土壤有利线虫生长,高温(40～50℃)可致死,田间长期积水能杀死大多数线虫。线虫的寄生方式有内寄生和外寄生两种,除可直接引起病害外,还能传带其他病原或为其他病原物,导致许多弱寄生菌的入侵危害。

6. **寄生性种子植物** 有些种子植物,由于本身缺少足够的叶绿素或某些器官的退化而不能自养,必须寄生在其他植物上,从而导致对其他植物的危害。寄生性种子植物大多属于桑寄生科、旋花科和列当科。危害药用植物的寄生性种子植物主要有:全寄生性的菟丝子和列当,前者主要危害多种豆科、菊科、茄科、旋花科的药用植物,后者主要危害黄连;半寄生性的桑寄生、樟寄生和槲寄生等。寄生性种子植物对寄主的危害较慢,主要是抑制寄主的生长,药用植物受害后呈现生长衰弱,植株矮小、黄化,开花减少,落果或不结果,严重时全株枯死。

三、药用植物侵染性病害的发生和流行

(一) 病害的侵染过程

从病原物与寄主接触、侵入,到寄主出现症状的过程称为侵染过程,简称病程。病害的侵染过程是一个连续的过程,通常人为地分为侵入期、潜育期和发病期。

1. **侵入期** 指病原物与寄主植物从接触到建立寄生关系的这段时期。各种病原物的侵入能力不一样,寄生性种子植物、部分真菌、线虫可由表皮直接侵入,多数细菌和真菌由自然孔口侵入,所有病毒、许多细菌和寄生性弱的真菌由伤口侵入。

病原物侵入寄主后,如寄主有较强的抵抗能力,常可延缓或阻碍侵染过程的进行;反之病原物便在寄主体内迅速扩展。环境条件对侵入期的影响主要是湿度和温度,尤其是湿度影响最大。南方的梅雨季节和北方的雨季,病害发生普遍且严重。适宜的温度可以促进孢子的萌发,缩短侵入时间。其他环境条件如光照等对病原物的侵入也有一定影响。

2. **潜育期** 从病原物侵入寄主建立寄生关系后到寄主表现症状前的时期。在这一时期,病原物的侵染能力与寄主反抗能力斗争的结果,决定药用植物保持健康或是发病。通过改进栽培技术,创造有利于植物健康生长的条件,增加植物本身的抗逆能力,可以减轻或限制病原菌的危害。潜育期的长短各异,几日或一年、数年不等,这与病原物的生物学特性、寄主植物的种类和生长状况以及环境因素有关。

3. **发病期** 从寄主表现症状开始到症状停止发展的阶段。这是侵染的表面化。当被侵染的植物表现出症状时,病原物已达到繁殖时期,多数已形成繁殖体。随着症状的发展,经常在发病部位产生孢子,成为下一代侵染源。大多数侵染性病害,在侵染过程停止以后,症状仍然存在,直至寄主死亡。

（二）病害的流行及其条件

药用植物病害在一个时期内或一个地区内大量发生,造成药材显著减产,称为病害的流行。侵染性病害的发生与流行不仅取决于病原物的作用,而且与寄主生理状态以及外界环境条件也有密切关系,是病原物、寄主植物和环境条件三者相互作用的结果。病原对寄主来说只是一个外因,病害的发生发展最根本的还取决于植物的抗病性。此外,有了病原菌的存在,植物是否生病,还取决于环境条件,它既可影响植物的抗病性,也可影响病原菌的致病性。一般侵染性病害的流行需要同时具有:大量感病寄主植物的存在;致病力强的病原物的大量积累;外界环境条件有利于病害的发生和发展。只有满足这些基本条件,病害才能发生流行。

（三）病害的侵染循环

侵染循环是指前一生长季节开始发生病害到下一生长季节再度发病的整个过程。掌握侵染循环是了解病害的中心问题,也是制定防治措施的主要依据。一种病害要完成侵染循环,需要有侵染的病菌来源,并通过一定的途径传播到寄生植物上去才能引起侵染,这些病菌还要以一定的方式越冬、越夏,以度过寄生植物休眠期,然后引起下一季的发病。

1. 病原物的越冬或越夏　在寄主植物收获后或进入休眠期后,病原物度过不良环境,成为下个生长季的病害初次侵染源,称为病原物的越冬或越夏。不同的病原物,其越冬或越夏的场所也不同,主要的有:病株残体、种子及无性繁殖材料、土壤、肥料等。

2. 病原物的传播　病原物越冬或越夏以后,从越冬或越夏场所到达新的传染地,从一个病程到另一个病程,都需要一定的传播途径。有些病原物可以通过孢子游动、细菌游动、线虫爬行等作短距离传播,称主动传播。但大多数病原物是借助于各种媒介进行被动传播,其传播途径主要有:雨水传播、风力传播、昆虫传播、人为传播等。

3. 初侵染和再侵染　经越冬或越夏的病原物,在寄主植物生长期引起的第一次侵染称为初侵染。在同一个生长季内,病株上的病原物又传播到健株引起的侵染称为再侵染。大多数病害都有再侵染,其病原物能产生大量的分生孢子,病害潜育期短,侵染期长,如环境条件有利于病害的发生,可造成多次再侵染。

第二节　药用植物的虫害

危害药用植物的动物种类很多,其中以有害昆虫为最多,故名虫害,其次还有螨类、蜗牛、鼠类等。昆虫中的害虫不仅啃食药用植物各器官,而且还传播病原生物,对药用植物生产危害极大。

一、药用植物昆虫生物学

（一）昆虫的主要形态特征

昆虫属动物界节肢动物门(Arthropoda)昆虫纲(Insecta),是动物中种类最多的一类,其分布广泛,适应能力强,繁殖快。昆虫成虫的虫体由头、胸、腹 3 个体段构成,每个体段分别着生不同的附属器官。

1. **头部**　昆虫的头部是感觉和摄取食物的中心。其上有口器、触角、复眼和单眼等。成虫的口器由于食性和取食方式的不同,口器变化很大,主要有咀嚼式口器(如蝗虫、甲虫、蝼蛄、金龟子、地老虎、天牛及蛾蝶类幼虫等)和刺吸式口器(如蚜虫、椿象、叶蝉和螨类等)。此外,还有虹吸式口器(如蛾蝶类),舐吸式口器(蝇类),嚼吸式口器(蜜蜂、熊蜂等)。了解有害昆虫的口器,不仅可以从危害状况去识别害虫种类,也为药剂防治提供依据。咀嚼式口器,可用胃毒剂和触杀剂防治;刺吸式口器的害虫是吸取植物汁液的,附着在植物表面的胃毒剂不能进入它们的消化道使其中毒,可选用触杀剂或内吸杀虫剂防治。

2. **胸部**　昆虫的胸部是昆虫运动的中心。分为前、中、后3节。成虫一般有足3对,翅2对。常见的翅有膜翅、鞘翅、半鞘翅、鳞翅等。翅的类型是昆虫分类和识别害虫种类的重要依据。

3. **腹部**　昆虫的腹部是昆虫生殖和新陈代谢的中心。一般分为10~11节。腹末有外生殖器,腹部一般有气门8对,它是体躯两侧与体内气管相连的通道,遇外来有害气体或水溶物时,可通过气门的关闭而使其不易进入体内,而油乳剂型的农药则可通过。熏蒸杀虫剂的有毒气体,就是由胸、腹部气门入口,经过气管而进入虫体,使害虫中毒死亡的。

4. **体壁**　昆虫的体壁由表皮层、真皮细胞层和基底膜3层构成。表皮层又可分为3层,由外向内依次为上表皮、外表皮和内表皮。上表皮是表皮最外层,也是最薄的一层,其内含有不渗透性蜡质或类似物质,这一层对防止体内水分蒸发和药剂的进入起着重要作用。通常昆虫随虫龄的增长,体壁对药剂的抵抗力也不断增强。因此,在杀虫药剂中常加入对脂肪和蜡质有溶解作用的助溶剂,或在粉剂中选用对蜡层有破坏作用的惰性粉作为填充剂,以破坏体壁的不透性,提高药剂的杀虫效果。如乳剂由于含有溶解性强的油类,一般比可湿性粉剂的毒效高。药剂进入害虫机体,主要是通过口器、表皮和气门3个途径。所以针对昆虫体壁构造,选用适宜药剂,对于提高防治效果有着重要意义。

(二) 昆虫的生物学特性

昆虫的生物学特性包括昆虫从生殖、胚胎发育和胚后发育直至成虫各个阶段的生命特征。昆虫的繁殖方式包括两性生殖(有性生殖)、孤雌生殖(单性生殖)、卵胎生和幼体生殖4种,其中有性生殖是昆虫的主要繁殖方式。胚胎发育由卵受精开始到孵化为止,是在卵内完成;胚后发育是由卵孵化成幼虫后至成虫性成熟为止的整个发育时期。

1. **卵**　卵是一个大型细胞,其表面被有一层坚硬的卵壳,呈高度的不透性。在用药剂杀卵时,必须选用渗透性较强的药剂才能奏效。药用植物害虫的种类不同,卵的大小、形状、色泽亦异。昆虫的产卵场所多为土中(蝗虫、金龟子)、叶表(椿象)、花冠(白术术籽虫)或组织中(蝉)。掌握害虫卵的形态、产卵场所、产卵方式,对识别害虫种类和有效防治有重要意义。

2. **孵化、生长和脱皮**　昆虫自卵产生至幼虫孵化的一段时期称为卵期。当卵完成胚胎发育之后,幼虫破壳而出,这个过程称为孵化。幼虫期是昆虫生长时期,经过取食,虫体不断长大。由于昆虫属外骨骼动物,具有坚硬的体壁,生长到一定程度后,受到体壁的限制,不能再行生长。因此,必须将旧的表皮脱去,才能继续生长发育,这种现象称为脱皮。脱下的那层旧表皮称为蜕。幼虫孵化之后,称为一龄幼虫,第一次脱皮后称为二龄幼虫,此后每脱皮一次,就增加一龄,最后一次脱皮就变成蛹或直接变为成虫。幼虫最后停止取食,不再生长,称为老熟幼虫。昆虫脱皮次数依种类而不同,大多数昆虫脱皮4~6次。幼虫的食量随龄期的增长而急剧增加,常在高龄阶段进入暴食期。一般低龄幼虫,体小幼嫩,食量小,抗药力差,最易防治。高龄幼虫不但食量大,危害重,抗药力也强,对药用植物造成严重危害,所以防治害虫必须在低龄时进行。

3. **变态**　昆虫从卵孵化至羽化为成虫的整个发育过程中所经过的一系列形态变化的现象称为变态。昆虫的变态可分为不完全变态和完全变态两种。不完全变态的昆虫在个体发育过程中只经过卵、若虫、成虫3个发育阶段(图8-1)。若虫的形态、生活习性均与成虫基本相同,只是翅未长好,生殖器官未成熟,若虫经最后一次脱皮变为成虫,如蝗虫、蝼蛄、蚜虫、椿象等。完全变态的昆虫在个体发育过程中要经过卵、幼虫、蛹、成虫4个发育阶段(图8-2)。幼虫与成虫的形态、生活习性极不相同,老熟幼虫经最后一次脱皮变为蛹,称化蛹。昆虫种类不同,蛹的形态也不同,一般分为围蛹、被蛹和裸蛹。由蛹再羽化为成虫,如蛾、蝶、蝇和甲虫等。多数药用植物害虫都是这种变态类型。

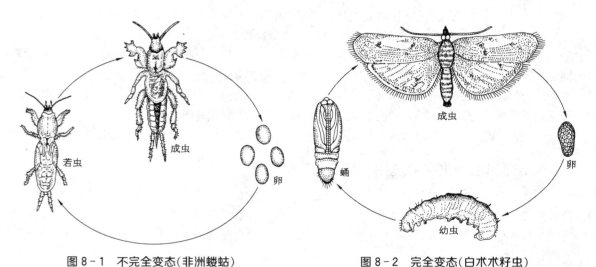

图8-1　不完全变态(非洲蝼蛄)　　　　　图8-2　完全变态(白术术籽虫)

(三)昆虫的生活习性

昆虫的种类不同,其生活习性亦各异,了解掌握其生活习性,常可作为制定防治措施的重要依据。

1. **食性**　昆虫食性比较复杂,按采食种类可分为:植食性,以植物为食料,如大多数药用植物害虫;肉食性,以其他动物为食料,如赤眼蜂、步行虫、寄生蜂、食蚜瓢虫、蜻蜓等益虫;腐食性,以动、植物的残体或排泄物为食料,如蝇、蛆及有些金龟子幼虫等。

植食性昆虫按取食范围又可分为:单食性,只危害一种植物,如白术术籽虫、枸杞实蝇、山茱萸蛀果蛾等;寡食性,能危害同科或其近缘的多种植物,如菊天牛危害菊科植物,菜白蝶危害十字花科植物,黄凤蝶幼虫危害伞形科植物,柑橘潜叶蛾危害柑橘属植物;多食性,能危害不同科的多种植物,如小地老虎、大灰象甲、银纹夜蛾、蝼蛄等。

2. **趋性**　趋性是昆虫以反射作用为基础的高级神经活动,是对任何一种外来刺激的定向运动,这种趋性有正负之分。昆虫受到刺激后,向刺激来源运动,称为正趋性,反之,称为负趋性。引起昆虫趋性活动的主要有光、温度、颜色及化学物质等。这些趋性在防治害虫上是很有用处的,例如,对正趋光性的害虫,如金龟子、蛾类、蝼蛄等可以设诱蛾灯诱杀之,对负趋光性的地下害虫,如蛴螬类等则可用覆盖堆草等方法进行诱杀;对喜食甜、酸或化学物质气味的害虫,如地老虎、黏虫等可用含毒糖醋液或毒饵诱杀;利用趋温性可以防治仓库害虫;对黄色有正趋性的蚜虫,可用黄色板诱杀。

3. 假死性　有些害虫,当受到外界震动或惊扰时,身体蜷缩,静止不动或从原停留处掉落至地面,暂时不动,这种现象叫做假死性。如金龟子、叶甲、大灰象甲、银纹夜蛾幼虫等,在防治上常利用这一习性将其震落捕杀。

4. 昆虫的保护适应　为避免敌害侵袭,昆虫具有一种保护适应,主要有以下几种:昆虫常以变化体色方式与所栖息的环境相适应,称保护色,如夏季的蚱蜢为草绿色,秋季则为枯黄色;昆虫常模拟栖息场所周围物体或其他生物的形态,使敌害不易发现,称拟态,如金银花尺蠖幼虫在枝条上栖息成小枝状,枯叶蝶形似枯叶等;昆虫常具有特异形状或色彩,使敌害望之生畏不敢侵犯,如刺蛾、毒蛾等,这称为警戒色。

5. 休眠　昆虫在发育过程中,由于低温、酷热或食料不足等多种原因,虫体不食不动,暂时停止发育的现象,称为休眠。昆虫的卵、幼虫、蛹、成虫都能休眠。昆虫以休眠状态度过冬季或夏季,分别称为越冬或越夏。害虫种类不同,越冬或越夏的虫态和场所亦异。害虫休眠是其一生中的薄弱环节,特别是在越冬阶段。许多害虫还具有集中越冬现象,而越冬后的虫体又是下一季节害虫发生发展的基础。因而利用害虫休眠习性,调查越冬害虫的分布范围、密度大小、潜藏场所和越冬期间的死亡率等,开展冬季防治害虫,聚而歼之,是一项行之有效的防治方法。

此外,害虫还有迁移、群集等习性,了解这些习性,亦可为制定防治措施提供依据。

二、药用植物虫害的发生与环境条件的关系

药用植物虫害的发生与环境条件有密切关系。环境条件可影响害虫种群数量在时间和空间方面的变化,如地理分布、发生时期、为害区域等。揭示害虫与环境条件的相关性规律,找出害虫发生的主导因子,对防治害虫具有十分重要的意义。害虫的发生与环境条件的关系主要有以下几个方面:

(一) 气候因子

气候因子包括温度(热)、湿度(水)、光、风等,其中以温度、湿度的影响为最大。

1. 温度　温度直接或间接地影响害虫的生长发育、生存数量和地理分布。昆虫属变温动物,有效温区为 $10\sim40℃$,适宜温度为 $22\sim30℃$。当温度高于或低于有效温区,害虫就进入休眠状态;温度过高或过低时,害虫就要死亡。

2. 湿度　湿度对害虫的影响主要表现在发育期的长短、生殖力和分布等方面。害虫在适宜的湿度下,才能正常生长发育。害虫种类不同对湿度的要求范围不一,有的喜干燥,如飞虱、蚜虫之类;有的喜潮湿,如黏虫适宜 $16\sim30℃$ 范围内,湿度越大,产卵越多;在 $25℃$ 温度下,空气相对湿度 90% 时,其产卵量比在空气相对湿度 40% 以下时多 1 倍。

此外,光、风等气候因子对害虫的发生也有一定的影响。光与温度常同时起作用,不易区分,光能显著影响害虫的活动。风能影响地面蒸发量、大气中的温湿度和害虫栖息的小气候条件,从而影响害虫的生长发育。风还可以影响某些害虫的迁移、扩散及其危害活动。

(二) 生物因子

生物因素主要表现在害虫与其他生物的营养关系上,包括食物和天敌两个方面。害虫一方面需要取食其他动、植物作为自身的营养物质;另一方面它本身又是其他动物的营养对象,它们互相依赖,互相制约,表现出生物因子的复杂性。

在自然界中,凡是能够消灭病、虫的生物,通称为该种病、虫害的天敌。天敌的种类和数量是影响害虫消长的重要因素之一。害虫的天敌主要有捕食性(如螳螂、步行虫、食蚜瓢虫、蜻蜓、蚂蚁、食蚜蝇、草蜻蛉、食蚜虻等)和寄生性(如杀螟杆菌、青虫菌、白僵菌及赤眼蜂、茧蜂、姬蜂等)两种。

(三) 土壤因子

土壤是害虫的主要生活环境,大部分害虫都和土壤有着密切关系。土壤的物理结构、酸碱度、通气性和温湿度等,对害虫生长发育、繁殖和分布都有一定的影响。有些害虫终生生活在土壤中,如蝼蛄;有的一个或几个虫期生活在土中,如黄芪食心虫、地老虎、金龟子幼虫等。土壤对地下害虫影响甚大,如蝼蛄用齿耙状的前足在土内活动,故在砂质壤土中蝼蛄多,危害重;而黏重土壤则不利其活动,危害轻。又如小地老虎则多分布在湿度较大的壤土中,蛴螬喜在腐殖质多的土壤中活动,金针虫多生活在酸性土壤中。

(四) 人为因素

人类的生产活动对害虫的生长发育和繁殖有很大的影响。人类有目的地采用各种栽培技术措施,及时组织防治工作,可以有效地抑制害虫的发生和发展。如合理灌溉、合理施肥和耕作、整枝修剪、合理密植等技术措施都能改变害虫的生活环境,特别是田间温湿度的改变,使害虫难以适应从而减少虫害的发生。

第三节　药用植物病虫害的绿色防控

一、药用植物病虫害的发生特点

药用植物病虫害的发生、发展与流行取决于所栽培药用植物、病虫源及环境条件三者之间的相互关系,与一般农作物相比,有其自身的特点,主要表现为:

1. **药用植物病虫害种类复杂**　由于药用植物栽培种类繁多,栽培方式多样,每种药用植物都有不同的病虫害,每种病虫害的防治方法也不一样,这些大大增加了病虫害鉴别与防治的难度。

2. **道地药材的地方性病害明显**　道地药材栽培历史悠久,但由于长期栽培,已积累了某些特定的病原物,直接危害了这些道地药材的再生产。如人参在东北产区的锈病危害就较严重,主要是由于其病原物生长发育所需的环境条件与人参的完全吻合,但在北京地区栽培人参,严重的根腐病代替了锈腐病,这是由于平原地区农田土壤中的根腐菌占优势所致。

3. **地下入药部分病虫害严重**　以根或根茎等入药的药用植物的地下部分也是植物营养成分积累的主要部位,极易遭受在土壤中越冬或越夏的病原物及害虫的侵染危害,导致药材品质下降甚至死亡,而且地下部分病害的病因复杂,防治困难,已成为药用植物病害中尤为突出的问题。如丹参根腐病、三七根腐病、白术白绢病、地黄线虫病等。

4. **无性繁殖材料已成为病害初侵染的重要来源**　许多药用植物采用根、根茎、鳞茎、块茎或种苗等材料进行无性繁殖,如丹参、地黄、玄参、贝母、人参、当归等,这些繁殖材料本身已遭受病害侵染,若被推广引种到新产区,将扩大病害的传播区域,已成为药用植物栽培生产中老大难问题。

5. **特殊栽培技术易致病害** 药用植物栽培中有许多特殊要求的技术措施,如人参、当归的育苗定植,附子的修根,板蓝根的割叶,枸杞的整枝等。这些技术如处理得当,是防治病害、保证药材优质高产的重要措施,反之则成为病害的新的传播途径,加重病害流行。

二、药用植物病虫害绿色防控策略

药用植物病虫害综合防治的策略应从生物与环境的整体观点出发,本着以"预防为主,综合治理"的指导思想,从安全、经济、有效的角度,因地制宜地运用各种防治措施及其他有效的生态手段,提高栽培植物自身的防护水平,并改善植物生长的外界环境条件,避免和控制病虫害的发生,或依据病虫害预测预报进行合理防治,保持农业生态系统的平衡和生物多样化,把病虫危害控制在经济阈值以下。主要应围绕以下几个方面进行:杜绝和铲除病虫害的来源;切断病虫的传播途径;提高和利用药用植物的抗病虫性;控制田间环境条件,使它有利于各类天敌繁衍及药用植物生长发育而不利于病虫的发生发展;直接消灭病原和害虫,或直接给药用植物进行治疗。具体防治时,应根据实际情况,有机、灵活地运用各种防治手段,使其相互协调,取长补短,以达到理想的防治效果。

三、药用植物病虫害综合防控措施

(一)植物检疫

植物检疫就是根据国家制订的一系列检疫法规,对植物进行病虫害检验,以防止从别的国家或地区传入新的危险性病、虫和杂草,并限制当地的检疫对象向外传播蔓延。它是病虫害防治中一项重要的预防性保护措施。在引种、种苗调运过程中,应进行必要的检查,对带有危险性病虫害的种苗,应严禁输出或输入,同时采取有效措施消灭或封锁在本地区内,防止扩散蔓延。

(二)农业防治

农业防治是综合运用各种栽培管理技术措施来有目的地控制和消灭病虫害的方法。其特点是:无须为防治有害生物而增加额外成本;不杀伤自然天敌、不会造成有害生物产生抗药性以及污染环境等不良副作用;可随作物生产的不断进行而经常保持对有害生物的抑制,其效果具有累加性;一般具有预防作用。因此,农业防治是一项安全有效、简单易行的防治措施。

1. **合理轮作和间作** 不同的药用植物有不同的病虫害,而各种病虫又有一定的寄主范围。因此,一种药用植物在同一块地上连作,就会使其病虫源在土中积累加重。对寄主范围狭窄、食性单一的有害生物,轮作可恶化其营养条件和生存环境,或切断其生命活动过程的某一环节。对一些土传病害和专性寄生或腐生性不强的病原物,如地黄枯萎病、栝楼根结线虫病、人参根肿病等,轮作是有效的防治方法之一。此外,轮作还能促进有拮抗作用的微生物活动,抑制病原物的生长、繁殖。因此,进行合理轮作和间作对防治病虫害和充分利用土壤肥力都是十分重要的。特别对那些病虫在土中寄居或休眠的药用植物,实行轮作更为重要。如土传发生病害多的人参、西洋参、三七绝不能连作,老参地不能再种参,否则病害严重。如延胡索与水稻轮作数年,浙贝母与水稻隔年轮作,分别可大大减轻菌核病和灰霉病的危害。附子与玉米间作,可大大减轻附子根腐病的危害。

合理选择轮作对象十分重要,同科、属植物或同为某些严重病虫害寄主的植物不能选为轮作物。一般药用植物的前作以禾本科植物为宜。烂根病严重的药用植物(如白术、玄参等)与禾本科作物进行水旱轮作4年以上,可减轻根腐病和白绢病的发生。如果轮作作物选择不当,也会使某些病虫害加剧,如地黄和花生、珊瑚菜都有枯萎病和根线虫病,白术、附子、玄参等都有白绢病,它们彼此不能轮作。

2. **选育和利用抗病、虫品种**　植物对病、虫的抗性是植物一种可遗传的生物学特性。通常在同一条件下,抗性品种受病、虫为害的程度较非抗性品种为轻或不受害。选育和利用抗病、虫品种往往可显著降低病、虫危害。不同品种的药用植物对病虫害抵抗能力往往差别很大。如阔叶矮秆型白术苞片较长,能盖住花蕾,可抵挡术籽虫产卵;有刺型红花比无刺型红花更能抗炭疽病和红花实蝇。同一品种内,单株之间抗病虫能力也有差异。为了提高品种的抗性,可在病虫害发生盛期,在田间选择比较抗病、抗虫的单株留种,并通过连年不断选择和培育,可以选育出抗病、虫能力较强的品种。

3. **深耕细作**　深耕细作不仅能促进根系的发育,增强药用植物吸肥能力,使其生长健壮,增强抗病能力,还有直接杀灭病虫的作用。很多病原菌和害虫在土内越冬,因此,冬耕晒土可改变土壤理化性状,促使害虫死亡,或直接破坏害虫的越冬巢穴或改变栖息环境,减少越冬病虫源。耕耙除能直接破坏土壤中害虫巢穴和土室外,还能把表层内越冬的害虫翻进土层深处使其不易羽化出土,又可把蛰伏在土壤深处的害虫及病菌翻露在地面,经日光照射,鸟兽啄食等,达到直接消灭部分病虫,减少病虫害发生的目的。

4. **调节播种期**　某些病虫害常和药用植物某个生长发育阶段的物候期有着密切关系。调节药用植物播种期,使其某个发育阶段错过病虫大量侵染危害的危险期,可避开病虫危害达到防治目的。如穿心莲在南方4～5月播种育苗易发生立枯病、枯萎病和疫病,若提前至2～3月初播种,则可避免或减轻这些病害的发生;红花适期早播,可以避过炭疽病和红花实蝇的危害;北方薏苡适期晚播,可以减轻黑粉病的发生;地黄适期育苗移栽,可以有效地防止斑枯病的发生;黄芪夏播,可以避免春季苗期害虫的危害。

5. **除草、修剪和清洁田园**　田间杂草和药用植物收获后的残枝落叶常是病虫隐蔽及越冬场所,成为来年的病虫来源。因此,除草、修剪病虫枝叶和收获后清洁田园将病虫残枝和枯枝落叶进行烧毁或深埋处理,可大大减少病虫越冬基数,是防治病虫害的重要农业技术措施。

6. **合理施肥**　合理施肥能促进药用植物的生长发育,增强其抗病虫害的能力和避开病虫危害时期,特别是施肥种类、数量、时间、方法对病虫害的发生影响很大。一般来说,增施磷、钾肥,特别是钾肥可以增强植物的抗病性,偏施氮肥则抗病性降低。如红花施用氮肥过多或偏晚,易造成植物贪青徒长,组织柔嫩,从而诱发炭疽病;白术施足有机肥,适当增施磷、钾肥,可减轻花叶病;延胡索后期施氮肥会造成霜霉病和菌核病的严重发生。但应注意使用的厩肥或堆肥一定要腐熟,否则肥中残存病菌以及蛴螬等地下害虫的虫卵未被杀灭,易使地下害虫和某些病害加重。

(三) 生物防治

生物防治是利用生物或生物代谢产物以及通过生物技术获得的生物产物来控制有害物种群的发生和繁殖,以减轻其危害的方法。

生物防治能改变生物群落,直接消灭病虫害,并具有对人畜和天敌安全、无残毒、不污染环境、效果持久、有预防性、易于同其他植物保护措施配合使用、使用灵活等优点,已成为药用植物病虫害和杂草综合治理中的一项重要措施。目前主要是采用以虫治虫、微生物治病虫、以动植物治病虫以及昆虫激素防治害虫等方法进行。

1. **以虫治虫**

(1) 利用寄生性昆虫防治害虫:主要有各种卵寄生蜂、幼虫和蛹的寄生蜂。例如寄生于菊花、金银花、玫瑰等天牛的管氏肿腿蜂、寄生于板蓝菜青虫幼虫的茧蜂、寄生于马兜铃凤蝶蛹的凤蝶金小蜂、寄生于木通枯叶蛾卵的赤眼蜂等。这些天敌昆虫在自然界里存在于一些害虫群体中,对抑制这些害虫虫口密度起到不可忽视的作用。大量繁殖天敌昆虫释放到田间可以有效地抑制害虫。

(2) 利用捕食性昆虫防治害虫:捕食性昆虫主要有某些肉食瓢虫、螳螂、步行虫、食虫椿象(猎蝽等)、食蚜蝇、食蚜虻等。这些昆虫生活在一些害虫群体中,以捕食害虫为生,对抑制害虫虫口数量起着关键作用。目前国内外对繁殖、利用瓢虫和草蛉方面工作做得比较多,并且取得了明显的效果。

2. 以微生物治虫　主要利用微生物及其代谢产物防治害虫。

(1) 病原细菌:能使害虫致病的细菌多数属于苏云金杆菌类 *Bacillus churingiensis*(简称 Bt),如杀螟杆菌、青虫菌、苏云金杆菌等,它们均能产生伴孢晶体毒素,可使昆虫得败血病而死亡。现有的苏云金杆菌的制剂有较广的杀虫谱,尤其对鳞翅目昆虫幼虫有特效,如对危害芸香科药材的橘黑黄凤蝶、危害十字花科药材的菜青虫以及危害木本药材的刺蛾等均有明显的防治效果。此外 Bt 作为基因工程的材料,用于抗虫植物品种选育,也取得成功。

(2) 病原真菌:主要有白僵菌、绿僵菌、拟青霉、轮枝孢等。目前应用较多的是白僵菌。白僵菌的寄生范围包括鳞翅目、膜翅目、螨类等 200 余种害虫。罹病昆虫表现为运动呆滞、食欲减退、皮色无光、有些身体有褐斑、吐黄水,3～15 日后虫体僵硬死亡。

(3) 病原病毒:寄生于昆虫的病毒主要有核型多角体病毒(NPV)、质型多角体病毒(CPV)、颗粒体病毒(GV)等。罹病昆虫可表现出行动迟缓、食欲减退、烦躁、横向肿大、皮肤易破、流出乳白色或其他颜色的脓液,有的有下痢、虫尸常倒挂在枝头等现象。病原病毒专化性较强,往往只寄生一种昆虫,不存在污染和公害问题。

(4) 病原线虫:由于昆虫病原线虫消化道内携带共生菌,线虫进入昆虫血液后,共生菌从线虫体内释放出来,在昆虫血液内增殖,致使昆虫患败血病迅速死亡。昆虫病原线虫不耐高温,37℃以上就死亡,对人畜无害,不污染环境,分布广,是值得利用的生物防治资源。试验表明昆虫病原线虫对枸杞负泥虫、射干钻心虫、细胸金针虫等室内感染率均达 90% 以上,田间防治效果达 60% 左右。

3. 以植物内含成分治虫　某些植物内含有对昆虫生长有抑制作用的物质,可不同程度地引起害虫表现出拒食、驱避、生长抑制等作用。据不完全统计,目前已发现的对昆虫生长有抑制、干扰作用的植物次生物质有 1 100 余种。生产上应用的主要有烟碱制剂、鱼藤制剂、苦参碱制剂、茴蒿素制剂、川楝素制剂等。具有防治病虫害的植物主要有:楝科的一些植物,菊科的除虫菊、茴蒿、天名精、猪毛蒿、万寿菊等,以及雷公藤、苦皮藤、苦参、大蒜、辣蓼、黄杜鹃等。利用植物内含成分防治病虫具有效果明显、对天敌安全、无药害、不易产生抗药性的特点,很有发展前景。

4. 以鸟治虫　鸟类中有 60% 以上是以昆虫为主要食料的。一窝家燕一夏能吃掉 6.5 万只蝗虫,啄木鸟一冬可将附近 80% 的树干害虫掏出来,这是人类使用农药所不易做到的。因此,保护鸟类,严禁捕鸟,人工招引以及人工驯化,通过建立自然保护区,创造良好的鸟类栖息环境等都是以鸟治虫的主要措施。

5. 采用昆虫绝育治虫　是利用辐射源或化学不育剂处理害虫,破坏害虫的生殖腺,杀伤生殖细胞,或者杂交方法改变害虫遗传性质等造成害虫不育。然后大量释放这种不育性个体,使之与野外的自然个体交配,使其后代不育,经过累代释放,使害虫种群数量逐渐减少,最后导致种群绝灭。如利用适当剂量放射性同位素衰变产生的 α 粒子、β 粒子、γ 射线、X 射线等处理昆虫,可造成昆虫雌性或雄性不育,进而利用不育昆虫进行害虫种群治理。国外 20 世纪 50 年代采用辐射技术释放不育性螺旋蝇成功地防治了螺旋蝇。以色列的科研人员将地中海实蝇雄虫蛹进行放射性处理,使雄虫失去生育能力,然后将其放飞或播撒到地中海实蝇高发区。当雄虫与可育的雌虫交配后雌虫不能正常产卵,降低地中海实蝇的种群数量,从而减少对植物危害。

6. 利用昆虫激素治虫　昆虫激素是其体内腺体所分泌的一种物质,它可以调节昆虫的生长、生殖、代谢、变态、滞育等重要生理活动。昆虫激素分外激素和内激素两大类,昆虫外激素主要有性外激素、聚集外激素、追踪外激素等,其中以性外激素作为性诱剂应用较多,它具有无毒、对天敌无杀伤力、不使害虫产生抗药性等特性。今已合成了几十种昆虫性诱剂用于防治害虫。如橘小实蝇性诱剂、小地老虎性诱剂、瓜实蝇性诱剂等。性诱剂防治害虫主要有诱捕法(诱杀法)和迷向法(干扰交配)两种方法。设置性外激素诱捕器诱杀田间害虫,常见诱杀大量雄虫,从而降低雌虫的交配率以控制害虫。此外,利用性激素来干扰雌雄间交配。在田间大量放置性诱剂,雄虫就会丧失寻找雌虫的定向能力,进而降低交配率。我国利用性诱剂防治梨小食心虫、棉铃虫等取得了良好的效果。昆虫内激素主要有保幼激素、蜕皮激素和脑激素。近年来有将昆虫保幼激素和蜕皮激素等内激素用于防治害虫,如用过量的内激素处理,可使害虫产生畸形,不能正常发育而死亡。将来这些激素有望成为新杀虫剂。

7. 利用拒食剂治虫　拒食剂是一类能使害虫接触后永远丧失饲食能力,直至饿死,但不直接将其毒杀的化合物。拒食剂可抑制昆虫的味觉感受器,影响昆虫对食物的识别或刺激昆虫厌食感受器从而引起昆虫拒食。具有拒食特征的植物源物质实际上在所有化学类型中都能找到,但主要是萜类(包括单萜、倍半萜、二萜及三萜)和生物碱类化合物。如三萜类的印楝素在高剂量下,可使咀嚼式口器的暴食性的害虫拒食,从而使害虫种群数量下降,达到控制害虫的目的,而且它对环境无污染,对害虫天敌安全,不易产生抗药性。

(四)化学防治法

应用化学农药防治病虫害的方法,称为化学防治。其优点是作用快、效果好、应用方便,能在短期内消灭或控制大量发生的病虫害,受地区性或季节性限制比较小,是防治病虫害的常用方法,也是目前防治病虫害的重要手段,其他防治方法尚不能完全代替。但如果长期使用单一农药,害虫易产生抗药性,同时杀伤天敌,往往造成害虫猖獗;有机农药毒性较大,有残毒,易污染环境,影响人畜健康。尤其是药用植物大多数都是内服药品,农药残毒问题,必须严加注意,严格禁止使用毒性大或有残毒的药剂,对一些毒性小或易降解的农药,要严格掌握施药时期,防止污染植物。

(五)物理机械防治

根据害虫的生活习性和病虫害的发生规律,利用物理因子或机械作用干扰有害生物的生长发育,以达到防治植物病虫害目的的方法,称为物理机械防治法。物理因子包括光、电、声、温度、放射能、激光、红外线辐射等;机械作用包括人工扑打、阻隔法、使用简单的器具器械装置,直至应用现代化的器具设备等。这类防治方法可用于有害生物大量发生之前,或作为有害生物已经大量发生危害时的急救措施。如对活性不强,危害集中,或有假死性的大灰象甲、黄凤蝶幼虫等害虫,实行人工捕杀;对有趋光性的鳞翅目、鞘翅目及某些地下害虫等,利用扰火、诱蛾灯或黑光灯等诱杀,均属物理机械防治法。

(六)生态控制

基于生态平衡的原理,将药用植物病虫害作为生态系统的一部分,结合农业治理、物理措施、生物防治,到达恢复或维持生态系统平衡,从而有效地控制药用植物有害生物在一定的经济阈值范围。

药用植物病虫害生态控制,强调从栽培环境的生态系统的总体观点出发,充分发挥生态系统中自然因素的调控作用,创造有利于药用植物生长发育、不利于病虫害发生的生态环境。通过植物检疫,包括种植地块环境、种子种苗等检验检疫,做好前期预防,选择健康种子种苗;合理种植结构,根据生态景观,合理布置药用植物和作物种类;林下种植要尽量保持生态改变最小,保持生物多样性和稳定性;采取的防控措施要针对主要防控对象的发生流行规律来制定,尽可能采用农业防治、物理防治、生物防治等及使用低毒农药。

第四节 农　药

凡具有防治植物病虫害,清除田间杂草以及调节植物生长等作用的药剂都称农用药剂,简称农药。学习农药知识,对于合理使用农药,有效防治药用植物病虫害,获得优质高产的中药材,具有十分重要的意义。

一、农药的种类及其性质

(一)按原料来源分类

1. 化学农药　是运用人工合成生产的农药。可分为两大类:

(1)有机农药:是由碳素化合物构成,主要以有机合成原料如苯、醇、脂肪酸、有机胺等制成,所以又称合成农药,如敌百虫、多菌灵等。有机农药可以工业化生产,品种多,药效高,用途广,加工剂型及作用方式多样,目前占整个农药总量的90%以上,在农药发展中占有重要地位。但这类农药多数对人畜有害,且易产生残留,须慎重使用。

(2)无机农药:主要由天然矿质原料加工制成,又称矿物性农药。如杀菌剂波尔多液、杀虫剂石硫合剂、磷化铝等。这类农药的特点是生产方式简便,化学性质稳定,不易分解,不溶于有机溶剂。但品种较少,作用较单一,且易发生药害,故使用受到一定限制。

2. 生物源农药

(1)微生物源农药:这是由微生物及其代谢产物所制成的农药。所含有效物质是细菌孢子、真菌孢子、病毒或抗生素。此类农药药效较高,选择性强,使用时不伤害天敌,对人畜无毒,对植物安全,长期使用不易产生抗药性,但应用范围不够广泛,作用较缓慢,往往受季节和环境因素等条件的限制。包括农用抗生素和活体微生物农药。农用抗生素:如灭瘟素、春雷霉素、多抗霉素、井冈霉素、农抗120等。活体微生物农药:包括真菌剂(如绿僵菌、鲁保一号等),细菌剂(如苏云金杆菌、乳状芽孢杆菌等),拮抗菌剂(如"5406"、菜丰宁 B_1 等),线虫(如昆虫病原线虫等),原虫(如微孢子原虫等)和病毒(如核多角体病毒、颗粒体病毒等)。木霉在植物病害,尤其是在土壤传染病害的生物学防治上有重要的研究价值及广阔的应用前景。目前木霉属中应用较多的是哈茨木霉 *Trichoderma harzianum*,它至少对18属29种病菌有拮抗作用。

(2)植物源农药:这是以植物为原料,经过溶剂提取而制成的农药,其有效成分是天然有机物,性能同有机农药相似。植物性农药具有对人畜安全、对植物无药害、可就地取材等优点。包括杀虫剂(如除虫菊、鱼藤酮、烟碱、藜芦碱、茴蒿素、植物油乳剂等),杀菌剂(如大蒜素、香芹酚等),拒避剂(如印楝素、苦楝素、川楝素等)和增效剂(如芝麻素等)。

(3)动物源农药:包括昆虫信息素(或昆虫外激素,如性信息素)和活体制剂(寄生性、捕食性的天敌动物)。

(二)按用途和作用方式分类

1. 杀虫剂　根据药剂进入害虫体内的途径,可分为触杀剂、胃毒剂、熏蒸剂和内吸剂等。

(1)触杀剂:从害虫体壁渗入体内产生毒杀作用的药剂,如溴氰菊酯、辛硫磷、鱼藤酮等。

(2)胃毒剂:从害虫的消化系统进入体内产生毒杀作用的药剂,如敌百虫、杀虫双等。

(3)熏蒸剂:经害虫的呼吸系统进入体内产生毒杀作用的药剂,常呈气雾状态,可释放磷化氢气体杀死害虫。如磷化铝、磷化锌等。

(4)内吸剂:施于植物的茎叶或根部,经植物吸收而输导于整个植物体内,害虫取食植物后产生毒杀作用的药剂。如久效磷、乐果等。

2. 杀卵剂　能阻止卵内的胚胎发育,使幼虫或螨不能孵化的药剂,如扑虱灵、双甲脒等。

3. 杀菌剂　根据药剂防病灭菌的作用,可分为以下 3 种主要类型。

(1)保护剂:在植物感病前将药剂喷布覆盖于植物表面,以杀死或阻止病菌或病原物侵染植物。目前使用的杀菌剂多为保护剂,如波尔多液、代森锌、百菌清、硫酸制剂等。此类药剂在植株发病后使用往往效果较差。

(2)治疗剂:对病害有治疗作用的药剂,如退菌特、福美双等。对病害的药剂治疗比药剂保护要困难得多。这是因为病菌侵入后,与植物发生了密切关系,增强了病菌对药剂的抵抗力。一般能杀死浸入病菌的剂量,往往对植物也会产生药害。因此,目前治疗剂的应用远不如保护剂广泛。

(3)内吸剂:药剂经植物叶、茎、根部吸收,进入植物体内并能在体内输导、存留或产生代谢物,以保护植物免受病原物的侵害或治疗植物病害的药剂。如敌锈钠、多菌灵、敌克松等。自内吸剂问世以来,在植物病害防治中发挥了突出作用,但也存在病原菌对此类药剂易产生抗性的问题。因此近年来人们十分重视将保护剂与内吸剂制成混合剂或混用。

除上述药剂种类外,还有杀螨剂、杀线虫剂、杀鼠剂、除草剂、植物生长调节剂等。

二、农药使用原则

农药的合理使用必须贯彻"安全、经济、有效"的原则,从综合治理的角度出发,运用生态学的观点来使用农药。具体应遵守以下原则:

1. 对症下药　各种药剂都有一定性能及防治范围,即使是广谱性农药也不可能对所有的病虫害都有效。因此在施药前应正确诊断病虫害,根据实际情况选择合适的农药品种、使用浓度及用量,切实做到对症下药,避免盲目用药。

2. 适时用药　在调查研究和预测预报的基础上,掌握病虫害的发生发展规律,抓住有利时机用药。这样既可节约用药,又可提高防治效果,而且不易发生药害。防治病虫害时要注意气候条件及物候期。

3. 交替使用　长期使用同一种农药防治一种病虫害,易产生耐药性,降低防治效果,因此,应尽可能地轮回用药,并尽量选用不同作用机制的农药。

4. **合理混用农药**　在生产上有时需要同时防治多种病虫害,可将2种或2种以上的对病虫害有不同作用机制的农药混合使用。一般认为农药混用可以扩大防治对象,减少用药次数,提高防治效果,延缓害虫抗药性的产生,节省劳动力,减少环境污染。但有些农药混用不当,反而会降低药效和产生药害。农药之间能否混用,主要取决于农药本身的化学性质,农药混合后它们之间不产生化学和物理变化,才可以混用。

5. **安全用药**　安全用药包括防止人畜中毒、环境污染和植物药害。生产上应严格禁止使用剧毒、高毒、高残留或者具有"三致"(致癌、致畸、致突变)的农药,最后一次施药距采收间隔天数不得少于规定的日期。并应准确掌握用药量、讲究施药方法,注意天气变化,施药者还要做好防护措施并严格遵守国家《农药管理条例》。

三、农药的使用方法

农药有很多剂型与使用形态(主要有粉剂、乳剂、乳油、水剂、颗粒剂、烟雾剂、熏蒸剂、悬浮剂、片剂、油剂、微粒剂、缓释剂等),相应地也有很多使用方法。合理使用农药,正确掌握使用原则和施药技术,才能获得良好的防治效果。

1. **喷撒法**

(1) 喷雾法:将药液用喷雾器喷洒防治病虫害的方法,是目前生产上应用最广的一种方法。适于喷雾的剂型有乳剂、可湿性粉剂、可溶性剂等。喷雾时要做到均匀,喷施量以植株充分湿润为度。喷雾时最好不要选择中午,以免发生药害和人体中毒现象。

(2) 喷粉法:将药剂用喷粉器或其他器具撒布出去的方法称喷粉法,适用药剂为粉剂、微粒剂、粉粒剂。

2. **熏蒸法**　应用农药产生的有毒气体来消灭病虫害的方法。主要用于防治中药材仓库、室内、种苗及土壤中的病虫害。

3. **毒饵法**　利用毒饵来防治活动的杂食性害虫(如蝗虫、蝼蛄、地老虎等)。如敌百虫毒饵、磷化锌毒饵等。若在播种时,将含毒饵料施于地下则称为毒谷法。

4. **种子(苗)处理法**　主要分为拌种法和浸种法两种。应用农药的粉剂或液剂与种子均匀拌和以防除病虫害的方法称拌种法。将种子或种苗放在一定浓度的农药溶液中浸渍一段时间以防治病虫害的方法称浸种法。

5. **土壤处理法**　将农药的药液、粉剂或颗粒剂施于土壤中防治病虫害或杂草的方法。主要用于土壤消毒及防治土传病虫害。

6. **烟雾法**　是利用农药的烟剂或雾剂消灭病虫害的方法。雾剂是含农药的小液滴分散在空气中,其液滴直径多在 $0.1 \sim 50~\mu m$;烟剂是含农药的烟雾小粒子分散在空气中,其粒子直径多在 $0.001 \sim 0.1~\mu m$。目前烟雾法主要用于森林、仓库及温室等处病虫害的防治。

第九章　药用植物采收、加工与贮运

导学

1. 掌握药用植物采收、加工的方法。
2. 熟悉药用植物产量与品质的含义、品质形成过程及影响因素。
3. 了解中药材贮藏的常用方法及原理、贮运过程中常见的变质现象。

药用植物采收、加工与贮运是中药材生产过程的最终环节,在药用植物采收、加工与贮运过程中所采用的方法正确与否将直接影响药材的产量、品质和收获效率,尤其是对药材的品质影响最为明显。

第一节　药用植物产量与品质

一、产量及其构成因素与调节

(一) 产量的含义

药用植物栽培的目的是为了获得较多有经济价值的中药材。一般所说的产量是指有经济价值的药材总量,实际栽培药用植物的产量通常分为生物产量和经济产量。

生物产量是指药用植物在整个生育期产生和积累的干物质总量,即整个植株总干物质的收获量。在组成药用植物的全部干物质中,有机物质占 90%～95%,矿物质占 5%～10%,可见有机物质的合成和积累是形成产量的主要基础。

经济产量是指栽培目的所需求的有经济价值产品的收获量。由于药用植物种类及栽培目的不同,作为产品的器官也不相同。如果实、种子类药用植物提供的是果实、种子;花类提供的是花蕾、花冠、柱头、花序;根及根茎类提供的是根、根茎、块茎、鳞茎、球茎等;皮类提供的是茎皮、根皮;叶类提供的是叶;全草类提供的是全株或地上部分。随着药源的扩大和产品的综合利用和开发,一些药用植物的药用部位有所增加,如银杏叶。此外,有些药用植物仅以其所含有的某一或某些化学成分作为经济价值的产品,如小檗碱。

经济产量的形成是以生物产量为基础。通常经济产量与生物产量成正比。经济产量占生物产量的比例即生物产量转化为经济产量的效率称为经济系数或收获指数。经济系数的高低仅表明生物产量转运到经济产品器官中的比例,并不表明经济产量的高低。只有在提高生物产量的基础上,提高经济系数,才能达到提高经济产量的目的。不同药用植物的经济系数有所不同,其变化与遗传基础、产品器官、栽培技术及环境对植物生长发育的影响有关。一般来说,凡是以营养器官为收获对象的(如根、根茎等),其产品的经济系数较高,凡是以生殖器官为收获对象的(如果实、种子),其产品的经济系数较低;产品主要成分为淀粉、纤维素等糖类物质时经济系数较高,而产品主要成分为脂肪、蛋白质等物质的经济系数则较低。如药用部位为带根全草的,其经济系数接近 1.0,药用部位为根及根茎的,其经济系数为 0.5~0.7,药用部位是果实、种子的,经济系数在 0.3~0.5。虽然不同药用植物的经济系数有其相对稳定的数值变化范围,但是通过选育优良品种、优化栽培技术及改善环境条件等,均可使经济系数达到较高的水平,在获得较高生物产量的基础上获得较高的经济产量。三者的关系表示为:

$$经济产量=生物产量×经济系数$$

药用植物与其他作物一样,经济产量的形成包括营养生长阶段和生殖生长阶段。前期光合同化产物主要用于营养体建成,为后期经济产品器官的发育和形成奠定物质基础;进入后期光合同化产物则主要用于生殖器官或储藏器官的形成,即形成产量。因此,药用植物生长发育后期的光合同化量和经济产量的关系更为密切。在栽培上,保持后期有较大的绿叶面积和较强的光合能力,是提高其经济产量和经济系数的关键所在。

(二) 产量的构成因素

1. **药用植物的生育模式** 药用植物产量是植物体在生长过程中利用光合作用器官将太阳能转化为化学能,将无机物转化为有机物,最后形成一定数量的有经济价值的产品的过程。

药用植物的个体和群体的生长(干物质积累)和繁殖(个体的增加)过程均按 Logistic 曲线的生长模式进行。干物质的积累过程可分为:缓慢生长期、指数增长期、直线增长期和减缓停滞期几个阶段。通常在药用植物生长期间,干物质的积累与叶的面积成正比,株体干物质的增长决定于初始干重、相对生长率(即干重增长系数)和生长时间的长短。这种关系可用指数方程表示:

$$W=W_0e^{Rt}$$

式中,W 为株体干重;W_0 为初始干重;R 为生长率;t 为时间;e 为自然对数的底。

药用植物种类或品种不同,生态环境和栽培条件不同,其生长和干物质积累速度、各个阶段所经历的时间和干物质积累总量也各不相同。因此,选择优质的类型(品种),适宜的生态环境条件,配套的综合栽培技术措施,可优化生长模式,促进干物量的积累。

2. **干物质积累与分配** 药用植物在生育期内通过光合器官,将吸收的太阳能转化为化学能,将从周围环境中吸收的二氧化碳、水及矿质营养合成糖类,然后再进一步转化形成各种有机物,最后形成有经济价值的产品。因此,药用植物产量形成的全过程包括光合器官、吸收器官及产品器官的建成及产量内容物的形成、运输和积累。从物质生产的角度分析,药用植物产量实质上是通过光合作用直接和间接形成的,取决于光合产物的积累与分配。药用植物光合生产的能力与光合面积、光合时间及光合效率密切相关。光合面积即叶片、茎、叶鞘及繁殖器官能够进行光合作用的表面积。其中,绿叶面积是构成光合面积的主体;光合时间是指光合作用进行的时间;光合效率是指单位时间、单位叶面积同化二氧化碳的毫克数或积累干物质的克数。一般来说,在适宜范围内光合面积越大、光合时间越长,光合效率就越高,就能获得较高的经济产量。

药用植物生长初期,植株较小,叶片和分蘖或分枝不断发生,并进行再生产。此期干物质积累量与叶面积成正比。随着植株的生长,叶面积的增大,净同化率因叶片相互遮蔽而下降,但由于单位土地面积上的叶面积总量大,群体干物质积累近于直线增长。此后,叶片逐渐衰老,功能减退,群体干物质积累速度减慢,同化物质由营养器官向生殖器官转运,当植株进入成熟期后生长停止,干物质积累亦停止。由于植物种类、生态环境和栽培条件不同,各个时期所经历的时间、干物质积累速度和积累总量均有所不同。

干物质的分配随物种、品种、生育时期及栽培条件而异。生育时期不同,干物质分配的中心也有所不同。以薏苡为例,拔节前以根、叶生长为主,叶片干重占全干重的 99%;拔节至抽穗,生长中心是茎叶,其干重约占全干重的 90%;开花至成熟,生长中心是穗粒,穗粒干物质积累量显著增加。

(三) 提高药用植物产量的途径

Mason 等在 1928 年提出了植物产量的"源库"学说,从植物生理学角度分析,源指能够制造或输出有机物质的组织、器官或部位;库则是指接纳有机物质用于生长消耗或贮藏的组织、器官或部位。从有机同化物形成和贮存的角度看,源应当包括制造光合产物的器官—叶片和吸收水与矿物质的根,根还能吸收 NH_4^+ 合成氨基酸,吸收二氧化碳形成苹果酸,向地上部输出合成的激素等;广义的库包括容纳和最终贮存同化物的块根、块茎、种子、果实等,也包括正在生长的需要同化物的组织或器官,如根、茎、叶、花、果实、种子;狭义的库专指收获对象。流是指源库之间的有机同化物的运输能力。同一株植物,源和库是相对的,随着生育期的演进,源库的地位有时会发生变化,有时也可以相互替代,如起输导作用的器官可以暂时贮存和输出养料,兼具源库的双重作用。从生产上考虑,要获得优质高产必须要求库大源足流畅。

1. **满足库生长发育的条件**　药用植物库的贮积能力决定于单位面积上产量容器的大小。如根及根茎类药材产量容器的容积取决于单位土地面积上根及根茎的数量和大小的上限值;种子果实类药材产量容器的容积决定于单位土地面积上的穗数,每穗实穗数和籽粒大小的上限值。在自然情况下,植物的源与库的大小和强度是协调的,源大的时候,必须建立相应的库,以提高贮积能力,达到增产的目的。

2. **协调同化物的分配**　植物体内同化物的分配方向总是由源到库。由于植物体本身存在许多源库,各个源库对同化物的运输分配存在差异。从生产角度来讲,应通过栽培技术措施(如修剪、摘顶等)使光合同化产物集中向有经济价值的库分配。如根及根茎类药材可采取摘蕾、打顶等措施,减少光合养分消耗。例如白术种下后,常从基部长出分蘖,影响主茎生长。抽薹开花,会过多消耗营养,生产中用除蘖、摘花薹等方法,可使根茎增产 60% 左右。

3. **保证流畅**　植物同化物由源到库是由流完成的,如果流不畅,光合产物运输分配不到相应的库或分配受阻,经济产量也不高。植物体中同化物运输的一个显著特点就是就近供应,同侧优先。因此,许多育种工作者都致力于矮化株型的研究。现代的矮化新良种经济系数已由原来的 30% 左右提高到 50%～55%。这与矮化品种源库较近,同化物分配输送较畅和输导组织发达有关。

二、品质的形成及其调控

(一) 品质的含义

药用植物的品质是指产品药材的质量,包括内在质量和外观性状两部分。内在质量主要是指有效成分或指标性成分含量的多少、重金属和农药残留含量是否超标等。外观性状是指药材的色泽(整体与断面)、质地、形状、大小等。

1. **品质形成的生理生化条件**　药用植物在生长过程中,经过一系列新陈代谢活动,形成和积累了各种各样的化学物质,从而构成了药用植物所获经济产品(药材)品质的内涵。药用植物的品质与产量构成,主要来源于光合作用产物的积累、转化和分配,并通过药用植物个体的生长发育和代谢活动及其他生理生化过程来实现。由光合作用产生的初生代谢产物如糖类、氨基酸、脂肪酸等通过体内一系列酶的作用,形成结构复杂的一系列次生代谢产物。前者是维持细胞生命活动所必需的,后者往往是一些并非生长发育所必需的小分子有机化合物,是药用植物在长期进化中对生态环境适应的结果。它的产生和分布通常有种属、器官组织和生长发育期的特异性,是药用植物有效成分的主要来源。次生代谢产物的生源与生物合成途径主要有:莽草酸途径、多酮途径和甲瓦龙酸途径。另外亦有代谢产物是由混合生源途径产生的。

药用植物品质的形成除受植物个体遗传特性所决定外,还与外界环境条件有着密切关系。如在栽培过程中合理地加强磷钾营养和给植物创造湿润环境等措施,可促进药用植物体内的糖类代谢过程,提高油脂等物质的累积量;合理而适时地加强氮素营养和给植物以适度干旱条件等措施,则可促进药用植物体内的蛋白质和氨基酸转化,可加速生物碱等有效成分在植物体的积累。

2. **农药残留及有害重金属等外源性毒物**　农药及有害重金属残留等已成为影响中药材品质的突出问题,且日益受到国内外高度重视。在栽培过程中,对病虫害的防治应采取综合防治策略,尽量不用或少用农药;必须施用农药时应按照《中华人民共和国农药管理条例》的规定,采用最小有效剂量并选择用高效、低毒、低残留农药,以降低农药残留污染。《中华人民共和国药典》2015年版四部对其限量规定如下:六六六(BHC)≤0.2 mg/kg,滴滴涕(DDT)≤0.2 mg/kg,五氯硝基苯(PCNB)≤0.1 mg/kg,艾氏剂(Aldrin)和狄氏剂(Dieldrin)≤0.05 mg/kg;砷(As)≤2.0 mg/kg,镉(Cd)≤0.3 mg/kg,汞(Hg)≤0.2 mg/kg,铅(Pb)≤5.0 mg/kg,铜(Cu)≤20.0 mg/kg。

3. **药材的形状、大小、质地与色泽**　形状是指干燥药材的外观形态(块状、圆柱状、圆锥状、球形、肾形、椭圆形等),纹理情况,有无槽沟、弯曲或卷曲、突起或凹陷等,是传统用药习惯遗留下来的商品性状。

大小是指药材的长短、粗细或厚薄,通常用直径、长度等表示,一般群体中不同个体的大小有一定的变化幅度,常归为不同等级,绝大多数药材均以个大者为佳。

质地是指药材的质感特征,由坚硬性、韧性、柔软性、松泡型、粉性等,有的质感特征常作为等级区分的形状特征。

色泽是指药材表面或内部的颜色和光泽,是药材外观性状之一,每种药材都有自己的色泽特征。有些药材的表面色泽能反映出某些药用有效成分,如小檗碱、蒽苷、黄酮苷、花青苷等。

(二) 影响药材品质形成的因素

影响药材品质的因素很多,概括起来主要有以下几个方面:

1. **药用植物的种或品种**　药用植物的种或品种对品质的影响归结于其遗传特征。目前,从传统的药用植物中选育出一些优良类型如红花、枸杞、地黄等。如享有盛誉的宁夏枸杞,以大麻叶类型品质佳、果大、肉厚、汁多、味甜,其他类型远不及。有些中药系多基原品种,它们在质地、产量、含量等性状上差异较大。这些差异,大多是遗传基因决定的,如蒙古黄芪 *Astragalus membranaceus* (Fisch.) Bge. var. *mongholicus* (Bge.) Hsiao 的茎直立性差,根部粉性足;而膜荚黄芪 *A.*

membranaceus（Fisch.）Bge.茎挺直,根部粉性差。

2. **生态环境条件** 药用植物有效成分的形成与积累,除受遗传因素影响外,也受生态环境的影响。如从纬度上看,我国药用植物中挥发油的含量呈现越向南越高,而生物碱、蛋白质呈现越向北含量越高。这是生态环境决定药材品质的典型例子。

海拔高度的不同也同样导致药用植物品质上有差异。如在一定的海拔高度内,山莨菪中的山莨菪碱含量随海拔的升高而呈增加的趋势。据报道山莨菪在海拔 2 400 m、2 600 m、2 800 m,山莨菪碱含量分别是 0.109%、0.146%、0.196%。垂盆草中的垂盆苷含量则随海拔的升高而呈降低的趋势,据报道垂盆草在海拔 630 m(黄山温泉)及 1 680 m(黄山玉屏)垂盆苷含量分别为 0.622%、0.013%。

大多数药用植物的有效成分含量在光照充足时增加,如薄荷中挥发油和油中薄荷脑含量均随光照增强而提高,晴天比阴天含量高,其他如穿心莲中穿心莲内酯、毛地黄叶中毛地黄毒苷等,在阳光下均有利于它的形成和积累。

矿质营养对植物体内有效成分的含量影响很大。在肥料三要素中,磷、钾有利于碳水化合物和油脂等物质的合成,氮素有利于生物碱与蛋白质的合成。如曼陀罗叶、根中的总生物碱含量,随氮的增减而增减,氮、磷、钾含量相等时最有利于叶、根中总生物碱含量的增加。又如适宜的氮肥或磷肥可以提高萝芙木生物碱含量,尤以施氮肥更明显。其他微量元素,如施锰肥可使蛔蒿花蕾中山道年含量增高。

不同的土壤和土温对药材的外观品质也有影响。如黄芪种植在砂质土壤上,常因土壤深层地温高,表层干燥,根系入土深,表层支根少而细,其产品多为鞭杆芪;若种植在黏性土壤上,土壤通透性差,根系入土浅,支根多而粗,产品多为鸡爪芪,其他如人参、丹参、白芷等根茎类药用植物都有类似情况。

3. **栽培技术** 在栽培过程中所采用的各项栽培技术或措施对药用植物品质的影响很大。如灰色糖芥在北京采用秋播,来年生长良好,苷含量高;若春播,则当年不能开花结实,且苷含量降低。尤其应重视收获期的确定,这对药材产品品质的影响尤为明显。如红花以花冠入药,商品以花鲜红,有油性为佳。采收若偏早,花干后色黄而不鲜红,品质降低;采收偏晚,干后紫红或暗红,无油性。

4. **加工技术** 加工方法和技术也是影响药材质量的重要环节之一。对一些易变色或含挥发性成分的药材,采收后不能强光暴晒,必须置于阴凉通风处或弱光下缓慢干燥。如经晒干或阴干的当归,其色泽、气味、油润等均不如用湿柴烟火慢慢熏干的好。四川中江丹参晾晒至半干变软后,需堆闷发汗 2～3 日,使根内部变黑,再摊晾至全干,否则商品断面不是黑褐色。有些药材含淀粉、糖类较多不易自然干燥,需进行烘烤干燥,其烘烤温度对品质的影响也很大,一般控制在 50～70℃,温度过高,干燥速度虽快,但易出现焦心、枯心等现象。如红参烘烤温度以 55～75℃为好,超过 110℃,皂苷含量下降。

（三）提高药材品质的途径

1. **良种选育** 药材的品质取决于药用植物本身的遗传特性,应该重视品种选育工作。在品种选育工作中,应将选育工作和良种繁育工作结合起来,侧重于品质育种。许多植物个体间成分含量差异较大,应注重品种的选育工作,同时应借助现代化的生物技术手段,提高药材品种的有效成分含量水平。有些药用植物由于长期无性繁殖,造成某些优良性状退化。因此,进行品质选育工作还应与良种提纯复壮结合起来。

目前,转基因技术在提高药材的有效成分含量方面也取得了一些进展。胡之璧等将发根农杆菌中 Ri 质粒的 tDNA 片段整合到丹参细胞基因组中,获得产生次生代谢产物比母根高 40 倍的丹参毛状根。

2. 栽培技术措施的优化 栽培技术措施的优化是为药用植物全生育期各个发育阶段提供良好的外界环境条件,达到优质高产的目的。

(1) 适宜的种植模式:在栽培过程中应建立合理的轮作、间作、套种等种植模式,充分利用地力,改善土壤结构,提高光能利用率,如乔—灌—草种植模式,喜阳与耐阴中草药的间作与其他作物间作、套作等。

(2) 技术措施的优化:适宜的播种期、种植密度、施肥管理和采收期等措施对药用植物的产量和品质影响很大。如红花对播种期敏感,适宜晚秋播种,若早秋播种会早抽薹影响越冬;晚秋播种,植株生长健壮,病害少,产花产子量高、质量好;当归早播抽薹率高;天麻、贝母、细辛播种晚了不发芽或发芽率很低;平贝母适当密植可提高产量,但多数药用植物密植后,通气透光不良、生长发育受到影响,且易感染病害。早期增施氮肥可提高以茎叶为收获目的的药用植物的产量,亦可促进生物碱、蛋白质等物质的生物合成,提高药效。适当增施磷、钾肥可促进根茎类药材中碳水化合物如淀粉、糖类等物质的合成。

3. 加工工艺技术的改进 药材的加工工艺和技术直接影响药材的品质。目前,许多药材的产地加工工艺和方法大都停留在传统的手工阶段。随着现代科学技术的发展和进步,在保证加工质量的基础上,运用现代化的工艺和技术对传统的工艺和方法加以改进,实现加工机械化和自动化。如药材干燥,过去有晒干、阴干和土炕烘干等,现在利用烘房、烘炉、烘箱、远红外干燥和微波干燥等现代化手段进行,可大大改善药材的质量。

第二节 采收与产地加工

一、采收

药用植物的采收是指药用植物生长发育到一定阶段,入药部位或器官已符合药用要求,药效成分的积累动态已达到最佳程度时,人们采取相应的技术措施,从田间将其收集运回的过程。它是控制药材质量的一个重要环节。

(一) 适时采收的重要意义和一般原则

适时、合理采收,对保证药材质量,保护和扩大药源具有重要意义。药用植物由于种类繁多,药用部位各异,栽培地区的气候条件、地理位置、土壤类型等环境因子以及栽培技术不同,因此生长发育情况不一,其药用部位的产量和活性成分含量随生长年限和采收时间的不同而有差异。有些药用植物生长年限越长,药效成分积累越高;有些生长到一定时期达到最大值,以后逐渐降低;有些在某一季节或时期最高,但其前后则均较低。如黄连生长 5~6 年采收的产量最高;薄荷在生产初期不含薄荷脑,而在开花末期,薄荷脑的含量才急剧增加;槐米(花蕾)比开放的花(槐花)含芦丁高10%以上等。有的品种因受雨露阴晴影响,甚至在1日之内其有效成分含量亦有变化,如江西1号薄荷挥发油的含量在1日内以12～14时为最高。

药用植物合理采收的标准,一是药用部位均已达到成熟阶段,二是药用部位应符合药用要求,即药性及化学成分积累已达要求。前者是植物生理学上的成熟,后者是符合药用标准,这两个标准有时是平行的,但有时又是不同步的,如酸橙以果实变黄时为生理上的成熟,而药用则是以幼果入药。当然,合理采收应以后者为主。因此确定药材的最佳采收期,应充分考虑有效成分的积累情况与单位面积的产量。这样才能保证药材质量,保护药源,取得最大的经济效益和社会效益。

药材的采收,关键是确定其最佳采收期。然而,最佳采收期目前采用的主要方法是研究同一物种在同一产区不同物候期植物中可利用成分(有效成分)的积累动态,结合产量指标以确定最佳采收期。常见有下述两种:① 有效成分的含量有一显著的高峰期,而药用部分的产量变化不显著,因此含量高峰期,即为适佳采收期。② 有效成分含量高峰与药用部分产量高峰不一致时,要考虑有效成分的总含量(单产量×有效成分含量%)。总量最大时即为适佳采收期。如薄荷在花蕾期挥发油含量最高,而叶的产量高峰却在花后期;银杏叶中银杏黄酮苷的含量5月最高(0.96%),以后逐月降低,至8月后趋于平稳。因此,银杏叶的采收期,应以5月为佳。

由于药用植物种类多,药用成分复杂,目前还不能完全确定每一种药材的最佳采收期。确定采收期总的原则是:以药用部位最充实、饱满、产量高、质量好,有效成分或主要成分含量最高时为宜。

(二)采收时期和方法

1. 根及根茎类药材　一般在秋、冬季植物地上部分行将枯萎时或初春萌芽前采收,此时为休眠期,根或根茎中贮藏的营养物质最为丰富,通常含有效成分也比较高,如怀牛膝、党参、黄连、大黄等。但也有例外情况,有些药用植物抽薹开花前采收,如当归、川芎等;也有些药用植物在生长旺盛期采收,如麦冬、附子等;孩儿参在夏季采集较好;延胡索立夏后地上部分枯萎,不易寻找,故多在谷雨和立夏之间采挖。采收方法多用挖掘法。常选择雨后阴天或晴天当土壤含水量适中时进行,土壤过湿或过干,都不利于挖掘药材。

2. 茎木类药材　一般宜在秋、冬两季采收。但一些大乔木,如苏木、降香等全年均可采收。

3. 皮类药材　树皮宜在春、夏季进行采收,此时植物处于生长旺盛阶段,植物体内养分及液汁较多,形成层细胞分裂快,皮部与木质部易分离,伤口较易愈合,如黄柏、杜仲等。但少数药材如肉桂、川楝皮等,宜在秋、冬两季采收,此时皮中有效成分含量高。根皮宜在植物年生育周期的后期采收,多于秋季进行,如牡丹皮、远志等,采收过早根皮积累的有效成分低,产量亦低。采收可用半环状剥取、条状剥取、砍树剥皮等。也有用20世纪70年代研究并试验成功的环状剥皮法,如杜仲。

4. 叶类药材　一般宜在植物叶片生长旺盛、叶色浓绿、花蕾未开放前采收,如大青叶、紫苏叶、艾叶等。因为一旦植物进入开花结果时期,叶肉内贮藏的营养物质就会向花、果实转移,从而降低药材质量。但少数叶类药材宜在秋后经霜后采收,如桑叶。有的叶类药材一年四季均可采收,如侧柏叶、枇杷叶等。采收方法可用摘取法。

5. 花类药材　花类药材的采收期,因植物种类与药用部位的不同而异,大多数在花蕾期或花朵初放时采收,如金银花、辛夷等;亦有在花朵盛开时采收,如红花、菊花、番红花等;花粉入药的,宜在花盛开时采收,如蒲黄等。采收可用摘取法。对花期较长,花朵陆续开放的植物,必须分批采摘,以保证质量。采摘时应以晴天清晨为好,以保持花朵完整和迅速干燥。

6. **全草类药材** 宜在植物生长最旺盛行将开花前,或花蕾未盛开前采收,如藿香、荆芥、薄荷等。但有些种类以开花后采收为好,如马鞭草等。少数植物如茵陈、白头翁等必须在幼苗期采收。采收可用割取法,可一次割取或分批割取。

7. **果实类药材** 多数果实类药材在果实完全成熟时采收,如栝楼、栀子、薏苡、花椒、木瓜等。但有些种类要求果实成熟后经霜打再采收,如山茱萸霜后变红、川楝子霜后变黄时采收。有的种类要求果实未成熟而绿果不再增长时采收,如青皮、乌梅等。果实成熟期不一致时,应随熟随采,如山楂、木瓜等。采收可用摘取法。多汁果实,采摘时应避免挤压,减少翻动,以免碰伤,如枸杞等。

8. **种子类药材** 一般在果皮褪绿成熟,干物质积累已停止,达到一定硬度,并呈固有色泽时采收。种子类药材的具体采收期因种类、播种期、气候条件等的差异而不同。通常秋播两年收获的常在5~7月上旬采收,如胡芦巴、王不留行、白芥子等;春播和多年收获的常在8~10月采收,如地肤子、决明子等。对种子成熟期不一致,成熟即脱落的药材,如补骨脂等,应随熟随采。采收可用割取法或摘取法。

留种用的种子应在种子完全成熟时采收,此时种子胚性结构基本形成或成熟,胚乳或子叶中积累的养分最为丰富,水分含量显著减少,对环境抵抗能力明显增强,种皮呈固有色泽。留种用的种子一经成熟立即采摘,否则极易掉落。

9. **树脂类** 大多数来源于植物体,存在于不同的器官中,一般是植物体的自然分泌物或代谢产物,如血竭(果实中渗出物),没药(干皮渗出物),有的是人为或机械损伤后的分泌物,如苏合香。树脂类的成分较复杂,但疗效显著,应用广泛。采收以凝结成块为准,随时收集。

二、产地加工与干燥

(一) 产地加工的目的和任务

药材采收后,在产地经过拣选、清洗、切剥、干燥等一系列措施,使其形成商品药材的过程称为产地加工或产地初加工。中药材除少数要求鲜用(如生姜、鲜生地、鲜石斛、鲜芦根等)外,绝大多数药材需经过清洗、干燥和炮制等一系列加工过程方才形成商品。而新鲜药材容易引起霉烂变质,有效成分分解散失,严重影响药材质量和疗效。因此,产地加工的目的是确保药材的商品特性;防止霉烂腐败,便于干燥和运输;保证药材的疗效及其安全性;有利于药材的进一步加工炮制等处理。

产地加工的主要任务:清除非药用部位、杂质、泥沙,确保药材的纯净度;按规定加工修整,分级;按用药要求清除毒性或不良性味;干燥、包装成件,确保运输贮藏的便利和可靠性。

(二) 产地加工方法

药材加工方法因品种、规格的不同、各地传统经验的差异,其产地加工方法各不相同。常用的方法有以下几种:

1. **拣选与分级** 即药材采收后,清除杂质,除去残留枝叶、粗皮、须根和芦头等非药用部位,如麦冬、人参等。按大小进行分级,以便加工,如人参、三七、川芎等。

2. **清洗** 即将新鲜药材用河水、塘水、溪水或自来水洗净泥沙;也有不水洗的,让其干燥后泥土自行脱落或在干燥过程中通过搓、撞除去的,如丹参、黄连等。

清洗有毒及对人体皮肤有刺激性易导致过敏的药材时,应穿戴防护手套、统靴,或先用菜籽油或生姜涂遍手脚,以防中毒或伤及皮肤。

3. **刮皮** 药材采收后,对干燥后难以去皮的药材,应趁鲜刮去外皮,使药材外表光洁,防止变色,易于干燥;如山药、桔梗、半夏、芍药、丹皮等。有的药材需先蒸或放入沸水中烫后再去皮;有的药材熏或烫后尚需用凉水浸漂后去皮,如明党参(珊瑚菜)等。

根据不同药材的特点,可分别采用手工去皮,工具去皮和机械去皮的方法。

4. **修制** 就是运用修剪、切割、整形等方法,去除非药用部位及不合格部分,使药材整齐,便于捆扎,包装。修制工艺应根据药材的规格要求进行,有的需在干燥前完成,如切瓣、截短、抽心、除去芦头、须根、侧根等。有的则在干燥后完成,如除去残根,芽苞,切削不平滑部分等。

5. **切片** 对外形粗大、质坚、不易干燥的根、根茎,应在采收后,趁鲜切成片、块、段等。如大黄、葛根等。

6. **蒸、煮、烫** 是指将鲜药材在蒸气或沸水中进行时间长短不同的加热处理,目的是杀死细胞及酶,使蛋白质凝固,淀粉糊化,避免药材变色,减少有效成分的损失;促进内部水分渗出,利于干燥;使加工辅料易于向内渗透,达到加工要求;破坏药材中的有毒物质,降低或去除药物的毒性。

蒸是将药材盛于笼屉或甑中利用蒸汽进行热处理,蒸的时间长短可根据药材品种来确定。如菊花蒸的时间短,天麻、红枣需蒸透,附片、熟地蒸的时间长。

煮是将药材置沸水中煮熟或熟透心的热处理。煮的时间长,有的药材需煮熟,如天麻。

烫是将药材置沸水中烫片刻,然后捞出晒干。西南地区将之习称为"潦",如红梅需烫至颜色变红,红大戟、太子参等只需在沸水中略烫。药材经烫后,不仅容易干燥,并可增加透明度,如天冬、川明参等。

7. **熏硫** 部分药材为了保护产品的色泽或起到增白的一种传统加工方法,如山药、泽泻白芷、银耳等需用硫黄熏蒸;熏硫还可加速干燥,防止霉烂。简易的硫黄熏蒸应在室内、熏硫柜或大缸等密闭的容器内进行。

8. **发汗** 药材晾晒至半干后,堆积一处,用草席、麻袋等覆盖使之发汗闷热。经此法可使药材内部水分向外渗透,当堆内空气含水量达到饱和,遇堆外低温,水气就凝结成水珠附于药材表面,习称发汗。发汗是加工中药材独特的工艺,它能有效地克服药材干燥过程中产生结壳,使药材内外干燥一致,加快干燥速度;使某些药材干燥后更显得油润、光泽,或气味更浓烈。如玄参、大黄等。

9. **揉搓** 一些药材在干燥过程中易于皮肉分离或空枯,为了使药材不致空枯,达到油润、饱满、柔软的目的,在干燥过程中必须进行揉搓,如山药、党参、麦冬等。

10. **干燥** 除鲜用的药材外,绝大多数药材都要进行干燥。干燥后的药材,可以长期保存,并且便于包装,运输,满足医疗保健用药需要。目前,中药材的干燥方法有:

(1)晒干法:亦称日晒法。是利用太阳辐射能、热风、干燥空气等热源,使鲜药材的水分蒸发以达到干燥程度的方法。晾晒时,选择晴天,注意及时翻动,秋后夜间,空气湿度大,应注意药材返潮。

(2)阴干法:亦称摊晾法,即将药材置(挂)于通风的室内或大棚的阴凉处,利用流动的空气,让药材达到自然干燥的方法。该法常用于含挥发油的药材以及易泛油、变质的药材,如党参、天冬、柏子仁、火麻仁等。

(3)炕干法:将药材依先大后小分层置于炕床上,上面覆盖麻袋或草帘等,利用柴火加热干燥的方法。当大量蒸气冒起时,要及时掀开麻袋或草帘,并注意上下翻动药材,直到炕干为止。该法适用于川芎、泽泻、桔梗等药材的干燥。

（4）烘干法：该法使用烘房或干燥机，适用于量大、规模化种植的药材，此法效率高、省劳力、省费用，不受天气限制，还可起到杀虫驱霉的效果，温度可控。依药材性质不同，干燥温度和时间有所差异。

（5）远红外加热干燥法：干燥原理是将电能转变为远红外辐射能，从而被药材的分子吸收，产生共振，引起分子和原子的振动和转动，导致物体变热，经过热扩散、蒸发和化学变化，最终达到干燥的目的。

（6）微波干燥法：微波干燥实际上是通过感应加热和介质加热，使中药材中的水分不同程度地吸收微波能量，并把它转变为热量从而达到干燥的目的。该法同时可杀灭微生物和霉菌，具有消毒作用，药材能达到卫生标准，防止贮藏中霉变生虫。

11. **其他方法**   传统方法除上述几类外，还有如厚朴采收后，在沸水中稍烫，重叠堆放发汗待内层变为紫褐色时，再蒸软刮去栓皮，然后卷成筒或双卷筒状，最后晒干或烘干；浙贝母要将鳞茎表皮擦去，加入蚌壳和石灰，吸出内部水分，才易干燥。

第三节   中药材的包装与贮运

加工后的中药材还需经过包装，才能进入运输、贮藏和销售领域。

一、中药材的包装

根据中药材形态特点和所含活性成分的变异特性，采用相适应的包装措施，有利于防止或延缓中药材的质量变异。特别是采用分档、分级包装或采用小包装，可以避免大包装的药材在储存、运输、销售过程中发生虫害、霉烂、走油等现象带来的交叉感染造成更大的损失；有利于中药材的储存和运输；有利于增加药材附加值和品牌效应的发挥。

《中药材生产质量管理规范（试行）》第七章第四十二条规定："药材包装前，质量检验部门应对每批药材，按中药材国家标准或经审核批准的中药材标准进行检验。"中药材在包装前，必须进行拣选、清洗、切制或修整等工序，经检验质量符合要求时才能进行包装。

选择中药材包装容器应遵循"适用、牢固、经济美观"的原则。

中药材的包装容器应清洁、干燥、无毒、无污染、无破损。现行流通的药材包装形式主要以麻袋、编织袋、纸箱、压缩打包为主，也有部分品种采用桶装。包装中应严格执行 GB 626486、GB 626586、GB 626686 技术标准。

中药材的种类不同，中药材的包装形式和要求也应不同，中药材在选用包装时，应按照药材不同药用部位的分类，根据药材的形态、性质、质地等特性选择相应的包装。同一品种不同产地的包装形式比较随意，包装量也由产地自行决定，无统一规定。例如：用细密麻袋或布袋包装颗粒细小的车前子、葶苈子等，可防止漏失；用化学纤维编织包装生地、黄精等可防止潮解和泛糖；用筐或篓等包装短条形的桔梗、赤芍等可减少压碎；用机械打包处理轻泡的花、叶、全草类药材，既不易受潮变色，又缩小容积；用各种木箱、木桶包装怕光、怕热、怕碎的贵细药材，能够保证药材的安全；除此之外，用桶装蜂蜜、苏合香油等液体药材，用铁箱、铁桶、陶瓷、瓶、缸等盛装易挥发走味的麝香、樟脑、阿魏等可以防止渗漏、挥发、走油和受潮。有些药材品种，不仅要有外包装，还要有内包装，如怕散失的粉末状蒲黄、海金沙、松花粉在包装时要在麻袋内衬布袋或塑料袋；如易受潮的朴硝、易变质的枸杞子、山茱萸在包装的瓦楞纸箱内衬防潮纸或塑料薄膜等。所以，选择适合的包装容器，并按不同要求进行分类包装，对保证药材质量是非常重要的。

《中药材生产质量管理规范(试行)》第六章第三十六条、第三十七条规定："在每件药材包装上，应注明品名、规格、产地、批号、包装日期、生产单位，并附有质量合格的标志。""易破碎的药材应使用坚固的箱盒包装，毒性、麻醉性、贵细药材应使用特殊包装，并应贴上相应的标记。"

二、中药材的运输

中药材采收后，从产地到批发企业，再到药厂或零售企业或消费者手中，需要经过一个中间环节，即运输环节。因此，创造和使用良好的储运条件和交通运输工具，以最大限度地保证药材在储运过程中的质量完好。

1. 运输要求　《药品经营质量管理规范》实施细则第四十八条规定：药品运输时，应针对运送药品的包装条件及道路状况，采取相应措施，防止药品的破损和混淆。运送有温度要求的药品，途中应采取相应的保温或冷藏措施。中药材也不例外。《中药材生产质量管理规范(试行)》中对药材运输也作了要求。

2. 运输过程中的质量保证　运输过程包括装车—运输—卸货，首先装车时要严格检查，去除次品和废品，清点要运输的药材数量，认真堆垛，捆牢。具体应该注意的问题：在运输时注意单项装运、混装时不得有污染及不得与矿物药混装。防止途中摔坏包装、污染、淋湿和掉包；商品运到交货地点后，应立即卸车交货，并完善交接手续。中转时要认真清点、填好交接清单。

3. 特殊中药材的运输　中药材中有一些品种具有特殊的性质，如鲜用药材易干枯失鲜或腐烂霉变，贵细中药价格昂贵，有的中药材质地特殊等等，这些都给储运工作带来了一定的技术难度。针对上述各类药材特性，在储运中鲜用中药材要注意采取防腐保鲜措施；贵细中药材要严格监管和有押运措施；质脆易碎的中药材要用坚固的箱盒包装，避免包装受重压而变形、变碎。

对易燃中药材及毒性、麻醉药材的运输应进行严格的管理。在运输过中，应当采取有效措施，防止盗窃、人身伤害、燃烧、爆炸等事故的发生，确保储运安全。

三、中药材的仓储与养护

中药材贮藏，又称仓储，是指中药材商品在离开生产领域而进入消费领域之前在流通过程中形成的停留与积聚。中药材的贮藏和养护是中药材流通中的重要环节之一，是保证中药材质量的必不可少的重要组成部分。中药材在贮藏过程中往往要受到虫害、光照、鼠害、空气、水分等外界因素的影响，造成虫害、霉变、腐烂等现象。因此，采取各种有效措施，减少中药材在储存过程中的损耗和保护中药材的质量和疗效，成为中药材贮藏与养护的重要任务。

《中药材生产质量管理规范(试行)》第三十九条规定："药材仓库应通风、干燥、避光，必要时安装空调及除湿设备，并具有防鼠、虫、禽畜的措施。地面应整洁，无缝隙、易清洁。""药材应存放在货架上，与墙壁保持足够距离，防止虫蛀、霉变、腐烂、泛油等现象发生，并定期检查。"因此，在应用传统贮藏方法的同时，应注意选用现代贮藏保管新技术、新设备。

中药材仓库根据露闭形式不同，分为露天库、半露天库和密闭库。露天库和半露天库一般仅作临时的堆放或装卸，或作短时间的贮藏，而密闭库则具有严密、不受气候的影响、存储品种不受限制等优点。

仓库在建筑时,为了达到坚固、适用、经济的目的,应在长度、宽度、地面、墙壁、房顶、门窗、库房柱、照明与通风等方面达到规定的技术要求。

1. 中药材常用养护方法

中药材传统贮藏中养护法主要有以下几种:

(1) 干燥法:中药材在储存期的生虫、生霉、腐烂等现象多数与水分有关,除去中药材中过多的水分,可以延长中药材的保存时间。常用除去水分的传统方法有晒、晾、烘、烤等。

(2) 密封法:在密封的条件下,药材中害虫的呼吸受到抑制,害虫长期处于低氧的环境中,不利于生长和繁殖,久而久之因窒息而死亡。常见的密封容器有缸、坛、罐、瓶、桶、箱等,较大的有塑料袋和库房密封。

(3) 对抗驱虫法:对抗驱虫法是指中药材传统养护方法之一,利用一些有特殊气味能起驱虫作用的药材或物品与易生虫药材共存,达到防止药材生虫的目的。常用的药材或物品有:山苍子、花椒、大蒜头、白酒等。

(4) 吸潮法:通过一些干燥剂带走空气中的水分,使药材不受潮解生虫,此法通常与密封法混合使用。常用的干燥剂有生石灰、无水氯化钙、硅胶等。

(5) 低温和高温法:害虫的生长繁殖需要适宜的温度和湿度,一般温度在 $16\sim35℃$,空气相对湿度在 60% 以上是害虫生长的最适宜环境,如果人为降低或升高湿度,害虫生长发育都会受到抑制,甚至死亡,达到防治害虫的目的。常用的低温设备有冰箱、冰柜、空调等;常用的升温设备有恒温箱、炕等。

(6) 化学药剂法:利用有关化学药剂散发的气体杀死害虫、霉菌的方法。常用的化学试剂有硫磺、氯化苦、磷化铝等。此法化学气体散发被药材吸收后会带来一定的毒副作用。贮藏中尽可能不用或少用这类方法。

2. 新技术在中药材仓贮养护中的运用

(1) 气调养护法:是在密闭条件下,人为调整空气的组成,造成低氧的环境,抑制害虫和微生物的生长繁殖及中药材自身的氧化反应,以保持中药材品质的一种方法。气调养护法具有杀虫、防霉的作用。气调养护的具体形式可采用塑料薄膜罩帐和气调密闭库。气调养护法具有下列优点:第一,能保持药材原有的色泽和气味;第二,对不同质地和成分的中药材均可使用,库房存储量可调节;第三,操作安全,无公害;第四,比用化学熏蒸剂节省费用。

(2) 气幕防潮养护法:是于仓库门上装气幕,配合自动门以阻止仓库内外空气对流,减少湿热空气在库内较冷的墙、柱、地面等处形成结露,进而达到防潮的一种方法。

(3) 远红外加热干燥养护法:远红外加热干燥原理是电能转变为远红外线辐射中药材,中药材内组织经吸收后产生共振,引起分子、原子的振动和转动,导致物体变热,经过热扩散、蒸发或化学变化,最终达到干燥灭虫目的,并具有较强的杀菌、灭卵的能力。

(4) 微波干燥养护法:微波干燥杀虫是一种感应加热灭虫和介质加热灭虫,中药材的水和脂肪等能不同程度地吸收微波能量,并把它转变为热量。仓虫经微波加热处理,体内水分子发生振动摩擦产热,使虫体内蛋白质遇热凝固,水分气化排出体外,导致仓虫迅速死亡。具有杀虫时间短、杀虫效力高、无残毒、无药害的特征。

(5) 辐射防霉除虫养护法:辐射防霉除虫是利用原子辐射作用杀灭仓虫,或致使仓虫不能完全发育及产生不育成虫。常用的辐射能为 X 射线、γ 射线和快中子等。

第十章 现代新技术在药用植物栽培中的应用

导学

1. 掌握药用植物设施栽培的类型、组织培养及其应用。
2. 熟悉设施栽培在药用植物栽培中的应用、离体快繁与脱毒技术及应用、药用植物细胞培养技术与工业化生产。
3. 了解药用植物栽培设施环境的调控技术、药用植物基因工程技术及应用。

我国药用植物栽培古来有之,但随着科技的进步与发展,现代农业生产正在进入一个崭新的科技竞争时代。因此,应在传统栽培技术的基础上,不断挖掘新的技术与措施,使之向更高效的方向发展。近些年来,对发展农业有了更高的生态要求,不仅要求植物自身优质、高产,还要求其栽培过程对环境无害,甚至有利,这对开发、研究新的药用植物栽培技术提出了新的挑战与发展机遇。

第一节 设施栽培技术及其应用

设施农业(protected agriculture)是指利用一定的工程设施及调控技术,在局部范围内改善或创造出相对可控的环境条件,为动植物的生长发育提供良好的环境条件而进行有效生产的一类农业生产方式。

设施栽培(protected culture)是由传统农业向现代农业转变过程中的重要手段,是设施农业的一种重要类型。随着农业设施的不断发展,设施栽培应用的领域越来越广,也将会在药用植物栽培中发挥重要的作用。

我国设施栽培已有2 000多年的历史,从最初的风障畦到现在的地膜覆盖、塑料大棚和玻璃温室,有了较快的发展。目前主要设施包括各类塑料大棚、玻璃温室和人工气候室,以及配套的工程技术设备,其设施栽培方法主要有保护地栽培和无土栽培。生产的组织形式包括人工、半机械化和机械化生产方式,一些发达的国家采用工厂化生产等先进的生产方式。近年来,随着科学技术的进步,设施栽培发展迅速。一些行之有效的新技术新方法正在设施栽培中推广应用,不断提高着我国农业生产的质量和科技含量,为人们创造着更丰富和优质的物质及文化生活条件。在我国的设施栽培中,以蔬菜和花卉的设施栽培历史最为悠久,发展也最快。

一、药用植物设施栽培的类型

（一）保护地栽培

保护地栽培是在不利于药用植物生长发育的条件下，利用保护设施，人为地创造一个适合植株生长发育的环境条件，是从事药用植物生产的一种栽培方式。简易设施、遮光设施、大棚、温室生产是药用植物保护地栽培的主要生产方式之一，尤其在北方地区，由于无霜期短、冬、春季节寒冷，无法从事正常的种植，而大棚、温室等保护地栽培在人工控制条件下，使药用植物能正常生长和发育，从而获得显著的经济效益。

1. **简易设施**　简易设施主要包括风障畦、冷床和小拱棚等形式。具有一定的抗风和提高小范围内气温、土温的作用。

2. **遮光设施**　应用其目的是在高温季节减弱光照、降低温度或缩短光照时间，从而满足药用植物对温度和光照条件的要求，创造丰产、优质的条件。有遮阴棚、无纺布和遮阳网等形式。

3. **大棚**　大棚是利用塑料薄膜或塑料透光板材覆盖的简易不加温的拱形塑料温室。它具有结构简单，建造和拆装方便，投资运营费用低的优点，因而在生产上得到越来越普遍的应用。建大棚时应考虑的以下因素：① 通风好，但不能在风口上，以免被大风破坏。② 有灌溉条件，地下水位较低，以利于及时排水和避免棚内积水。③ 建棚地点应距道路近些，便于日常管理和运输。④ 大棚框架可选用钢管结构、竹木结构或水泥材料，覆盖棚膜时应注意留通风口，膜的下沿要留余地，一般不少于 30 cm，以便于上下膜之间压紧封牢。

4. **温室**　温室是一种利用人为控温湿度的方法来满足植物栽培生长发育的有利条件的一种设施。温室可分为玻璃温室和塑料温室。我国北方地区加温温室形式多样，在设施栽培育苗和冬季生产中发挥着重要作用。现代化温室是比较完善的保护地生产设施，利用这种生产设施可以人为地创造、控制环境条件，在寒冷的冬季或炎热的夏季仍可进行药用植物生产。目前日光温室主要是以小型化为主的单层面结构。

（二）无土栽培

无土栽培是指不用天然土壤，而是用营养液浇灌的栽培方式。利用无土栽培技术进行药用植物生产，可为药用植物根系生长提供良好的水、肥、气、热等环境条件，避免土壤栽培的连作障碍，节水、节肥、省工，还可以在不适宜于一般农业生产的地方进行药用植物种植，避免土壤污染（生物污染和工业污染），确保中药材的品质要求。

1. **无土栽培类型**　按照其固定根系的方法，分为无基质栽培和基质栽培两大类。

（1）无基质栽培：栽培的药用植物根系直接与营养液接触，不通过固体基质来吸收营养，又可分为：

1）水培：是指营养液直接与植物根系接触，为了解决根系吸氧问题，一般采用只有 0.3～0.5 cm 厚的浅层营养液流过药用植物根系，根系的一部分可以暴露在空气中，由于营养液层很浅，像一层水膜，因此称为营养液膜法。

2）喷雾栽培：简称雾培或气培，它是将营养液用喷雾的方法直接喷到植物的根系，根系悬挂在容器的内部空间，通常用聚丙烯泡沫塑料板，其上按一定距离打孔，植株根系伸入容器内部，每隔 2～3 min，喷液几秒钟，营养液循环利用，这种方法同时解决了根系吸氧及吸收营养的问题。此方法主要用于科学研究，生产上应用还很少。

（2）基质栽培：植物通过固体基质来固定根系，并通过基质吸收营养和氧气的栽培方法。

1）有机基质：利用泥炭、锯末、树皮和稻壳等有机物作基质。

2）无机基质：主要有砂、泡沫塑料、岩棉珍珠岩和蛭石等，一般将基质装入塑料袋或栽培槽内种植药用植物，这种方法有一定的缓冲能力，使用安全。

对基质的要求是容重小，粒径适当，总孔隙度较大，吸水和持水能力强，颗粒间小孔隙多，基质水汽比例协调，化学性质稳定，酸碱度适当，并且不含有毒物质。

2. 营养液的配制及其管理　营养液是无土栽培的核心部分，它是由含有植物生长发育所必需的营养元素配制成的水溶液。配制营养液必须选用合适的营养物质，并保证溶液有适宜的离子浓度和酸碱度。大量元素营养物质有硝酸钙、硝酸钾、硝酸铵、硝酸钠、硫酸铵、尿素、过磷酸钙、磷酸二氢钾、磷酸二氢铵、氯化钾、硫酸镁和硫酸钙等。微量元素营养物质有三氯化铁、硫酸亚铁、硫酸锰、硫酸锌、硼酸、硼砂、硫酸铜和钼酸铵等。

所配制的营养液养分要齐全，各种元素之间的比例要恰当，以保证药用植物对营养的平衡吸收，另外，所使用的各种元素在营养液中应保持化学平衡，均匀分布而不发生沉淀。配制的营养液要具有适宜的总盐分浓度，各种矿质营养比例协调。

不同药用植物要求营养液具有不同的碱度，大多数药用植物的根系 pH 在 5.5～6.5 生长最好。通常在营养液循环系统中应定期检测 pH，发现偏离立即调整；在非循环系统中，每次配液时应调整 pH。营养液供应次数和供应时间应遵循生产中以下原则：既能使药用植物根系得到足够的水分、营养，又能协调水分、养分和氧气之间的关系，达到经济实用和节约能源的目的。

（三）新型施肥技术

保护地栽培和露地栽培相比，由于栽培环境的差异，有其独特的施肥技术。为保证土壤环境的良性循环，首先应重视有机肥的施用；其次，要科学使用化肥。避免目前农村普遍存在的"重二轻一两忽视"现象，即重视氮肥、磷肥，轻视钾肥，忽视有机肥和微肥，努力做到各种养分的平衡供应；同时，重视施用二氧化碳气肥，二氧化碳气肥有利于培育壮苗，加速作物生长发育，增加产量和改善品质。

1. 配方施肥技术　配方施肥技术是近几年来新兴起的一项新的施肥技术，该技术是根据所栽培作物对土壤营养的需求特性以及当地土壤的各营养成分的含量情况，把几种不同的肥料按一定的比例搭配后进行施肥。配方施肥能全面地为药用植物提供所必需的各种土壤营养，不会发生缺肥症状，同时也能够保持药用植物各器官均衡生长，避免单一施肥所引起的植株旺长、推迟开花结果及植株早衰等问题。保护地配方施肥常用的肥料包括尿素、硫酸钾、磷酸二铵、复合肥、过磷酸钙、钙镁磷肥等。

在配方施肥时，还应注意其一般原则：有机肥与化肥搭配施肥；大量元素与微量元素搭配；粗肥与细肥搭配；各营养成分比例的搭配；要根据作物的需肥特性进行合理配置组成与比例。

2. 冲施肥技术　冲施肥技术是作物保护地栽培中的主要追肥技术，该技术是将用于追肥的肥料溶于水中后，随浇水冲施于种植地。该方法肥料分布均匀、操作方便、安全不伤根，且吸收快，肥效好。但施肥质量和效果受浇水量土壤性质等的影响比较大；对用易挥发的肥料冲施肥时，施肥后容易增加保护地内有害气体的浓度，发生有害气体中毒等问题；对肥料的种类要求比较严格等。因此冲施肥技术在其推广应用的过程中，需要与地膜覆盖栽培相结合；选用不易挥发或挥发性比较差的肥料进行地面冲施肥；冲施肥的肥液浓度要适宜；减少土壤的肥料残留量；浇水量要适宜。

冲施肥常用的肥料种类有速效化肥(尿素、硝酸铵、硫酸钾等)、复合肥(磷酸二铵、氮磷钾复合肥等)、有机肥(人粪尿、鸡粪、饼肥等)等。

3. **叶面施肥技术**　叶面施肥技术是将药用植物需要的营养以液体的方式喷施到药用植物的茎叶表面,由叶面、茎表直接吸收进入植物体内以补充其营养的技术。叶面营养技术能够较好地弥补根系吸收的不足,同时也能在一定程度上弥补叶片光合作用弱、有机营养制造不足的缺陷。叶面施肥技术作为保护地药用植物高效栽培的一项辅助措施,在具体施肥技术、时间、营养液种类和浓度等许多方面有一定的条件要求。不同的肥料、药用植物以及同一药用植物的不同生长时期,在叶面施肥的浓度要求上存在较大差别,这三者就是确定叶面施肥浓度的依据。

叶面施肥经济便捷,在推广应用中,应当注意:① 叶面施肥不能代替土壤施肥和光合作用;叶面施肥的间隔时间应适宜;叶面施肥应与防病结合进行。② 叶面施肥不当发生伤叶时,可用清水及时冲洗叶面,冲洗掉多余的肥料,并增加叶片的含水量,缓解叶片受害的程度。

(四) 多膜覆盖

过去大棚一般是用单层薄膜覆盖,这样虽吸光快,但保温性能差,所以只能在春季使用。如果采用双层或多层薄膜覆盖,则可使定植期和收获期提前 15 日或 30 日。双层覆盖即上面用无滴膜盖棚,地面用地膜盖秧苗。多层膜盖则包括大棚内设小拱棚,拱棚上盖草苫、纸被等,还有在棚内挂二道幕,可使棚温提高 2～3℃。

薄膜材料可使用无滴、耐用、多功能膜。过去应用的多是聚乙烯膜,此膜的缺点是韧性低、拉力弱、易老化、保温性能差。而聚氯乙烯膜则有无滴、防尘、耐用、防裂、保温、防辐射等优点。试验证明,在厚度相同的情况下,聚氯乙烯膜比聚乙烯膜可平均提高棚温 5℃,并能延长薄膜使用寿命。

二、药用植物栽培设施环境的调控技术

(一) 光照条件及其调控

光照是设施栽培药用植物制造养分和生命活动不可缺少的能源,也是形成设施小气候的主导因子。设施内的光照条件,主要包括光照强度、光照时间、光照分布和光质等,它们互相联系又互相影响,构成了复杂的光环境。

设施内光照的调节:一是光照适当,二是光照分布均匀。人工调节包括3个方面:一是增加自然光照;二是在冬季弱光期或日照时数少的季节和地区进行人工补光;三是在夏季强光季节和地区或进行弱化栽培时遮光。

(二) 温度条件及其调控

在设施栽培环境中,温度对药用植物生长发育影响最为显著,往往关系到栽培的成败。

1. **设施内的温度特点**

(1) 温室效应:是指在没有人工加温的条件下,设施内获得并积累太阳辐射能,从而使得设施内的温度高于外界环境温度的一种能力。温室效应使得设施内蓄积的热量不易散失。

(2) 设施内温度变化特点:由于天气变化和不同季节对设施内温度产生较大影响,在同一日内设施内温度变化也很大。此外,设施内地温的变化趋势与气温相同,只是变化较缓慢。

2. **设施内的温度调节**

(1) 保温措施:有选用适宜建材和注重工程质量并尽量避免缝隙、保持墙体的厚度和墙体的干燥以减少放热,设置防寒沟和多层覆盖等措施。

（2）增温措施：可采用增大温室透光率、避免土壤过湿、复合材料建筑后墙、地面喷洒增温剂等措施。

（3）加温措施：设施内可用炉火加温、暖气、暖风或电热线加温。

（4）降温措施：采用各种遮光措施，减少进入设施内的太阳辐射能；地面灌水或喷水，增大土壤蒸发耗热；强制通风和自然通风换气降温等措施。

（三）湿度条件及其调控

1. **设施内的湿度特征**　在不通风的情况下，设施内空气相对湿度很高，经常在80%以上。设施内的湿度变化与温度呈负相关，晴天白昼随室温升高而降低，夜间和阴雪天气随温度的降低而升高。设施内空气相对湿度过大，极易造成病害发生和流行，因此要特别注意室内高湿环境的调控。

2. **降低湿度的措施**　采用通风排湿、地膜覆盖、畦间覆草、增温降湿、张挂无纺布作保温幕、地膜下滴灌或暗沟浇水等措施。

（四）气体条件及其调控

1. **设施内气体环境特点**

一是与药用植物光合作用密切相关的二氧化碳浓度的变化规律与露地栽培有明显差别，并常常造成二氧化碳严重亏缺，导致药用植物生育不良。二是由于肥料分解、燃烧加热用煤、石油及覆盖有毒塑料等可能产生氨气、二氧化硫、一氧化碳及氯气等有害气体，对药用植物造成危害。因此有必要对设施内的气体环境进行改造或调节。

2. **设施内的气体调节**

（1）增加二氧化碳的措施：通风换气可使设施内二氧化碳浓度达到大气水平；增施有机肥利用微生物分解有机质，释放二氧化碳，是目前设施内增施二氧化碳的有效措施；通过化学反应等方法人工施用二氧化碳是生产上常用的方法，可以人为控制施用量。

（2）有害气体防止措施：由于氨气和亚硝酸气体发生原因是一次性施入过多的未腐熟有机肥和碳酸氢铵、尿素等氮肥，加上土壤强酸化而产生，所以要施用充分腐熟的有机肥，适当加大基肥用量，施后深翻；追施氮肥一次用量不可过多；追肥宜深施，施后灌水或随水施肥；冬季不用碳酸氢铵做追肥；同时随时调节土壤的pH，促进硝化作用。生产上应选择含硫化物少的燃煤，并充分燃烧以减少硫化物排放。乙烯和氯气主要是有毒的塑料薄膜和有毒的塑料管产生的，因此，要选用符合农用标准的塑料制品。以上有害气体发生后，应及时通风换气、灌水或更换薄膜。

三、设施栽培新技术在药用植物栽培中的应用

（一）保护地栽培实例

在长白山区北五味子的保护地栽培中，采用简易的畦床和塑料棚覆盖以提高地温。具体做法是选择向阳、排水良好的砂质土地块，做成宽1 m、高40 cm的畦床，畦床以塑料棚覆盖，可明显提高地温。又如在蒲公英保护地栽培中，头年8～9月份，把野生苗整株挖回，栽植在畦上，浇透水。第二年3月上旬，用小拱棚进行覆盖，拱高为0.5 m左右，晚间用草苫覆盖，可起到临时保温作用，20日后可分次采收。

人参、三七和西洋参属于阴性植物，生产上需要搭设荫棚进行遮光设施栽培，遮阴棚的透光率将直接影响产品的产量和品质。在东北地区，一般人参参棚透光率在20%～40%为宜。遮阴棚透

光率达到或超过 30％时三七就无法生长,因为透光率在 10％～15％最适宜三七的生长。西洋参参棚透光率受纬度影响而不同,低纬度如福建、云南透光以 15％为宜,华北、西北(东部)以 20％左右为佳,东北以 20％～30％为好。

引种库拉索芦荟时,由于其原产于非洲南部,具有耐热耐旱、怕寒忌湿等生态习性,适宜保护地栽培,大棚一般采用拱形棚。棚室管理注意夏季经常打开通风口,让棚内外空气对流降温,也可在棚顶覆盖遮阴,如黑塑料网;冬季为了增加芦荟植株的抗寒能力,应培土保温,减少灌水次数,同时把叶片绑成一束或多束以防霜抗寒。

(二) 无土栽培实例

西洋参的无土栽培试验证明,用蛭石和砂做培养基质,体积按 1∶1 或 1∶2 混合是西洋参较好的无土栽培基质,出苗率和保苗率都比较高。培养液以铵态氮＋硝态氮为好。用无土栽培基质培育的西洋参,参根产量和皂苷含量比本地农田栽参略高,质量更佳。另外,无土栽培和农田栽培的西洋参根中所含化学成分种类无明显差异。从不同栽培基质、营养液对西洋参地上部分生长的情况以及西洋参根中总皂苷、氨基酸、微量元素含量影响的结果表明,温室无土栽培西洋参与进口美国土壤栽培的西洋参质量基本一致。

药用石斛栽培以锯末为基质,施以由氮、磷、钾等 13 种元素组成的"斯泰钠"营养液,保持基质湿润,石斛生长良好。自然条件下,石斛喜欢在半阴半阳的生态环境下生长。但在无土栽培的条件下,水分和营养充足,这时适当的强光照却有利于石斛的生长和高产。

第二节　现代生物技术在药用植物栽培中的应用

现代生物技术(modern biotechnology)是利用生物体系(个体、组织、细胞、基因)和生物工程原理生产生物产品,培育新的生物品种,或提供社会服务的综合性技术。现代生物技术的兴起为药用植物生产、研究和发展提供了良机,必将大大促进中药现代化的发展进程。

一、植物的组织培养及应用

植物组织培养(tissue culture)是指植物的离体器官、组织或细胞在人工控制的条件下进行生长和发育的技术。用于离体培养进行无性繁殖的各种植物材料,如从植物上取下来的部分组织或器官叫做外植体。将外植体置于培养基上,使外植体中细胞进入分裂状态,这种由一个成熟细胞转变为分生状态的过程称为脱分化。经历了脱分化后的细胞能通过再分裂和再分化重新形成一个完整的植株,称为植物细胞的全能性。植物组织培养是研究细胞、组织的生长、分化和植物器官形态建成规律的重要手段,也是生物工程技术一个极其重要的组成部分,它的发展促进了诸多生物学基础学科的发展。药用植物组织培养的研究与应用是促进中药产业发展的一个重要措施和手段,具有广阔的应用前景。

(一) 植物组织培养分类

植物的组织培养根据外植体的不同可分为以下类型:

　　1. 体细胞组织培养

　　(1) 愈伤组织培养：愈伤组织培养是使植物各器官的外植体增殖形成一种无特定结构和功能的细胞团的培养。利用愈伤组织培养在理论上可以阐明植物细胞的全能性和形态发育的可塑性，还可以诱导产生不定芽或胚状体而形成完整的再生植株（或称再生苗、试管苗）。

　　(2) 器官培养：器官培养是指对植物根、茎尖、叶、花及幼小果实等器官的无菌培养。如根端的离体培养是研究生物合成的一种有效手段；茎尖做外植体培养用来进行植物的无性系繁殖，具有加速繁殖和去除病毒等优点。

　　2. 性细胞培养

　　(1) 花药和花粉培养：是利用花粉具有单倍染色体的特点，在花药或花粉培养过程中诱导出单倍体细胞系和单倍体植株。单倍体植株经过染色体加倍成为纯合二倍体植株，这样可缩短育种周期，获得纯系。花粉培养已成为植物育种的一种重要手段。

　　(2) 胚胎培养：是指对成熟的或未成熟的胚进行培养。包括原胚和成熟胚培养、胚珠和子房（未授粉或已授粉的）培养、胚乳培养，可用于研究胚胎发生以及影响胚生长的因素；用试管授精或幼胚培养可获得种间或属间远缘杂种；胚乳培养是研究胚乳的功能、胚乳与胚的关系，以及获得三倍体植株的一个重要手段。

　　3. 细胞培养　　细胞培养是在一定条件下，通过人工供给营养物质和生长因子，在无菌状态下使离体植物细胞生长繁殖的方法称为植物细胞培养技术，也称为植物细胞培养发酵技术。

　　(1) 植物细胞悬浮培养：是指将离体的植物细胞悬浮在液体培养基中进行的无菌培养。也是指在液体培养基中保持良好分散状态的单个细胞和小的细胞集聚体的培养。

　　(2) 单细胞培养：是指从植物器官组织或愈伤组织中游离出的单个细胞的无菌培养。单个细胞培养的后代基因是一致的，对植物优良品种的纯化和改良有重大意义，但单细胞培养的难度比多细胞培养的难度要大得多。单细胞培养是随着更有效的营养培养基的发展，以及从愈伤组织和悬浮培养物分离单细胞的专门技术的建立而实现的。可用于取得单细胞无性系及进行突变体选育。

　　(3) 植物细胞固定化培养：植物细胞可以像微生物细胞一样在瓶中或发酵罐中培养，细胞包埋于支持物内，呈固定不动的状态。

　　4. 原生质体培养和细胞融合技术　　原生质体培养是将去掉植物细胞壁后裸露的原生质体所进行的培养，它易于摄取外来的遗传物质、细胞器以及病毒、细菌等，常应用于体细胞杂交或外源基因导入等方面的研究。

（二）植物组织培养技术的应用

　　1. 植物组织培养　　在中药科研及生产中的应用涉及品种改良和创新、种质保存等方面，应用范围十分广泛，并已取得了成效。

　　(1) 良种选育：我国利用人参、地黄、平贝母等花药培养，成功获得再生植株。利用离体胚培养和杂种植株选育出一批高抗病、抗虫、抗旱、耐盐的优质品系或中间材料，从而扩充了植物的基因库。通过体细胞诱变、细胞融合和突变体筛选获得突变品系、有价值的新品系或育种上有用的新材料。如对龙葵、曼陀罗、颠茄、明党参通过体细胞的杂交方式获得种间杂种和种内杂种植株，创造了自然界尚无的新植物类型。

　　(2) 种质保存：近年来，利用组织培养技术和超低温保存技术保存药用植物种质材料及其种质库的建立取得了重要进展。超低温种质保存就是将植物材料保存在液氮(－196℃)条件下,使它们处在长期冰冻状态,而不失去生长和形态建成的潜力。超低温植物材料的保存可以减少培养物的继代次数,节省人力物力,解决培养物因长期继代培养而丧失形态建成能力的问题。一般认为,采用有组织结构的材料,如茎尖、幼胚和小苗等作保存材料,其遗传性较为稳定,易于再生。

2. 植药效成分的研究及生产　通过组织培养和细胞培养产生药效成分等活性物质的研究开发与应用,特别是药用植物发酵培养的工业化与产业化已成为当今世界生物工程技术热点,并已取得可喜成果。

二、药用植物的离体快繁与脱毒技术及应用

(一) 药用植物的离体快繁

离体快繁是目前应用最多、最广泛和最有成效的一种技术。由于它不受地区、气候的影响,可在短时间内快速繁殖数以万计的种苗,因此对名贵品种、新育成或新引进的稀优种质、优良单株、濒危植物及基因工程植株等的离体快繁及推广具有十分重要的意义。

1. 稀缺或急需药用植物良种的快速繁殖　某些新育成或新引进的良种,由于生产上急需,可用试管快繁来解决。如宁夏农林科学院枸杞研究所利用试管繁殖与嫩枝扦插相结合的繁殖方法繁殖枸杞新品种"宁夏 1 号"和"宁夏 2 号"苗木 100 多万株,加速了新品种的推广。

2. 杂种一代及基因工程植株的快速繁殖　如平贝母和伊贝母种间杂交产生的后代繁殖力低,利用组织培养方法对杂交植株进行无性快繁,既可保持杂种一代的原有性状和杂种优势,又解决了杂种后代繁殖力低的问题。

3. 濒危物种的快速繁殖　试管繁殖对于珍稀濒危药用植物的资源保护和品种纯化具有十分重要的意义。我国已对珍稀濒危野生药用植物如铁皮石斛、川贝母、红豆杉等采取组织培养的手段建立起了无性繁殖系,对这些物种进行繁衍和保存。

(二) 药用植物的脱毒技术

病毒病是影响药用植物产量和质量的重要因素之一。药用植物受病毒侵染后,往往表现形态畸变,产生皱缩、花叶、杂斑、条斑等多种症状,产量下降,品质变劣,尤其对无性繁殖药用植物危害更甚。据报道,我国的药用植物病毒病有太子参花叶病、地黄病毒病、八角莲花叶病、浙贝母黑斑病等 10 余种。对病毒病的防治,目前缺乏有效的防治药剂。应用组织培养技术脱毒,既可清除植株营养体的病毒,并由已祛除病毒的组织再生出无毒植株,进而扩大繁殖应用于生产,是目前最有效的防治病毒病的方法。应用脱毒技术可明显提高药用植物的产量、品质。植物经过脱毒后,生长势增强,产量和质量显著提高,最高可达 300％以上。如怀地黄经茎尖培养脱毒后所获得的植株,块根产量显著提高,现已在生产上得以推广应用,取得了较好的经济效益。

三、药用植物细胞培养与工业化生产

细胞培养系统与一般的整株植物栽培相比,具有能在人为控制的环境条件下生产有用物质而不再依赖于自然环境,而且可以通过筛选高产有效成分的细胞系,来提高其药用价值和生产效率,因而倍受关注。许多重要的药用植物如紫草、人参、黄连、毛地黄、长春花、西洋参等细胞培养都十分成功,有些已实现工业化生产。药用植物细胞培养基本步骤如下:

（一）愈伤组织诱导和培养条件的优化

1. **愈伤组织的诱导**　诱导愈伤组织的外植体可以采自药用植物的不同器官,如幼嫩的根、茎、叶、花或果实都是诱导愈伤组织的好材料。愈伤组织可通过继代培养进行大量增殖。为了优化培养条件,可以继代愈伤组织为材料,进行一系列的单因子比较试验,逐个研究影响愈伤组织生长的因素,再将最适合的因素组合在一起,以获得最大的愈伤组织生长速度和目标产物产率。

2. **培养物最佳的转移培养和采收时间**　在愈伤组织继代培养时,可通过改进培养基、调整培养温度与光照,从而实现培养条件的优化,以获得最大的生物量和有效成分的产率。为了获得最大的目标产物产量,生长培养基上生长的愈伤组织在生长高峰期转移到另一生长培养基,在生长培养基培养一段时间后,应当在产物含量最高的时期采收培养物。以紫草为例,愈伤组织接种到生长培养基上的 21～31 日为指数生长期,可以在第 27 日进行转移培养,通过在生长培养基上培养27～31 日,紫草宁的合成在培养的第 36 日达到高峰期,这一时期为最佳采收期。

（二）细胞悬浮培养

1. **从愈伤组织建立细胞悬浮培养物**　为了从愈伤组织获得单细胞和小的细胞聚集体,必须首先获得疏松易碎的愈伤组织。在大多数情况下,疏松易碎的愈伤组织是在愈伤组织继代过程中通过筛选获得。为此应将愈伤组织转移到快速生长的培养基上生长,然后挑选颗粒细小、疏松易碎、外观湿润、白色或淡黄色的愈伤组织,经过几次继代和筛选,可用于诱导悬浮细胞系。诱导疏松易碎的愈伤组织的关键是培养基中应当有较高含量的无机氮源、丰富的有机附加物(如水解酪蛋白、L-脯氨酸和谷氨酰胺等)以及较高的激素浓度。获得疏松的愈伤组织以后,取 2 g 愈伤组织放入盛有 20～40 ml 液体培养基的三角瓶中,放在 120 r/min 的摇床上,26℃黑暗或弱光下培养。培养2～3 日后,如果培养瓶中仍有大块的愈伤组织,将培养物先用孔径 500 μm 左右的尼龙网过滤,再用 60～100 μm 的尼龙网过滤,即可获得较均匀的细胞悬浮培养物。

2. **悬浮培养物的继代培养**　悬浮培养初期,细胞悬浮培养物可能呈黏稠状,影响细胞生长,此时可以短间隔地(2～3 日)更换新鲜培养基,继代培养几次后,这种情况可自行消失。转移培养时要注意细胞培养物与液态培养基的比例,以在 120 r/min 条件下细胞培养物可在培养液中浮起为宜。在更换培养基时应注意条件培养基(即培养瓶中原有的培养基)和新鲜培养基的比例,一般以1∶3 为宜。

生长曲线可以用来表示悬浮培养细胞生长的特点,可为细胞继代和采收的时间等提供重要的参考数据。紫草的试验表明,接种后 0～3 日为延迟期,细胞很少生长,3～12 日为对数生长期,12～15 日进入静止期。在细胞生长的同时,培养液中的 pH 上升,第 12 日是细胞生长的高峰,同时pH 也逐渐接近最初的水平。

（三）高产细胞系的筛选

筛选高产细胞系,以大幅度提高有用次生代谢产物的含量,这是细胞大量培养中降低成本和提高生产率的重要途径之一。植物细胞培养物是由许多活体细胞组成的,这些细胞在核型、结构和大小上各不相同,其代谢状态和合成次生代谢物的能力差别也很大。因此,筛选生长速度快,次生代谢物合成能力高的细胞系是非常必要的。高产细胞系可以根据细胞的表现型的不同进行筛选,也可以通过测定单细胞克隆的次生代谢产物含量来进行。

（四）利用生物反应器进行细胞大量培养

广义的生物反应器应包括发酵工业及其他工业领域利用生物催化剂所组成的反应器,例如发酵罐、固定化酶反应器或固定化细胞反应器等。狭义的生物反应器是指利用酶或生物体(如微生物)所具有的功能,在体外进行的化学反应的装置系统。它是在体外模拟生物体的功能所设计出的用于生产或检测的反应装置。

按照应用范围,生物反应器大致可以分为两大类:一种是在发酵工业中使用的反应器,即发酵罐;另一种是以固定化酶或固定化细胞为催化剂进行化学反应的反应器,即酶反应器。两种类型有时可相互代替,这也是生物反应器区别化学反应器的一个特点。

目前用于植物大量培养的生物反应器有以下几种类型:搅拌式生物反应器、气升式生物反应器、固定化细胞反应器、光照生物反应器、转鼓式生物反应器和膜反应器等。20 世纪 70 年代植物细胞大量培养研究进入产业化阶段。日本、美国和德国的研究者研制了各种类型植物细胞培养用的生物反应器,极大地推动了植物细胞大量培养的研究和产业化。

（五）药用植物细胞培养的工业化生产

药用植物细胞培养的工业化生产,是指药用植物细胞在大容积的发酵罐中发酵培养,并获得大量药用植物细胞的生产方式。因为这种方式生产不是在大田,而是在工厂的发酵罐中,因此又称为药用植物发酵培养的工业化。

1. 国外研究现状　　国际上利用愈伤组织和悬浮培养细胞获得植物次生代谢产物的研究始于 20 世纪 50 年代。德国的 pfizer 公司、美国海军的 Natick 实验室以及英国的 Leicester 大学进行了烟草和蔬菜细胞的大量培养,他们开创性的研究推动了植物细胞大量培养的研究与工业应用。此后的研究集中在药用植物组织培养和药用成分的研究,据不完全统计,研究过的 400 多种植物细胞培养可以生产 600 余种成分。

目前,日本在药用植物细胞培养的商业化生产上处于国际领先地位。日本的许多公司与大学合作,利用发酵技术进行植物有用化合物的商业化生产。20 世纪 80 年代末,日本 Nitto Denko 公司在 20 000 L 的生物反应中实现了紫草和人参的大规模细胞培养,从中获得紫草素和人参皂苷,并作为天然食品添加剂进入市场。紫杉醇是一种存在于红豆杉中含量极低的抗癌药物。

利用植物细胞培养生产紫杉醇被公认是一种有效的途径。日本曾从短叶红豆杉和东北豆杉中获得愈伤组织,筛选到的细胞培养物紫杉醇含量是天然植物中的 10 倍。日本 Meiji Seika 公司试验了人参细胞的大量培养,其产物具有和天然人参一样的药效,后来 Nitto Denko 公司用它制成了保健食品。日本从莨菪的培养细胞中发现了血纤维蛋白溶酶的抑制蛋白,在商陆中找到一种植物病毒抑制剂,后来发现这种植物病毒抑制剂对于动物病毒和 AIDAS 病毒也有抑制作用,因而受到普遍关注。Nippon Oil 公司开发了鬼臼毒素、鬼臼亚乙苷和表鬼臼毒噻吩糖苷的细胞培养生产技术,其中鬼臼毒素为一种抗肿瘤药物的中间体。

和日本相比,欧美在植物细胞培养的商业化方面则进展缓慢。1992 年,cornell 大学、USDA - ARS 等大学建立联盟,共同开发培养紫杉细胞生产 taxol 或其类似物。1991 年,Escagenetics 股份有限公司培养香草细胞生产香草醛的技术获得美国专利,同时该公司也开展了生产 taxol 的研究。Wisconsin 大学的研究人员采用培养分化的小瘤组织生产 taxol 及其前体化合物。California at Davis 大学及 Pennsylvania 州立大学的科学家们则利用栝楼的悬浮培养细胞及毛状根生产核糖体蛋白,这些蛋白具有抗癌及抗病毒活性。在德国,采用五步培养技术进行植物细胞培养,且其规模可达 75 000 L,采用这一设施已成功培养 *Echinacea purpurea* 细胞生产免疫活性多糖。

2. **国内研究现状**　早在 20 世纪 60 年代,我国植物组织培养的先驱者之一罗士韦教授首先开展了药用植物人参的组织培养。从 20 世纪 80 年代起,我国学者相继开展了紫草、新疆紫草、人参、三七、红豆杉、银杏、红景天、水母雪莲和青蒿等资源植物的细胞大量培养研究。如培养的紫草细胞中紫草宁含量占干重的 14%,比天然紫草根中的含量高几倍。严海燕等建立了硬紫草高产细胞系,采用二步培养法,先在生长培养基上使愈伤组织快速生长,然后移入生产培养基中使细胞大量合成紫草素。三七细胞大量培养的细胞产量高,细胞中皂苷含量平均达 11.3%,为三七生药的 3 倍多。

四、药用植物基因工程技术及应用

植物基因工程(plant genetic engineering),又称植物遗传工程(plant genetic engineering)、植物遗传转化(plant genetic transformation),是 20 世纪 80 年代以 DNA 重组技术为代表的分子生物学、微生物学、细胞和组织离体培养技术及遗传转化的发展而兴起的生物技术,是指人们按照自己的意志,以类似工程设计的方法,把不同生物有机体的基因分离提取出来,在体外进行酶切和连接,构成重组 DNA 分子,然后借助生物或物理方法,将外源基因导入植物细胞或组织,获得转基因植物的分子育种技术。植物基因工程的目的是把外源目的基因转移并整合到受体基因组中,使其在受体中得以稳定地遗传和表达,产生受体植物尚不具有的新的遗传性状,最终培育出优质高产的植物新品种。

(一)基因工程技术简介

1. **目的基因的分离和克隆方法**　基因克隆的主要目标是识别、分离特异基因并获得基因的完整全序列,确定染色体定位,阐明基因的生化功能,明确其对特定性状的遗传控制关系。基因克隆是整个基因工程或分子生物学的起点,不论是揭示某个基因的功能,还是要改变某个基因的功能,都必须首先将所要研究的基因克隆出来,在此基础上才能进行转化载体构建、植物转化与再生,最后对外源基因进行检测和分析。目前,已发展出一系列适合不同条件的基因分离与克隆方法,如功能克隆法、序列克隆法、图位克隆法、转座子标签法、基因表达系列分析等方法。

2. **植物遗传转化系统**　外源基因导入到植物有 3 个关键因素:一是要有适宜的基因,包括目的基因、标记基因或报告基因和合适的选择条件;二是要有较完善的组织培养系统,植物细胞必须有效地再生成株;三是外源基因导入到植物的途径和方法,要求损失小、频率高且外源基因能稳定地整合到基因组上,才有可能实现目的基因的稳定遗传与正常的时空表达。根据转化方式,植物遗传转化系统分为直接转化、载体转化系统和种质系统转化。

3. **植物基因转化载体系统**　植物遗传转化需要有植物基因转化系统将目的基因转化到受体细胞中去,同时还需要良好的植物受体系统便于转化。目前在建立的多种植物转化系统中,载体转化系统应用最多。植物基因工程载体主要包括 Ti 质粒转化载体、Ri 质粒转化载体和植物病毒转化载体,其中以 Ti 质粒转化载体最为常用。

4. **转基因植物的检测与鉴定**　通过遗传转化获得植株后,是否是真正的转基因植株,还需要检验与鉴定。目前认为转基因植物的证据应有以下 4 点:一是要有严格的对照(包括阳性及阴性对照);二是转化当代要提供外源基因整合的 Southern 分子杂交和目的基因转录水平的 Northern 分子杂交证据,以及翻译水平蛋白质 Western 的鉴定与表型数据;三是提供外源基因控制的表型性状证据;四是根据该植物的繁殖方式提供遗传证据。

(二) 药用植物基因工程技术的应用

通过基因工程技术对药用植物进行研究开发,在提高药用植物抗逆性和病虫害抗性,改善药材品质、提高有效成分含量,高效表达和生产天然活性成分,培养出高于天然药物含量的新转基因药用植物等方面都具有十分重要意义。尽管药用植物遗传转化的研究起步较晚,但取得了较大进展,主要集中在毛状根、冠瘿瘤和畸状茎的培养与应用方面:

1. 毛状根　Ri 质粒介导产生的植物毛状根培养系统是植物基因工程和细胞工程相结合的一项新技术,它利用发根农杆菌侵染宿主受伤部位细胞并产生大量转化不定根,又称毛状根。毛状根是农杆菌质粒的一段 T–DNA 嵌入植物基因组中并产生表达的结果。因此,毛状根培养又被称为转基因器官培养。与传统的细胞培养技术相比,毛状根具有生长迅速、遗传性状稳定及激素自养等特点,克服了植物细胞培养中对外源植物生长物质的依赖性,是生产次生代谢产物较理想的培养体系,现已发展成为继细胞培养后又一新的培养系统。

目前国内外已在银杏、红豆杉、长春花、烟草、少花龙葵、何首乌、紫草、人参、曼陀罗、颠茄、毛地黄、绞股蓝、半边莲、罂粟、露水草、荞麦、桔梗、萝芙木、缬草、薯蓣、丹参、黄芪、决明、大黄、栝楼、黄连、甘草、野葛、茜草、万寿菊、童氏老鹳草和青蒿等 26 科 100 多种药用植物建立了毛状根培养系统。应用毛状根培养生产的许多重要药用次生代谢产物有生物碱类(如吲哚类生物碱、喹啉生物碱、莨菪烷生物碱、托品烷生物碱、喹嗪生物碱等)、苷类(如人参皂苷、甜菜苷等)、黄酮类、噻吩、蒽醌以及蛋白质(如天花粉蛋白)等。

2. 冠瘿瘤和畸状茎　根癌农杆菌 Ti 质粒 T–DNA 片段(含 *tms* 基因、*tmr* 基因)通过根癌农杆菌感染植物并整合进入植物细胞的基因组中后,能够诱导冠瘿瘤组织和畸状茎的发生。由于冠瘿瘤具有激素自主性、增殖速率较常规细胞培养快等特点,利用冠瘿组织培养不仅能产生原植物根中合成的有效成分,而且还能产生原植物地上部分特别是叶中合成的成分,并且次生代谢产物合成的稳定性与能力较强,因此,冠瘿瘤离体培养产生有用次生代谢产物有着广阔的开发前景。

目前,冠瘿瘤和畸状茎培养技术已被用在石刁柏、鬼针草、长春花、金鸡纳树、毛地黄、羽扁豆、柠檬留兰香、辣薄荷、丹参、短叶红豆杉、欧洲红豆杉等药用植物中生产次生代谢产物。

(三) 转基因植物的安全性评价

基因工程由于在稳定性及安全性方面尚存有疑问,使其在生产和商业上的应用推广受到了一定的限制。转基因技术可能在以下几方面给人类和环境造成不良后果:转基因植物逃逸演变为有害生物的可能性;转基因植物是否会引起新的环境问题;对作物起源中心和基因多样性中心的影响;对生物多样性保护和可持续利用的影响;对目标生物的影响;基因漂流对生态环境和农业生产的影响。药用植物基因工程不但要考虑生态安全的问题,同时人们服用中草药治疗疾病、保健身体,这就要求还要考虑类似食品安全性评价,另一方面还要考虑药理学、毒理学、病理学等方面的安全性评价。

各论

第十一章　根及根茎类药材

人　参

人参 *Panax ginseng* C. A. Mey.,以干燥根和根茎入药,药材名人参。味甘、微苦,性平。归脾、肺、心经。具有大补元气、复脉固脱、补脾益肺、生津安神的功效。主要成分为皂苷、挥发油,还含多种糖类、氨基酸、酚类、肽类、有机酸、微量元素等。我国人参栽培历史悠久,现主产于东北吉林、辽宁,黑龙江亦有大面积栽培。此外,北京、河北、山西、山东、湖北、陕西、甘肃、浙江、江西、安徽、四川、广西、贵州、云南等地区亦已引种成功。其中东北三省产量大,又以吉林长白山所产人参质量最佳,此地域内的气候特点是年平均气温 3℃ 左右;1 月平均气温 −17～−15℃,7 月平均气温为 17～19℃,≥10℃ 积温为 1 500℃ 以上,无霜期 100～140 日,年降雨量 800～1 000 mm,6～8 月降雨量占全年降雨量的 50% 左右。

一、生物学特征

(一) 生态习性

人参属阴性植物,喜斜射或散射光,忌强光直射,郁闭度 0.5～0.8,光照的强弱直接影响人参的发育、产量和质量;人参属温带植物,喜温和或冷凉气候,不耐高温,人参生长期适宜的气温变化范围为 10～34℃,土壤温度变化在 10～20℃,生长期间的最适温度 20～25℃。温度过高,易发生茎叶日灼或枯萎死亡,温度过低(−5℃ 以下),易受冻害。人参属中生植物,既不耐旱,又不耐涝。全生育期在土壤相对含水量 80% 的条件下,生育健壮,参根增重快,产量高,质量好;土壤水分不足 60% 时,参根多烧须;土壤水分过大(100%)时,易发生烂根。人参多生于以红松为主的针阔混交林或杂木林中。对土壤要求较严,适生于排水良好、土层深厚、富含腐殖质、渗透性强的微酸性土壤中,平地或坡度为 25° 以下,土壤 pH 5.5～6.5 对人参生育最有利,pH 6.5 以上对人参生长不利,忌连作。

(二) 生长发育特征

人参种胚需要在 15～21℃ 条件下,经过 110～130 日完成形态后熟,胚长达到 3.86～5.60 mm,这时给予人参种子适宜的温湿度条件仍不能萌发,还要经过生理后熟。低温是人参种子生理后熟的必要条件,完成形态后熟的人参种子,在 0～10℃ 条件下,需要 60～70 日才能通过生理后熟。从播种出苗到开花结实需 3 年时间,一年生人参只有 1 枚三出复叶,俗称"三花",平均高度约 7.2 cm,二年生绝大多数 1 枚掌状复叶,俗称"巴掌",平均高度约 9.6 cm,三年生多数为 2 枚掌状复叶,俗称

"二枇叶"或"二甲子",平均高度约 32.3 cm,四年生多数为 3 枚掌状复叶,俗称"三枇叶"或"灯台子",平均高度约 46.7 cm,五年生以 4 枚掌状复叶为主,也有 5 枚掌状复叶,平均高度约 52.9 cm,六年生仍以 4 枚掌状复叶为主,也有少部分 5 枚或 6 枚掌状复叶。6 年后,即使参龄增长,叶数通常不再增加。一年生参根只生有幼主根和幼侧根;二年生有较大的主根和几条明显侧根,侧根上有许多须根;三年生以后侧根上再生出次生根,形成初生根系,并在根茎上长出不定根;五至六年生根系发育基本完全。七年生以上参根表皮木栓化,易染病烂根。

人参生育期:5 月上旬至中旬出苗,5 月中旬至 6 月中旬为地上茎叶生长期,6 月上旬至中旬开花,花期 10~15 日。果期(绿果期和红果期)6 月下旬至 8 月上、中旬,9 月中、下旬地上部分枯萎,通常平均气温降至 10℃ 以下时开始枯萎,进入休眠阶段。人参的年生育期一般为 120~180 日,少则 100~110 日,多则 180 日以上。中温带往北纬度越高,年生育期越短,出苗期亦相应推迟;向南纬度越低,年生育期越长,出苗期亦相应提早。同一纬度下,随着海拔高度的增加,全生育期随之缩短,出苗期亦相应推迟。

(三)种属特征

通过审定的品种有多个,即集美、集美 1 号、福星 1 号、福星 2 号、汉参 1 号、吉林黄果参和宝泉山人参等。根据根形不同,有大马牙、二马牙、长脖、圆膀圆芦等农家类型之分,其中大马牙生长快,产量高,总皂苷含量亦较高,但根形差;二马牙次之;长脖和圆膀圆芦根形好,但生长缓慢,产量低,总皂苷含量亦较低。

1. **大马牙**　芦头短粗,芦碗少,肩头齐,主根粗短,须根多,腿少,根皮黄白色,纹浅;叶端渐尖,叶基楔形,叶卵形,茎基部多扁,有粗棱,近地面处茎多紫色或紫青色。

2. **二马牙**　芦头较大马牙长,肩头尖,主根比大马牙长,腿明显;叶端、叶基同大马牙,叶披针形或椭圆形,叶长、宽比 3:1,茎与大马牙相近。

3. **长脖**　芦细长,芦碗较明显,主根细长,有腿,根皮黄色或褐色,纹深;叶端骤凸,叶基渐狭,叶长卵形,茎近地面处为青紫或青灰色,茎多细棱。

4. **圆膀圆芦**　芦头长,芦碗较明显,主根长,根丰满,近肩处圆柱形,根皮黄白色,纹较深;叶端骤凸,叶基歪斜或渐狭,叶倒卵形,茎多为圆形。

二、栽培技术

(一)选地与整地

人参的栽培方式主要有伐林栽参、林下栽参和农田栽参三种。伐林栽参现已不用;林下栽参是选择较稀疏林地,砍倒灌木杂草,刨去树根,当年开垦整地,休闲一年栽参,此方式栽培的人参生长速度慢,产量也低。林下栽参结合天然次生林更新,选择以红松为主的阔叶混交林或针阔混交林,坡度 15°~20°,郁闭度为 0.6 左右为宜。目前多采用农田栽参。农田栽参多选择背风向阳、排水良好、土层深厚、土质疏松、肥沃、排水良好的砂质壤土或壤土,前茬作物以禾谷类、豆科、石蒜科植物为好,忌烟草、麻、蔬菜等,忌连作。

选地后,在春、秋两季草木枯萎时,将场地上的乔木、灌木、杂草及石块等清除干净。在用地前一年,翻耕 15~20 cm。山地多在前一年的夏、秋两季刨头遍,次年 7 或 9 月刨 2 遍。农田或荒地从 5 月开始每半个月翻 1 次,每年最少翻 6~8 次。翻耕土地时,第一次可施入 5% 辛硫磷 1 kg/亩(667 m²),以消灭地下害虫;第二次施入 50% 退菌特 3 kg/亩,以防病害。并施 2 500~5 000 kg/亩的混合肥。在播种或栽参前,将土垅刨开,打碎土伐。做畦,通常育苗床宽 1.0～1.2 m,高 26～30 cm,作业道 1.2～2.0 m。移栽床宽 1.0～1.2 m,高 20～25 cm,作业道 1.2～1.5 m。做畦时应合理确定畦面走向。若是平地栽参,一般采用"东南阳"(指参棚高的一面面向东南方向);若是山地栽参,多顺山坡作畦,宜用"东北阳"。做畦时间:春播或秋播宜在 9～10 月,同时开好排水沟。

(二) 繁殖方法

以种子繁殖为主。

1. **种子培育及采收**　留种田要隔离种植,采用单透棚遮阴,三年生全部摘蕾,四至五年生留种,及时疏花疏果,每株保留 25～30 个果实。在种子成熟前 1 个月,土壤含水量应保持在 50% 左右。果实变为鲜红色时及时采摘,搓洗除去果皮及果肉。种子阴干或直接处理。

2. **种子处理**　上年采收种子(干籽)于 6 月上中旬进行,当年采收的鲜种(水籽)立即处理。干籽用冷水浸泡 24 h,与 3 倍量砂土混拌。砂土为过筛的腐殖土 2 份和细砂 1 份混匀调湿而成。经 3～4 个月,种子裂口率达 80%～90%,可秋播或移入窖内冷藏。

3. **播种育苗**　分春、秋播。春播于 4 月中、下旬播种,播种经过冬贮后的催芽种子,当年可出苗。秋播在 10 月上旬至封冻前,播种催芽裂口籽,生产中多采取秋播方法。

播种方法有点播、条播、撒播 3 种。生产中常采用点播,按株行距 3 cm×5 cm 或 4 cm×4 cm 进行点播,每穴 1 粒种子,点播机播种或用压眼器人工播种;条播在床面上按 8 cm 行距开沟或压印,将种子均匀撒在沟内,然后覆土,覆土厚度为 3～5 cm,每平方米播入 400～500 粒种子;撒播在参床中间,将覆土取出,用木耙做成 5 cm 深的床槽,床边要齐,床底要平,中间略高,两边略低,将种子均匀撒播在槽内,用种量 50 g/m²,覆土厚度为 3～5 cm。

(三) 移栽与定植

1. **栽培制度**　多采用 3:3 制(育苗 3 年,移栽 3 年)或 2:4 制(育苗 2 年,移栽 4 年),6 年采收。

2. **移栽时间**　分春栽、秋栽。春栽在 4 月下旬,要适时早栽。生产中多用秋栽,一般于 10 月中旬开始,到霜冻前结束。

3. **起苗与分级**　起苗现起现栽,严防日晒风吹。选根呈乳白色、须芦完整、芽苞肥大、浆足、无病虫害、长 12 cm 以上的大株作种栽(东北称"栽子")。按参株芽苞饱满程度和大小进行分级,一般分为 3 级。若按参株重量分级,则 1 级为 80 株/kg,2 级为 120 株/kg,3 级为 160 株/kg。栽植时分别移栽,单独管理。栽植前,参株用 50% 多菌灵 500 倍液浸泡 10 min 灭菌。

4. **移栽密度与方法**　应因地制宜、合理密植,通常二年生苗 70 株/m²,三年生苗 50～60 株/m²。常采用 3 种栽植方式:① 平栽。参苗在畦内平放或根芽略高。② 斜栽。参苗与畦面夹角为 30°。③ 立栽。参苗与畦面夹角为 60°。

(四) 田间管理

1. **搭棚调光**　荫棚一般分为 3 种:① 全荫棚。用木板、苇帘、稻草帘或油纸等搭成既不透光又不透雨的荫棚,因成本高、质量低,现逐被淘汰。② 单透棚。为透光不透雨的荫棚,是将耐低温、防老化的 PVC(无色农膜)夹于二片透光的草帘中间,草帘透度 2.4～6.0。我国人参主产区现多采用这种荫棚,可使人参单产提高 40%～100%,总皂苷含量提高 19%～43%。③ 双透棚。属既透光又透雨的荫棚,其优点介于全荫棚与双透棚之间,在我国人参产区亦广泛应用。以上各荫棚样式均可分斜棚、脊棚、拱棚和平棚等形状。利用拱形棚遮阴,人参生长整齐,发育健壮,病虫害较少,人参支头增大,浆气充足,根系发达。荫棚棚架的高度视参龄大小而定。一般一至三年生参苗,搭设前檐高 100～110 cm,后檐高 66～70 cm 的荫棚;三年生以上的参苗,搭设前檐高 110～130 cm,后檐高 100～120 cm 的荫棚。荫棚每边要埋设立柱,间距为 170～200 cm,前后相对,上绑搭架杆,以便挂棚帘。

2. **松土除草与扶苗培土** 每年松土除草 4～5 次。育苗床只拔草,不松土,每年 3～4 次。在床面上覆盖落叶或碎稻草可有效抑制杂草滋生。结合松土把伸出立柱外的参苗扶入棚内,同时要从床边取土覆在床面上,每次厚 1 cm。

3. **灌溉排水** 在人参生育期,土壤水分宜保持在 50% 左右,应做到干旱季节及时浇水,多雨季节及时排涝。

4. **追肥** 一般于展叶期前后追肥,农田栽参地,宜追施混合肥,一般每平方米施入腐熟厩肥 5 kg、豆饼 0.25 kg、过磷酸钙 0.1 kg 及火土灰 5 kg。人参于蕾期、开花期、结果期及立秋前,于叶面喷施 2% 过磷酸钙,可增产 63%。

5. **摘蕾** 不留种植株要及时摘除花蕾,摘蕾比不摘蕾参根增产 10%。

6. **秋后管理** 在晚秋和早春采用覆土、覆落叶、盖草帘子防寒。冬季参棚不下帘,要把作业道上的积雪推到床边、床面上,并盖匀,厚约 15 cm。秋末结冻前或春季化冻时,及时撤除床面积雪。冬季积雪融化的雪水不得浸入或浸过参床,要及时清除积雪、疏通排水沟。把倒塌、倾斜、不牢固、漏雨的参棚修好、修牢,错位帘子校正好。床土化透、越冬芽萌动时,撤去床面上的落叶、帘子或覆土,用木耙将床面表土耙松。用 1% 硫酸铜液对棚盖、立柱、苗床、作业道、排水沟等全面喷雾消毒。

(五) 病虫害防治

1. **病害** 人参病害有 20 余种,主要有黑斑病、锈腐病、疫病、立枯病、菌核病、猝倒病等。

(1) 黑斑病 *Alteraria panax* Whetz:是人参的主要病害,能为害人参植株地上、地下任何部分,其中以叶、茎、果实和果柄受害为主,发生的病斑近圆形或不规则形,大小不一,初期呈黄褐色水浸状病斑,后变黑褐色,发病普遍,为害严重,是影响人参产量和质量的主要因素之一。6 月初发生,7 月中旬至下旬发病较重。多雨潮湿时,病斑扩展十分迅速,病株上部干枯凋萎引起"倒秸子",果实和种子干瘪形成"吊干籽"。

(2) 锈腐病 *Cylindrocarpon destructans* (Zinss.) Scholtan、*C. panacicola* (Zinss.) Zhao et Zhu、*C. didymium* Harting:是人参栽培中发生最普遍的根病。在整个发育期均可发生。5 月下旬至 7 月为发病盛期,参龄越大,土壤湿度越大,发病越重。主要危害根、地下茎、芦头和越冬芽苞。根部感染后,初为褐色小点,后表皮破裂,病菌常从伤口侵入,最后造成参根全部腐烂。

(3) 疫病 *Phyophthora cactorum* (Leb. et Coh.) Schroet:是人参地上部和根部常见的主要病害之一。一般在 6 月开始零星发生,7～8 月高温、高湿的多雨季节为发病盛期,蔓延很快。发病初期叶片出现暗绿色水渍状大圆斑,不久全株叶片似热水烫样,凋萎下垂。根部被害时,病部呈黄褐色,水渍状,逐渐扩展,软化腐烂,内部组织呈现黄褐色的不规则花纹,并有腥臭味。

(4) 立枯病 *Rhizoctomia solani* Kuhn:是人参苗期的主要病害之一,发病比较普遍。在吉林 5 月下旬至 6 月下旬为发病盛期,有时持续到 7 月上旬。参苗于茎基部呈褐色环状缢缩,后扩大呈凹陷长斑,逐渐渗入茎内,使感病的病茎缢缩变细软,倒伏死亡。

(5) 猝倒病 *Phizoctomia debarymmm* Hesse:主要为害二年生以内的幼苗,使幼苗茎部自地面处向上蔓延似水烫状,呈褐色软腐,收缢变软后猝倒死亡。多于春季低温湿度大时易发生。

（6）炭疽病 *Colletotrichum panacicola* Uyeda et Takimoto：主要为害人参叶、茎和果实。病斑初期为暗绿色斑点,逐渐扩大呈黄褐色,中间黄白色,薄而透明,易破碎成空洞。

（7）菌核病 *Sclerotinia sclerotiorum* (Lib.) de Bary,*Sclerotinia ginseng* Wang C.R., C.F.Chen et J.Chen：是人参根病之一,主要为害四年生以上参根、芽苞和芦头。在早春低温期发病。根部受害后,内部组织松软,逐渐呈灰黑色软腐,并长出白色菌丝,最后只剩下根皮及纤维组织和黑色鼠屎状菌核。此病早期很难识别,前期地上部几乎与健壮植株一样,当植株表现萎蔫时,地下参根则早已腐烂。

（8）日灼病：是一种常见的病害,因强光照射所致。日灼病常和黑斑病混在一起,严重影响人参产量。病斑无一定形状,发病初期叶片病斑呈黄白色,后变成黄褐色,变脆,最后叶子脱落。

防治方法：采用农业综合防治措施如选用疏松的土壤或砂质壤土;实行隔年整地;用充分腐熟的土壤栽参;倒土做畦时进行土壤消毒;催芽、播种或移栽前进行种子种苗消毒;发现病株立即拔出,集中深埋,在病区撒生石灰消毒;加强调光、防雨、防旱、防寒和肥水管理;秋季搞好田园卫生,消灭病源等。

必须使用化学药剂时,应严格执行中药材生产质量管理规范的规定,严禁使用高残毒农药。通常防治黑斑病于展叶初期喷洒多抗霉素 200 mg/kg、75％百菌清 500 倍液,进入雨季改喷 120～180 倍波尔多液、900 倍敌克松、400 倍乙膦铝、600 倍瑞霉素等;锈腐病于移栽时每 100 kg 床土施入 1 kg 哈茨木霉菌;疫病于茎叶发病初期喷洒 500 倍瑞霉素、甲霜灵锰锌,全生育期喷 120～160 倍波尔多液;立枯病于幼苗出土后用 50％多菌灵 800 倍液、15％立枯灵 500 倍液等浇灌;猝倒病于发病初期用瑞霉素、乙膦铝、甲霜灵锰锌 500～800 倍液喷洒;炭疽病于参苗半展叶期喷施 50％多菌灵 600 倍液、75％百菌清 500 倍液、多抗霉素 200 mg/kg,展叶后喷 120～160 倍波尔多液或代森铵 800 倍液;菌核病于出苗前喷 1％硫酸铜,移栽松土时施 10～15 g/m² 菌核利或多菌灵;根腐病于高温季节施棉隆 25～30 g/m²。应注意各种农药交替使用,以提高药效。

2. **虫害**　主要有金针虫、蝼蛄、蛴螬、地老虎、草地螟等。防治方法：清洁田园,将杂草、枯枝落叶集中烧毁;人工捕杀或黑光灯诱杀;整地时施 20％美曲磷脂(敌百虫)粉 10～15 g/m²;害虫发生时用 50％辛硫磷乳油或 800～1 000 倍 90％晶体美曲磷脂液浇灌。也可用烫熟的土豆块,上插牙签,埋于土中,2～3 日后拣出,可有效防除金针虫。

3. **鼠害**　主要有花鼠、鼹鼠、野鼠为害。防治方法：一是用捕鼠器捕捉;二是用毒饵诱杀,用食盐、卤水各 0.5 kg,玉米 2.5 kg,加水煮成熟玉米即制成毒饵,把此毒饵撒于作业道上或参地周围。

三、采收、加工与贮藏

根重量和皂苷含量随生长年限增长而增加,以四生年及以上收获为宜。9 月上旬和中旬采收最佳,茎叶变黄后开始收获。收获前半个月拆除参棚,先收茎叶,起参时从参床一端开始挖或刨,深以不伤须根为度。边刨边拣,抖净泥土,整齐摆于筐或箱内,运回加工。

按加工方法和产品药效,人参可分为三大类：① 生晒类。鲜参经洗刷干燥而成,品种分生晒参(干生晒)、全须干参、白弯须、白混须、白尾参等。② 红参类。鲜参经过洗刷、蒸制、干燥而成,品种有红参、全须红参、红直须、红弯须、红混须等。③ 糖参类。鲜参经过洗刷、排针、浸糖干燥而成,品种有糖棒(糖参)、全须人参(白人参)、掐皮参、糖直须、糖弯须、糖参芦等。此外,还有大力参(烫参),是将鲜参经洗刷、沸水焯参、干燥而成的产品,其性状近似生晒参;冻干参(活性参),是将鲜参经洗刷、冷冻干燥而成;保鲜人参(礼品参),是鲜人参经刷洗后用 70% 的乙醇消毒,再用塑料袋密封;另有少量鲜参蜜片(属糖参类)。

存于密封箱中,置通风、干燥、阴凉处。含水量超过 15%,空气相对湿度在 85% 以上,温度高于 30℃ 时容易生霉,特别是糖参和参须更易生霉。雨季极易生虫,可用 75% 乙醇或 50° 以上白酒喷洒后密封。

四、栽培过程的关键环节

合理轮作,忌连作;适时调节光照,荫蔽度应掌握在 70%～90%;农田栽参采用东北阳或东南阳为好;科学防治病虫害。

三　七

三七 *Panax notoginseng* (Burk.) F. H. Chen,以干燥根及根茎入药,药材名三七。味甘、微苦,性温。归肝、胃经。具有收敛止血、消肿生肌之功效。主要成分有三七皂苷、人参皂苷、三七素、挥发油、三七多糖 A、黄酮类等。主要分布于云南、广西、广东、四川、湖北、江西等地。主产于云南、广西。为我国特有的名贵药材。

一、生物学特性

(一)生态习性

三七喜温暖、稍阴湿的环境。通常在海拔 1 400～1 800 m,年均气温 15～17℃,最冷月均温 8～10℃,最热月均温 20～22℃,全年无霜期 >300 日,年降雨量 1 000～1 300 mm 的环境中生长,忌严寒和酷暑;海拔 1 600～2 000 m,气温较低、昼夜温差较大、空气湿度大、土壤自然夜潮性好的温凉山区或半山区环境,有利于三七干物质的积累,但不利于三七的生殖生长。海拔 1 300～1 600 m 的温暖中山丘陵环境有利于三七的生殖生长。

适宜于疏松深厚的土壤,以富含腐殖质的砂壤土为好,pH 4.5～8,在黏重土壤及地势低洼处种植,不利植株生长发育。忌连作。

(二)生长发育特性

三七为多年生宿根草本,从播种到收获,一般需要 3 年以上时间。一年生三七通常作为种苗;二年生三七才能开花结实。一般在 7 月现蕾,8 月开花,9 月结实,10～11 月果实分批成熟。从现蕾到开花约 60 日。三年生植株较二年生植株盛花期早 5～7 日,每日开花数量多为 2～3 朵。

三七年生长周期:二年生以上的三七年生长周期内有两个生长高峰——营养生长高峰(4～6 月)和生殖生长高峰(8～10 月),在整个生长周期内,三七干物质的积累呈增长趋势;4～8 月为干物质积累最快时期,12 月达到最大值。

在自然状况下,三七种子的寿命仅为 15 日左右;休眠期为 45～60 日。三七种子在 10～30℃ 温度范围内能发芽,最适发芽温度 20℃。处在休眠期的三七种子,需经过一段时间的低温处理,或采用 500 mg/L 的赤霉素处理后,才能萌发。低于 5℃ 或高于 30℃ 时,三七种子不能萌发。种子有胚后熟特性,不能干燥贮藏。

(三)种质特性

三七没有品种之分,大面积栽培的三七是一个混杂群体。但在数百年的栽培过程中通过人工不断地选择和提纯复壮,已具有品种的基本特性,大田生产中产生了一些特殊的变异类型,如绿茎(茎秆颜色为翠绿色)、紫茎(茎秆颜色为紫色或浓紫色)、过渡型茎(茎秆颜色介于绿色和紫色之间或绿、紫色相杂),绿三七(块根断面颜色为绿色)和紫三七(块根断面颜色为紫色)等类型。绿三七的折干率高于紫三七,淀粉含量绿三七比紫三七高38.07%,而紫三七的总皂苷含量比绿三七高48.52%,绿茎三七在田间表现出植株高大、块根大、产量高的优良农艺性状。可见,三七的栽培选有应以绿茎、紫块根三七为主要对象。

二、栽培技术

(一)选地与整地

有苗地宜选在海拔200～2 000 m,背风、向阴、靠近水源、土壤疏松而排水良好的生荒地,坡度5°～10°,所选好的地经多次耕犁后,使土壤细碎,疏松,结合整地施厩肥、火烧土、磷肥、油麸等经充分沤熟的混合肥1 500～2 000 kg/亩作基肥。整地后做畦,畦宽1.2 m,高20～25 cm,畦沟宽40 cm左右,畦面整成龟背形。

种植地宜选南坡或东坡,背风的斜坡或峡谷的土丘缓地。新开荒地要进行土壤处理,可施75～100 g/m² 生石灰进行土壤消毒。选用熟地则在前作物收获以后,进行翻地,用生石灰50～100 kg/亩或甲醛(福尔马林)、波尔多液进行土壤消毒。轮作地结合倒土和理厢,可采用施用多菌灵、敌克松各1 kg/亩进行消毒处理。施足基肥,后做宽1.2 m,高30 cm的畦,畦沟宽30 cm,四周开好排水沟。

(二)繁殖方法

主要以种子繁殖为主。

1. **采种**　选用生长旺盛、长势健壮、抗逆性强的3～4年生植株所结种子,在10～11月果实成熟呈紫红色时,采收果大、饱满、无病虫害的"红籽"(三七果实)作种。

2. **种子**　处理需随采随播;或者采用湿砂层积进行保存。播种前采用58%瑞毒霉锰锌处理30～50 min,或者采用1.5%多抗霉素200 mg/kg浸种30～50 min。

3. **播种育苗**　11月上旬至下旬播种。按行株距4 cm×5 cm点播,每穴放种子1颗,覆土1.5 cm,浇足水,稻草覆盖保湿。播种量20万颗/亩。约2个月即可出苗。苗期加强管理。

(三)移栽与定植

幼苗生长当年12月至翌年1月移栽。移栽前同样需要对幼苗(俗称"子条")进行消毒,消毒方法与种子相同。将子条大小分级,按行株距10 cm×(12.5～15)cm栽植为宜。幼苗移栽前,在畦面上按上述行距开3～5 cm深的沟,施厩肥和草木灰,并拌入碌肥、饼肥等作为基肥。

将子条芽头向下倾斜20°栽下,盖土3 cm左右,浇透水,覆稻草保湿。

(四)田间管理

1. **搭建荫棚**　栽培时要求搭建高1.5～1.7 m的荫棚,保证透光率在10%～15%。但荫棚的透光度应据三七不同生长期和季节随时加以调节,一年生和三年生以上三七要比二年生需光的强度略大;播种出苗期和抽薹开花结子期也需较强的光照。特别是出苗期,一定要有足够的光照,苗才能长得粗壮,对抵抗病虫害和丰产有重大意义,故苗期透光度不能低于 30%,此时透光度小,苗会徒长,细弱,药农称"高脚"苗,易感染病害。阳光强烈时应适当加密荫棚减少透光度,阴雨连绵的开花结果季节要加大荫棚的透光度。药农的经验是"两头稀,中同密"。

2. **追肥**　出苗初期在畦面撒施草木灰 2~3 次,4~5 月每月追施粪灰混合肥 1 次。三七生长需钾肥较多,一年生、二年生、三年生的三七对氮、碱、钾三要素的吸收趋势表现为:钾>氮>磷。三七对养分的需求量比其他作物低。以三年生的三七为例,每形成 100 kg 干物质仅需氮 1.85 kg、磷 0.5 kg、钾 2.28 kg,6~8 月间,每月追施淡粪肥 1 次。

3. **除草淋水**　在栽培过程中,见草即除,保持田间无杂草。应注意防涝抗旱,经常保持淘润。雨后及时松土。天旱时应及时浇水,浇水宜在早晚进行,中午阳光强烈,浇水会灼伤幼苗。当三七根茎裸露在外时,应及时培土,以利生长。

4. **摘除花薹**　不留种的地块,当花薹刚抽出时,应及时摘除,以利增产。二年生三七,一般结果少,种子又小,不宜用作留种。

(五) 病虫害防治

1. 病害

(1) 根腐病 *Fusarium scirpi* Lab. et Fautr:造成根的局部坏死腐烂,地上部分枯死。防治方法:田间使用 10%叶枯净+70%敌克松+50%多菌灵+水(1:1:1:500)处理,防治率可达 70%以上;及时清除病株,对其周围环境进行消毒处理:培育优良品种。

(2) 黑斑病 *Allernaria panar* Whetz.:全株都能被感染,尤其是茎、叶及幼嫩部分最易发病,受害也较严重。随着气温的升高,病症加剧。防治方法:清除病株和杂草,降低植株间的空气湿度;用 40%菌核净 500 倍液、45%菌绝王 500 倍液、58%腐霉利 1 000 倍液交替喷雾;培育优良品种。

(3) 立枯病 *Rhicartonia solani* Kuhn.:为三七苗期主要病害。为害种子、种芽及幼苗。种子受害后腐烂呈乳白色浆汁状,种芽受害呈黑褐色死亡;幼苗受害假茎(叶柄)基部呈暗褐色环状凹陷,幼苗折倒死亡。防治方法:播种的用多岗灵或紫草液进行土壤消毒;发现病林及时拔除,病株周围撒施石灰粉,并喷洒 50%甲基托布津 1 000 倍液或 50%腐霉利 1 000 倍液。

(4) 三七疫病 *Phytophthora* sp.:主要为害叶片,受害叶片呈暗绿色水渍状。6~8 月高温高湿时发病严重。防治方法:清洁田园,冬季拾净枯枝落叶,集中烧毁;发病前喷 1:1:50 波尔多液,半月 1 次,连续 2~3 次;发病后喷 65%代森锌 500 倍液,或 50%退菌特 1 000 倍液 7 日 1 次,连续 2~3 次。

2. 虫害

(1) 小地老虎 *Agrotis ypsiln* Rottemberg:幼虫在柏株叶背取食,将叶片吃成小孔、缺刻或取食叶肉留下网状表皮。4~5 月为害最为严重。防治方法:参阅人参地老虎防治。

(2) 短须螨 *Brevipalpus* sp.:成、若虫群集于叶背吸食汁液并拉丝结网,使叶脱落,花盘和红果受害后造成萎缩和干瘪。防治方法:冬季清园,拾净枯枝落叶烧毁,清园后喷波美 1 度石硫合剂;4 月开始吹波美 0.2~0.3 度石硫合剂,或用 20%三氯杀螨砜可湿性粉 1 500~2 000 倍液,或 25%杀虫脒水剂 500~1 000 倍液喷雾,每周 1 次,连续数次。

(3) 蛞蝓 *Agriolimax* sp.:咬食幼苗、花序、果实,茎叶成缺刻。晚间及清晨取食为害。防治方法：冬季翻晒土壤；发生期于畦面撒施石灰粉或 3％石灰水喷杀。

三、采收、加工与贮藏

三七种植 3 年以上收获，8～10 月收获的称春七，质量好，产量高；11 月收获的称冬七，质量差，产量低。10 月是春三七的最佳采收时期，而冬三七的采收时期宜在 12 月至第二年的 1 月份。

采收时挖起块根，洗净泥土，按大小放置，日晒或火烘（36～38℃）2～3 日，约六成干时，将支根、须根、根茎分别剪下，再分别进行日晒或火烘 2～3 日，进行揉搓或放入转筒中滚动，使其互相摩擦，然后拿出再晒或烘，反复 4～5 次，最后一次可加些龙须草或青小豆，直至块根光滑圆整，干透即可。

加工好的三七包装后置于通风、干燥的室内贮藏。

四、栽培过程的关键环节

合理调整荫棚透光度；适时摘除花薹；科学配方施肥。

川 贝 母

川贝母 *Fritillaria cirrhosa* D. Don、暗紫贝母 *F. unibracteata* Hsiao et K. C. Hisa.、甘肃贝母 *F. przewalskii* Maxim.、梭砂贝母 *F. delavayi* Franch.、太白贝母 *F. taipaiensis* P.Y.Li 或瓦布贝母 *F. unibracteata* Hsiao et K.C.Hsia var. *wabuensis* (S. Y. Tang et S.C.Yue) Z.D.Liu, S.Wang et S.C.Chen，均以干燥鳞茎入药，药材名川贝母。按性状不同分别习称"松贝""青贝""炉贝"和"栽培品"。味苦、甘，微寒。具有清热润肺、化痰止咳之功效。主要化学成分有西贝母碱、川贝碱、西贝素、贝母辛、松贝甲素、梭砂贝母碱、炉贝碱、岷贝碱甲等生物碱及甾醇。主要分布于四川、甘肃、青海、西藏、陕西等地；目前主要栽培于四川阿坝、甘孜州，为四川道地药材之一。本节以川贝母 *F. cirrhosa* D. Don.为例。

一、生物学特性

（一）生态习性

川贝母耐寒、喜湿、怕高温、喜荫蔽。喜冷凉气候条件，冬夏干湿交替，冬季空气干燥，日照强烈，日照时数多，昼温高，夜温低；夏季空气湿度较大，降水集中。气温超过 30℃及日照过长均易导致幼苗晒死，植株枯萎。

野生分布于海拔 2 700～4 600 m 的高山、高原地带的针阔叶混交林、针叶林、高山灌丛和草甸中。土壤为棕壤、暗棕壤、高山灌丛草甸土和亚高山灌丛草甸土。以肥沃疏松、富含腐殖质的微酸性土壤种植为好。

（二）生长发育特性

川贝母年生长期 90～120 日。春季出苗后，地上部分生长较快；5～6 月为花期，8 月下旬至 9 月初果实成熟；9 月中旬以后，植株迅速枯萎、倒苗，进入休眠期。

川贝母从种子萌发到开花结实要经过形态明显不同的 4 个生长龄期。第一龄期：由种子萌发至该生长季结束的实生苗阶段,只生长 1 片针形或狭线形叶(俗称一匹叶)。第二龄期：即第二个生活年,植株有 1～2 片披针叶(双飘带)。第三龄期：即第三个生活年,植株具明显的花茎,部分开花,但不结果。第四龄期：植株长到第四年,开花结果(灯笼花)。如外界环境变化,进入灯笼花的植株可能会退回双飘带、一匹叶阶段。

幼苗期的鳞茎很小,随着植株地上茎叶的生长发育,新鳞茎重量和体积都不断增加并逐渐超过越冬老鳞茎,部分品种鳞茎可形成更新芽产生新的鳞茎。

二、栽培技术

(一) 选地与整地

宜选择背风的阴山或半阴山,微酸性或中性土壤(pH 6.2～7),排水良好、土层深厚、质地疏松、富含腐殖质的壤土或砂质壤土。选地后,于结冻前整地,深耕细耙,做 1.3 m 宽的弓形畦。每亩施厩肥 1 500 kg、过磷酸钙 50 kg、油饼 100 kg,混合堆沤腐熟后撒于畦面并浅翻;忌用草木灰和化肥。

(二) 繁殖方法

采用种子、鳞茎或鳞片繁殖。

1. 种子繁殖　于 7～8 月当果实由绿色转黄时分批采收种子,用腐殖质土或锯末与种子混匀层积于林下后熟处理(每隔 1 周左右翻动层积换气 1 次,维持层积日均温度 4～10℃,变温期 6～8 周或更长),隔年干种子最迟应在 7 月底开始层积处理,保存于阴凉、潮湿处。亦可采用赤霉素 20×10^{-6}～40×10^{-6} 对种子作浸泡预处理 32 h,以提高发芽率。条播和撒播。

2. 鳞茎繁殖　当川贝母果实成熟或正常枯苗后及时采挖,选鳞片肥厚、充实、水分低、包被更新芽的鳞片稍外露或外面 2 枚鳞片宽度相差小于 1/2 的无伤鳞茎作种。采后立即播种。

3. 鳞片繁殖　取采挖时损伤或大粒鳞茎的分离鳞片或将分离鳞片切块,晾置 7 日待切口与分离破折面形成棕黄色愈伤组织后栽植。

(三) 播种与栽植

1. 种子直播　条播：于畦面开横沟,深 1.5～2 cm;将拌有细土的种子均匀撒于沟中;覆盖细腐殖土 3 cm,再用杂草或无叶树枝皮覆盖;用种量 2 kg/亩。撒播：将种子均匀撒于畦面,以 3 000～5 000 粒/m 种子为宜;覆盖同条播。

2. 栽植　鳞茎(片)繁殖时在整理好的畦上开横沟,沟底依次施用过磷酸钙和腐熟厩肥或堆肥,待鳞茎开始萌发时,按株距 6～15 cm,行距 24 cm 栽种,覆土 4.5～6 cm。

(四) 田间管理

1. 搭棚　播种后,春季出苗前,揭去畦面覆盖物,分畦搭棚遮阴。搭矮棚(高 15～20 cm),荫蔽度第一年为 50%～70%,第二年 50%,第三年 30%;搭高棚(高约 1 m),荫蔽度 50%。收获当年不再遮阴。

2. 灌溉排水　一年和二年生贝母最怕干旱,特别是春季久晴不雨,应及时浇水,保持土壤湿润。久雨或暴雨后注意排水防涝。冰雹多发区,还应采取防雹措施,以免打坏花茎、果实。

3. 培土、追肥　种子播种第一、二年生长季枯苗后,都需在畦面培土 2～3 cm,使地下鳞茎入土

4～8 cm。秋季倒苗后用腐殖土、农家肥与过磷酸钙混合后覆盖畦面 3 cm,用树枝、竹梢等覆盖畦面保护越冬。每年追施厩肥或堆肥 3 次。

4. 除草　幼苗纤细,应勤除杂草,春季应在出苗前,秋季倒苗后用镇草宁除草。大田种植采用黑膜覆盖控制杂草。

(五) 病虫害防治

1. 病害

(1) 锈病 *Uromyces lilli* (Link) Fuck:主要为害茎叶。防治方法:清除枯萎茎叶;栽时深翻地,施足磷肥,使用堆肥或腐熟厩肥;用无病绿肥或秸秆作覆盖物;必要时在川贝母出苗展叶后每隔 2～3 周,用粉锈宁 1 000 倍药液喷洒。

(2) 根腐病 *Fusarium sdani* Coeruleum:主要为害鳞茎。防治方法:选用无伤鳞茎,晾置后栽植,或用 50% 多菌灵 1 000 倍液浸种;不选用土壤结构不良、排水差的土地;发病后用 45% 代森铵 500 倍液浇灌病区。

(3) 日灼病:病株近地面叶片、叶柄及茎被泥土污染灼伤坏死。防治方法:及时在雨季来临前用秸秆碎节覆盖地块;发现叶片等被泥土污染应及时冲洗。

(4) 立枯病:主要为害 1～3 年生贝母幼苗。防治方法:做好田间排水工作,并适当调节郁闭度,阴雨天气时需要揭棚盖,并使用 1∶1∶100 的波尔多液喷洒。

(5) 菌核病 *Stromatinia rupurum* (Bull.) Bound:主要为害鳞茎。防治方法:高畦种植;肥料充分腐熟。发现病株立即拔除,并用石灰消毒病穴,再用 50% 多菌灵可湿性粉剂 1 000 倍液灌根防止未病植株进一步蔓延。

2. 虫害及鼠害

(1) 金针虫 *Elateridae* Leach、蛴螬:4～6 月危害植株。防治方法:用烟叶熬水淋灌(每亩用烟叶 2.5 kg,熬成 75 kg 原液,用时每 1 kg 原液加水 30 kg)。

(2) 地老虎:咬食茎叶。防治方法:早晚捕捉或用 90% 晶体敌百虫拌毒饵诱杀。

(3) 野蛞蝓 *Agriolimax agrestis*:危害植株。防治方法:人工诱杀、捕杀;可在傍晚用 3% 石灰水或 70～100 倍氨水喷洒。

(4) 鼠、野兔、鼠兔、松鼠、雉鸡等多种动物咬食鳞茎、茎叶和花,其中以酚鼠为害较大。防治方法:可分别采用毒饵诱杀,鼠夹、地弩、黏胶等捕杀或氨熏、鸣炮等方法驱赶;于栽地周围挖沟可有效阻止酚鼠进入,并易发现和捕杀。

三、采收、加工与贮藏

种子繁殖的于栽培第三年,鳞茎及鳞片繁殖的于第二年采收。当茎叶枯萎后及时采挖。挖出鳞茎,摘除残茎、叶、残根。将川贝母鳞茎置尼龙或塑料编织袋中,洗净泥沙,扎紧袋口,来回挪动使贝母相互摩擦去除残根,待表面晾干后置棉毯、麻袋片或竹席上选择晴天暴晒。傍晚薄晾室内,次日再晒至干燥。如用无烟热源或烘房烘干(忌用烟熏),以 40～50℃为宜。晒时用竹、木器具翻动,以免发生“黄子”或“油子”。

用竹筐或篾包内垫篾席包装,出口包装用竹篓外套麻布,捆绳,置阴凉干燥处贮存。

四、栽培过程的关键环节

适时搭设荫棚,适当控制荫蔽度;科学防治病虫害。

川 芎

川芎 *Ligusticum chuanxiong* Hort.,以干燥根茎入药,药材名川芎。味辛,性温。归肝、胆、心包经。具活血行气、祛风止痛之功效。主要成分为挥发油、生物碱、酚酸类化合物等,如藁本内酯、洋川芎内酯、川芎嗪、阿魏酸等。为四川著名的道地药材,主产四川都江堰、彭州和郫都等地。此外,贵州、陕西、云南、甘肃及全国大多数地区亦有种植。

一、生物学特性

(一) 生态习性

川芎喜气候温和、日照充足的环境。主产区海拔 600～700 m,年均气温 15.2℃左右,极端最高气温 34℃,极端最低气温－5℃;年均降水量 1 243.7 mm 左右,年均空气相对湿度 81% 左右。培育苓子(种茎)适宜稍冷凉气候,宜选海拔 900～1 500 m 的山区进行,出苗阶段忌烈日暴晒。大田种植多栽培于海拔 500～1 000 m 平坝或丘陵区。

宜选择土层深厚、疏松肥沃、排水良好、有机质含量丰富、中性或微酸性的砂质壤土。多选油砂土、夹砂泥土、大土泥、黄泥土等。最好选荒地或休闲的熟地。

(二) 生长发育特性

川芎很少开花结实。生长期 280～290 日。以薅冬药为界(指 1 月中耕、培土时除去地上部分称为薅冬药),将生长期分为前期和后期:

生长前期:8 月栽种,9 月左右可见新根茎形成,11 月中旬前地上部分生长旺盛,根茎体积膨大的速度快于干物质积累;随地上部分生长转缓,根茎中物质积累速度便逐渐超过体积膨大的速度,12 月上旬积累最快。入冬后,地上部分趋于衰老,根茎生长速度随之减缓。

生长后期:翌年 2 月中旬起植株抽生地上茎,茎叶的生长加快。3 月下旬茎叶数基本稳定,4 月下旬减慢。地上部干物质后期一直增加,积累速度越来越快,4 月末至 5 月上旬最快。根茎在薅冬药后 2～3 月,体积虽仍在长大,干物质积累却有所下降;3 月末根茎干重降至后期最低点。4 月后根茎生长迅速、充实,干物质积累日益加快,直至接近收获时才逐渐减缓。

(三) 种质特性

川芎苓子分为正山系、大山系、细山系和土苓子。以正山系为好,分蘖适中,长势良好,根茎大小均匀,产量较高。

二、栽培技术

(一) 选地与整地

育苓地宜选择在高山区的阳坡或半高山区的半阳半阴的荒地或熟地,土质略黏为好。选地后,除去杂草,就地处理后作基肥,翻耕深 25 cm 左右,将土细碎整平,做成宽 1.7～1.8 m 的高畦,畦沟宽约 30 cm;并做好排水沟。种植地平坝栽培川芎前茬多为早稻,在早稻收获后放干田水,铲除谷桩,开沟作畦,畦宽 1.6 m,沟宽 33 cm,深约 25 cm,将表土挖松耙细,平整成龟背形。若用旱地,应在种前半个月翻耕,并施堆肥或厩肥 2 000～2 500 kg/亩,做畦。

（二）繁殖方法

采用无性繁殖,繁殖材料用地上茎的茎节,习称苓子。

1. **培育苓子**　2 月初,在生产地挖出川芎根茎,称为抚芎,除去泥土,剪去须根,以备种植。

栽种期不能迟于 2 月中旬。栽种前要进行消毒处理。栽时按大、中、小分别种植,大的株行距各 33 cm,中等者 27 cm,小的 20 cm。在畦上开穴,深 6～7 cm,穴内施腐熟厩肥。每穴栽抚芎 1 枚,芽向上,按紧栽稳,然后施肥,盖土填平。

2. **苓种管理**　3 月下旬至 4 月上旬川芎每株有地上茎 10～20 根,此时应疏苗,扒开土壤,露出根茎顶端,选留粗细均匀、生长良好的地上茎 8～10 根,其余的从基部割除。疏苗前和 4 月下旬前后各中耕除草 1 次。疏苗后应进行第一次施肥,中耕时应进行第二次施肥;以水粪与油饼混合施用。

3. **苓种的收获与贮藏**　7 月中、下旬,当地上节明显膨大,略带紫色时,选择阴天或者晴天清晨割下植株茎秆,去除叶子,捆成小束,运至阴凉的山洞或者室内,地上铺上一层茅草,将茎秆与茅草逐层相间藏放,高约 2 m,在上面用茅草或棕垫盖好,一般每周上下翻动 1 次,如堆内温度升至 30℃以上,则应立即翻堆,防止腐烂。苓子应分级、个选,然后按苓子分级栽种。

（三）移栽与定植

8 月中下旬为川芎栽种最佳时期。栽时在畦上开穴,行距 33～40 cm,株距 17～20 cm,穴深约 3 cm;栽时将芽向上或向侧稍按入土中,仅露 1/2 于土表。行与行之间两头各栽 2 个苓子,称为封口苓子;每隔 10 行再栽 1 行密苓子,称为扁担苓子。栽后用堆肥或火灰和畜粪覆盖,畦地需再盖一层草,以防强日暴晒与暴雨冲刷。

（四）田间管理

1. **中耕除草、培土**　栽后半个月幼苗出齐后,及时揭去盖草,4～5 日后,进行第一次中耕除草。以后每隔 20 日左右中耕除草 1 次,结合中耕对缺苗、坏苗进行补苗。栽后如遇干旱,应引水浸灌厢沟,保持湿润。次年 1 月上、中旬部分叶片发黄时,先扯去地上部分,后清洁田园,并将行间土壅根,以利越冬。

2. **施肥**　川芎喜有机肥,对氮肥很敏感,在施用农家肥的基础上,加施氮肥能显著增产;施氮肥时配合磷、钾肥能增进肥效。栽后两个月内应集中追肥 3 次,每隔 20 日 1 次。每次施人畜粪水 1 500～2 000 kg/亩,混入发酵的饼肥液 50 kg/亩,穴施;第三次追肥后用草木灰、土肥、腐熟饼肥等混合肥料,在植株旁穴施后盖土。次年 3 月上旬每亩用粪水 750 kg、硫酸铵 7.5 kg、硫酸钾 2.5 kg 淋穴,可增加根茎产量。

（五）病虫害防治

1. **病害**

(1) 根腐病 *Fusarium* sp.：主要为害根茎。染病根茎腐烂,有特殊臭浆的糨糊状,俗称水冬瓜,地上部分逐渐死亡。防治方法：保持土壤排水良好或将畦面整成龟背形,以利排水;及早拔除病株烧毁,病株处的土壤用石灰消毒以避免病原蔓延;清除枯枝落叶及杂草,消灭过冬病原;发病前或发病时用 120 倍波尔多液或 65％～80％可湿性代森锰锌 500～600 倍液喷雾或浇灌,每隔 7～10 日 1 次,连续 3～4 次。

(2) 白粉病 *Eriysiphe polygoni* DC.：主要为害叶片。防治方法：调节荫蔽度，适当增加光照，并注意排水；发病初期，将病叶集中烧毁，防止蔓延；用庆丰霉素 80 单位或 70%甲基托布津 1 500 倍液，或波美 0.3 度石硫合剂，每 10 日喷 1 次，连喷 3 次。

(3) 叶枯病 *Septoria* sp.：主要为害川芎叶；防治方法：发病初期喷 65%代森锌 500 倍液，或 50%退菌特 1 000 倍液，或 1∶1∶100 波尔多液防治。每 10 日 1 次，连续 3~4 次。

2. 虫害

(1) 川芎茎节蛾 *Epinotia leucantha* Meyrick：以幼虫蛀入茎秆咬食节盘，为害苓子。防治方法：栽种前严格选择苓子，用烟筋、枫杨树叶和水煮透，冷却后浸苓子 12~24 h；也可用杀苏（每亩用 Bt 类 30 g＋水 50 kg）、虫满威（阿维菌素）或苦参煎液（每亩用苦参 5 kg 熬水浓缩成 40 kg 液体）浸苓子。

(2) 红蜘蛛 *Tetranychus cinnabarinus* (Boisduval)：为害叶片。防治方法：可用杀苏、虫满威或苦参煎煮液（同上）防治；严重时可用 20%螨死净 2 500 倍液喷施。

(3) 蛴螬：为铜绿金龟子 *Anomala corpulenta* Motschulsky 的幼虫。为害根茎，使整个植株枯黄而死，防治方法：参阅人参害虫防治。

三、采收、加工与贮藏

平原地区栽培的川芎在栽后第二年的 5 月下旬或 6 月上旬收获，山区栽的 7 月中旬收获。选择晴天，采挖全株，去除茎叶，抖去泥土，就地晾晒 3~4 h 后，运回加工。运回的根茎以烘干为好。烘干过程注意经常翻动，烘 8~10 h 后取出，堆积发汗，再放入炕床，改用小火炕 5~6 h，烘干；烘炕温度不得超过 70℃。放冷后撞去表面残留须根和泥土，装袋贮藏。用竹筐或篾包内垫篾席包装，出口包装用竹篓外套麻布，捆绳。置阴凉干燥处贮存。

四、栽培过程的关键环节

选择优良品系，生产上选正山系做种，且注意苓子分级；科学配方施肥，确保及时施肥。

山 药

薯蓣 *Dioscorea opposita* Thunb.，以干燥根茎入药，药材名山药。性平，味甘。归脾、肺、肾经。具有补脾养胃、生津益肺、补肾涩精作用。根中含淀粉 16%，并含薯蓣皂苷等多种药用成分，主产于河南温县、武陟等地以及山西平遥、祁县，全国除西北、东北高寒地区外，其他各地区均有栽培。

一、生物学特性

（一）生态习性

喜温暖、湿润、阳光充足的环境，耐寒。喜肥；耐旱怕涝。

山药系深根性植物，在排水良好、土层深厚、疏松肥沃的砂质壤土上（尤其以河流两岸冲积土、山坡下部砂壤土）生长最好。较黏重的土壤不宜种植山药。山区、丘陵、平原地区均可生长。忌连作。间隔 3~5 年才能再种。

（二）生长发育特性

山药整个生长期230～240日。从种栽种植到根茎收获，可分为发芽期、发棵期、根茎生长盛期、枯萎采收期4个时期。当地温达到13℃以上，并有足够的土壤湿度时才能出苗。种栽萌芽后，在下端长出多条粗根，着生在芦头处，开始横向辐射生长，而后大多集中在地下5～10 cm处，每条根长约20 cm，最深可达60～80 cm。7月上旬至8月上旬，叶腋间先后着生小块茎(零余子)。8月中旬至9月下旬，地下块茎生长发育迅速。花期6～8月，果期9～10月。

二、栽培技术

（一）选地与整地

山药因以根茎入药，土地养分消耗大，故对土壤中的氮、磷、钾、钙、铁、镁等元素及有机质、腐殖质等条件要求较高。在选地时宜以土壤肥沃的农田土或菜园土为佳，洼地、黏泥地、碱地均不宜栽种。

冬季或前作收获后，深翻40～60 cm，使之经冬熟化。第二年下种前，每亩施堆肥2 500～3 000 kg，饼肥100 kg，匀撒地面，同时每亩施40%辛硫磷15 kg，作土壤消毒，然后耙平。南方雨水较多，于栽种前做宽1.3 m高畦，以利排水；北方雨水少，在栽种时每栽完4～5行之后，随即做成10～15 cm的高垄，以便排水。

（二）繁殖方法

采用芦头和珠芽繁殖。

1. **芦头繁殖** 秋末冬初挖取山药时，选择颈短粗壮、无分枝、无病虫害的芦头，将上端有芽的一节(长15～20 cm)取下作种。芦头剪下后，放在室内通风处，晾5～6日，使断面愈合收浆，然后湿砂层积贮藏。在通风干燥的屋内地面，先铺一层稍干的河砂，约15 cm厚，将芦头平放于砂上，上面再铺一层河砂，如此分层堆积至80～100 cm高时，再盖一层河砂，最后覆盖一层稻草保温保湿。室内温度一般控制在0～8℃。也可室外贮藏，在室外选一砂质斜坡地挖沟，沟深24 cm，将芦头依次直立放入沟内，挖土覆盖芦头。山药根茎怕冻害。春季不宜栽种过早，在广西可于春分(3月间)种，气候较寒冷的地方可推迟到4月份(清明至谷雨)。栽种时在畦上按行距30 cm开横沟，沟深10 cm，宽20 cm，株距20 cm，将芦头按同一方向平摆沟底。栽后覆土，浇1次稀薄人畜粪水。保持畦面湿度，15～20日出苗。芦头用量5 500～8 000个/亩。

2. **珠芽繁殖** 10月下旬采收山药时，从叶腋间摘取零余子(珠芽)，选择大而圆、饱满、无病害的珠芽，晾2～3日后，放在室内竹篓里或木桶里贮藏，室温控制在5℃左右。第二年春播种。播种时在畦上按行距20～30 cm开横沟，沟深5～7 cm，每隔10 cm播入珠芽1粒，覆盖细土，压实，浇透水20～25日即可出苗。苗期加强管理，到初冬挖出根茎，选粗壮圆直的贮藏作种用，贮藏方法同前。翌春取出栽种，方法与芦头繁殖同。

两种繁殖方法，生产上必须交替使用，长期采用芦头繁殖易引起品种退化，常采用零余子培育种栽，进行复壮，以提高山药产量和质量。但不能连续使用，否则4～5年后产量亦会逐年下降。

（三）田间管理

1. **松土除草** 在苗高20～30 cm时，进行一次浅锄松土；6月中旬及8月初再视苗情及杂草滋生情况进行。中耕除草时，勿伤芦头、种栽及根茎和蔓。

2. **追肥** 山药喜肥，通常结合每次除草，施入人畜粪水2 000～2 500 kg/亩。立秋前后，叶面喷施 0.3％磷酸二氢钾液 2～3 次,以促进地下块茎的迅速膨大。追肥不能过晚,以防秋后茎叶徒长,影响根茎肥大。

3. 搭支架　山药茎为缠绕性,通常于藤苗长至 30 cm 左右,在行间用竹竿或树枝,搭设"人"字形支架,引蔓向上攀缘,以保证叶片有足够的营养面积进行光合作用。

4. 灌溉排水　雨季及时疏沟排水,防止畦内积水,造成根茎腐烂。遇干旱天气,须及时灌水。灌溉是山药管理中重要环节,适量灌溉,可使根茎长得圆、大、长,上下均匀,否则会造成根部畸形生长或分杈,粗细不均,影响产量和质量。

(四) 病虫害防治

1. 病害

(1) 炭疽病 *Gloeosporium pestis* Massee:7～8 月发生,为害茎叶,造成茎枯、叶落。防治方法:冬季清园,将病叶集中烧毁;用 1∶1∶(200～150)波尔多液或代森锌 800～1 000 倍液喷雾。

(2) 白锈病 *Albugo achyranthis* (P. Henn.) Miyabe:7～8 月发生,为害茎叶,茎叶上出现白色突起的小疙瘩,破裂,散出白色粉末,造成地上部枯萎。防治方法:及时排灌,防止地面积水;不与十字花科作物轮作;发病期喷 1∶1∶100 波尔多液或 65％代森锌可湿性粉剂 800～1 000 液防治。

(3) 根结线虫病 *Meloidogyne incognita* Chitwood:主要为短体线虫病,为害块根,使受害块根出现大小不等的小瘤,影响质量和产量。防治方法:避免在有线虫害发生的土地上栽种;播种前用40％辛硫磷 600 倍液浸种 48 h;选种时淘汰感染线虫病的芦头和种栽。

2. 虫害

(1) 蓼叶蜂 *Blennocampa* sp.:幼虫灰黑色,是为害山药的一种专食性害虫,5～9 月密集山药叶背,蚕食叶片,吃光大部分叶片。防治方法:2％敌杀死 3 000 倍液或 90％晶体敌百虫 1 000 倍液防治。

(2) 小地老虎 *Agrotis ypsilon* Rottemberg:咬食块根,使块根变成"牛筋山药",煮不烂,味变苦。防治方法:参阅人参地老虎防治。

三、采收、加工及贮藏

春栽山药于当年的 10 月底或 11 月初,地上部分发黄枯死后,即可采收。先采收珠芽,再拆去支架,割去茎蔓,然后采挖根茎。山药根茎较长,易破损,采挖时小心保持块根的完整无损。挖收山药,一定要按顺序,一株一株挨着挖,这样既有效减少破损率,又能避免漏收。采回的根茎趁鲜洗净泥土,泡在水中,用竹刀等刮去外皮,使之成白色,然后用低毒硫黄熏蒸 1～2 日,要求熏透。当山药变软后,取出晒干或烘干即成毛山药。

将毛山药放水中浸泡 1～2 日,浸透取出,稍晾;再用低毒硫黄熏后日晒,直到出现白霜为止(稍硬为好),把熏晒后的山药放入篓内、缸或池内闷约 24 h,闷至心软如棉,用木板搓数遍,晒 2 h 放入缸内 1 日后,取出再搓,用刀削去疙瘩以及两端,再搓,直到山药条粗光滑为止,晒干即成光山药。

成品山药置于阴凉通风干燥处贮藏,并注意防潮,防霉变,防虫蛀。

四、栽种过程中的关键环节

防治品种退化,采用芦头繁殖与珠芽繁殖交替进行,进行复壮,以提高山药产量和品质;加强水肥调控,适量灌溉,以提高山药的品质;适时搭架。

大　黄

掌叶大黄 *Rheum palmatum* L.、唐古特大黄 *R. tanguticum* Maxim. ex Balf.或药用大黄 *R. officinale* Baill,均以干燥根及根茎入药,药材名大黄。味苦,性寒。归脾、胃、大肠、肝、心包经。具泻热通肠、凉血解毒、逐瘀通经之功效。主要化学成分为蒽醌类衍生物大黄素、大黄酸、大黄酚、芦荟大黄素、大黄素甲醚、番泻苷等。主产于青海、甘肃、四川等地,宁夏、陕西、湖北,西藏、贵州等地亦产。本节以掌叶大黄 *R. palmatum* L.为例。

一、生物学特性

(一) 生态习性

野生大黄分布于我国西部的高寒山区(海拔 1 400～4 000 m)。栽培品以掌叶大黄为主,主要集中在川、陕、鄂交界地区海拔 1 300～1 600 m 的山地、田埂或山坡。大黄喜干旱冷凉气候,耐寒,怕高温。适宜在凉爽、阳光充足的地区生长,以年均气温 15～22℃、年降水量 500 mm 左右、空气相对湿度 50%～70%、无霜期 90～130 日地区生长为宜。大黄为深根性植物,适宜于腐殖质较多、土层深厚、排水良好、pH 6.5～7.5 的砂壤土或夹砂土中生长。忌连作。需经 4～5 年后才能再种。

(二) 生长发育特性

大黄种子寿命可维持 3～4 年,在适宜温度下种子必须吸收相当其重量 100%～200%的水分才能发芽,适温 18～20℃,2～3 日即可出苗,如温度低于 0℃或超过 35℃,则萌发受抑。播种第二年形成叶簇,每年 3 月返青,第三年 5～6 月开花结果,7 月上旬种子成熟,即可采收。野生大黄植株可生长 7～8 年以上。全年生长期约 240 日。

二、栽培技术

由于掌叶大黄适应区域广,质量上乘,产量高,为主要栽培品种。

(一) 选地与整地

宜选海拔 1 000～2 000 m 的凉爽地区,土壤耕层 30 cm 以上,排水良好的砂质壤土或含腐殖质壤土的地块种植。土质黏重、地势低洼的地方不宜种植。前茬作物最好为玉米、马铃薯等作物。选好地后,以 3 000～4 000 kg/亩施厩肥或堆肥,深耕 30 cm,做宽 1.3 m、高 30～40 cm 的畦,以备播种育苗。移栽地与育苗地相同操作,但须深耕 33 cm 以上,四周开好排水沟。

(二) 繁殖方法

多用种子繁殖,也可用子芽繁殖。

1. 种子繁殖　分育苗移栽和直播。

(1)育苗移栽:分春播和秋播。春播于土壤耕层解冻后播种。一般以秋播为好,因当年采收的种子发芽率高。春播种子宜行催芽处理,方法是将种子放入 18～20℃的温水中浸 6～8 h,浸后捞出,湿布覆盖,凉水冲 1～2 次／日,当有 1‰～2‰ 的种子萌发即可播种。

播种分条播和撒播。条播者横畦开沟,沟距 25～30 cm,播幅 10 cm,深 3～5 cm。将种子匀撒入沟内或畦面,条播和撒播每亩用种量分别为 3～4 kg 和 5～7 kg。播后盖细土,以盖没种子为度,畦面再盖草,如土壤干燥,在播前 3～4 日畦面浇水后再行播种,以利种子发芽。出苗后,揭去盖草,加强水肥管理。

(2) 直播：在初秋或早春进行。直播按行距 60～80 cm、株距 50～70 cm 穴播。穴深 3 cm 左右,每穴播种 5～6 粒,覆土 2 cm。用种量 3 kg／亩。

2. **子芽繁殖**　在收获大黄时,选择根茎侧面健壮且较大的子芽摘下种植,过小的子芽可移栽于苗床,第二年秋再行定植。为防止伤口处腐烂,栽种时可在伤口处涂上草木灰。按育苗移栽方法种植。

(三) 移栽定植

大黄育苗移栽春播者于第二年 3～4 月移栽,秋播者于第二年 9～10 月移栽。移栽时,选取根有中指粗的幼苗(过小的幼苗留在苗床继续培育),挖起后将侧根及主根的细长部分剪去,按行距 70 cm、株距 50 cm 开穴,穴深 30 cm 左右,每穴栽苗(或子芽)1 株。春季移栽盖土宜浅,使苗叶露出地面,以利生长;秋季移栽盖土宜厚,应高出芽嘴 5～7 cm,以免冬季遭受冻害。覆土后,穴内土面应较地面低 10 cm 左右,以便追肥与培土。

(四) 田间管理

1. **间苗、定苗**　直播的结合第一次中耕除草进行间苗,每穴选留健壮植株 2～3 株,条播的每 10 cm 留 1 株。苗高 10～15 cm 时可定苗,每穴 1 株。

2. **中耕除草**　当苗高 5 cm 时进行第一次中耕除草。一般采用三产三趟的管理。秋季移栽的可于次年中耕除草 3 次：第一次在 4 月刚萌发时,第二次在 6 月,第三次在 9～10 月倒苗后。第三年只在春、秋各中耕除草 1 次。第四年只在春季萌发后进行 1 次中耕除草。春季移栽的于当年 6 月中旬中耕除草 1 次,8 月中旬进行第二次,9～10 月回苗后进行第三次,此后均与秋季移栽者相同。

3. **追肥**　大黄喜肥,需磷、钾肥较多。每次中耕除草后,都应追肥。春、夏两季施油饼或腐熟的人畜粪尿,秋季用土杂肥及炕土灰防冻,在堆肥中加入磷肥效果更好。

4. **培土**　大黄根茎肥大,所以每次中耕除草或追肥后均应培土,以利根茎生长。

5. **摘薹**　大黄栽后第三年、第四年的 5～6 月间常抽薹开花,消耗大量养料,因此,除留种外,均应及早摘除花薹。

6. **灌溉排水**　大黄怕涝。除苗期若干旱应浇水外,一般不必浇水。7～8 月雨季,应及时排除积水,否则易烂根。

(五) 病虫害防治

1. **病害**

(1) 根腐病 *Fusarium* sp.：为害最为严重,尤以潮湿和连作的土地发病严重。发病后根茎呈湿润性不规则褐斑,后迅速扩大,深入根茎内部,并向四围蔓延腐烂,至根茎变黑,最后全株枯死。防治方法：参阅川芎根腐病防治。

(2) 大黄轮纹病 *Ascochyta rhei* Ell. et Ev.：从幼苗出土到收获均可发病。受害叶片可见病斑近圆形,红褐色,具同心轮纹,内密生黑褐色小点,严重时叶片枯死。防治措施：秋末冬初清除落叶并摘除枯叶,减少越冬菌源;加强早期中耕除草,增施有机肥;出苗后 15 日起,连续喷洒 300 倍波尔多液或代森锰锌 600 倍液。

(3) 霜霉病 *Peronospora rumicis* Cda.：4 月中下旬发病,5～6 月严重,尤以高温高湿更易发病。叶面病斑呈多角形或不规则形,黄绿色,无边缘,背面生灰紫色霉状物。发病严重时,叶片枯黄而死。其防治方法同根腐病。

(4) 疮痂病：7～8 月高温多雨季节发病严重,多在叶柄及叶片主脉上产生棕红色半透明的病斑,后迅速扩大颜色变深,呈瘤状突起形似疮痂,使叶片皱缩畸形,不能正常生长,严重时植株枯死,地下根茎腐烂。其防治方法同根腐病。

2. 虫害

(1) 金龟子：主要是铜色金龟子 *Anomala cuprea* Hope.和铜绿丽金龟子 *A. corpolenta* Motsch.,夏季咬食叶片,严重时仅留叶脉。防治方法：参阅人参害虫防治。

(2) 蚜虫：主要是棉蚜 *Aphis gosypii* Glover.和桃蚜 *Myzus persicae* Sulz.,多在幼苗期发生,常吸食根部汁液,不易发现。6～8 月群集于嫩叶,影响大黄正常生长。防治方法：10%的吡虫啉可湿性粉剂 2 000 倍液喷雾防治;1.8%阿维菌素 3 000 倍液喷雾防治;10%烟碱乳油 500～1 000 倍液喷雾防治。

(3) 甘蓝夜蛾 *Barathra brassiae* L.和斜纹夜蛾 *Spodoptera litura* (Fabricius)：幼虫啃食叶片,严重时仅剩较粗的叶脉和叶柄;受害轻时叶子也被咬成大小不等的孔,影响产量。防治方法：发生期及时消灭卵块或初孵幼虫;用黑光灯诱杀成虫。

(4) 大黄拟守瓜 *Callerucida* sp.：成虫和幼虫为害叶片,造成孔洞,影响植株生长和产量。该虫一年发生一次,以成虫在寄主植物或杂草丛中及土缝中越冬。越冬成虫第二年 4 月下旬或 5 月上旬开始活动危害,8 月陆续死亡,幼虫发生期为 6～7 月,当代成虫发生期为 7 月下旬至 9 月上旬。防治方法：铲除田间杂草,秋冬或早春耕犁土地,破坏越冬栖息地;忌连作,与川芎或黄芪轮作为好;发生期可用 50%可湿性西维因粉 500 倍液喷雾。

三、采收、加工与贮藏

一般于栽后三四年地上茎叶枯萎时采挖。收获时,先将地上部分割去,刨开根茎四周泥土,仔细将根茎及根全部掘起,抖去泥土,趁新鲜时刮去外表粗皮,个大的切段或开成两片,个小的修成蛋形。亦可切成厚约 1 cm 的薄片。干燥可选择晒干、阴干和烘干 3 种方式。

干燥加工后的大黄放于干燥冷凉处贮藏。

四、栽种过程的关键环节

防止大黄提前抽薹,可采用在高海拔地区种植、曲根定植、秋季移栽、割叶埋土等方法防止早期抽薹;抽薹后应及时摘除。

乌头(附子)

乌头 *Aconitum carmichaeli* Debx.,以干燥母根入药称川乌,以子根的加工品入药称附子。川乌味辛、苦,性热;有大毒。归心、肝、肾、脾经。具有祛风除湿、温经止痛之功效。附子味辛、甘,性大热;有毒。归心、肾、脾经。具有回阳救逆、补火助阳、逐风寒湿邪之功效。主要化学成分有乌头碱、中乌头碱、次乌头碱、去氧乌头碱、塔垃乌头胺、川乌碱甲和川乌碱乙等。乌头分布于长江中下游,北至秦岭和山东东部,南至广西北部。附子主产于四川,此外,陕西、云南、甘肃、湖北等地亦有栽培。乌头为四川道地药材之一,以四川江油产者为佳。

一、生物学特性

(一)生态习性

野生乌头分布于海拔 1 000 m 以上寒冷、凉爽的山地;丘陵地区多生于阳坡半阴山区。乌头喜温和湿润的环境,怕高温积水。目前主产区多在海拔 500 m 左右的涪江中下游两岸,年平均气温13.7~16.3℃,年降雨量 860~1 410 mm,空气相对湿度约79%。干旱对其生长不利,根部极易发生干腐。

以土层深厚、疏松肥沃、排水良好的砂壤土或紫色土为好;黏土、低洼地不宜种植;忌连作。

(二)生长发育特性

乌头于 12 月上旬下种,次年 2 月中旬后幼苗出土,3 月中下旬开始形成小附子,4 月上旬以后植株生长旺盛,5 月上旬前后块根迅速膨大,6 月上旬附子已基本成熟。乌头播种后,当日均气温在9℃以上时开始出苗,10℃以上时开始抽茎,17.5℃时开花,花序下部或中部小花先开放。花期 6~7月,果期 7~8 月。

(三)种质特性

乌头栽培品种以叶形等特征可区分为 3 个品系:

1. 南瓜叶型(川乌 1 号)　叶片形状与南瓜叶相似,块根较大,耐肥、晚熟、高产,但抗病力较差。

2. 小花叶型(川乌 5 号)　叶面黄绿色,叶片三深裂,末回裂片披针状椭圆形,块根圆球形,产量较稳定。

3. 丝瓜叶型(川乌 6 号)　茎粗壮,叶大,三全裂,末回裂片线状披针形,块根纺锤形。较抗病,产量较稳定。

二、栽培技术

(一)选地与整地

乌头培育地以阳坡瘠薄土壤为好,其块根健壮,支根细,栽种后生长良好,较少发生病害,产量高,质量好。而阴山沃地栽培的乌头,植株生长不壮,易发生病害。一般应选 4 年内未种过乌头的土地,选后深耕细耙,开宽约 1 m 的高畦,施基肥与土混匀,备用。

附子栽培地则应选择地势高燥,向阳,肥沃疏松,平坦,便于灌溉排水的地块。一般选 3~4 年内没有栽过附子的稻田。8 月下旬翻地晒垡,从 12 月上旬开始再反复犁耙 7~8 次,开沟作畦,沟宽 25 cm,畦宽 65 cm,撒施拌有油饼及磷肥的堆肥于畦面,与土混匀整平,备种。

(二)繁殖方法

一般采用块根繁殖。

1. **乌头的培育** 乌头于 11 月中旬挖起,选健壮无病的侧生块根,用退菌特 800 倍液浸种 3 h,再用清水冲洗,注意勿伤须根。随即按行距 23～25 cm,穴距 15～20 cm,穴深 13～15 cm 下种,每畦栽 2 行,植穴相互交错,每穴根据乌头大小可栽 2～6 个,栽后施入人畜粪水。次年 3 月中、下旬补苗、除草、施肥。5 月再除草、追肥 1 次。当植株生长到 12 片叶时,摘除顶端 1～2 节的腋芽;11 月上旬后采挖乌头,选中等大小的侧生块根作种。母根可晒干作川乌。

2. **附子的栽培** 栽种前,必须对乌头进行精细个选,选择大小中等,颜色新鲜,芽口紧包,无损伤霉烂的健壮乌头按大小分别栽种。一般在 12 月中、下旬栽种。栽种前先把畦面耙平后按行株距 17 cm×17 cm 开穴,每穴栽种 1～2 个。放时将芽口向上,块根脱落痕一侧朝向畦中心。栽好后理沟覆土,使厢面盖平。春季间种玉米,可起遮阴作用。

(三) 田间管理

1. **楼厢与清沟** 附子幼苗出土前,用竹耙将厢面大土块耧入沟内,用锄头整细,重新培于厢上(即楼厢);同时用锄头将沟底铲平,以免积水(即清沟)。

2. **除草补苗** 3 月中旬幼苗全部出土后,除去病株,不定期除草,再行补苗。

3. **施肥** 一般施肥 3 次,采用腐熟人畜粪尿,穴边浇灌。第一次在 3 月中、下旬幼苗出齐后进行;第二次在春分至清明修根后进行;第三次在 5 月上旬(第二次修根后)进行,这时气温渐高,块根膨大较快,应及时追肥。

4. **灌溉排水** 一般在幼苗出土后至 5 月上旬土壤干燥时 15 日灌水 1 次,6 月以后停止灌溉。雨季应注意及时排水。

5. **修根** 修根的目的是除去蘖生的小附子,保证附子发育肥大,提高品质和产量。一般修根 2 次。分别在清明节前后和立夏前后进行。修根时用铲子把植株附近的土刨开,把较小的而多余的块根依次刨掉。每株留对生的侧生块根各一个,即留双绊;修根尽可能选留鸡公绊(侧生块根离主根距离稍远些),去掉耙秆绊(侧生块根紧靠主根)。同时修去茎基上面新生的小块根及削去留在块根上的疔疤和部分须根。以保证附子个大、形体好、品质优良。

6. **打尖、除芽** 至立夏前后,将植株基部叶片摘去 2～3 枚,以利通风透光;待植株生长至约 50 cm,叶片 12～13 枚时,及时去掉顶芽,以防止倒伏,促进块根生长;当腋芽萌发长约 4 cm 时,及时摘除顶端以下 1～2 个节的腋芽,其余的腋芽留下让其生长。

(四) 病虫害防治

1. 病害

(1) 白绢病 *Sclerotium rolfsii* Sacc.：为害乌头和附子根茎部位。感病后根茎逐渐腐烂,叶片变黄,严重时全株死亡。防治方法：① 选用水稻、玉米轮作 5～6 年以上的土地种植。② 用 40% 多菌灵 500 倍液浸种 3 h 或用"田秀才杀菌 1 号"1 000 倍液浸种 30～60 min。③ 发现病株后立即深埋,撒石灰消毒病穴;病株周围植株用 50% 多菌灵 500 倍液或"田秀才杀菌 1 号"1 000 倍液灌穴。④ 雨季及时排水。

(2) 霜霉病 *Peronospora aconiti* Yu：为害幼苗叶片,病苗心叶边缘反卷,叶色灰白,叶背面产生淡紫色霉层,蔓延枯死。防治方法：在发病前采用 42%"田秀才杀菌 1 号"1 000 倍液和 50% 多菌灵 500 倍液进行喷雾,进行预防。发病后,摘除发病叶片,然后交替喷雾"田秀才杀菌 1 号"1 000 倍液和多菌灵 500 倍液,连续 3～5 次,间隔 7～10 日。

(3) 叶斑病 *Septoria aconiti* Bacc：为害叶片,严重时叶片枯死。防治方法：同白绢病。

（4）萎蔫病 *Fusarium oxysporum* Schlecht.：为害叶、块根。病株茎上出现黑色条纹，叶脉呈黑色云纹，叶片变黄，枯焦死亡。防治方法：彻底去掉带病块根，栽种时种根用 40％多菌灵胶悬剂 500 倍液浸 3 h。

（5）白粉病 *Erysiphe ranunculi* Grev：为害茎干、叶。发病时自茎下部叶片开始感病，逐渐向上蔓延，叶片产生白粉状霉层，叶片反卷，焦枯死亡。防治方法：① 可用 25％粉锈宁 2 000 倍液或用波美 0.3 度的石硫合剂喷射，每 10 日 1 次，连续 2～3 次。② 收获后集中烧毁病株残叶。

2. 虫害

（1）黑绒鳃金龟 *Maladera orientalis* Motschulsky 和棕色金龟子 *Holotrichia titanis* Reitter：幼虫为害乌头叶片，咬成孔洞。防治方法：整地时用辛硫磷 1 kg/亩，兑水 500 kg 喷洒土面，再翻耕；苗期发现植株萎蔫时，可刨开土壤杀死蛴螬。

（2）乌头翠雀蚜 *Delphiniobium aconiti*（Ven der Goot）：为害植株顶部幼嫩部分。防治方法：参阅大黄蚜虫防治。

（3）黑小卷蛾 *Endothenia noplista* Meyrick：幼虫先为害心叶，后蛀入茎内，咬坏茎组织，致使植株顶部逐渐萎蔫下垂，俗称勾头。防治方法：在乌头收获时，可集中烧毁茎秆杀死越冬幼虫。发现植株勾头时从萎蔫下部的一节摘去，集中烧毁。

（4）银纹夜蛾 *Plusa agnata* Staudinger：将叶片咬成孔洞。防治方法：利用成虫的趋光性，可用黑光灯诱杀成虫。利用幼虫的假死性，可摇动植物，使虫掉在地下集中消灭。选用 10％吡虫啉可湿性粉剂 2 500 倍液或 5％抑太保乳油 2 000 倍液，于低龄期喷洒，隔 20 日 1 次，防治 1 次或 2 次。

三、采收、加工与贮藏

乌头栽后第二年 7 月中、下旬收获产量较高。用二齿耙挖出全株，抖去泥土，摘下子根，去掉须根，称为泥附子。母根晒干即川乌。生附子毒性极大，临床应用多加工成白附片、黑顺片、盐附子等。

成品用麻袋或木箱包装，置干燥处贮藏。盐附子宜置阴凉干燥处保存。

四、栽培过程的关键环节

选择优良品系；适时修根、打尖、除芽。

丹　参

丹参 *Salvia miltiorrhiza* Bge.，以干燥根入药，药材名丹参。味苦，性微寒。归心、肝经。具祛瘀止痛、活血通经、清心除烦之功效。主要化学成分有丹参酮Ⅰ、丹参酮ⅡA、隐丹参酮、羟基丹参酮、丹参酚酸 B、原儿茶醛等。全国大部分地区均有栽培，主产于陕西、四川、河南、山东、山西等地。

一、生物学特性

（一）生态习性

丹参分布广，适应性强，自然分布于林缘坡地、沟边草丛、低山坡、路旁等地。喜温暖气候，较耐寒,可耐受-15℃以上的低温。最适生长温度20～26℃,主产区一般年均气温11～17℃,海拔500 m以上,年降水量500 mm以上。怕旱又忌涝,栽培条件下,种子萌发和幼苗阶段遇高温干旱,影响发芽率,或使幼苗生长停滞甚至死苗;若秋季持续干旱,影响根部发育,降低产量。在地势低洼、排水不良的土地上栽培,会造成叶黄根烂。

土壤酸碱度适应性较广,中性、微酸、微碱均可生长,但以地势向阳、土层深厚、中等肥沃排水良好的砂质土壤栽培为好。忌连作,可与小麦、玉米、葱头、大蒜、薏苡、蓖麻等作物或非根类中药材轮作,不适于与豆科或其他根类药材轮作。

(二) 生长发育特性

丹参年生长发育分为3个阶段:3～7月为地上茎叶生长旺季,这一阶段丹参植株开始起薹、陆续开花结果,茎分枝;8～11月为地下根系生长旺季,这一阶段根系加速分枝、膨大,大部分须根发育成肉质根,此时应防止积水烂根;11月底至翌年3月初为越冬期,平均气温10℃以下时,地上部开始枯萎,地下部生长缓慢,最低温度-15℃左右,最大冻土深43 cm左右时丹参仍可安全越冬。7～8月若连续出现30℃以上高温天气时,地上部分茎秆枯死,同时基部长出新的茎叶,此时新枝叶能增加植物的光合作用,有利于根的生长。

丹参种子小,长卵圆形,千粒重1.64 g。18～22℃下播种后,15日左右出苗,当年种子出苗率70%～80%,陈年种子发芽率极低。无性繁殖时,根在地温15～17℃时开始萌芽,根条上段比下段发芽生根早。

二、栽培技术

(一) 选地与整地

宜选地势向阳、土层深厚、疏松肥沃、排水良好的砂质土壤栽种。忌选黏土和盐碱地、河滩淤砂地、夜潮地、发生过根腐病和根结线虫病的地块。

种植地整地,前茬作物收割后,清除地面,施农家肥1 500～2 000 kg/亩,深翻30 cm以上,耙细整平,作宽80～130 cm、高25 cm的畦,畦间留沟宽25～30 cm。四周开排水沟。

苗床整地,每亩施腐熟厩肥或绿肥1 000 kg,磷酸二铵10 kg,翻耕深20 cm以上。耙细,整平,清除石块、杂草。做畦,畦宽1～1.2 m,畦间开沟。

(二) 繁殖方法

采用种子繁殖、切根繁殖、芦头繁殖和扦插繁殖。

1. **种子繁殖**　可育苗移栽和直播。

(1) 育苗移栽:6月底或7月初,种子收获后即时播种,与2～3倍细土混匀,均匀撒播苗床上,用扫帚拍打使种子和土壤充分接触,麦秸或稻草覆盖至小露土,浇透墒水。用种量2.5～3.5 kg/亩。一般播后第四日开始出苗,15日基本出齐。苗出齐后于傍晚或阴天揭去覆盖物。8月上、中旬若种苗瘦弱,可结合灌溉施尿素5 kg/亩。及时除草。苗高6～10 cm时间苗,株距5 cm左右。

(2) 直播:7～8月或翌年3月播种。条播或穴播。穴播:行株距(30～40)cm×(20～30)cm挖穴,每穴播种5～10粒,覆土2～3 cm。条播:沟深1～1.3 cm时,覆土0.7～1 cm,播种量0.5 kg/亩。苗高5 cm以上间苗。

2. **切根繁殖**　选择一年生健壮无病虫害的鲜根作种,侧根为好,根粗1～1.5 cm。按行株距(20～30)cm×(20～30)cm开穴,穴深10～15 cm,穴施农家肥1 500～2 000 kg/亩。将选好的根条切成 5～7 cm 长的根段,一般取根条中上段萌发能力强的部分和新生根条,切根用草木灰拌后移栽,大头朝上,直立穴内,每穴栽 1～2 段,盖土 1.5～2 cm,压实。用种根量 50～60 kg/亩。栽后 60 日出苗。

3. 芦头繁殖　选无病虫害的健壮植株,剪去地上茎叶,留长 2～2.5 cm 的芦头作种苗,按行株距(30～40)cm×(25～30)cm 挖穴,深 4 cm,每穴栽 1 株,芦头向上,覆土以盖住芦头为度,浇水,40～45 日芦头可生根发芽。芦头栽种出芽率和成活率都较高,分根多,产量高。此法宜提倡。

4. 扦插繁殖　南方于 4～5 月,北方于 7～8 月进行。剪取生长健壮、无病虫害枝条,切成长 20 cm 左右的小段,剪除下部叶片,上部留 2～3 片叶。在畦面上浇透水,按行株距 20 cm×10 cm 开沟,将插穗斜插入 1/2～2/3。保持畦面湿润,搭棚遮阴,20 日左右即可生根。当根长 3 cm 左右时即可移栽定植。

(三) 移栽与定植

播种育苗在 10 月下旬至 11 月上旬进行,春栽在 3 月初进行。按行株距(20～25)cm×(20～25)cm 开穴,穴深以种苗根能伸直为宜。种苗根过长则剪掉部分,保留 10 cm 长的种根即可;将种苗垂直立于穴中,培土、压实至微露心芽,亩栽 8 000 株,栽后视土壤墒情浇水,忌漫灌。

直播者在返青后,结合除草和补苗,进行间苗定植。

根茎、芦头和扦插繁殖的栽种时间一般在 11 月上旬立冬前栽种,也可在 2～3 月,冬栽比春栽产量高。

(四) 田间管理

1. 中耕除草　一年中耕除草 3 次。第一次在 4 月幼苗高 10 cm 左右时进行,应浅耕;第二次在 6 月上旬开花前后进行;第三次在 7～8 月进行。封垄后停止中耕。

2. 追肥　除栽种时施基肥外,还需追肥 3 次。第一次结合中耕除草追肥,以施氮肥为主,施稀薄人畜粪水 1 500 kg/亩;第二次每亩可施腐熟粪肥 1 000～2 000 kg,过磷酸钙 10～15 kg 或肥饼 50 kg;第三次施肥于收获前 2 个月,应重施磷、钾肥,促进根系生长,每亩施饼肥 50～75 kg、过磷酸钙 40 kg。

研究表明,从增加产量的角度来说,氮∶磷=1∶1 时产量可提高一倍。从提高丹参素及总丹参酮的含量上来说,氮∶磷∶钾=1∶2.5∶2 时,可使丹参素和总丹参酮的含量分别提高 1/4 和 1/5。微量元素可提高丹参的产量和有效成分含量,施锰肥有利于丹参酮及丹参素的累积。施用硼肥有利于丹参产量的增加。因此,在丹参生长发育旺盛时期可施适量微肥。

3. 摘除花蕾　除留种外,对抽出的花蕾应及时摘除,以减少养分消耗,促进根部生长。实验表明,在其他措施完全相同的情况下,剪花蕾比不剪花蕾的鲜根增产 12.98%～18.75%,干根增产 20%～22.22%。摘蕾应用手采,以免损伤茎叶。

4. 灌溉排水　丹参怕积水,故须严防积水成涝,造成烂根。但出苗期和幼苗期需水量较大,要保持土壤湿润,遇干旱应及时灌水。5～7 月为丹参生长旺盛期,此时遇干旱应及时渗灌或喷灌。

(五) 病虫害防治

1. 病害

(1) 根腐病 *Fusarium* sp.：为害根部。发病植株根部发黑腐烂,地上部分茎枝先枯死,严重时全株死亡。防治方法：参阅川芎根腐病防治。

（2）叶斑病 *Cercospora* sp.：为害叶片。5 月初发生，一直延续到秋末。初期叶片上产生圆形或不规则形深褐色病斑，严重时病斑扩大汇合，致使叶片枯死。防治方法：发病前喷(1∶1∶120)～(1∶1∶150)波尔多液，7 日喷 1 次，连喷 2～3 次；发病初期用 50％多菌灵 1 000 倍液喷雾；加强田间管理，实行轮作；冬季清园，烧毁病残株；注意排水，降低田间湿度，减轻发病。

（3）菌核病 *Sclerotinia glaioli* (Messey) Drayton：发病植株茎基部、芽头及根茎部等部位逐渐腐烂，变成褐色，并在发病部位、附近土面及茎秆基部的内部生有黑色鼠粪状的菌核和白色菌丝体，最后植株枯萎死亡。防治方法：加强田间管理，及时疏沟排水；发病初期及时拔除病株，并用 50％氯硝胺 0.5 kg 加石灰 10 kg，撒在病株茎基及周围土面，防止蔓延，或用 50％速克灵 1 000 倍液浇灌。

（4）根结线虫病 *Meloidogyne* sp.：由于线虫的寄生，在须根上形成许多瘤状结节，地上部生长瘦弱，严重影响产量和质量。防治方法：选地势高，干燥无积水的地方种植；与禾本科作物轮作，不重茬；建立无病留种田；拌施辛硫磷粉剂 2～3 kg/亩或棉隆 2 kg/亩，对根结线虫有明显防治效果。

2. 虫害

（1）银纹夜蛾 *Plusia agnaia* Staudinger：以幼虫咬食叶片，夏秋季发生。咬食叶片成缺口，严重时可把叶片吃光。防治方法：冬季清园，烧毁田间枯枝落叶；黑光灯诱杀成虫；幼龄期喷 90％敌百虫 1 000 倍液，每 7 日喷 1 次，连续 2～3 次；幼虫期可用松毛杆菌防治，制成每 1 ml 水含 1 亿孢子的菌液喷雾，0.6～0.8 kg/亩。

（2）蛴螬 *Anomala* sp.、小地老虎 *Agrotis ypsilon* Rottemburg：4～6 月发生，咬食幼苗根部。防治方法：参阅人参地老虎防治。

三、采收、加工与贮藏

10 月下旬至 11 月上旬地上部枯萎或次年春未萌发前采挖。晴天采挖。先将地上茎叶除去，在畦一端开一条深沟，使参根露出，顺畦向前挖出完整的根条，防止挖断。

挖出后，剪去残茎。可将直径 0.8 cm 以上的根条在母根处切下，顺条理齐，暴晒，常翻动，七八成干时，扎成小把，再暴晒至干，即成条丹参。如不分粗细，晒干去杂后称统丹参。

贮藏丹参的仓库应通风、干燥、避光，并具有防鼠、虫、禽畜的措施。

四、栽种过程中关键环节

科学配方施肥，适施微肥；及时摘除花蕾。

天　麻

天麻 *Gastrodia elata* Bl.，以干燥块茎入药，药材名天麻。味甘，性平。归肝经。具息风止痉、平抑肝阳、祛风通络的功效。主要化学成分有天麻素、对羟基苯甲醇、对羟基苯甲醛、香荚兰醇和香荚兰醛等。全国大部分地区有栽培，主产于陕西、贵州、湖北、安徽、云南、四川等地区。

一、生物学特性

(一) 生态习性

野生天麻多生长在海拔 1 000～1 800 m,年降雨量在 1 400～1 600 mm,空气相对湿度 70%～90%,土壤湿度 50%左右,气候凉爽环境。人工栽种天麻,可在海拔 300～2 000 m 的地区进行,以海拔 1 100～1 600 m 地带最合适。

天麻是一种无根无绿叶的植物,不能进行光合作用。其块茎常年潜居土中,主要依靠蜜环菌供给营养。温度对蜜环菌和天麻发育影响很大,天麻种子在 15～28℃能发芽,最适温度为 20～25℃,超过 30℃种子萌发受限。天麻在土壤温度 -3～5℃能安全越冬,但长时间低于 -5℃时,易发生冻害。天麻在发育过程中,必须经过一定的低温,否则即使条件适宜,也不会萌动发芽。天麻生长发育各阶段对土壤湿度要求不同。处于越冬休眠期天麻,土壤含水量应保持在 30%～40%为宜,生长期以 40%～60%为宜,超过 70%造成块茎腐烂。

天麻喜疏松、腐殖质较多、透气性好的微酸性土壤中。在黏土(如死黄泥地)中生长不良。最适土壤 pH 5.5～6.0。

(二) 生长发育特性

天麻完成一个生长周期一般需要 3 年。

天麻种子成熟后,紫萁小菇 *Mycena osmundicola* Lange. 作为萌发菌侵入其中供给营养,萌发菌菌丝从胚柄细胞侵入原胚细胞和种胚,分生细胞开始大量分裂,种胚体积迅速增大,直径显著增加,20 日左右胚逐渐突破种皮而发芽,25～30 日能观察到原球茎。随后原球茎与蜜环菌 *Armillaria mellea* (Vahl. Ex Fr.) Quel. 建立共生关系,节间可长出侧芽,顶端可膨大形成顶芽,顶芽和侧芽进一步发育便可形成米麻和白麻。长度 1 cm 以下的小块茎以及多代无性繁殖长度在 2 cm 以下的小块茎称米麻。进入冬季休眠前,米麻能够吸收营养形成白麻。种麻栽培当年以白麻、米麻越冬。第二年春季当地温达到 6～8℃时,蜜环菌开始生长,米麻、白麻被蜜环菌侵入后,继续生长发育。当地温升高到 14℃左右,白麻开始萌动,分化出 1～1.5 cm 长的营养繁殖茎,在其顶端可分化出具有顶芽的箭麻。箭麻次年抽薹开花,形成种子,进行有性繁殖。箭麻加工干燥后即为商品麻。白麻分化出的营养繁殖体还可发生数个到几十个侧芽,这些芽生长形成新生麻,原米麻、白麻逐渐衰老、变色,形成空壳,成为蜜环菌良好的培养基,称为母麻。入冬后(即 11 月至次年 2 月)天麻进入休眠期,米麻、白麻和箭麻都有 30～60 日的休眠期,只有经过低温休眠的天麻,来年才能正常的生长、抽薹、开花、结果。留种的箭麻越冬后,4 月下旬到 5 月上旬当地温达到 10～12℃时,顶芽萌动抽出花薹,在 18～22℃下生长最快,地温 20℃左右开始开花,从抽薹到开花需 21～30 日,从开花到果实成熟需 27～35 日,花期温度低于 20℃或高于 25℃时,果实发育不良。野生天麻抽薹开花后,块茎成为蜜环菌的培养基,逐渐被蜜环菌分解腐烂。天麻一生中除了抽薹、开花、结果的 60～70 日植株露出地面外,其他的生长发育过程都是在地下进行。花期 5～7 月,果期 6～8 月。

(三) 种质特性

天麻栽培广泛,在种内产生了许多变异,根据天麻花及茎的颜色、块茎的形状、块茎含水量等差异,栽培天麻有红天麻、绿天麻、乌天麻、黄天麻四个类型。

1. **红天麻**　也称秤杆天麻,茎肉红色,花浅黄色,微带淡红色,果实椭圆形,肉红色,块茎长椭圆形,淡黄色。分布于我国长江流域诸地,东北、西南地区及日本、朝鲜、俄罗斯。

2. **绿天麻**　绿天麻的花及花葶淡蓝绿色,植株高 1～1.5 m。块茎长椭圆形,节较短而密,鳞片发达,含水量 70%左右。我国西南、东北地区驯化栽培的品种。

3. **乌天麻**　花蓝绿色,花葶灰棕色,带白色纵条纹,植株高 1.5 m 左右,个别高达 2 m 以上;块茎椭圆形、卵圆形或卵状长椭圆形;块茎短柱形,前端有明显的肩,淡黄色。分布于云南、贵州、四川、湖北及东北长白山区。

4. **黄天麻**　花淡黄绿色,花葶淡黄色,植株高 1.2 m 左右,块茎卵状长椭圆形,含水量 80%左右。

二、栽培技术

(一)选地与整地

选排水良好、富含有机质的砂质壤土或腐殖土,山区杂木林或阔叶混交林,如竹类、青冈、桦木、野樱桃等地可栽种。忌黏土和涝洼积水地,忌重茬。

(二)繁殖方法

主要采用块茎繁殖,也可用种子繁殖。无论用哪种繁殖方法,均需培养菌材。

1. **培育菌材**　天麻的生长主要靠蜜环菌提供营养,因此须提前培养好优质菌材。

(1)蜜环菌培养:纯菌种的分离(一级菌种的制备)是以蜜环菌菌索、子实体、带有蜜环菌的天麻或新鲜菌材为原料,在无菌条件下进行分离培养,获得纯化菌种。随后将纯化菌种培养成二级菌种用以培养菌材。

(2)菌材培养:一般选阔叶树,如桦树、野樱桃、青冈、毛栗树、柳树等均可培育菌材。通常将长有蜜环菌的木棒称为菌材或菌棒;将长有蜜环菌的短树枝称为菌枝。菌棒选直径 5～10 cm 的树干或枝丫,锯成长 20～70 cm 的木棒,并砍 2～3 排鱼鳞口,深达木质部,鱼鳞口间距 2.5～3 cm;菌枝选粗 2～3 cm 的树枝,截成长 20～25 cm 的小木段。

菌枝培养:最适时间在 4～6 月。培养方法:选择腐殖质较多,排水良好的湿润砂质壤土,挖深 50 cm、长宽各 1 m 坑,坑底先铺 1 cm 厚湿树叶,将长度 20～25 cm 待培养的树枝铺上一层,再将蜜环菌枝铺上一层,然后再铺一层待培养的树枝,之后在其上盖砂土 1 cm,用手摇动树枝,使砂土充分落入其间,浇水,再撒树叶,以此类推,堆放 4～5 层后,填土 15～20 cm,最后用树叶盖好防晒保墒。一般在温度 22～25℃时,1 个月左右即可培养好。

菌材(棒)培养:3～5 月是天麻冬栽前准备菌棒的最好时期。培养方法:培养菌材常采用坑培法、半坑培法、堆培法和箱培法。① 坑培法。挖坑深 50 cm,长 2 m,宽 1.2～1.5 m。坑底要平,先用水将坑底浇透后撒 1 cm 厚的湿树叶,将准备好的木棒摆好,两棒相距 1 cm,用砂土回填至半沟时,在每根木棒的两侧及两端摆放 8～10 个菌枝,然后再盖土 1～1.5 cm,摇动木棒,压实并用水浇湿,如此摆放 4～5 层,上盖土 15～20 cm,最后覆一层树叶保湿。一般温度在 18～24℃,含水量在 50%以上,4～6 个月就可培养好。该法适于低山和干旱地区。② 半坑培法。一般坑深 30 cm 左右,方法同坑培法,只是 1～2 层木材高出地面,上面盖砂土呈梯形。该法适于温度、湿度适中的地区。③ 堆培法。在地面上进行。地面平整后,方法同上,注意保湿。该法适于温度低、湿度大、地下水位高的地区。④ 箱培法。在室内四季均可进行,可用箱子,也可用砖砌成槽。但温度必须保持在 20℃ 左右,用等量的砂或锯末作填充物。

(3) 培养固定菌床：该法简化了先培养菌材,再用菌材栽天麻的生产过程,加快了栽培速度,蜜环菌繁殖快,杂菌污染少,菌床质量高。通常在 7~8 月进行,培养好后可直接赶上天麻冬栽。培养方法:挖坑深 30~40 cm,长 70 cm,宽 60 cm。先铺 1 cm 厚湿树叶一层,摆放木棒 5 根,填半沟砂,在棒间斜夹放菌枝 3~4 个,在菌枝两端和木棒鱼鳞口处,夹放鲜树枝数节,盖土至棒平,按此再摆放一层,覆土 5~6 cm 封顶,上盖树叶保湿。

2. 种子繁殖　天麻无性繁殖存在严重的种质退化问题。为了解决种质退化问题,可用种子繁殖复壮。此外还可提高天麻产量。从种子播种到形成种麻仅一年半时间。通常箭麻于 5~6 月开花结果,待果实裂口前 1~2 日采收种子。采收后即可播种。种子不宜存放过久,否则影响种子萌发率,最多在阴凉处暂存 2~3 日。天麻种子最适萌发温度为 20~25℃,一般在 5 月至 6 月上旬播种。播种前应将木棒、树枝用 0.25% 硝酸铵溶液浸泡 24 h,并准备好菌材、菌棒、栽培料(粗砂与杂木屑按 1:1 体积比混匀后加水堆积闷湿 6~8 h 后使用)、树叶等。将培养好的紫萁小菇生产种,从瓶内掏出,放入干净容器,用手将贴在一起的菌叶撕成单片叶,之后将天麻种子均匀撒在菌叶上,使每片菌叶上都粘上天麻种子。

播种时挖开准备好的菌床,取出菌材,耙平床底,先铺一层壳斗科树叶,然后将拌好的菌叶撒一层在上面,按原样摆好下层菌材,间留 2~3 cm,盖土填满菌材间的空隙,铺树叶后再撒一层拌菌叶在上层,放菌材后用土盖严压实,上盖树叶即可。

一般种子繁殖从 6 月到次年的冬季 11 月收获,需时一年半。

3. 块茎繁殖　以块茎为繁殖材料,使其直接生产新个体,大的可收获加工成药材,小的继续作播种材料。通常以色泽淡黄、生长点嫩白、无病虫害、无损伤的白麻(重量 2.5~20 g)为佳。栽培期分春栽和冬栽,一般在初春 3~4 月,冬季 11 月天麻休眠阶段栽培为好。栽培方法有菌材伴栽、菌材加新材法、菌床栽培法 3 种。

(1) 菌材伴栽:挖坑深 30~40 cm,宽 50~60 cm,长 70 cm。沟底整平,撒铺 3 cm 厚腐殖土或湿树叶一层,平摆菌材 4~6 根,菌材之间相隔 3~5 cm,把种麻贴靠在菌材菌索上,用腐殖土填实空隙。之后再按顺序放完第二层菌材,上面覆土 16~17 cm,盖树叶保湿。

(2) 菌材加新材法:坑深、长、宽同上。坑底土挖松 10 cm,铺一层湿树叶,将菌材和木棒相间摆放,间距 6~8 cm,填半沟土,将种麻贴靠在菌材的两侧及两头摆放,每根菌材放种麻 8~10 个。在新材与菌材的空隙处夹放树枝和菌枝数根,用土 5~10 cm 覆盖压实,再如法栽种一层,最后上盖 15~20 cm 砂土压实,覆落叶杂草保湿。

(3) 菌床栽培法:将培育好的固定菌床挖开,取出上面一层菌材,下层菌材不动,把菌材间的土按 10 cm 挖一小孔,栽上种麻,种麻紧靠菌材的两侧及两端,每根菌材栽种 8~10 个种麻,棒间斜夹 4~5 根树枝,种完用砂土填实空隙,盖上一层树叶,再同样放上第二层菌材,方法同上,最后盖土 15~20 cm,覆树叶压实。

(三) 田间管理

1. 温度调节　在天麻生产中应避免高温和低温,夏季可采取搭遮阴棚、盖草或喷水等措施降温。冬季可加盖塑料薄膜,搭建温棚或增加日照时数等措施保温增温。

2. 灌溉排水　天麻和蜜环菌的生长繁殖都需要充足水分,不同生长季节,需要水分也不同。6~8 月是天麻生长旺盛期,若土壤含水量保持在 50% 以上,则无须灌水,如遇干旱无雨应及时浇水防旱,一般每隔 3~4 日浇水 1 次,但水量不能过大,应采用喷灌或淋灌,切忌大水漫灌。此外,还可通过加厚覆盖层来防旱保湿。一般积水 2～4 日就会造成天麻块茎腐烂,因此排水防涝也是天麻栽培中的关键环节之一。但在近收获时,应控制水分,以免蜜环菌过量繁生,消耗营养,降低天麻产量和质量。

(四) 病虫害防治

1. 病害

(1)块茎黑腐病:通过菌材感染天麻,染病天麻早期出现黑斑,后期腐烂。防治方法:选择无杂菌侵染的菌材;在制备菌材前可将木棒、树枝、树叶用 0.1%～0.2% 的多菌灵浸泡。

(2)日灼病:因遮阴不当所致。抽薹后花茎出土,受日光灼伤后颜色变深,继而变黑,遇到阴雨感染霉菌,使茎倒伏。防治方法:育种圃应建在树荫下或遮阳的地方,花茎出土前应搭建遮阴棚,防止灼伤。

2. 虫害

(1)蛴螬 *Anomala carpulenta* Motschulsky:幼虫在天麻窝内咬食块茎,将天麻咬成空洞,并在菌材上蛀洞越冬,毁坏菌材。防治方法:在成虫发生期,用 90% 敌百虫晶体 800 倍液或 50% 辛硫磷乳油 800 倍液喷雾;或每平方米用 90% 敌百虫晶体 0.3 kg 加水少量稀释后,拌细土 5 kg 制成毒土撒施;利用蛴螬的趋光性,设置灯光诱杀成虫;在播种或栽种前,用 50% 辛硫磷乳油 500 倍液喷于窖内底部和四壁。

(2)介壳虫:天麻收获时常见到有成群的粉蚧集中于天麻的块茎上,为害处颜色加深,严重时块茎瘦小停止生长。防治方法:收获天麻以后,对栽培坑进行焚烧,受害天麻不能作为种麻继续使用。

三、采收、加工与贮藏

冬季栽种的天麻第二年冬或第三年早春采收;春季栽种的天麻当年冬或第二年春采收。有性繁殖播种的天麻,一般可当年播种当年移栽,也可播种一年半后采收。采收一般在晴天进行,采挖时,先将地上的杂草或覆盖物清除,慢慢刨开土层,揭开菌材,将天麻从窖内小心逐个取出,严防器械损伤。将挖起的商品麻、种麻、米麻分开盛放,种麻作种,米麻继续培育,商品麻加工入药。

采收的天麻应及时加工,尤其 3～6 月采挖的春麻不宜久放,以免影响质量。按大、中、小分 3 个等级,一级麻单个重量 150 g 以上,二级麻 75～150 g,三级麻 75 g 以下。将分好级的天麻用清水快速洗净,清洗时不去磷皮,不刮外皮,小心保护顶芽,避免损伤。洗净后,将不同等级的天麻分别放在蒸笼中蒸制,待水蒸气温度高于 100℃ 后计时,一等麻蒸 20～40 min,二等麻蒸 15～20 min,三等麻蒸 10～15 min。蒸至无白心为度,未透或过透均不适宜。蒸制好的天麻摊开凉冷,晾干麻体表面的水分。晾干水汽的天麻及时烘干。将天麻均匀平摊于竹帘或木架上。温度加热至 40～50℃,烘 3～4 h;再将温度升至 55～60℃,烘 12～18 h,待麻体表面微皱。将高温烘制后的天麻集中堆放回潮 12 h,待麻体表面平整。回潮后的天麻再在 45～50℃ 条件下继续烘烤 24～48 h,烘至天麻块茎五六成干后进行人工定型。重复低温烘干和回潮定型步骤,直至烘干。

置通风干燥处贮藏,注意防蛀。

四、栽培过程的关键环节

培育优质菌材;加强温度和水分管理;适时进行有性繁殖,以培育良种,防止退化。

巴　戟　天

巴戟天 *Morinda officinalis* How,以干燥根入药,药材名为巴戟天。味辛、甘,性微温。归肝、肾经。具补肾阳、强筋骨、祛风湿之功效。主要有效成分为蒽醌类化合物,如 1,6-二羟基-2,4-二甲氧基蒽醌、1,6-二羟基-2-甲氧基蒽醌、1-羟基蒽醌等,还含有环烯醚萜类、糖类、氨基酸等。主要分布于福建、广东、海南、广西等地区的热带和亚热带地区。

一、生物学特性

(一) 生态习性

巴戟天生长于山地和丘陵地的疏、密林下和灌丛中。适宜生长在温暖、湿润的气候环境。月平均气温 20～25℃生长最适宜,低于 15℃或超过 27℃生长缓慢。不耐寒,在 0℃以上能安全越冬,但有落叶现象。在年降水量 1 600 mm 左右,空气相对湿度 80% 左右的地区,生长发育良好。对光照适应性较强,可生长在较荫蔽或阳光充足的地方。

以排水良好、疏松、肥沃、土层深厚的酸性砂质壤土或壤土种植为好。耐旱,忌积水,水分过多易引起烂根。

(二) 生长发育特性

巴戟天定植 3 年后才开花结果,花期 4～7 月,果期 6～11 月。

二、栽培技术

(一) 选地与整地

育苗地应选择排水良好、疏松、肥沃的砂质壤土或壤土,以背风向阳、近水源的东坡或东南坡、有一定遮阴条件、新开垦无污染地段为好。深翻土壤,使其充分风化。施充分腐熟的厩肥 2 000～3 500 kg/亩作基肥。播种前再细碎耙平,做成宽 1 m、高 20 cm 的畦,长度依地势而定,畦面盖火烧土。

种植地选择腐殖质丰富、土层深厚、质地疏松、新开垦的红、黄砂壤土,林间空地或缓坡地均可。除了需作荫蔽树的树木外,将灌木杂草清除。在定植前一年秋冬深耕 30～40 cm,使土壤充分风化、熟化。翌年再碎土整平,沿等高线按 1～1.2 m 的宽度作成梯田,起畦。然后按株距 30 cm 挖穴,穴的长、宽、深均为 30 cm,每穴施入土杂肥、过磷酸钙混合肥等 8～10 kg。

(二) 繁殖方法

以扦插繁殖为主,也可种子繁殖。

1. 扦插繁殖

(1) 插穗选择与处理:选择 2～3 年生无病虫害、粗壮的藤蔓,剪成长 10～15 cm,含 2～3 个节的小段,只保留顶芽一片叶,下端剪成斜面。用适宜浓度生长素处理插穗可提高成活率。

(2) 扦插时间与方法:春季雨水节气前后扦插。在畦上开行距为 10 cm 的横沟,将处理好的插穗斜靠在沟壁上,覆土,轻轻压紧,仅留上端 1/3 露出地面,浇透水。盖 60%～80% 的遮阴网,或盖草遮阴。经常保持畦面湿润。苗期进行中耕除草,施 2～3 次稀人畜粪水,3 个月后撤除遮阴物。经 5～6 个月培育即可移植。

2. 种子繁殖

(1)选种和种子处理:挑选生长健壮,无病虫害的母株留种。于 10～11 月果实成熟,由黄转黄褐色或红色时采收,搓去果皮,挑选色红、饱满、无病虫的种子立即播种。如需春播,种子要拌湿砂保存。切勿晒干种子贮藏。

(2)播种时间与方法:点播或撒播。点播按行株距 3 cm×3 cm 进行;撒播时种子密度不宜过大。播种后宜用土筛筛过的黄心土或火烧土覆盖约 1 cm 厚。浇透定根水。苗期管理同扦插繁殖。经 150 日左右培育,幼苗即可移植。

(三)移栽与定植

春、秋两季均可定植,但以春季为好。春栽于 3 月下旬至 4 月上旬,选阴雨天,起苗前修剪枝条,留长约 20 cm,保留 3～4 节;起苗后用黄泥浆将根保湿,每穴种 1～2 株,扶正,使根系舒展,分层填土、压实,浇定根水。插芒箕等遮阴。

(四)田间管理

1. 中耕除草　定植后前 2 年,每年除草 2～3 次,即在 5、8、10 月进行。靠近植株茎基周围的杂草宜用手拔,以免伤根。

2. 施肥培土　结合中耕除草,每年施肥 2 次。宜施生物有机肥和微生物菌剂的混合肥,或添加无机养分的生物有机肥。可用草木灰或石灰中和土壤酸性并抑制病菌繁殖。结合秋冬施肥进行培土,防止根系外露。

3. 修剪藤蔓　藤蔓生长过长,影响根系生长和物质积累,可在冬季剪除老化呈绿色的茎蔓,留下幼嫩呈红紫色的茎蔓。

(五)病虫害防治

1. 病害

(1)茎基腐病 *Fusarium oxysporum* Schi. f. *morindae* Chi et Shi:为害茎、根。防治方法:加强田间管理,多雨季节,应及时排水;合理施肥,少施或不施氮肥,适当增施磷钾肥;中耕时要保护根茎皮层不受损伤,避免病菌从伤口侵入;发病初期,用 1∶3 的石灰与草木灰施入根部,或用 1∶2∶100 的波尔多液喷施,每隔 7～10 日 1 次,连喷 2～3 次;发病后,把病株连根带土挖掉,并在坑内施入石灰杀菌,以防病害蔓延。

(2)煤烟病 *Capnodium cibri* Brek. et Desm.:主要危害叶片、嫩枝及果。防治方法:适当修剪,以利通风透光;消灭虫媒介壳虫、蚜虫等;发病初期可用 50％退菌特可湿性粉剂 800 倍液喷施,每隔 7～10 日 1 次,连续 2～3 次。

2. 虫害

(1)蚜虫 *Macrosiphoniella sanhorni* Gillette:为害新芽、新叶。防治方法:可用 40％乐果乳剂稀释 1 500 倍,每隔 7～10 日喷 1 次,连喷 2～3 次。

(2)介壳虫 *Diaspis echinocacti* Bouche:为害茎、叶。防治方法同蚜虫防治。

(3)红蜘蛛 *Tetranychus nrticae* Koch:为害叶片。防治方法:冬季用波美 3～5 度石硫合剂,杀灭在枝叶上越冬的成虫、若虫和卵。或同蚜虫防治。

三、采收、加工与贮藏

巴戟天在定植 5 年后才开始采收。全年均可采挖，但以秋、冬季采挖为佳。挖取肉质根时尽量避免断根和伤根皮。采收后洗净泥土，去掉侧根及芦头，晒至五六成干，待根质柔软时，压扁，但切勿使皮肉碎裂，切段，再按粗细分级，晒至全干。

置通风干燥处贮藏，注意防潮、防虫、防霉变。

四、栽培过程中的关键环节

巴戟天的药用部位是根，地上部分与地下部分的生长既相互依赖，也相互竞争。适时、适当修剪地上部分，以促使根部最大限度地积累有机物质。

牛　　膝

牛膝 *Achyranthes bidentata* Bl.，以干燥根入药，药材名牛膝。性平，味苦。归肝、肾经。具有补肝肾、强筋骨、逐瘀通经、引血下行等功效。主要化学成分为三萜皂苷、齐墩果酸、蜕皮甾酮、牛膝甾酮、豆甾烯醇、红苋甾酮等。主产于河南怀庆府（今河南焦作），故又称怀牛膝。为河南道地药材之一。此外，山东、河北、陕西、江苏、安徽等地亦栽培。

一、生物学特性

（一）生态习性

牛膝生长适应性较强，喜温和气候，不耐严寒。生长期间如遇较低气温，则生长缓慢。如气温低至 -17℃，则植株大多数受冻死亡。牛膝喜光，喜干燥，在向阳、排水良好、土壤较干燥的地方栽培，有利于主根向地下深处生长。多雨潮湿环境，其土壤水分多，地下水位高，往往导致主根短小，多分叉。

牛膝喜深厚肥沃的砂质壤土，黏重、碱性土壤易使主根短、细，影响药材品质。可连作，连作的牛膝其根皮光滑，须根和侧根少，主根较长，产量高。

（二）生长发育特性

牛膝为深根植物，主根最长达 1 m 左右。年生育期为 100～130 日，其整个生育期分为幼苗生长期、植株快速生长期、根条膨大开花期、枯萎采收期 4 个时期。各期对水分的要求不同，在根条膨大开花期，根部迅速向下生长，增粗，此时水分不宜过多，土壤含水量以不超过 18％为宜。种子发芽和幼苗期应保持土壤湿润，疏松透气。10 月下旬植株开始枯黄。

在 21～23℃和合适的湿度条件下，种子 4～5 日即可发芽出苗。一般一年生植株结的种子，俗称蔓苔子，质量差，发芽率低（10％～20％）；二年生植株所结种子，俗称打子，质量好，发芽率较高（70％～80％）。生产上多用二年生植株的种子育苗。

（三）种质特性

在生产中有风筝棵、核桃纹、白牛膝等农家品种，其中风筝棵又包括大疙瘩、小疙瘩两个类型，这 4 个品种在植物学特征上有一定差异。目前除白牛膝外,其他 3 个品种均为产区种植的主要品种。

1. **核桃纹棵**　形紧凑,根圆柱形,芦头细小,中部粗,侧根少,主根均匀,外皮土黄色,断面白色。茎紫色有黄红色条纹,叶片圆形,多皱,叶脉分布似核桃纹。生长发育较稳定,不易出现旺长的现象,产量、等级高,条形好。

2. **小疙瘩风筝棵**　棵形较松散,根圆柱形,芦头细小,中部粗,侧根较多,主根粗长,外皮土黄色,断面白色。茎紫色有黄红色条纹,叶片椭圆形或卵状披针形,较平。易出现旺长的现象,产量、等级高,条形好。

3. **大疙瘩风筝棵**　芦头粗大,主根粗壮,向下逐渐变细,中间不粗,形似猪尾巴。其余特征同小疙瘩。易出现旺长的现象,产量、等级高,条形好。

4. **白牛膝**　根圆柱形,芦头细小,中部粗,侧根少,主根均匀,根短,外皮白色,断面白色。茎青色,叶片圆形或椭圆形。此品种在产区零星种植。

二、栽培技术

(一) 选地与整地

宜选土层深厚、土质肥沃、富含腐殖质、排水良好、地下水位低、向阳的砂质壤土。牛膝对前作要求不严格,多选麦地、蔬菜地。牛膝可与玉米、小麦间套作。生茬地在前作收获后立即深翻。河南产区采用"三铣两净地"的方法,即是前两铣将土深掘,清出碎土后再将地挖一铣,这次把土弄松即可。翻地每次挖沟,宽 100 cm,将一沟挖完后,再继续挖另一沟。挖沟时,常常在下面掏进 30 cm以上,将旁边的土劈下来,再清理一下即可,这样可以减少劳力。如此一沟一沟挖,翻完后须浇大水,使土壤渗透下沉。熟地不必深翻,仅翻 30 cm 左右,但也必须大水灌透。稍干后,每亩施基肥(堆肥或厩肥)3 000～4 000 kg,加入 25～40 kg 过磷酸钙,然后把沟填平整好,浅耕 20 cm 左右,耕后耙细、耙实,同时也使肥料均匀,以利保肥保墒。土地整平后做畦,并使畦面土粒细小。

10 月间播冬小麦,次年 4 月下旬在麦埂上种两行早熟玉米,株距 60 cm 交错栽种。6 月中旬收割小麦后,立即整地施肥备种牛膝。因为该期昼夜温差较大,利于根类植物生长。虽然牛膝仅生长120 日左右,却不影响其产量和质量。

(二) 繁殖方法

多采用种子繁殖。

播种前,将种子在凉水中浸泡 24 h,然后捞出,稍晾,然后播种。

将处理过的种子拌入适量细土,均匀地撒在畦上,轻耙 1 遍,将种子混入土中,然后用脚轻轻踩1 遍,保持土壤湿润,3～5 日后出苗。如不出苗,须浇水 1 次。用种量 0.5～0.75 kg/亩。播种时间应根据种植地区和收获产品的目的不同而不同。例如河南、四川两地宜在 7 月中、下旬播种,北京地区宜于 5 月下旬到 6 月初播种。无霜期长的地区播种可稍晚,无霜期短的地区宜早播。若需要在当年生的植株上采种,播种期宜在 4 月中旬,这样生长期长,籽粒饱满,品质优良;若于 6 月或 7月播种,植株所结的种子则不饱满,质量差。

(三) 田间管理

1. **间苗与除草**　牛膝幼苗期怕高温积水,应及时松土锄草,并结合浅锄松土,将表土的细根锄断,以利于主根生长。苗高 6 cm 左右时,间苗 1 次。间苗时,应注意拔除过密、徒长、茎基部颜色不正常的苗和病苗、弱苗。

2. 定苗　苗高 17～20 cm 时,按株距 13 cm 定苗。同时结合除草。

3. 浇水与施肥　定苗后浇水 1 次,使幼苗直立生长。定苗后需追肥 1 次。河南主产区的经验是"7 月苗,8 月条"。因此追肥必须在 7～8 月内进行。8 月初以后,根生长最快,此时应注意浇水,特别是天旱时,每 10 日要浇 1 次水,一直到霜降前,都要保持土壤湿润。在雨季应及时排水。并应在根际培土防止倒伏。如果植株叶子发黄,应及时追肥,可施稀薄人粪尿、饼肥或化肥(每亩可施过磷酸钙 12 kg、硫酸铵 7.5 kg)。

4. 打顶　在植株高 40 cm 以上,长势过旺时,应及时打顶,以防止抽薹开花,消耗营养。为控制抽薹开花,可根据植株情况连续几次适当打顶,控制株高 45 cm 左右为宜。

(四) 病虫害防治

1. 病害

(1) 白锈病 *Albugo achyranthis* (P. Henn.) Miyabe：在低温多雨的气候条件下易发生,主要危害叶片。感病后,叶片正面有褪绿发黄的小斑点,叶背面对应处长有许多圆形或多角形的小白疮,会使病叶枯死或早落。防治方法：收获后,收集残株烧毁;发病初期,喷洒 80％比克 600 倍液预防。在发病初期,喷洒 58％甲霜灵锰锌可湿性粉剂 500 倍液,每周 1 次,连续 2～3 次。

(2) 叶斑病 *Cercospora achyranthss* H. et P. Syd.：为害叶片,感病后叶上病斑初期为淡褐色,多为不规则形或圆形,后期呈暗褐色,形状不规则,无晕圈,交界明显,稍凹陷。防治方法：适时适量浇水,雨季及时排水,降低湿度;发病初期,喷洒 50％多菌灵 500 倍液,或 70％甲基托布津 800 倍液。

(3) 根腐病 *Fusrrium* sp.：在雨季或低洼积水处易发此病。发病后,叶片枯黄,生长停止;根部变褐色,水渍状,逐渐腐烂,植株枯死。防治方法参阅川芎根腐病防治。

2. 虫害

(1) 棉红蜘蛛 *Tetranychus telarius* L.：为害叶片。防治方法：清园,收挖前将地上部收割,处理病残体,以减少越冬基数;与棉田相隔较远距离种植;发生期用 40％辛硫磷 1 500 倍液或 20％双甲脒乳油 1 000 倍液喷雾防治。

(2) 银纹夜蛾 *Plusia agnata* Standinger：其幼虫咬食叶片,使叶片呈现孔洞或缺刻。防治方法：捕杀;或用 90％敌百虫 800 倍液喷雾。此外,也可用叶面喷施醚螨、先利、Bt 水溶液等高效低毒农药防治。

三、采收、加工与贮藏

霜降后地上部分枯萎即可进行采收。采收时,用镰刀割去地上部分,留茬口 3 cm 左右,然后在地的一端挖槽沟,将牛膝全根挖起,注意勿挖断根条。

采挖后,去掉牛膝表面附着的泥土,去掉不定根及侧根,用稻草按粗细长短分别捆扎成把,悬挂于向阳处晾晒,在牛膝水分失去 60％前,注意防冻。干燥后即为毛牛膝。将毛牛膝蘸水后,堆积在硫黄熏蒸架上,密封,用硫黄熏蒸 12 h。熏硫后,用红绳将熏蒸过的毛牛膝重新捆扎成把,每把 0.5 kg,牛膝梗留 1～2 cm,多余的牛膝梗用刀削掉,周围用刀削光滑后,平摊晾晒至干,即成商品。

成品牛膝用木箱或纸箱包装后,置阴凉干燥的室内贮藏。在贮藏过程中要定期检查,防止泛糖、霉变、虫蛀等现象。

四、栽培过程的关键环节

选择优良品系；正确把握播种时间；生产上打顶结合施肥，是获得高产的主要措施之一。

白　术

白术 *Atractylodes macrocephala* Koidz.，以干燥根茎入药，药材名白术。味苦、甘，性温。归脾、胃经。具有健脾益气、燥湿利水、止汗、安胎等功效。主要成分为挥发油和多糖。主产于浙江、安徽、湖南、江西、湖北等地，江苏、福建、四川、贵州、河北、山东、陕西等地亦有栽培。浙江白术种植历史悠久、产量大，其中以磐安、新昌、东阳、天台、嵊州等地的质量佳，为著名的"浙八味"之一。湖南的种植历史虽然不长，但生产发展较快，产量较大。

一、生物学特性

（一）生态习性

白术喜凉爽气候，忌高温，年平均气温 17℃左右、年平均日照 2 000 h、年平均降雨量 1 500 mm 的自然环境较适合白术生长。温度是影响白术生长发育的决定因素，术栽（白术播种后第一年根茎生长缓慢，至枯苗时的小根茎，称为术栽）萌发生长至出苗最适温度为 10～15℃，地上部植株生长为 20～25℃，地下部根茎增长为 24～26℃。忌干旱和水涝。对土壤要求不严，以土层深厚、质地疏松、透气性好、有机质含量高的土壤种植为宜。忌连作。

（二）生长发育特性

浙江一带在 3 月下旬至 4 月上旬播种，发芽适温 20℃，播种后 10 日左右出苗，10 月下旬收获术栽。12 月至 1 月以术栽下种，3～8 月，地上部干重增加较快，而地下部干重增加较慢。8 月上旬至 10 月中旬，根茎生长逐渐加快，平均每日增重达 6.4%，尤以 8 月下旬至 9 月下旬根茎增长最快，这段时期昼夜温差大，更有利于营养物质的积累，促进根茎膨大。10 月中旬以后根茎增长速度下降而地上部分开始衰败，12 月以后根茎生长停止，进入休眠期。花期 9～10 月，果期 10～11 月。

（三）种质特性

由于白术人工栽培的历史较长，在一些老产区品种退化、变异现象较为严重。因此，选育白术的优良品种、稳定药材质量是今后研究的主要方向之一。目前，生产上可利用的白术栽培类型有 7 个，其中大叶单叶型白术的株高、单叶片、分枝数和花蕾数都低于其他类型，而单个根茎鲜重、一级品率均高于其他类型，农艺性状表现良好。

二、栽培技术

（一）选地和整地

育苗地选择干燥、疏松肥沃、排水良好、通风凉爽的砂质壤土。翻耕深度 30 cm，翻耕时施入充分腐熟的厩肥 1 500 kg／亩。经精耕细耙后，做成高 20～30 cm、宽 120～130 cm 的畦，开好排水沟。种植地的选择与育苗地相似，但对土壤的肥力要求较高，在整地时施入 3 000 kg／亩充分腐熟的厩肥或堆肥,余同育苗地。白术忌连作,种过的地须间隔 3 年以上才能再种。不能与白菜、玄参、花生、甘薯、烟草等轮作,前作以禾本科植物为宜。

(二)繁殖方法

白术用种子繁殖,实际生产中多采用育苗移栽的方法,即第一年播种育苗,术栽贮藏越冬后移栽大田,第二年冬季收获产品。也有春季直播不经移栽,培养两年收获的,但产量不高,一般很少采用。

1. **种子选择与处理** 精选色泽发亮、颗粒饱满的当年种子。播前选晴天将种子晒 2～3 日后用 50% 多菌灵可湿性粉剂 500 倍液浸种 30 min,取出用清水冲洗干净,晾干后将种子放入 25～30℃ 的温水中浸泡 12 h,捞出种子,置于 25～30℃ 的室内,每日早晚用温水冲淋 1 次,经 4～5 日后,种子开始萌动时即可播种。

2. **播种育苗** 于 3 月下旬至 4 月上旬,在整好的畦面上开横沟进行条播,行距 15～20 cm,播幅 7～10 cm,沟深 3～5 cm,将已催芽的种子播入沟内,播种量 5～8 kg/亩,撒钙镁磷肥 40～50 kg/亩,撒施适量焦泥灰,再覆一层细土,厚度约 3 cm,盖没种子,最后畦面盖稻草保温保湿。

3. **苗期管理** 播后 7～10 日出苗,幼苗出土后揭去盖草。苗高 7 cm 左右时,按株距 3～5 cm 进行间苗。当幼苗长出 2～3 片真叶时,结合中耕除草进行第一次追肥,施人粪尿 1 500 kg/亩,草木灰 50 kg/亩。6 月上旬开始防治白术铁叶病,用 70% 多菌灵 1 000 倍液喷雾白术苗,7～10 日 1 次,连续 3～4 次。7 月下旬进行第二次追肥,施人粪尿 2 000～2 500 kg/亩。遇干旱应及时浇水抗旱;雨季及时疏沟排水;及时剪去抽出的花蕾。

4. **起苗贮藏** 10 月下旬至 11 月上旬,当苗茎叶枯黄时,选晴天挖出术栽,剪去茎叶和细根,选择生长健壮、大小匀称的术栽,选择通风、阴凉的室内贮藏。贮藏期间每 15 日翻堆检查 1 次,及时拣去发病术栽。

(三)移栽与定植

术栽最适宜的栽种期为 12 下旬至翌年 1 月上旬。一般采用宽窄行栽种方式,畦宽 1.2 m,沟宽 25 cm,畦面栽种 4 行白术,中间宽行距 40 cm,两边窄行距 25 cm,株距 23～27 cm,穴栽。采用中等大小(200 个/kg)根茎的术栽,用术栽 40～45 kg/亩。栽种深度 10 cm,每穴放术栽 1～2 个,栽种时,使术栽芽头向上,栽后覆土 10 cm。

(四)田间管理

1. **中耕除草** 生长期间要勤除草,浅松土,做到田无杂草,土不板结。5 月中旬植株封行后,只除草不中耕。

2. **摘蕾** 白术植株在 5～6 月开始现蕾,8～10 月开花,花期长达 4～5 个月。为了减少养分消耗,促使营养物质集中于根部,除留种植株外,应在现蕾开花前,选晴天分期分批摘除花蕾。一般在 7 月上中旬至 8 月上旬分 2～3 次摘完。摘蕾时,动作要轻,一手捏住茎秆,一手摘蕾,注意不要伤及茎叶,尽量保留小叶,不摇动根部。雨天或露水未干时不能摘,以防病害侵入。一般摘蕾比不摘蕾的能增产 30%～80%。摘蕾后应施摘蕾肥。

3. **灌溉排水** 2～7 月份,白术对水分需求不多,应重点做好排水工作。田内排水沟深度应在 35 cm 以上,做到雨停水干。8 月以后白术地下根茎开始膨大,需水量增加,如遇干旱,应适当浇水抗旱。

4. 施肥　应正确把握施肥时间和用量。如基肥：白术栽种后在畦面施 1 000～1 500 kg／亩充分腐熟的厩肥，施厩肥要求摊铺均匀，并取沟泥盖铺于厩肥上，泥土覆盖厚度为 3 cm。齐苗后，每亩施尿素 7.5 kg，过磷酸钙 36 kg，硫酸钾 7 kg 或施稀薄人粪尿 750～1 000 kg，结合中耕除草和培土进行。苗肥：5 月中旬至 6 月上旬，每亩施尿素 5 kg，硫酸钾 3.5 kg 或复合肥 5 kg。摘蕾肥：在摘蕾后，重施氮肥，每亩施尿素 25 kg 或每亩施稀薄人粪尿 1 000～1 250 kg 或复合肥 15 kg。后期肥：8月底至 9 月上旬，视白术生长情况每亩施尿素 5 kg 或喷施磷酸二氢钾 1 kg，兑水喷施于叶面。

（五）病虫害防治

1. 病害

（1）根腐病 *Fusarium oxysporum* Schl.：发病初期，根部呈黄褐色，随后变褐色而干瘪，并继续向茎部蔓延，后期根茎干腐，顶部叶片萎蔫。土壤和术栽带菌是该病害初次浸染的主要来源。在浙江一带，4 月中下旬开始发病，到 6 月上旬气温升到 22℃ 以上时，病害迅速蔓延，并在 7 月上旬和 8月下旬形成 2 个发病高峰。防治方法：轮作，间隔 3 年以上；术栽下种前用 70％恶霉灵可湿性粉剂3 000 倍液浸种 1 h，晾干后下种；4 月下旬至 5 月下旬用 50％多菌灵可湿性粉剂 1 000 倍液等喷洒在白术植株基部。此后根据发病情况在 7 月和 8 月份再各喷药 1 次。

（2）白绢病 *Sclerotium rolfsii* Sacc.：发病初期为害茎基部，无明显症状，随着温度和湿度增高，茎基部变暗褐色，并可见到白色菌丝体，后期茎基部完全腐烂，植株枯死。土壤和术栽带菌是该病害初次浸染的主要来源。4 月下旬开始发病，6～8 月为发病盛期，高温多雨易造成流行。防治方法：轮作，间隔 3 年以上。6 月份以后进入发病盛期，用 50％多菌灵可湿性粉剂 1 000 倍液等农药进行白术植株基部喷洒，每隔 10 日 1 次，连续 3 次。

（3）立枯病 *Rhizoctonia solani* Kuhn：是白术苗期主要病害，病原物是一种半知菌。刚出土的小苗及移栽的小苗均会受害，常造成幼苗成片死亡。受害苗茎基部初期呈水渍状暗褐色斑块，随后病斑很快蔓延，绕茎部坏死收缩成线状"铁丝茎"，病部黏附着小粒状的褐色菌核。植株地上部分萎蔫，倒伏死亡。在早春低温阴雨条件下为害较重。连作时发病严重，病株率在 60％～90％。防治方法：轮作，间隔 3 年以上；选择砂壤土，避免病土育苗，在播种和移栽前用 50％多菌灵进行土壤消毒；苗期加强管理，雨后及时排水、松土，防止土壤湿度过大；播前用种子重量 0.5％的多菌灵拌种，出苗后用 50％代森锰锌或 50％甲基托布津 600～800 倍液喷雾预防；发现病株及时拔除，用 5％的石灰水浇灌病区，7 日 1 次，连续 3～4 次；发病期用 50％甲基托布津 800～1 000 倍液或 25％瑞毒霉可湿性粉剂 400 倍液喷洒，7～10 日 1 次，连续 2～3 次，以控制其蔓延。

2. 虫害

（1）白术长管蚜 *Macrosiphum* sp：主要为害白术嫩叶和嫩芽，为害后叶片发黄，严重时使植株枯萎。防治方法：为害盛期在 4～6 月，用 1 000～1 500 倍乐果或 600～800 倍鱼藤精进行防治。

（2）白术术籽虫 *Homoesoma* sp.：为害种子，属鳞翅目螟蛾科害虫，具专食性。8～11 月发生严重。以幼虫咬食花蕾底部的肉质花托，造成花蕾萎缩、下垂，还蛀食白术种子，影响留种。防治方法：冬季深翻土地，消灭越冬虫源；实行水旱轮作；选育抗虫品种，如浙江选用大叶矮秆型白术；成虫产卵前，白术初花期喷药保护，可喷 50％敌敌畏 800 倍液或 40％乐果 1 500～2 000 倍液，7～10日喷 1 次，连续 3～4 次。

三、采收、加工与贮藏

于栽种当年的 10 月下旬至 11 月上旬，当白术茎秆变黄褐色，叶片枯黄时及时采收。选晴天土壤干燥时挖起全株,抖去泥土,剪去茎秆。

加工方法主要有两种:一是生晒干,先在太阳下暴晒 3～5 日,然后在室内堆放 1～2 日,晒干。二是烘干,先将白术在 80～100℃下烘 1 h 左右,再将温度降至 60℃烘 2 h,将白术上下翻动使细根脱落,继续烘 5～6 h,再堆放 6～7 日,再用文火(60℃)烘 24～36 h,直至干燥为止。

白术成品应选择通风、干燥的仓库贮藏。

四、栽培过程的关键环节

加强水分管理,防止病虫为害;适时合理摘蕾;按照"施足基肥,早施苗肥,重施摘蕾肥"的原则进行施肥。

白　芍

芍药 *Paeonia lactiflora* Pall.,以干燥根入药,药材名白芍。味苦、酸,性微寒。归肝、肾经。具养血、敛阴、柔肝等功效。主要化学成分为芍药甙、牡丹酚、芍药花苷、挥发油、糖类、淀粉、萜类等。主产于山东、安徽、浙江、四川等地区。

一、生物学特性

(一) 生态习性

芍药喜气候温和、阳光充足、雨量中等的环境,耐寒、暑性强,在－20℃气温下能露地越冬,在42℃高温下能越夏。喜湿润,怕涝,水淹 6 h 以上易死亡。

以土层深厚、疏松肥沃、排水良好、中性至微碱性的砂壤土或壤土为好。忌连作,可与菊科、豆科作物轮作。

(二) 生长发育特性

芍药为宿根性植物。每年早春 2～3 月出苗,4～6 月为生长盛期,4 月下旬～5 月上旬开花,7月下旬至 8 月上旬种子成熟。秋季枯萎进入休眠期,此时植株中有效成分芍药苷含量最高。无性繁殖连续栽培 5 年,其根常空心,失去药用价值,必须进行有性复壮。忌草荒。

(三) 种质特性

地道产区为安徽亳州,根据药材形态特征,分为线条、蒲棒、线蒲棒 3 个品种,其中以蒲棒品种产量、质量最佳,线条栽培量较大。

二、栽培技术

(一) 选地与整地

选择土层深厚肥沃、排水良好的夹砂土,前作物最好为小麦、豆类、甘薯等。将土地深翻 40 cm以上,整细耙平,施足基肥(每 667 m² 腐熟厩肥或堆肥 2 000～2 500 kg)。播前再浅耕 1 次,四周开排水沟。在便于排水的地块,采用平畦(种后作成垄状);排水较差的地块,采用高畦,畦面宽约1.5 m,畦高 17～20 cm,畦沟宽 30～40 cm。

（二）繁殖方法

以芽头繁殖为主，亦可种子繁殖。

1. 芽头繁殖

（1）选择种芽：秋季采挖芍药根时，将芽头下的粗根切下供药用，留下的红色芽头即作种芽。选择形状粗大、饱满健壮、无病虫害的芽头，按大小顺其自然生长状况切成数块，可在芽下留 2 cm 长的根，每块需带有粗壮芽苞 2～3 个，宜随切随栽，否则需将整个种芽砂藏备用。

（2）种芽的贮藏：选地势高且干燥的平地，挖宽 70 cm、深 20 cm 左右的坑，长度视种芽多少而定。坑底整平，其上铺一层 6 cm 厚的细砂，然后将芽头向上，排放一层种芽再覆盖一层厚 6 cm 的细沙，芽头稍露出土面，以便检查。也可用宽 1 m、深约 60 cm 的大窖贮藏，将芽块放入，每一层上盖细砂土 10～12 cm。层积期间应经常翻开检查，保持一定湿度，发现霉变及时用清洁河砂重新层积砂藏。

2. 种子繁殖

8 月上旬种子成熟后，随采随播。若暂不播种，则立即与 3 倍的湿润河砂混拌贮藏，促进种子后熟至秋季播种。种子一经干燥则不易发芽，切勿将种子晒干贮藏。条播，按行距 20 cm，开深 5 cm 的浅沟，将种子均匀播入沟内，覆土与畦面齐平，培育 2～3 年后移栽于大田。因为年限长，而且栽培效果不稳定，生产上一般不用种子繁殖。

（三）移栽与定植

于 8 月上旬至 9 月下旬酷暑过后立即栽种，最迟不能晚于 10 月份。栽种前，将种芽按大小分别下种，有利出苗整齐。栽植的行株距各地略有不同，一般按行株距 (45～50) cm × (30～40) cm 挖穴，可适当密植。穴深 12 cm，直径 20 cm，先施入腐熟厩肥与底土拌匀，厚 5～7 cm，然后每穴栽入芍芽 1～2 个，芽头朝上，深度以入土 3～5 cm 为宜，覆土，并浇施稀薄人畜粪水，最后盖土稍高出畦面使呈馒头状小丘，以利越冬。

种子繁殖的幼苗移栽方法同上，起苗时注意不要伤及根部。

（四）田间管理

1. 中耕除草

种植后当年秋、冬季各中耕除草 1 次。翌年早春解冻后中耕除草 1 次。一至二年生幼苗，要勤除草。第三年除草 3 次：第一次于春季回苗后，第二次于夏季杂草滋生时，第三次于秋季倒苗后。第四年除草 2 次：第一次于春季；第二次于夏季。中耕宜浅，避免伤根。

2. 追肥

栽后翌年春季开始，每年追肥 3～4 次。第一次于 3 月结合中耕除草，每 667 m^2 施人畜粪水 1 200～1 500 kg；第二、三次分别于 5、7 月生长旺盛期进行，施量同前并增加饼肥 20 kg；第四次在 11～12 月。第三年再追肥 3 次：第一次于 3 月，第二次在 9 月，第三次于 11～12 月，重施 1 次"腊肥"（每 667 m^2 施人畜粪肥 2 000 kg，过磷酸钙 30 kg）；第四年只需在春季追肥 1 次。

此外，从第二年开始，每年在 5～6 月可用 0.3% 磷酸二氢钾水溶液进行根外追肥。

3. 培土与亮根

10 月下旬，在离地面 6～9 cm 处剪去枝叶，并于根际培土 15 cm 厚，以保护芍芽越冬。亳州产区常在栽后的第二年春季，把根部的土壤扒开，使根部露出一半，晾晒 5～7 日，俗称"亮根"，而后再覆土壅根。但现在因颇费工时而很少进行。

4. 摘花蕾

除留种地外，于翌年春季摘除全部花蕾。

5. 灌溉排水

芍药忌积水，多雨季节应及时排水，以免烂根。干旱季节应及时灌溉。

(五) 病虫害防治

1. 病害

(1) 灰霉病 *Botrytis paeoniae* Oud.：为害叶、茎及花部。防治方法：合理密植,并增施磷钾肥,提高抗病能力;发病初期喷 50％多菌灵 800～1 000 倍液或喷 1：1：100 波尔多液,每隔 10～14 日 1 次,连喷 3～4 次。

(2) 叶斑病 *Cercospora paeoniae* Tehon et Daniels.：为害叶片。防治方法：增施磷钾肥抗病;发病初期喷 50％多菌灵 800～1 000 倍或 50％托布津 1 000 倍液。梅雨季节选晴天喷药 1 次,9 月上旬和中旬各喷 1 次。

(3) 锈病 *Cronartium flaccidum* (Alb.et.Schw.) Wint.：为害茎叶。防治方法：栽培地周围不要栽种松柏类树木;发病初期喷 25％粉锈宁或 65％代森锌 500 倍液,3～7 日 1 次,连喷 3～4 次,两药交替喷雾。

(4) 软腐病 *Rhizopus stolonifer* (Ehreb.Ex.Fr.) Vuill.：为害种芽。防治方法：应选通风干燥处贮藏,砂土、芍芽用 0.3％新洁尔灭溶液消毒,砂土含水量以手握之成团,放开即散为度,不宜过大。

2. 虫害 主要有地老虎、蛴螬、蚂蚁等,其中地老虎对一至二年生幼苗危害较大,常因被咬断而死亡,按常规方法防治。

三、采收、加工与贮藏

栽种后 3～4 年即可采收。根据各产地具体情况,采收期在 6 月下旬至 10 月上旬,浙江一带一般 6 月下旬至 7 月上旬采收,安徽、四川等地一般 8 月间采收,山东则于 9 月间采收。

选择晴天,割去茎叶,小心挖起全根,防止主根折断。割下根,剪去侧根或须根,切去头尾,按大、中、小分级,在室内堆 2～3 日,每日翻堆 2 次,促使水分蒸发,便于加工。

将不同等级芍根分别放入沸水中煮 5～15 min,待表皮发白,用竹签可轻易插进时为已煮透;然后迅速捞起放入冷水内浸泡,同时用竹刀刮去栓皮(亦可不去外皮)。最后将芍根切齐,按粗细分别晒干和烘干。一般早上出晒,中午晾干;下午 3 时再出晒。晚上堆放于室内用麻袋覆盖,使其发汗;反复进行几日直至里外干透为止。烘烤时温度不宜过高,时间不宜太长。

采用细竹篓或麻袋包装,置通风干燥处贮藏,定期翻晒,忌烈日暴晒,以免变色翻红。

四、栽培过程中的关键环节

芽头宜随切随栽或将整个种芽砂藏备用;种子随采随播或砂藏;栽后的第二年春季进行亮根处理,可使须根萎蔫,养分集中于主根;摘除全部花蕾;将芍根放入沸水中煮至掰开有菊花心时晒干。

甘　草

甘草 *Glycyrrhiza uralensis* Fisch.、胀果甘草 *G. inflate* Bat.或光果甘草 *G. glabra* L.,以干燥根及根茎入药,药材名甘草。性平,味甘。归心、肺、脾、胃经。具有补脾益气、清热解毒、祛痰止咳、缓急止痛、调和诸药之功效。主要成分为甘草酸、甘草次酸、甘草苷等。主产于内蒙古、甘肃、新疆等地。本节以甘草 *G. uralensis* Fisch. 为例。

一、生物学特性

（一）生态习性

甘草喜光、耐旱、耐热、耐寒、耐盐碱、耐瘠薄，多野生于向阳干燥钙质土，草原或河岸两边。主产区的年日照时数 2 700～3 360 h；年平均气温 3.5～9.6℃；年降雨量 100～300 mm。

甘草适应性强，对栽培环境要求不高，在栗钙土、灰钙土、石灰性草甸黑土、盐渍土（总含盐量在 0.08%～0.89%）上均能正常生长。土壤 pH 7.2～9.0，但以 8.0 左右较为适宜。甘草是深根性植物，适宜于在土层深厚、排水良好、地下水位较低的砂质土或砂质壤土上生长。

（二）生长发育特性

甘草的地上部分每年秋末冬初枯萎，以根及根茎在土壤中越冬。翌春 4 月由根茎萌发新芽，5 月上中旬返青，6～7 月开花结果，8～9 月荚果成熟，9 月中下旬进入枯萎期。甘草在 5～7 月地上茎和地下根茎生长较快，但主根增粗生长较慢，8～9 月地上部分生长缓慢，而主根增粗较快。播种后 3～4 年即可收获。

二、栽培技术

（一）选地与整地

育苗地选择地势平坦，土层深厚、质地疏松、肥沃、排水良好，不受风沙危害，有排灌条件的砂质壤土。播种前深翻土层 25～35 cm，整平耙细，灌足底水。整地时适量施入充分腐熟的农家肥或复合肥，一般中等肥力的土壤每亩施腐熟有机肥 2 000 kg 左右，也可施用 15 kg 磷酸二铵。华北、西北地区砂土地一般采用平畦，东北地区多采用高畦。

种植地选择地势高燥、土层深厚、地下水位低、排水良好、pH 8～8.5 的砂土、砂壤土或轻壤土为好。整地方法同育苗地。

（二）繁殖方法

以种子繁殖为主，也可根茎繁殖。

1. 种子繁殖

（1）采种：剪取完全成熟变干的果穗，充分干燥后粉碎果荚，筛取饱满、无病虫害的种子。以褐绿、墨（暗）绿色、纯度达 98% 以上、发芽率达 85% 以上的种子质量为佳。

（2）种子处理：甘草种子硬实率高，不经处理难以保证出苗率。种子处理方法主要有机械碾磨和硫酸处理两种。机械碾磨法是生产中最常用的方法，适用于大量种子处理，一般采用砂轮碾磨机（一般碾磨 1～2 遍，以肉眼观察绝大部分种子的种皮失去光泽或轻微擦破，但种子完整，无其他损伤为宜），操作简单、费用低。硫酸处理法适合于少量种子处理，方法是每 1 kg 种子加 30～40 ml 浓硫酸，混匀，不断搅拌（以多数种子上出现黑色圆形的腐蚀斑点为宜），适时用清水冲洗种子去掉硫酸，晾干即可。播前一日，用 50% 的辛硫磷乳液和 20% 的多菌灵按种子重量的 0.2% 拌种，以减少病虫害。

（3）直播：分春播、夏播和秋播，春播在 4 月中下旬，夏播在 7～8 月，秋播在 9 月进行。播时在畦面上按行距 30 cm 开沟，深约 2 cm，将种子撒入沟内，覆土，稍压。播种量 1.5～2 kg／亩。

(4) 育苗：育苗播种多在春季(4～5 月)进行,方法同直播。播种量为 3～5 kg/亩。

2. 根茎繁殖

在采收甘草时,将挖取的粗根及根茎入药,将没有损伤、直径在 0.5～0.8 cm 的根茎剪成 10～15 cm 长、带有 2～3 个芽眼的茎段。在整好的田畦里按行距 30 cm,开 15 cm 深的沟,将剪好的根茎段按株距 15 cm 平放沟底,覆土压实即可。栽种时间为 4 月上旬或 10 月下旬。

(三) 移栽与定植

于当年秋季和翌年春季进行。秋季移栽一般在土壤封冻前进行,春季移栽一般在 4～5 月份进行。华北地区秋栽比春栽产量高,东北地区宜春季移栽。在整理好的畦面上开宽 40 cm 左右、深 8～12 cm 的沟,沟间距 20 cm,将幼苗水平摆入沟内,株距 10 cm,覆土。

(四) 田间管理

1. 间苗、定苗　当幼苗出现 3 片真叶、苗高 6 cm 左右时,结合中耕除草间去密生苗,定苗株距以 10～15 cm 为宜。

2. 中耕除草　中耕除草一般一年 3 次,第一次 5 月下旬,除草深度 5 cm;当植株长到 30 cm 时进行第二次除草,并结合施肥与灌溉,中耕深度 15 cm 左右;7 月中旬进行第三次除草。

3. 追肥　追肥应以磷肥、钾肥为主。甘草喜碱,土壤宜为弱碱性。第一年在施足基肥的基础上可不追肥;第二年春天在芽萌动前可追施部分有机肥,以圈肥为宜;第三年在雨季追施少量速效肥,一般追施磷酸二铵 15 kg/亩。每年秋末甘草地上部分枯萎后,用 2 000 kg/亩腐熟农家肥覆盖畦面,以增加地温和土壤肥力。甘草根具有根瘤,有固氮作用,一般不缺氮素。

4. 灌溉排水　干旱、半干旱地区直播地和育苗地,在出苗前后要保持土壤湿润。幼苗期(5～6 月)结合除草、施肥,灌水 2 次;生长中期(7～8 月)结合除草、施肥,灌水 1 次,生长中后期应保持适度干旱以利根系生长。有条件的地方入冬前可灌 1 次封冻水。土壤湿度过大会使甘草根部腐烂,如有积水应及时排除。

(五) 病虫害防治

1. 病害

(1) 锈病 *Uromyces glycyrrhizae* (Rabh.) Magn：为害幼嫩叶片。叶、茎发黄,严重时致使叶片脱落。发生条件：温暖潮湿,种植过密。防治方法：及时拔除病株集中烧毁;发病初期用波美 0.3～0.4 度的石硫合剂,或用 15％可湿性粉剂除锈灵 300～500 倍液,或 95％敌锈钠 400 倍液防治。

(2) 褐斑病 *Cercospora astragali* Wornichin.：主要为害叶片。受害叶片产生病斑(病斑中央灰褐色,边缘褐色)并枯萎。发生条件：温暖潮湿环境。防治方法：冬季做好田园清洁工作,彻底烧毁病残组织,减少发病菌来源;发病初期及时摘除病叶,并喷 1∶1∶150 波尔多液或 65％代森锌 500 倍液或 50％甲基托布津 800～1 000 倍液进行防治,每隔 10 日喷 1 次,连续 3～4 次。

(3) 白粉病 *Erysiphe polygoni* DC.：主要为害叶片。叶片正反表面如覆白粉,后期致使叶黄枯死。防治方法：喷波美 0.1～0.3 度的石硫合剂或 50％托布津可湿性粉剂 800 倍液或 50％代森铵 600 倍液。

(4) 根腐病：病原菌为茄类镰刀菌 *Fusarium solani* 和尖孢镰刀菌 *Fusarium oxysporum*。主要为害 3～4 年生甘草根及根茎部。发生条件：通风不良,湿气滞留地块易发病。每年 6～7 月高发,病变部位变黄褐色或灰褐色凹陷,主根髓部灰褐色并向上发展。防治方法：发病初期用 50％苯菌灵可湿性粉剂1 500倍液或77%菌必杀可湿性粉剂700倍液喷淋或灌根。

2. 虫害

(1) 甘草种子小蜂 *Bruchophagus* sp.：为害种子。成虫在青果期的种皮下产卵,幼虫孵化后蛀食种子,并在种内化蛹,成虫羽化后,咬破种皮飞出。防治方法：清园,减少虫源;结荚期用40%乐果乳油1 000倍液喷雾;种子入仓期用5%辛硫磷粉剂药剂拌种贮藏。

(2) 蚜虫 *Aphis craccivora* Koch.：成虫及若虫为害嫩枝、叶、花、果。防治方法：利用瓢虫、草蛉等天敌控制危害;发生期可用飞虱宝(25%可湿性粉剂)1 000～1 500倍液,或赛蚜朗(10%乳油)1 000～2 000倍液,或蚜虱绝(25%乳油)2 000～2 500倍液喷洒全株,5～7日后再喷1次。

(3) 叶甲：以跗粗角萤叶甲 *Diorhabold tarsalis* Weise、酸模叶甲 *Gastrophysa atrocyanea* Mots.为主要种类。成、幼虫主要取食甘草叶。防治方法：在5～6月用2.5%敌百虫粉防治;越冬前清园、冬灌。

(4) 宁夏胭珠蚧 *Porphyrophora ningxiana* Yang：为害根部。防治方法：避免重茬,减少虫源;在春季若虫扩散期(3～4月)可用50%辛硫磷500 ml/亩开沟根施,在成虫羽化盛期(7月下旬至8月中旬)喷施10%克蚧灵1 000倍液。

三、采收、加工与贮藏

直播种植甘草第四年,根茎繁殖第三年,育苗移栽第二年采收,在春、秋两季进行。秋季于甘草地上部分枯萎时至封冻前采收,春季于甘草萌发前进行。

将采挖回的鲜甘草切去芦头、侧根、毛根及腐烂变质或损伤严重的部分,按等级要求切条,扎成小把,小垛晾晒。5月后起大垛继续阴干。

贮藏时采用架式存放,以保证通风透气。

四、栽培过程的关键环节

由于甘草种子硬实率高,必须经机械处理或化学处理,以保证出苗率。

半　夏

半夏 *Pinellia ternate* (Thunb.) Breit.,以干燥块茎入药,药材名半夏。性温,味辛,有毒。归脾、胃、肺经。具有燥湿化痰、降逆止呕、消痞散结等功效。外用治痈肿痰核。主要化学成分为挥发油、胆碱、烟碱、左旋麻黄碱,谷氨酸、精氨酸等多种氨基酸,以及多种微量元素等。分布于全国大部分地区。

一、生物学特性

(一) 生态习性

半夏喜温和湿润气候和荫蔽环境,怕高温、干旱及强光照射,在阳光直射或水分不足条件下,易发生倒苗现象。多生于河边、沟边、灌木丛和山坡林下。耐阴、耐寒,块茎能自然越冬。

光照强度与珠芽的发育和块茎的增重有密切的关系,以半阴半阳的地方种植为宜。半夏于

8～10℃的萌动生长,20～25℃为最适生长温度,30℃以上生长缓慢,超过35℃时地上部分死亡,13℃以下时亦枯苗。对水分要求较高,因其根系浅,吸收能力有限,地上部分耐干旱能力差,缺水或空气过于干燥均不利其生长,甚至导致倒苗,土壤含水量宜在20%～30%。

以湿润、肥沃、土层深厚,pH 6～7的砂质壤土为宜,过砂或过黏以及易积水的地段均不宜种植。

(二) 生长发育特性

半夏从播种到开花结果需2～3年时间。在1年中常会出现3次出苗倒苗现象。第一次在4月上旬;第二次在6月中旬至8月中旬;第三次在8月下旬至10月下旬,每次出苗后生长期为60日左右。珠芽萌生初期在4月上旬,高峰期在4月中旬,成熟期为4月下旬至5月上旬。每年6～7月珠芽增殖数为最多,占总数的50%以上。

二、栽培技术

(一) 选地与整地

宜选土壤肥沃、湿润、土质疏松、日照不强、半阴半阳、排灌方便的山间平缓砂质壤土或壤土地种植。也可玉米地、油菜地、麦地、果木林中套种。

地选好后,干冬季翻耕土地,深约20 cm。第二年春解冻后,每亩施腐熟厩肥或土杂肥3 000～4 000 kg、过磷酸钙40～50 kg,撒匀,浅耕1遍,耙细整平,做成1～1.2 m宽的高畦,畦沟宽40 cm,四周开好排水沟。播种前应浇1次透水,待地面干松后再播种。

(二) 繁殖方法

分种子、块茎、珠芽繁殖,生产上多采用块茎和珠芽繁殖。

1. **块茎繁殖** 因其块茎生长速度快,当年即可收获,生产上多采用。每年6月、8月、10月份半夏倒苗后,挖取块茎,选择直径0.5～1 cm、生长健壮、无病虫害的块茎作种茎。种茎拌细湿砂土,置通风阴凉处贮藏,于当年冬季或翌年春季取出栽种。因冬栽产量低,故以春栽为宜。春栽于日均温10℃左右时进行。过早温度低,出苗难;过迟虽出苗快且齐,但生长周期短,影响产量。因此在江南地区2月中旬即可栽种。栽时在整好的畦面上横向开沟条播。按行距12～15 cm、宽10 cm、深5 cm开沟,每条沟内交错排列栽种2行,株距5～10 cm,顶芽向上,覆土耙平。用种量100 kg/亩。

2. **珠芽繁殖** 珠芽发芽可靠,成熟期早,也是主要繁殖材料。在整好的畦面上按行距15 cm横向开沟,沟宽10 cm,深3 cm,每条沟种2行,靠沟边种下,株距5 cm,错开排列,栽后覆土,当年可长出1～2片叶子,块茎直径1 cm左右。第一年秋,大的可加工入药,小的可作种。

3. **种子繁殖** 生长2年以上的半夏,从初夏至秋冬能陆续开花结果。当佛焰苞萎黄下垂时,采收种子,随采随播,亦可贮存于湿砂中。翌年2～3月在整好的畦面上按行距15 cm开沟,沟深2 cm,将种子撒入沟内,盖1 cm厚的细土,并盖草,保持湿润,15日左右即可出苗。当年生长1片卵状心形单叶,第二年长3～4片心形叶,个别的有1片三出复叶。实生苗当年形成的块茎直径0.3～0.6 cm。种子繁殖因出苗率较低,费时费工,生产上一般不予采用。

(三) 田间管理

1. **中耕除草** 出苗后未封行前要经常除草,以免草荒。因半夏属浅根性植物,若深耕易伤根,故中耕宜浅不宜深,中耕深度不超过 5 cm。苗长大后,不宜中耕,杂草宜用手拔除。

2. **追肥**　半夏喜肥,及时追肥是提高产量的重要措施之一。5 月中旬至 9 月上旬,分别进行 4 次追肥,每亩施腐熟厩肥 500～1 000 kg,尿素 10 kg,或饼肥 30 kg,过磷酸钙 30 kg,尿素 10 kg 混匀撒于土表。

3. **培土**　6 月以后,成熟的珠芽陆续落地,此时可从畦沟取土均匀撒于畦面上,厚约 1.5 cm,以盖住珠芽为度,不久珠芽即可出苗,又成新株。6～8 月份需培土 3 次。

4. **灌溉排水**　半夏喜湿润,怕干旱,如遇久晴,植株易枯黄影响生长,故须灌水,尤其在 5～8 月间,要保持土壤湿润,促进植株良好生长。雨季应及时排水,以免积水引起块茎腐烂。

5. **摘除花序**　除留种外,发现花序应立即剪除,使养分集中供给地下块茎生长,以利提高产量与质量。

6. **遮阴**　在半夏种植地可间作玉米、豆类等作物或搭荫棚遮阴。

（四）病虫害防治

1. **病害**

（1）根腐病 *Fusarium* sp.：多在高温高湿季节和低洼积水处发生。发病后块茎腐烂,地上部分枯黄倒苗死亡。防治方法：参阅川芎根腐病防治。

（2）病毒性缩叶病 *Dasheen mosaic* Virus (D. M. V.)：夏季多发生,染病植株叶卷缩扭曲,形成矮小畸形。防治方法：选无病植株留种;彻底消灭蚜虫;发现病株立即拔除,集中烧毁,病穴用 5％石灰乳浇灌,以防蔓延。

（3）叶斑病 *Septoria* sp.：为害叶片,初夏发生。发病初期叶片上出现紫褐色斑点,后期病斑上出现许多小黑点,发病严重时,叶片布满病斑,使叶片卷曲枯焦而死。防治方法：发病初期喷 1∶1∶120 波尔多液或 65％代森锌 500 倍液,每 7～10 日 1 次,连喷 2～3 次。

2. **虫害**

（1）红天蛾 *Deilephila elpenor lewisi* Butler.：主要咬食叶片,造成孔洞或缺刻,严重时可食光叶片。防治方法：进行人工捕杀;用黑光灯诱杀成虫;用 40％乐果乳剂 1 500～2 000 倍液或 90％美曲膦酯(敌百虫)800～1 000 倍液喷洒,每 5～7 日 1 次,连喷 2～3 次。

（2）芋双红天蛾 *Theretra oldenlandiae* (Fabricius) Roth. et Jord.：咬食叶片,为害很大,每年 3～5 代。防治方法同红天蛾。

（3）蚜虫 *Aphis craccivora* Koch.：为害叶片,群居于嫩叶上吸取汁液,造成植株萎缩,生长不良。防治方法：清洁田园,铲除田间杂草,减少越冬虫口;发生期间,喷洒 40％乐果乳剂 1 000 倍液。

三、采收、加工与贮藏

用种子繁殖的于第三、四年,块茎繁殖的于当年或第二年,珠芽繁殖的于第二、三年采收。在 9 月下旬,当半夏茎叶枯萎倒苗后进行采收,不宜过早或过迟,过早影响产量,过迟则难以去皮。采收时,选晴天进行,从畦的一端用锄头或锨小心将半夏挖起,抖去泥沙,装入筐中,运回,切忌暴晒,否则,不易去皮。

加工时,将鲜半夏洗净泥沙,按大、中、小分级,分别装入麻袋或筐内,穿胶鞋用脚踩去外皮,也可用半夏绞皮机去皮。去净外皮后,洗净晒干或烘干,即为生半夏。

生半夏用麻袋或尼龙编织袋等包装。于阴凉、干燥、通风的库房内贮藏,室内温度 30℃ 以下,空气相对湿度 60%～70%,商品安全含水量 13%～15%。

四、栽培过程的关键环节

保持土壤湿润;适时遮阴;及时追肥以提高产量。

当　归

当归 *Angelica sinensis* (Oliv.) Diels,以干燥根入药,药材名当归。味气微苦,性温。归肝、心、脾经。具补血活血、调经止痛、润肠通便之功效。主要化学成分为阿魏酸、藁本内酯、氨基酸等。栽培历史悠久。主产于甘肃,以甘肃岷县所产岷归质量最佳,为甘肃道地药材之一。云南、四川、陕西、湖北等地也有栽培。

一、生物学特性

(一) 生态习性

当归原产于高山地区,性喜凉爽,海拔 1 500～3 000 m 的高寒山区生长适宜,在低海拔引种常因夏季高温危害难以成活。喜湿润气候,对水分要求比较严格,抗旱性和抗涝性都弱,以土壤含水量 25% 左右最适生长。水分过多,不利生长,且易发生根腐病。幼苗忌烈日直晒,透光率以 10% 为宜,人工育苗须大棚遮光。第二年耐光力增强,充足光照可使植株生长健壮,产量提高。但如果在低海拔的地区,气温高、光照强会引起死亡。

当归对土壤要求不严格,但以土层深厚肥沃、富含有机质的砂质壤土、腐殖质土为好。土壤 pH 以微酸性或中性为宜。

(二) 生长发育特性

当归的个体发育要在 3 个生长季节内才能完成。从播种到采收,需跨 3 年,全生育期约 500 日,生产上可分为 3 个时期:育苗期(第一年)、移栽成药期(第二年)和留种期(第三年)。前两年为营养生长阶段,主要形成肉质根(商品药材),第三年转入生殖生长阶段。但有一些当归在第二年移栽后植株提前抽薹开花,称为早期抽薹,早期抽薹往往导致根部木质化,失去药用价值。5 月下旬抽薹现蕾,6 月上旬开花,花期约 1 个月。花落 7～10 日出现果实。花序弯曲时种子成熟。

种子于 6℃ 左右萌发,20℃ 时种胚吸水和发芽速度最快。在日均温达 14℃ 时生长最快,只需 10 日左右出苗。

二、栽培技术

(一) 选地与整地

育苗地宜选海拔 1 800～2 500 m,阴凉湿润、半阴半阳坡的熟地或荒地,土质以疏松肥沃的砂质土壤为宜。以土壤呈微酸性或中性为好。4～5 月翻耕,平整,并做成宽 1.0 m、高 20 cm 的畦面,施足底肥。

栽植地宜选肥沃、疏松、土层深厚、有机质含量较高的二阴区梯田,以小麦茬为好,忌连作。施足底肥,并结合作垄施入垄内。秋季深耕 30 cm 左右,耙细,整平,做宽 1.2 m 畦,高 25～30 cm,畦间距 30～40 cm。

(二)繁殖方法

主要采用种子育苗移栽的方法繁殖。

1. **播种育苗**　选择播种后第三年开花结实的新鲜种子作种。在种子成熟前呈粉白色时即采收。由于各地的自然条件不同,播种的具体时间可迟可早。目前,甘肃产区多在 6 月上、中旬,云南在 6 月中、下旬。为获得苗龄适中、质量较好的苗栽,播期必须适宜。播得早,苗龄长,苗大,抽薹率高;播期晚,苗小,虽不抽薹,但成活率低。产区经验:苗龄控制在 110 日以内,单根重控制在 0.4 g左右为宜。

条播和撒播均可,以撒播为好。播种前先将种子用温水浸 24 h,进行催芽。播种量在甘肃控制在 5 kg/亩左右,云南控制在 7～10 kg/亩为好。播后盖草保湿遮光。

播后的苗床必须保持湿润。一般播后 10 日左右出苗,待种子出苗后,选阴天挑松盖草,并且搭好控光的棚架。当小苗出土后,将盖草揭除,搭在棚架上遮阴。苗期注意适时除草,间去过密弱苗。苗期不要追肥,如追肥,会提高抽薹率。但有报道,9 月下旬(甘肃)追施适量氮肥,有降低抽薹的作用。

2. **起苗贮藏**　产区一般在 10 月上、中旬,气温降到 5℃ 左右,地上叶片枯萎后起苗。起苗时勿伤芽和根。起苗后,抖去多余的泥土和残留叶片,保留 1 cm 的叶柄,每 50 株捆成一把,贮存于阴凉通风干燥处,使其散失部分水分。大约 1 周后,种栽的叶柄萎缩,根体变软,即放入贮藏室内堆藏或室外窖藏。堆藏应选阴凉房间,一层湿润生黄土,一层种栽,堆放 5～7 层,四周围上 30 cm 厚的黄土,上盖 10 cm 厚的黄土即可。窖藏应选阴凉、干燥的地方挖窖,窖深、宽各 1 m。窖底铺 10 cm 厚细砂,再放一层种栽,如此反复堆放,当离窖口 20～30 cm 时,上盖黄土封窖,窖顶呈龟背状。

(三)移栽与定植

甘肃多在 4 月上旬,云南在 3～4 月间栽种。如移栽过迟,种苗已萌动,容易伤芽、伤根,降低成活率,移栽过早,出苗后易遭晚霜为害。选择根条顺直,叉根少,完好,无病的苗栽种。

常用穴栽和沟栽两种方法:

1. **穴栽**　在整好的畦面上,按株行距 30 cm×40 cm 交错开穴,穴深 10～15 cm(或按苗栽的长短而定),每穴栽大小均匀的 2 株,芽头上覆土 2～3 cm。

2. **沟栽**　在整好的畦面,横向开沟,沟距 40 cm,深 15 cm,按 3～5 cm 的株距将种栽按大、中、小相间直摆或斜摆于沟内,芽头距地面 2 cm,最后盖土 2～3 cm。

移栽后,在地头或畦边栽植一些备用苗,以便日后补苗。

(四)田间管理

1. **中耕除草**　每年在苗出齐后,进行 3 次中耕除草,封行后拔除杂草。第一次在出苗初期苗高 5 cm 时进行,要早锄浅锄;第二次在苗高 15 cm 时进行,中耕可稍深些;第三次在苗高 25 cm 时进行,中耕要深,并结合培土。

2. **追肥**　当归需肥量较多,除了栽植前施足底肥外,还应及时追肥。追肥一般以厩肥、饼肥为主,同时配以速效肥。鉴于当归有两个需肥高峰期(6 月下旬茎叶生长盛期和 8 月上旬根增长期),

追肥分两次进行,第一次主要以促进地上部茎叶生长,以饼肥、熏肥和氮肥为主;第二次以促进根系生长发育、获得高产为目的,多以厩肥和磷钾肥为主。

3. 拔除抽薹植株　通常早期抽薹植株占 10%～30%,高者达 50%～70%,严重影响药材产量和质量,是当前生产亟待解决的问题。当归早期抽薹后,根部逐渐木质化,失去药用价值,并且它的生活力强,生长快,对水肥光照的消耗较大,应及时拔除,以免消耗地力,影响未抽薹植株的生长。

4. 灌溉排水　当归苗期需要湿润条件,降雨不足时,要及时灌水。雨水较多时要注意开沟排水,特别是生长后期,田间不能积水,否则会引起根腐病,造成烂根。

(五) 病虫害防治

1. 病害

(1) 褐斑病 *Septoria* sp.:为害叶片,发病初期叶面出现褐色斑点,病斑逐渐扩大成边缘红褐色,中心灰白色。后期,病斑内出现小黑点,病情严重时,叶片大部分呈红褐色,最后逐渐枯萎死亡。防治方法:参阅甘草褐斑病防治。

(2) 根腐病 *Fusarium* sp.:为害根部,植株根部组织初呈褐色,进而腐烂变成黑色水渍状,随后变黄脱落,主根呈锈黄色腐烂,最后只剩下纤维状物。地上部叶片变褐至枯黄,变软下垂,最终整株死亡。参阅川芎根腐病防治。

(3) 白粉病 *Erysiphe* sp.:为害叶片,发病初期叶面出现灰白色粉状病斑,后期出现黑色小颗粒,病情发展迅速,全叶布满白粉,逐渐枯死。防治方法:及时拔除病株,集中烧毁;实行轮作;发病初期,每隔 10 日左右喷洒 1 000 倍 50% 的甲基托布津或 200 倍 80% 的多菌灵,连续 3～4 次。

(4) 麻口病:病原菌不详。主要发生在根部,发病后,根表皮出现黄褐色纵裂,形成累累伤斑,内部组织呈海绵状、木质化。防治方法:应选生荒地、黑土地或地下害虫少的地块种植;合理轮作、深耕,一般与麦类、豆类、马铃薯、胡麻、油菜轮作;定期用广谱长效杀虫、杀菌剂灌根,每亩用 40% 多菌灵胶悬剂 250 g 或托布津 600 g 加水 150 kg,每株灌稀释液 50 g,5 月上旬和 6 月中旬各灌 1 次。

2. 虫害

(1) 小地老虎 *Agrotis ypsilon* Rottemberg.:以幼虫为害,昼伏夜出,咬断根茎,造成缺苗。防治方法:参阅人参地老虎防治。

(2) 蝼蛄 *Gryllotalpa unispina* Saussure.:主要为害根部,咬断根茎,造成缺穴。防治方法:冬季深翻土地,清除杂草,消灭越冬虫卵;施用腐熟的厩肥、堆肥,施后覆土,减少成虫产卵量;用 50% 辛硫磷乳油或 25% 辛硫磷缓释剂 0.1 kg/亩,兑水 1.5 kg,拌细土或细砂 15 kg 撒施后翻地;危害期用 90% 敌百虫 1 000～1 500 倍液浇灌。

(3) 金针虫 *Elateridae* sp.:吞食根部,致幼苗和植株黄萎枯死,造成缺苗,断垄。防治方法:每 50 kg 种子可用 75% 辛硫磷乳油 50 g 拌种;以豆饼、花生饼或芝麻饼作诱料,先将其粉碎成米粒大小,炒香后添加适量水分,待水分吸收后,按 50:1 的比例拌入 60% 的西维因粉剂,于傍晚在害虫活动区诱杀,或与种子混播。

此外,还有种蝇、黄凤蝶、蚜虫、红蜘蛛等为害。

三、采收、加工与贮藏

移栽的当归在当年 10 月下旬,地上部枯萎后即可采挖。采收前,先割掉地上部分,暴晒 3～5 日,留叶柄 3～5 cm,以利采挖时识别。根挖起后,抖落泥土,运回。当归从地里运回后,不能堆置,应放在通风处晾晒数日,至发达的侧根失水变软,残留为叶柄干缩为止。同时将其侧根从归头上削下,分开晾晒。太小的当归可以直接理顺侧根,扎成小把,将削好的芦头用细绳(或粗线)或细铁丝串到一起,一般每 50 个一串,将削下的侧根再按粗细分级,分别晾晒。

干燥时常采用湿草作燃料,烟熏火烤,在设有多层棚架的烤房内进行。烤前将芦头挂于烤架上,将其他的小把和根节分别装框后放在烤架上。熏时室内温度保持在 50～60℃,并定期停火降温,使其回潮,定期上下翻动。待根内外干燥一致,折断时清脆有声即可。

当归富含挥发油和糖分,极易走油和吸潮,故须贮于干燥、凉爽处,阴雨天严禁开箱,防止潮气进入,不宜久藏。

四、栽种过程的关键环节

当归最关键环节是早期抽薹;鉴于当归早期抽薹的特性,育苗时要选择正药籽(非早期抽薹的植株所结的种子),选根体大、生长健壮、花期偏晚、种子适度成熟(即种子的颜色为鱼肚白时)且比较均一为佳;适时追肥。

百　合

百合 *Lilium brownii* F.E. Brown var. *viridulum* Baker、卷丹 *L. lancifolium* Thunb. 或细叶百合 *L. pumilum* DC.,均以干燥肉质鳞叶入药,药材名百合。味甘,性微寒。归肺、心经。具有润肺止咳、清心、安神等作用。主要化学成分为秋水仙碱等多种生物碱及淀粉、蛋白质、脂肪等。主要分布于湖南、四川、河南、江西、江苏、浙江等地,全国各地均有种植。本节以百合 *L. brownii* F.E. Brown var. *viridulum* Baker 为例。

一、生物学特性

(一) 生态习性

喜凉爽,较耐寒。高温地区生长不良。喜干燥,怕水涝。土壤湿度过高则引起鳞茎腐烂死亡。对土壤要求不严,但以土层深厚、土质疏松、肥沃、排水良好的夹砂土或腐殖土为宜,黏重的土壤不宜栽培。宜与豆科或禾本科作物轮作,忌连作。

(二) 生长发育特性

百合秋凉后生根,新芽萌发,但不长出,鳞茎以休眠状态在土中越冬。春暖后由鳞茎中心迅速长出茎叶,至开花时,此阶段为营养期。生长过程中,以昼温 21～23℃,夜温 15～17℃最为佳。气温低于 10℃时,生长受到抑制,幼苗在气温低于 3℃以下时易受冻害。花期 6～7 月,果期 8～10 月。

二、栽培技术

(一) 选地整地

种植地应选择土壤肥沃、地势高爽、排水良好、土质疏松的砂壤土。前茬以豆类、瓜类或蔬菜地为好,每亩施有机肥 3 000～4 000 kg 或复合肥 100 kg 作基肥,施 50～60 kg 石灰或 50%地亚农

0.6 kg进行土壤消毒。精细整地后，做高畦，畦面宽 3.5 m 左右，沟宽 30～40 cm，深 40～50 cm，以利排水。

（二）繁殖方法

无性繁殖和有性繁殖均可采用。

1. 无性繁殖　目前，生产上主要有鳞片繁殖、小鳞茎繁殖、珠芽繁殖、大鳞茎分株繁殖和鳞心繁殖等五种方法，生产上主要采用前三种繁殖方法。

（1）鳞片繁殖：秋季，选健壮无病、肥大的鳞片用 1∶500 的多菌灵或克菌丹水溶液浸 30 min，取出后阴干，基部向下，将 1/3～2/3 鳞片插入苗床，株行距（3～4）cm×15 cm，插后盖草遮阴保湿。约 20 日后，鳞片下端切口处便会形成 1～2 个小鳞茎。培育 2～3 年鳞茎可达 50 g，每亩约需种鳞片 100 kg，能种植大田 1 公顷左右。

（2）小鳞茎繁殖：百合老鳞茎的茎轴上能长出多个新生小鳞茎，收集无病植株上的小鳞茎，消毒后按行株距 25 cm×6 cm 播种。培养 1 年后，一部分可达种茎标准（50 g），较小者，继续培养 1 年再作种用。

（3）大鳞茎分株繁殖：大鳞茎是由数个（一般 3～5 个）围主茎轴带心的鳞茎聚合而成，用手掰开分别作种。此类鳞茎个头较大，不需要培育就可以栽于大田，第二年 8～10 月可收获。

（4）鳞心繁殖：对收获的鳞茎加工时，将大鳞茎外片剥下作药用，剩下的鳞心，凡直径在 3 cm 以上的可留作种用，随剥随栽。翌年 8～10 月收获。每亩需用种 300 kg 以上，连续繁殖 4～5 年后，种性易退化，病害加重，必须更新种子。

（5）珠芽繁殖（卷丹）：珠芽于夏季成熟后采收，收后与湿细砂混匀，贮藏于阴凉通风处。当年 9～10 月，苗床上按行距 12～15 cm、深 3～4 cm 播种珠芽，覆 3 cm 细土，盖草。翌春出苗后揭去盖草，培育两年后，可移栽定植。

2. 有性繁殖　秋季将成熟的种子采下，苗床上播种，第二年秋季可产生小鳞茎。但此法耗时长，种性易变，生产上少用。

（三）移栽与定植

10 月中下旬，将上述繁殖方法所获得的小鳞茎去除枯皮，切除老根，室内摊晾数日，以促进鳞茎表层水分蒸发和伤口愈合。摊晾时间一般为 5～7 日为宜。因为时间过长，鳞茎表层易产生褐变，影响鳞茎质量。栽种时，要选择抱合紧密、色白形正、无破损、无病虫害的、重量达 25 g 的小鳞茎作种。一般用种量为 550 kg／亩。栽前，可用 50% 多菌灵或甲基托布津可湿性粉剂 1 kg 加水 500 倍，或用 20% 生石灰水浸种 15～30 min，晾干后播种。也可将杀虫药加土拌匀后，撒在种茎上，然后再盖土。栽植前先按行距 23 cm 开深 9～12 cm 的沟，锄松沟底土，然后按株距 13 cm 将种茎底部朝下插入土中，覆土厚度为种茎高度的 3 倍。

（四）田间管理

1. 中耕除草　一般中耕除草与施肥结合进行。锄草 2～3 次，宜浅锄，以免伤鳞茎。封行后可不再中耕锄草。

2. 追肥　追肥 3 次。3 月下旬第一次每亩追施三元素复合肥 30 kg，尿素 15 kg，4 月下旬第二次每亩追施三元素复合肥 30 kg，尿素 25 kg，6 月中旬第三次每亩叶面追施 0.2% 磷酸二氢钾和 0.1% 钼酸铵 100 kg。

3. **灌溉排水**　百合怕涝,春夏多雨高温,土壤易板结,极易引发病害,故要结合中耕除草和施肥,经常疏沟排水。如遇久旱无雨,亦应适度灌溉。

4. **摘花蕾和去珠芽**　5~6月孕蕾期间,花蕾要及时摘除,同时摘除珠芽,以免养分的无效消耗,影响鳞茎生长。

5. **盖草**　百合出苗后,应铺盖稻草,可保墒,抑制杂草生长,防止夏季高温引起鳞茎腐烂,促使百合在出苗后生长迅速,苗高而粗壮,须根数量增加,产量可增加17%。

（五）病虫害防治

1. **病害**

(1)枯萎病:多发生在植株中、上部叶片。严重时可致全株叶片逐渐干枯,整株枯死。防治方法:加强田间管理,在雨后和灌水后及时排水,减轻发病;实行轮作,避免连作引起病害;发病后用多菌灵兑水300倍进行药剂防治,每隔10日1次,连续3~4次。

(2)立枯病 *Rhizoctonia solani* Kuhn:多发生于鳞茎及茎、叶上。防治方法:播种前,将鳞茎浸于兑水50倍的甲醛液中消毒15 min,或浸于20%石灰乳中10 min;发病期喷洒等量波尔多液;生长过程中,避免过多施用氮肥;雨后及时排水,避免田间过于潮湿。

(3)鳞茎腐烂病 *Rhizopus stolonifer* (Ehrenb. Ex Fr.) Vuill:贮藏期中的鳞茎由于真菌感染而腐烂,受害部分表面呈褐色水浸状,变软而腐烂,最后表面产生白色霉层。防治方法:在贮藏前将鳞茎充分干燥,保持贮藏环境的干燥和通风良好。

2. **虫害**

(1)蚜虫 *Myzus persicae* (Sulzer):常群集在嫩叶花蕾上吸取汁液,使植株萎缩,生长不良,开花结实均受影响。防治方法:清洁田园,铲除田间杂草,减少越冬虫口;发生期间喷施灭菊酯2 000倍液或40%氧化乐果1 500倍液或50%马拉硫磷1 000倍液。

(2)蛴螬 *Holotrichia diomphalia* Bates:危害百合鳞茎、基生根。防治方法:参阅人参害虫防治。

三、采收、加工与储藏

移栽后第二年秋季,当茎叶枯萎时,选晴天挖取,除去茎叶,将大鳞茎做药用,小鳞茎作种栽。将大鳞茎剥离成片,按大、中、小分级,洗净泥土,沥干,然后投入沸水中烫煮一下,大片约10 min,小片5~7 min,捞出,清水中漂去黏液,摊晒竹席上,晒至全干。

百合含有多糖及低聚糖,易受潮,应存放于清洁、阴凉、干燥、通风、无异味的专用仓库中,并防回潮、防虫蛀。以温度30℃以下,相对湿度70%~80%环境贮藏为宜。

四、栽培过程的关键环节

叶面施肥可提高百合产量;摘花蕾与去珠芽可促进百合鳞茎的生长;盖草可提高百合产量。

延　胡　索

延胡索 *Corydalis yanhusuo* W.T.Wang 以干燥块茎入药,药材名延胡索。味辛、苦,性温。归肝、脾经。具活血、利气、止痛等功效。主要成分为延胡索乙素等多种生物碱。药用延胡索以栽培为主,主产于浙江、陕西、安徽等地,为浙江道地药材之一。

一、生物学特性

(一) 生态习性

延胡索喜温暖湿润的环境,稍耐寒,忌高温干旱。适宜种植在透水性好的中性或微酸性砂质壤土中;延胡索为喜光植物,宜选择向阳地种植。

延胡索各阶段的适宜温度为:根生长发育和顶芽萌发最适温度为 18~20℃,地下茎生长为 6~10℃,出苗为 6~8℃,地上部分植株生长为 10~16℃,地下部分根茎增长为 14~18℃。以土质疏松、肥沃、透水良好的中性或微酸性砂质壤土为好。忌连作。

(二) 生长发育特性

延胡索根系较浅,多集中分布在表土层 3~7 cm 处。块茎一般具有芽 1~2 个,多者 3~4 个,少者 1 个。9 月底或 10 月初用块茎播种,从播种至 11 月底为发根、发芽阶段,11 月底到次年 2 月初为地下茎的生长阶段,2 月初延胡索开始出苗,2 月初至 4 月初为生长盛期,3~4 月开花,4 月底至 5 月初收获。地下块茎分为母延胡索和子延胡索,2 月底子延胡索已经开始形成,此后子延胡索继续形成并逐渐增大,4 月上旬至下旬是其膨大并增重最快的时期,5 月上旬基本停止生长。

(三) 种质特性

目前生产上可利用的延胡索农家品种有大叶型、小叶型和混合型 3 个,其中大叶型延胡索生长旺盛,植株高大,块茎籽粒均匀,一级品率和百粒重较高,适宜在生产上推广应用。

二、栽培技术

(一) 选地和整地

选择地势较高、排水良好、富含腐殖质的砂质壤土,前作以水稻为宜。因延胡索为浅根系作物,可免耕种植或翻耕种植。免耕种植,先掘起稻桩,铺平因收割稻谷时留下的脚印,沟泥待延胡索下种后打碎铺在畦面上;翻耕种植,选择晴天翻耕 25 cm 左右,畦宽 100 cm,畦高 25 cm,沟宽 30 cm,畦背呈现龟背形。

(二) 繁殖方法

采用块茎繁殖。

1. 选种　以生长较好的大叶型延胡索为留种田,拔去病株和其他类型的延胡索后收获,除去延胡索表面泥土。捡出母延胡索,留下子延胡索作种用。用筛子进行子延胡索块茎分级,一般分三级。生产上一般选用直径 1.5~2.0 cm、外观饱满、无伤痕、无病虫害的一级延胡索作种用。

2. 播种　适宜播种期为 10 月中旬,一般在 10 月上旬至 11 月上旬水稻收获后下种,最迟不过立冬。免耕栽培时用沟内的泥土覆盖畦面,覆土厚度 4 cm 左右。撒播、条播和穴播都可,以条播为好。栽种时,在畦面按行距 8~10 cm 开深 5~6 cm 的浅沟,按株距 5~6 cm 将块茎栽于沟内,芽头向上,栽后覆土 6~8 cm。用种量 45~50 kg∕亩。

(三) 田间管理

1. 中耕除草　在立冬前后地下茎生长初期,用小锄头浅耕,以免伤害地下茎。立冬中耕除草时要结合培土,并施用冬肥。立春前后苗逐渐长出,发现杂草及时拔除。

2. 灌溉排水　种植延胡索的田块四周应开好排水沟,亩以上的田块应视情况开 1～3 条腰沟,排水沟深度在 35 cm 以上。生长旺盛期遇天气干旱,要及时灌水,可于傍晚沟灌,但不能满过畦面,时间不超过 12 h。

3. 施肥　基肥:每亩施充分腐熟的厩肥 2 000～2 500 kg、过磷酸钙 40 kg 和硫酸钾 3 kg 或复合肥 50 kg 做底肥。最好在种茎上覆盖焦泥灰后,再盖厩肥。冬肥:一般在 11 月下旬至 12 月上旬施用,先在表土轻轻中耕一次后,选晴天,每亩施尿素 13 kg、过磷酸钙 25 kg 和硫酸钾 6 kg 或每亩施复合肥 30～50 kg,再在其上覆盖厩肥 2 000 kg,最后在上面覆盖细泥土。春肥:立春前后,幼苗穿出表土,苗高 3 cm 左右时,及时追肥,每亩追施尿素 5 kg 和硫酸钾 5.5 kg 或腐熟人粪尿 1 000～1 500 kg,以后视苗的生长势及时补施,可用尿素进行根外喷雾追施。

(四)病虫害防治

1. 病害

(1)霜霉病 *Peronospora corydalis* de Bary.:主要为害叶片,其次为害茎、花梗和蒴果。田间湿度较大时,叶背面产生灰白色的霉状物,3 月上旬开始发病,4 月中旬为发病盛期,土壤带菌和块茎带菌是初次浸染的主要来源。防治方法:实行轮作;在下种前用 40％乙磷铝 300 倍液浸种处理 10 min;3 月上旬用 40％乙磷铝 250 倍进行喷雾,随后每隔 10 日喷 1 次。

(2)菌核病 *Sclerotinia sclerotiorum* (Lib.) de Bary.:发病初期茎基部出现黄褐色或深褐色梭形病斑,随后病斑不断扩大,严重时造成茎基部软腐,植株倒伏,天气潮湿时出现白絮状菌丝,并形成黑色的菌核。2～4 月,当田间湿度提高时,菌核萌发,散发出的孢子侵害植株,菌核也可直接长出菌丝侵害延胡索的近表土部分。防治方法:实行轮作;发病初期用 50％多菌灵可湿性粉剂 800 倍液或 1∶1∶200 波尔多液喷雾防治,7～10 日喷雾一次,连续喷药 3～4 次。

2. 虫害

主要虫害有地老虎、蛴螬等,但一般年份危害均较轻。防治方法:参阅人参害虫防治。

三、采收、加工与贮藏

在 4 月下旬至 5 月上旬当植株完全枯萎后 5～7 日采收。采挖时要从浅到深,做到勤翻、细收。刚采收的延胡索不宜放置太阳下暴晒,应及时运送到室内摊开,分级过筛,装入竹丝箩筐内,放在水塘或溪沟中,用脚踏或手搓,洗净后滤干。先把水煮开,待水中大气泡上升时,将箩筐内的延胡索倒入锅中,以浸没块茎为度,煮时要不断搅动,使其受热均匀。大块茎煮 4～6 min,小块茎煮 3～4 min,煮至中心还有如米粒大小白心时捞起,一般折干率为 3∶1。将煮好的延胡索块茎摊在竹垫或干净水泥地上暴晒,3～4 日后堆放在室内回潮 1～2 日,使块茎内部的水分往外渗透,再继续晒 2～3 日即可。但近年来的相关研究表明,采用上述加工方法煮过的水中含有大量的延胡索乙素等,延胡索主要成分损失严重,目前产区已开始采用直接晒干或烘干。选择通风、干燥、避光的仓库贮存。

四、栽培过程中的关键环节

生产上不宜将母延胡索作种用,因母延胡索生长发育不旺盛。3～4 月要重视霜霉病和菌核病的防治工作。

地　黄

地黄 *Rehmannia glutinosa* Libosch.，以新鲜或干燥块根入药，药材名地黄。根据加工方法的不同，药材有鲜地黄、生地（黄）、熟地（黄）之分。生地黄味甘，性寒，归心、肝、肾经，具清热凉血、养阴、生津功效；熟地黄味甘，性微温，归肝、肾经，具滋阴补血、补精填髓作用；鲜地黄味甘、苦，性寒，归心、肝、肾经，具清热生津、止血、凉血之功效。根茎含多种苷类成分，其中以环烯醚萜苷类为主，环烯醚萜苷类成分为主要活性成分，也是使地黄变黑的成分。主产于河南、山东，以河南温县、孟州、沁阳、博爱、武陟等地栽培历史最长，产量最高，质量最佳，畅销国内外，故有怀地黄之称。

一、生物学特性

（一）生态习性

地黄适应性较强，喜气候温和、阳光充足的环境，生长发育期怕旱、涝和病害。以土层深厚、疏松肥沃、排水良好的砂质土壤，酸碱度以微碱性为佳。黏性大的红壤、黄壤或水稻土不宜种植。不宜连作。

（二）生长发育特性

地黄生育期为140～160日。其根茎萌蘖力强，但与芽眼分布有关。根茎的生长比叶的生长约迟45日。生长发育分为4个阶段：幼苗生长期、抽薹开花期、丛叶繁茂期、枯萎采收期。幼苗生长期：块茎种植后，其芽眼萌动适宜温度为18～20℃，约10日出苗，如温度在10℃以下，则块根不能萌芽，且易腐烂，因此在早春地温超过10℃时方可下种。抽薹开花期：出苗后20日左右抽薹开花。开花的早晚、数量与品种、种栽部位和气候等相关。丛叶繁茂期：7～8月地上部生长最旺盛。此时，地下块根也迅速伸长，是增产的关键时期。当地温15～17℃时，块根迅速膨大，此时若土壤水分过大，不利于块根膨大，且易造成块根腐烂。土壤最适含水量25%～30%。枯萎收获期：9月下旬，生长速度放慢，地上部出现"炼顶"现象，即地上心部叶片开始枯死，叶片中的营养物质逐渐转移至块根中。10月上旬生长停滞，即为采收期。

（三）种质特性

地黄有两个栽培变种，即怀庆地黄和苋桥地黄。目前大面积栽培主要是怀庆地黄，主要品种有：

1. 温85-5　株型中等，叶片较大，呈半直立状，产量高。加工成货等级高，抗斑枯病一般，耐干旱。该品种是怀药产区生产上种植面积最大的品种。

2. 北京1号　株型较小，整齐，块根膨大较早，生长集中，便于收获。该品种抗斑枯病差，易患花叶病，对土壤肥力要求不严，适应性广，产量高。目前生产上有一定的种植面积。

3. 金状元　是传统栽培品种。块根粗长，皮细色黄个大，多呈不规则纺锤形，产量高，加工等级高，但抗病性差，折干率低。该品种退化严重，现种植面积很小。

4. 白状元　株型大、半直立，产量高但不稳定，抗涝性强，抗病能力差。

5. 小黑英　植株较小，块根为球形，单株产量较低，可适当密植，抗病和抗涝性较强。

6. **邢疙瘩** 体形大,生育期长,抗逆性较差,需肥多,产量和折干率低。宜在疏松肥沃的砂质壤土种植,作旱地黄栽培。

此外还有红薯王、四齿毛、北京 2 号等 20 多个栽培品种。

二、栽培技术

(一) 选地与整地

种植地宜选土层深厚、土质疏松、腐殖质多、地势干燥、排水良好的壤土或砂质壤土。前茬以小麦、玉米为好。于秋季深耕 30 cm,结合深耕施腐熟有机肥 4 000 kg/亩,次年 3 月下旬施饼肥约 150 kg/亩。灌水后(视土壤水分含量酌情灌水)浅耕(约 15 cm),并耙细整平做畦,畦宽 120 cm,畦高 15 cm,畦距 30 cm,习垄作,垄宽 60 cm。由于地黄生长对水分要求较高,故在整地时要求设畦沟、腰沟、田头沟三沟相连并与总排水沟相连,保证排灌畅通。

(二) 繁殖方法

一年可种两季,分春种和秋种。

采用块根繁殖和种子繁殖。前者是生产中的主要繁殖方法。种子繁殖主要用于复壮。

1. **块根繁殖** 选择健壮、外皮新鲜、无病虫害的块根做种栽,将其掰成 2~3 cm 的小段,每段至少有 2~3 个芽眼。多春栽,于 4 月上旬或 5 月下旬至 6 月上旬栽植。栽植时按行距 30 cm 开沟,在沟内每隔 15~18 cm 种栽 1 段,覆土 3~4.5 cm,稍压实后浇透水,15~20 日后出苗。用种量 30~40 kg/亩。有条件地方若采用薄膜覆盖,更有利地黄的生长,可使产量提高。

2. **种子繁殖** 用种子繁殖的后代性状分离严重,植株生长势差,块根很不整齐,表现混杂。因此生产上一般不直接采用。3 月中下旬至 4 月上旬播种,播前先浇水,待水渗下后,按行距 15 cm 条播,覆土 0.3~0.6 cm,以不见种子为度,出苗前保持土壤有足够水分。当幼苗长出 5~6 片叶时,就可移栽大田。

(三) 移栽与定植

移栽时,行距 30 cm,株距 15~18 cm,栽后浇水。成活后应注意除草松土。

(四) 田间管理

1. **间苗、补苗** 当苗高 3~4 cm 时,及时间苗。每穴留 1 株壮苗。发现缺苗时及时补苗。补苗最好选阴雨天进行。

2. **中耕除草** 封垄前应经常松土除草。幼苗期浅松土 2 次。第一次结合间苗进行,浅锄;第二次在苗高 6~9 cm 时进行,可稍深些。封行后停止中耕,杂草宜用手拔,以免伤根。

3. **摘蕾、去"串皮根"和打底叶** 当孕蕾开花时,应结合除草及时将花蕾摘除,且对沿地表生长的"串皮根"及时除去。8 月当底叶变黄时也要及时摘除黄叶。

4. **灌溉排水** 地黄生长前期需水较多,应视地情浇水 1~2 次,但不要在发芽出土时浇水,否则易回苗,影响生长。进入伏天后通常不应再浇水,若必须浇水,应掌握以下浇水原则:"三浇三不浇",即久旱不雨浇水,施肥后浇水,夏季暴雨后用井水浇 1 次,天不旱不浇水(土壤手握成团,松手不散,落土即散不浇水),正午不浇水,天阴欲雨不浇水。在夏季三伏天浇水要特别慎重,浇水原则为久旱土壤握不成团,叶片中午萎蔫,晚上仍不能直立。浇水须在早晨或傍晚进行。入伏后 7~8 月地黄地下块根进入迅速膨大期,此时土壤水分不应过大,雨后要及时排除田间积水,防止诱发各种病害。

5. 追肥 地黄追肥应采用"少量多次",怀地黄追肥可分叶面追肥和根际追肥。

(1) 叶面追肥:在5片真叶以后叶面连续喷施150倍尿素水溶液3~4次,间隔7~10日。

(2) 根际追肥:在生产中视苗情可追肥3次,但以15片真叶时最为关键,一般每亩追施尿素40 kg,过磷酸钙20 kg,硫酸钾40 kg。

6. 地膜覆盖 有条件的地方可采用地膜覆盖,有利于地黄的生长。方法是:在下种后,用地膜将畦覆盖拉紧,边缘用泥压6 cm左右。为了使地膜不受风吹影响,在地膜上每隔3~4 m压一些土。每亩需地膜10 kg左右。当地黄幼苗刚突出土面时应及时开口放苗,用手或剪刀撕破地膜6 cm左右,露出幼苗后,再用土封严缺口。春种地黄到5月份以后气温升高,将地膜揭除,按正常情况进行管理。

(五) 病虫害防治

1. 病害

(1) 斑枯病 *Septoria digitalis* Pass:是地黄的毁灭性病害,6月中旬初发,7月下旬进入 第一个发病高峰期,进入9月随气温降低,形成第二个发病高峰,持续到10月上中旬。如遇连阴雨天气骤晴病害蔓延更快。基部叶片先发病,初为淡黄褐色,圆形、方形或不规则形,无轮纹,后期暗灰色,上生细小黑点,病斑连片时,导致叶缘上卷,叶片焦枯。防治方法:地黄收获后,收集病叶,集中掩埋或烧毁;加强水肥管理,避免大水漫灌,雨季及时排水,降低田间湿度;增施磷钾肥,提高植株抗病能力;在发病初期,先用80%比克600倍液喷洒,然后酌情选用50%多菌灵600倍或70%甲基托布津可湿性粉剂800倍液,间隔10日左右喷1次。

(2) 枯萎病 *Fusrrium solani* (Mart.) App. et Wollenw:包括根腐病和疫病两种类型。根腐病表现为地上部叶片萎蔫,地下部的茎基、须根和根茎变褐腐烂。疫病发生初期,病株基部叶片先从叶缘形成半圆形、水渍状病斑,后病斑愈合,蔓延至叶柄和茎基,导致整株萎蔫。防治方法:起埂种植,埂高20~30 cm;严格控制土壤湿度,特别是在6~8月份,严禁大水漫灌和中午浇水,开挖排水沟,防止雨季田间积水;生物防治:播种时用奇多念生物肥,每株0.25 g撒施,苗期淋灌,或苗期发病前用2%农抗120水剂200倍淋灌预防;播种时用10%多毒水剂6 kg/亩或50%福美双可湿性粉剂6 kg/亩处理土壤,6月份开始,发现病株时,及时选用50%敌克松500倍或5%菌毒清400倍加50%多菌灵500倍液喷淋2~3次,间隔7~10日喷淋1次。

(3) 病毒病:一般在6月初发病,发病时部分或整株叶片上出现黄白色或黄色斑驳,常呈多角形或不规则形,叶片皱缩。防治方法:种植脱毒种苗。脱毒地黄连续在生产上利用2年后,病毒再感染严重,增产效果下降,最好能够2年更换1次新种栽。

此外常见的病害还有:黄斑病、轮斑病、细菌性腐烂病、线虫病(土锈病)、胞囊绒虫病等病害。

2. 虫害

(1) 小地老虎 *Agrotis ypsilo* Rottemberg:幼虫多在心叶处取食,在苗期危害严重,常造成缺苗断垄。防治方法:参阅人参地老虎防治。

(2) 甜菜夜蛾 *Spodoptera exigua* Hubner:常将叶片咬成空洞状,严重时,仅剩下叶脉。防治方法:采用黑光灯诱杀成虫。各代成虫盛发期用杨树枝扎把诱蛾,消灭成虫;及时清除杂草,消灭杂草上的低龄幼虫,人工捕杀幼虫;在低龄幼虫发生期,可轮换使用10%除尽、20%米螨等农药喷洒。

除上述害虫外还有：牡荆肿爪跳甲、红蜘蛛、拟豹纹峡蝶幼虫、棉铃虫和负蝗等。

三、采收、加工与贮藏

10 月底当叶逐渐枯黄时即可采收。采收时先割去植株,在地边开一沟,深 30 cm 左右,然后顺沟逐行挖掘。从田中刨出后,去净表面附着的泥土杂物,按大小分别挑选分堆,以便上焙加工。鲜地黄不宜长时间存放,应及时加工,加工方法有烘干和晒干两种。

烘干：将挑选好的鲜怀地黄,一、二级货装到母焙中,其余三、四、五级货堆放于子焙上,其厚度约 45 cm。装焙完成后,掌握火候是焙怀地黄的关键技术,50～60℃为宜,火候要稳定,切忌火候忽大忽小;初焙 1 日或 1.5 日时翻焙 1 次,以后每日翻焙 1 次到 2 次,随翻焙随拣出成货(以表里柔软者),一般一焙需 6～7 日;焙好的生地,下焙后,进行堆闷出汗 3～4 日,使表里干湿一致,再行传焙 3～4 h,火候 50℃为宜,下焙,方可成货;将焙好的地黄再用文火焙 2～3 h,火候 60℃,全身发软时,取出,趁热搓成圆形,即为圆货生地。

晒干：将采挖的地黄块根去泥土后,直接在太阳下晾晒,晒一段时间后堆闷几日,然后再晒,一直晒到质地柔软、干燥为止。由于秋冬阳光弱,干燥慢,不仅费工,而且产品油性小。

鲜地黄埋于沙土中贮藏,注意防冻;生地黄置通风干燥处贮藏,注意防霉、防蛀。

四、栽培过程的关键环节

宜选适宜当地品种进行栽培;忌连作;地膜覆盖,可增产 20％～25％;病虫害防治是地黄种植过程中一大关键,应加强综合防治工作。

知　　母

知母 *Anemarrhena asphodeloides* Bge.,以干燥根茎入药,药材名知母。味苦、甘,性寒。归肺、胃、肾经。具有清热泻火、生津润燥之功效。主要化学成分为知母总皂苷、菝葜皂苷元、芒果苷等。主要分布于我国东北三省及河北、山西、内蒙古、陕西、甘肃、宁夏、山东等地,主产于山西、河北、内蒙古。

一、生物学特性

（一）生态习性

知母适应性强、喜光照、喜温暖、耐寒、耐旱,忌涝。野生多见于向阳山坡、丘陵等地。除苗期需适当浇水外,生长期内如土壤水分过多时,生长不良,易烂根。

对土壤要求不严,但以疏松肥沃、排水良好的中性砂土或腐殖壤土为好。低洼积水和过黏土壤均不宜栽种。

（二）生长发育特性

知母以根和根茎在土壤中越冬,春季 3 月下旬至 4 月上旬,平均气温 7～8℃时开始发芽,7～8 月份生长旺盛,9 月中旬以后地上部生长停止,11 月上、中旬茎叶全部枯竭进入休眠。生长 2 年开始抽花葶。花期 5~6 月,果期 8~9 月。

二、栽培技术

(一)选地与整地

选向阳、排水良好、疏松的腐殖质壤土和砂质壤土种植,也可在山坡、丘陵、地边、路旁等栽培。秋季深翻时,每亩施腐熟厩肥 3 000 kg,草木灰 1 000 kg 或磷钾复合肥 30~40 kg 作基肥。如土壤偏酸,撒适量石灰粉调调酸度。深耕细耙,整平后,做成 130 cm 宽的平畦。

(二)繁殖方法

采用种子繁殖和分株繁殖。由于种子繁殖有利于防病、抗病,因此采用种子繁殖为主,以根茎分株繁殖为辅。

1. 种子繁殖

(1)种子催芽:在 3 月上、中旬,将种子用 40℃温水浸泡 8~12 h,捞出晾干外皮,再与两倍量的湿沙拌匀,在向阳温暖处挖浅穴,将种子堆于穴内,上面覆土厚 5~6 cm,再用薄膜覆盖,周围用土压好。种子发芽与温度高低有关,若平均气温为 13~15℃,则 25~30 日开始萌动;若气温在 18~20℃,则 14~16 日萌发。待多数种子露白时即可播种。

(2)播种:分直播和育苗移栽两种方法。播种可分春播和秋播,春播在 4 月初进行,秋播在 10~11 月份进行,以秋播为好。直播按行距 20~25 cm 条播,开沟深度 1.5~2 cm,播种量 0.5~0.8 kg/亩,把种子均匀撒入沟内,覆土盖平、浇水。出苗前保持湿润,10~20 日出苗,待苗高 5~6 cm 时,按株距 8~10 cm 定苗。

育苗移栽法的播种方法与直播法基本一致,但播种密度相对较大,行距为 10 cm,播种量 1 kg/亩。出苗后加强苗期田间管理。

2. 分株繁殖 秋季植株枯萎时或翌春解冻后返青前,刨出两年生根茎,分段切开,每段长 5~8 cm,每段带有 2 个芽,作为种栽。

(三)移栽与定植

移栽在春季或秋季均可,按行距 25 cm 开沟,沟深 5~6 cm,然后将挖出的知母苗地上叶子剪留 10 cm 左右。按 10 cm 的株距将幼苗栽入沟内,覆土压紧,然后灌透水即可。

(四)田间管理

1. 中耕除草 待苗高 7~8 cm 时,进行中耕除草,松土宜浅。生长期保持土壤疏松、无杂草。

2. 追肥、浇水 苗期若气候干旱,应适当浇水。发芽前每亩追施腐熟的马牛猪粪、草木灰各 1 000 kg,磷酸二氢铵 50 kg,同时浇水 1~2 次。移栽后,当苗高 15 cm 左右时,每亩追施过磷酸钙 20 kg 加硫酸铵 13 kg。在行间开沟施入,结合松土将肥料埋下。

3. 覆盖 生长 1 年的知母庙在松土除草后或生长 1~3 年的苗在春季追肥后,每亩顺沟覆盖稻草、麦秸之类杂草 800~1 200 kg,每年 1 次,连续覆盖 2~3 年,中间不需翻动。

4. 摘葶 知母播种后翌年夏季开始抽花葶,高达 60~90 cm,在生育过程中消耗了大量的养分。为了保存养分,使根茎发育良好,除留种者外,开花之前一律摘去花葶。

5. 追肥 知母喜肥,除施足基肥外,追肥是提高产量的关键措施之一。氮肥对根茎增产效果明显,钾肥次之,故在施肥时,应以氮肥为主,佐以适量钾肥,如草木灰、饼肥等。此外,喷施钾肥能增强植株的抗病能力,促使根茎膨大,增产 20％左右。7～8 月份,知母进入生育旺盛期,这时可每亩喷 1％的硫酸钾溶液 80～90 kg 或 0.3％的磷酸二氢钾溶液 100～120 kg,隔 12～15 日喷 1 次,连喷 2 次。在无风的下午 4 点以后喷洒效果最佳。

(五) 病虫害防治

1. 病害

(1) 立枯病 *Rhizoctonia solani* Kuhn.：主要发生在出苗展叶期,为害茎基部。受害苗在茎基部呈现褐色环状缢缩,幼苗折倒死亡。防治方法：栽前土壤用多菌灵消毒;发病初期用 70％的硝基苯或多菌灵 200 倍液浇灌病区。

(2) 锈病 *Uromyces glycyrrhizae* (Rabh) Magn.：主要为害根部和芽苞。防治方法：参阅甘草锈病防治。

2. 虫害

主要有蛴螬、蝼蛄。防治方法：参阅人参虫害防治。

三、采收、加工与贮藏

在栽植 2～3 年后收获。种子繁殖的于第三年、分株繁殖的于第二年的春、秋季采挖。据试验,知母有效成分含量最高时期为 4～5 月,其次是 11 月。采挖后除去枯叶和须根,烘干或晒干,即为毛知母。趁鲜削去根基外皮,烘干或晒干,即为知母肉。

应置于室内高燥的地方贮藏,应有防潮设施。

四、栽培过程的关键环节

播种前进行种子催芽处理;开花前适时摘除花薹;追肥是提高产量的关键措施之一,应及时追肥。

板　蓝　根

菘蓝 *Isatis indigotica* Fort.,以干燥根入药称板蓝根,又称北板蓝根;以干燥叶入药称大青叶。性寒,味苦。具有清热解毒、消肿、凉血利咽之功效。主要化学成分为靛蓝、靛玉红、吲哚苷、腺苷、氨基酸以及多种有机酸。分布于长江以北大部分地区,其中安徽、河北、河南为板蓝根的主产区。

一、生物学特性

(一) 生态习性

板蓝根适应性较强,喜温暖湿润气候,耐寒耐旱,以黄土高原、华北大平原到长江以北的暖温带为最适生长地区,长江流域南部是它的南缘产区,东北平原和南岭以南地区不宜栽种;耐肥性较强,对土壤的酸碱度要求不严,肥沃和深厚的土层是生长发育的必要条件。

(二) 生长发育特性

板蓝根为越年生、长日照型植物。8 月上中旬播种,种子在 15～30℃温度下萌发良好。出苗后至立冬前为营养生长阶段,当年只能形成叶簇,呈莲座状露地越冬,经过春化阶段,于翌年早春抽薹、现蕾、开花、结实后枯死,完成整个生长周期。3月上旬至中旬为抽薹期,3月中旬为开花期,4月下旬至5月下旬为结果和果实成熟期,6月上旬即可收获果实,全生育期为9～10个月。留种需要二年生植株。生产上为了利用植株的根和叶片,往往延长营养生长时间,因而多于春季播种,秋季或冬初收根,其间还可收割1～3次叶片,以增加经济效益。

二、栽培技术

(一) 选地与整地

板蓝根为深根性植物,土层深厚、疏松肥沃的壤土有利于板蓝根的生长。前茬作物收获后及时深翻土地20～30 cm。耕后细耙,使土地平整。秋耕越深越好,可以消灭越冬虫卵、病菌。且因板蓝根主根能伸入土中50 cm,深耕细耙能改善土壤理化性状,促使主根生长顺直、光滑、不分杈。施基肥2 000～3 000 kg/亩,翻入土内。雨水少的地方做平畦,雨水多的地方做高畦。畦宽、长以地而定。畦面呈龟背形,畦高约20 cm。开排水沟。

(二) 繁殖方法

生产上一般采用种子繁殖。选择籽粒饱满、发芽率为80%以上的优良种子播种。

播种前将种子用清水浸泡12～24 h,捞出种子并晾晒至其表面无明水。与适量干细土拌匀,以便播种。春播或秋播,若以收获药材为目的则采用春播,清明前后播种,撒播或条播。条播者应按行距20～25 cm在畦面开出1.5 cm浅沟,将种子均匀撒入沟内,播后在其上盖2～3 cm厚的草木灰或细土;若以收获种子为目的则采用秋播,在9月份开始播种萌发,经过春化过程后开花结实,但也可春播或夏播。播种量1.5～2 kg/亩。

留种:留种田宜选择土壤肥沃的砂壤土或壤土地块,且不易积水。条播或撒播;附近50 m以内不能种植其他十字花科的作物,以防产生生物学混杂。施足基肥,营养生长期间可根据实际适当增施氮肥和钾肥,开花前适当增施磷钾肥。根据地块硼元素的情况,少量喷施硼砂水,防止花而不实症;留种用的一般不宜采收大青叶,以免影响菘蓝的营养生长。

(三) 田间管理

1. 间苗、定苗   当苗高3 cm时,行间浅耕松土,并用手拔掉苗间杂草;当苗高6～10 cm时,需及时间苗,按株距10～15 cm定苗。间苗时去弱留强,如缺苗需及时补苗。

2. 中耕除草   在间苗的同时,需中耕、松土、除草,以后根据杂草生长情况及土壤板结情况及时松土、除草。

3. 追肥   定苗后,根据幼苗生长情况,适时追肥和浇水。一般在5月下旬至6月上旬每亩追施硫酸铵10 kg、过磷酸钙7.5～15 kg,混合施入行间;凡生长良好的在6月下旬到8月中下旬可采收2次叶片,采叶后及时追肥、浇水,以促进叶片生长。

4. 排灌   6～8月雨水多时应及时排水,以防烂根。如遇干旱天气,可在早晚灌水。

(四) 病虫害防治

1. 病害

(1) 菘蓝霜霉菌 *Peronospora isatidis* Gaum:主要为害叶片,其次为害留种株茎秆、花梗和果荚。一般于6月上旬开始发病,7月中旬发病严重。防治方法:雨季注意排水,在板蓝根收获时,清除枯枝落叶等病残组织;发病初期用 1∶1∶200 的波尔多液喷雾或用 60% 的代森锌 600 倍液或 50% 的多菌灵 500 倍液喷雾。另外,氮肥不宜施用过多,增施磷钾肥,提高抗病能力。

(2) 菌核病 *Sclerotinia sclerotiorum* (Lib.) de Bary:为害全株,主要发生在菘蓝生长后期和采种株。在高温多雨的 5~6 月发病最重。防治方法:深耕将菌核深翻于土层下;播种前通过筛选、水洗等方法将带有菌核的种子除去。发病季节使用石硫合剂撒于植株基部;发病初期用 65% 代森锌 500~600 倍喷雾或用 50% 多菌灵、托布津 500~1 000 倍液集中喷洒植株中下部。

(3) 根腐病 *Fusarium solani* (Mart.) App. et Wr:病原菌为茄类镰刀菌,为害根部。温度 29~32℃ 易发病。防治方法:选择地势略高、排水畅通、土质深厚的沙质壤土地块种植;合理施肥,氮肥适当、增施磷、钾肥;发病期喷洒 50% 甲基硫菌灵可湿性粉剂 800~1 000 倍液。

2. 虫害

(1) 菜粉蝶(菜青虫) *Pieris rapae* L.:整个生长期受菜粉蝶幼虫(菜青虫)为害最严重。幼虫啃食叶片,形成许多小孔或缺刻孔洞。防治方法:清除田间残株、枯叶;幼虫可用苏芸金杆菌可湿性粉剂或颗粒 800~1 000 倍液喷雾或 90% 晶体敌百虫 1 000~1 500 倍液喷雾。

(2) 小菜蛾 *Plutella maculipennis* Curt.:幼虫取食叶片,成虫在夜间活动,白天多隐蔽于植物叶片背面。防治方法同菜青虫的防治。

三、采收、加工与贮藏

板蓝根采收于霜降前后,割去地上叶子后,靠畦边按序挖 50~70 cm 深的沟,仔细将根挖出,切勿挖断,除去泥土、茎叶和芦头,晒干或烘干。置于干燥的室内贮藏,注意防潮、防虫。

大青叶 1 年可采收 3 次,第一次在夏至前后,第二次在处暑到白露间,第三次在霜降前。拣除杂质,晒干或烘干。置于通风干燥处贮藏,注意防霉。

四、栽培过程的关键环节

及时排灌;合理施肥,采叶后的追肥以氮肥为主,结合施用磷肥,以促进叶片生长。

浙 贝 母

浙贝母 *Fritillaria thunbergii* Miq.,干燥鳞茎入药,药材名浙贝母。味苦,性寒。具有清热润肺、止咳化痰等功效。主要成分为贝母素甲和贝母素乙等生物碱。浙贝母主产浙江宁波鄞州区和磐安。此外,安徽、江西、湖南、江苏等地亦有栽培。

一、生物学特性

(一) 生态习性

浙贝母喜温和湿润、阳光充沛的环境。根的生长适温在 7~25℃,以 15℃ 为宜;地上部分生长适温在 4~30℃,低于 −3℃ 则植株受冻、叶子萎蔫,高于 30℃ 植株顶部出现枯黄。地下鳞茎膨大生长适温为 10~25℃,高于 25℃ 将导致鳞茎休眠。开花适宜温度 22℃ 左右。浙贝母生长需土壤湿润的环境,田块既不能积水,也不能过于干旱。从浙贝母不同生长发育阶段来看,一般出苗前需水量较少,出苗后到株高生长停止期间需水量最多。适宜在透水性好、微酸性或中性的砂质壤土中生长。

(二) 生长发育特性

浙贝母鳞茎在休眠期间,芽的后熟及分化十分缓慢,自 9 月进入生长活动期后,芽分化明显加快,根也不断生长,到 10 月上旬生长点上可见许多突起,11 月中旬芽中幼蕾分化已十分清楚,叶片也已分化完成,12 月中旬可见花蕾,12 月底前根系基本形成。翌年 2 月上旬幼苗的主杆开始生长出土,叶片逐渐展开,叶面积不断扩大,气温 15~17℃左右时,地上部植株生长迅速,株高在 3 月下旬至 4 月上旬达到最高,在 2 月底 3 月初,除主杆外,还可抽出第二个茎杆(称"二杆"),比主茎(主杆)迟出土 3 个星期左右。随着浙贝母茎叶的生长,逐渐在茎顶端形成花蕾。花期 3~4 月,果期 4~5 月。当气温超过 20℃时,植株生长缓慢,在 4 月下旬至 5 月上旬,植株开始自上而下逐渐枯萎,到 5 月中下旬全株枯黄。

浙贝母新鳞茎膨大有两个时期,第一个时期是在出土前的 11 月间或 12 月上旬,这个时期心芽基部鳞片有些肥厚,但膨大不显著,以后因进入寒冷季节基本停止膨大。第二个膨大生长时期是 2 月下旬至 5 月中下旬,是鳞茎膨大的主要时期,以 3 月下旬至 4 月间膨大最快,植株开始枯萎时鳞茎仍在继续膨大,直至植株地上部分全部枯死才停止。鳞茎中的心芽在当年 11 月形成,每一个心芽下一年能产生一个新鳞茎。

(三) 种质特性

产区常用的农家品种有:多籽、细叶(铁杆)、大叶(玉贝)、轮叶、小立子等。其中多籽和大叶具有产量高、折干率高、灰霉病抗性较强等优点。因此,目前生产上多采用大叶和多籽。

二、栽培技术

(一) 选地与整地

宜选土层深厚、疏松、含腐殖质丰富的砂质壤土,种子田更要注意透水性好。浙贝母不宜连作,如受条件限制必须连作,也不要超过 3 次。前作一般有芋艿、玉米、黄豆、番薯等。选地后,翻耕深度在 18~21 cm,耙细整平,按宽 2 m、高 12~15 cm 做畦,畦沟宽 30 cm 左右。每亩施腐熟厩肥或堆肥 3 000~5 000 kg,均匀撒于畦面上。

(二) 繁殖方法

繁殖方法有种子繁殖和鳞茎繁殖两种,生产上以鳞茎繁殖为主,因为有性繁殖从播种到收获需 5 年时间,因此,很少采用。这里仅介绍鳞茎繁殖的方法。繁育种用鳞茎的地块叫种子田,收获浙贝母商品的地块称商品田。

浙贝母植株地上部分 5 月中、下旬全株枯黄,作商品的鳞茎在植株枯萎后就要采挖,但种用鳞茎要到 9 月下旬至 10 月上旬才栽种,留种过夏的方法主要有 3 种:① 室内过夏。种子田的植株枯萎后,将鳞茎挖起,然后一层砂一层鳞茎堆放在阴凉通风处。② 移地过夏。把挖出的鳞茎集中贮存,贮存地应选地势高、排水好、阴凉的地方。③ 田间过夏。大量的种用鳞茎不便于采用室内过夏和移地过夏时,可采用种子田不采挖的田间过夏,过夏的种子田可套种瓜类、豆类、蔬菜、甘薯等作物。

(三) 栽种

直径 4~5 cm 的鳞茎用于种子田栽种,其余各档均可用于商品田栽种。一般在 9 月中旬到 10 月上旬栽种较好,下种时种子田先种,商品田后种。种子田密度以株距 15 cm、行距 18~20 cm,每亩种 15 000～16 000 株为宜。商品田若用直径 5 cm 以上鳞茎，则株距 18 cm，行距 21 cm，每亩种 12 000～13 000 株为宜；直径 4 cm 以下鳞茎的株距 13.5～15 cm，行距 18 cm 左右，每亩种 17 000～19 000 株。栽种深度应掌握"种子田要深，商品田要浅；种茎大略深，种茎小略浅"的原则。

（四）田间管理

1. **中耕除草**　中耕除草最好在苗未出土前和植株生长前期进行，过迟容易削伤茎秆和地下新鳞茎。一般分别在 2 月上旬、2 月下旬至 3 月下旬、4 月上旬进行 3～4 次。

2. **追肥**　结合中耕除草进行追肥。在 2 月上中旬施苗肥，每亩施人粪尿 1 500 kg 或硫酸铵 10～15 kg，分 2 次施，相隔 10～15 日。花肥在摘花后施入，肥料种类和数量与苗肥相似，种植密度大、生长茂盛的种子田可少施或不施。

3. **灌溉排水**　浙贝母生长需土壤湿润的环境，田块既不能积水，也不能过于干旱。浙江产区在此期间一般雨量充沛，无须灌溉，但遇干旱年份，应适当灌溉。雨后要及时排除积水，暴雨后及阴雨季节要及时检查，开通排水沟。

4. **摘花打顶**　一般在 3 月中下旬植株有 1～2 朵花开放时摘花打顶，将花连同 6～9 cm 的花梢一起摘去。摘花宜在晴天进行，以免雨水进入伤口，引起腐烂。

（五）病虫害防治

1. **病害**

（1）灰霉病 *Botrytis elliptica* (Berk.) Cke.：为害地上部分。发病后先在叶片上出现淡褐色小点，边缘有明显的水渍状环，花受害后干缩不能开放，受害部分能长出灰色霉状物。一般在 3 月下旬至 4 月初开始发生，4 月中旬盛发。防治方法：实行轮作；从 3 月下旬开始，喷施 1∶1∶100 的波尔多液，每隔 10 日左右喷 1 次，连喷 3～4 次。

（2）黑斑病 *Alternaria alternate* (Friss.) Keissler.：发病先从叶尖开始，叶色变淡，出现水渍状褐色病斑，病部与健部有明显界限。在潮湿情况下病斑上有黑色霉状物。一般在 3 月下旬开始为害，直至地上部枯死。防治方法：浙贝母收获后，清除残株病叶；实行轮作；4 月上旬开始，结合防治灰霉病，喷施 1∶1∶100 的波尔多液，每隔 10 日左右喷 1 次，连喷 3～4 次。

2. **虫害**　蛴螬，为铜绿丽金龟子 *Anomala corpulenta* Motschulsky.的幼虫。受害鳞茎成麻点状或凹凸不平的空洞状。从 4 月中旬起少量为害鳞茎，过夏期间为害最盛，到 11 月中旬后停止为害。防治方法：参阅人参害虫防治。

三、采收、加工与贮藏

（一）采收

1. **商品田鳞茎的收获**　5 月上中旬当浙贝母地上部枯萎时，商品田鳞茎即可收获。在后作可适当推迟的情况下，商品田鳞茎应在地上部分完全枯萎后收获，因地上部分枯萎期间地下鳞茎仍在增长。选晴天收获，阴雨天起土会使商品浙贝母腐烂，造成损失。

2. **种子田鳞茎的收获**　种子田的鳞茎在 9 月中旬到 10 月上旬起土，边起土边下种，符合标准的鳞茎种在种子田，其他则种在商品田。

（二）产地加工

1. **贝壳灰加工法**　① 去泥：将收获的鳞茎放在竹筐里，用水将起土时所带的泥土洗去。

②分级：较大的鳞茎(直径3 cm以上)，将鳞片分开，挖去心芽，以便加工成元宝贝。较小的鳞茎不去心，直接加工成珠贝。挖下的心芽加工成贝芯。③去皮加石灰：将分级后的鲜鳞茎装入机动或人力擦桶内，来回振动，使鳞茎相互碰擦15～20 min，直至表皮脱净，浆液渗出为止。按每50 kg去皮鳞茎加2～3 kg贝壳灰比例加入贝壳灰，再振动10～15 min，倒入箩筐内，放置过夜。次日在太阳下晒，直至晒干。

2. 切片干燥法　鳞茎洗净后用切片机切成3～4 mm的薄片，用水冲去浆液，在70～80℃下烘6～12 h即可。

(三) 贮藏

浙贝母商品常分为元宝贝和珠贝，各分二等级。选取新编织袋，装入经初加工浙贝母，每个包装袋净重25 kg，机缝袋口。仓库内温度保持在30℃以下，空气相对湿度以50％～65％为宜。贮藏期间商品安全水分应控制在14％以下。

四、栽培过程的关键环节

留种田在夏天应进行遮阴，可在种植地上套种作物，如蔬菜、瓜类、豆类等；适时进行摘花打顶。

党　参

党参 *Codonopsis Pilosula* (Fannch.) Nannf.、素花党参 *C. pilosula* Nannf. var. *modesta* (Nannf.) L. T. Shen 或川党参 *C. tangshen* Oliv.，均以干燥根入药，药材名党参。味甘，性平。归脾、肺经。具有补中益气、健脾益肺之功效。主要成分为三萜类化合物无羁萜、蒲公英萜醇乙酸酯、α-菠甾醇及其葡萄糖苷、苍术内酯、党参内酯、党参苷、多糖等。主要分布于我国山西、陕西、甘肃、四川、云南、贵州、湖北、河南、内蒙古及东北等地，主产于山西、河南等地，全国大部分地区均有栽培。本节以党参 *C. pilosula* (Franch.) Nannf. 为例。

一、生物学特性

(一) 生态习性

党参分布于荒山灌木草丛中、林缘、林下及山坡路边，适宜生长于气候温和凉爽的环境下，幼苗需荫蔽，成株喜阳光，怕高温，怕涝，抗寒性、抗旱性、适生性都很强。

以土层深厚、地势稍高、富含腐殖质的砂质壤土种植为好，不宜在黏土、低洼地、盐碱地种植，忌连作。

(二) 生长发育特性

党参为多年生植物，从种子播种到种子成熟一般需要2年时间，2年以后年年开花结籽。一般3月底至4月初出苗，然后进入缓慢的苗期生长。从6月中旬至10月中旬，党参进入营养生长快速期。低海拔地区种植的党参8～10月份部分植株开花结籽，但质量不高；高海拔地区，一年生参苗不能开花，10月中下旬地上部枯萎进入休眠期。8～9月为根系生长的旺盛季节。花期7～8月，果期9～10月。

二、栽培技术

（一）选地与整地

育苗地宜选半阴半阳坡,疏松肥沃的砂质壤土,水源条件好的、排灌方便的山坡地和二荒地,每亩施厩肥或堆肥 1 500～2 500 kg,然后翻耕,耙细,整平做平畦或高畦。

定植地应选疏松肥沃的砂质壤土,每亩施厩肥或堆肥 3 000～4 000 kg,加过磷酸钙 30～50 kg,施后深耕 25～30 cm,耙细、整平做畦。四周开好排水沟。

（二）繁殖方法

党参栽培常用种子繁殖,分直播和育苗移栽,以育苗移栽为好,这里仅介绍育苗移栽的方法。

1. 种子处理 党参繁殖要用新种子,隔年种子发芽率很低,甚至无发芽能力。种子在温度 10℃左右,湿度适宜的条件下开始萌发,最适发芽温度为 18～20℃。为了使种子早发芽,播种前把种子放在 40～50℃温水中浸种,边搅拌边放入种子,搅拌至水温和手温一样时停止,再浸 5 min;捞出种子,装入纱布袋中,用清水洗数次,再放在温度 15～20℃室内砂堆中,每隔 3～4 h 用清水淋洗 1 次,1 周左右种子裂口即可播种。

2. 播种育苗 春播 3～4 月,秋播 9～10 月。将种子掺细土后撒播或条播,多采用条播,行距 10 cm,每亩用种量 1 kg,播后覆细土,盖一层玉米秆或草。幼苗出土后逐渐揭除覆盖物。苗高 5 cm 时,结合松土分次间苗(株距 30 cm),春播苗于秋末或次年早春移栽,秋播苗于次年秋末移栽。

（三）移栽与定植

参苗生长一年后,于秋季或春季移栽。春季于 3 月中下旬至 4 月上旬进行移栽,秋季于 10 月中下旬进行移栽。在整好的畦面上,按行距 15～25 cm,开沟深 15～25 cm,将参苗按株距 6～10 cm 斜放于沟内,也可横卧摆栽。覆细土压条后,浇透定根水,上盖细土保墒。

（四）田间管理

1. 中耕除草 出苗后应勤除杂草,特别是早春和苗期更要注意除草。一般除草常与松土结合进行。封行后停止中耕,见草则用手拔除。

2. 追肥 在搭架前追施一次厩肥,施入量为 1 000～1 500 kg/亩,结合松土除草施至沟里,也可在开花前根外追肥,以微量元素和磷肥为主,每亩施磷酸铵溶液 5 kg,喷于叶面。生长初期(5 月下旬)每亩追施人粪尿 1 000～2 000 kg。

3. 灌溉排水 移栽后要及时灌水,以防参苗干枯,保证出苗。成活后可以不灌或少灌水。雨季应及时排除积水,防止烂根。

4. 搭架 当苗高 30 cm 左右时设立支架,以使茎蔓顺架生长,架法可根据具体条件和习惯灵活选择,常用方法是用细竹竿每两垄搭成“八”字形架,目的是使田间通风透光,苗木生长旺盛,提高抗病力,增加参根和种子的产量。

（五）病虫害防治

1. 病害

(1) 锈病 *Puccinia campanumoeae* Pat.：主要为害叶片,6～7 月发生严重,病叶背面略突起(夏孢子堆),严重时突起破裂,散出橙黄色的夏孢子,引起叶片早枯。防治方法：参阅甘草锈病防治。

（2）根腐病 *Fusarium* sp.：主要为害地下须根和侧根，受害根呈现黑褐色，而后主根腐烂，植株枯萎死亡。防治方法：参阅川芎根腐病防治。

2. 虫害 主要有地老虎、蛴螬、蝼蛄、红蜘蛛等害虫，危害地下根部及咬断幼苗的茎。可采用诱饵杀幼虫，用黑光灯杀成虫或药剂喷杀，也可参照其他虫害的防治方法。

三、采收、加工与贮藏

定植后于当年秋季收获，也可于第二年秋季收获，多在秋季地冻前采挖。将根挖出后，洗净泥土，按大小、长短、粗细分级，分别晾至三四成干，用手或木板搓揉，使皮部与木质部紧贴，饱满柔软，然后再晒再搓，反复 3～4 次，至七八成干时，捆成小把，晒干即成。

加工后的成品以木箱内衬防潮纸包装，每件 20 kg 左右，置干燥通风处保存。贮藏期间注意防潮、防蛀，发现回软时应立即复晒干燥。

四、栽培过程的关键环节

种子催芽处理；及时搭设支架。

柴　胡

柴胡 *Bupleurum chinensis* DC. 或狭叶柴胡 B. *scorzonerifolium* Willd.，以干燥根入药，药材名柴胡。味苦，性微寒。归肝、胆经。具有发表和里、疏肝升阳的功效。主要化学成分为柴胡皂苷类、挥发油、植物甾醇、香豆素、脂肪酸等，其中皂苷和挥发油为主要有效成分柴，柴胡皂苷 A、D 具有明显的药理活性。柴胡主产于辽宁、河北、河南、陕西、湖北、山西等地。

一、生物学特性

（一）生态习性

野生柴胡多分布于向阳的荒山坡、小灌木丛、丘陵、林缘、林中空地等，表现为较强的耐旱、耐寒特性，喜温暖湿润气候，忌高温和水涝。

以砂壤土和腐殖质丰富的土壤为好，土壤 pH 5.5～6.5。

（二）生长发育特性

一年生植株除个别情况外，均不抽茎，只有基生叶，10 月中旬逐渐枯萎进入越冬休眠期。第二年 4 月抽薹，花期 8～9 月，果期 9～10 月，从开花到种子成熟需要 45～55 日，成株年生长期 185～210 日。

柴胡的种子较小，长 2.5～3.5 mm，中心宽度 0.7～1.2 mm，厚度仅为 1 mm 左右，外观性状上差异较大，表面粗糙，黄褐色或褐色，胚较小，包藏在胚乳中。种子的千粒重差距较大，一般为 1.35～1.85 g，优质的种子千粒重可达 1.90 g 以上。种子具有胚后熟的现象，在阴凉通风处存放 1 个月后发芽率为 60%～70%；若采收种子自然存放半个月转入 5℃ 以下低温半个月，发芽率为 70%～80%。贮存条件相同的种子，用水浸种 24 h，发芽率可提高 10%～15%，最适发芽温度 15～22℃，

10~15 日开始发芽,低于 15℃发芽较慢,高于 25℃则抑制发芽。随着贮存时间的延长,种子发芽率逐渐降低,贮存 12 个月后发芽率几乎为零,故生产上不使用隔年种子。

二、栽培技术

(一) 选地与整地

选择土质疏松、肥沃的砂壤土或腐殖质丰富的土壤为种植地,要求地势较平坦或坡度小于 20°的地块,种植地还要有较好的排涝性能,附近应具备灌溉的水源。黄黏土、强砂土、低洼易涝地、易干旱的大坡度地均不宜种植。

选地后进行翻耕,深度 25~30 cm,清除石块等杂物,每亩施 750~1 000 kg 充分腐熟的农家肥做基肥,耕平耙细,做畦。畦高 20~25 cm,畦宽 1.2 m。畦间留作业道 25~30 cm。

育苗地按常规方法选地,深翻,施足基肥,耙平整细后做畦。

(二) 繁殖方法

柴胡栽培用种子繁殖,直播或育苗移栽均可,大面积生产多采用直播。

1. **直播** 当年采收的种子秋播时无须做任何处理,结合整地,即时播种,这样既经济实用,又有很高的出苗率。春播时将种子用 30℃的温水浸泡 24 h,中间更换 1 次,用水浸种还可以除去漂浮的瘪粒、小果柄等杂质,同时也提高了种子的纯净度;也可用 0.1% 的高锰酸钾溶液浸种,能够起到杀菌的作用;采用湿砂层积法将 1 份种子与 3 份湿砂混合,置 20~25℃温度条件下催芽,10~12 日后,当部分种子裂口后,进行播种,可以提高发芽率。

春播宜在 3 月下旬至 4 月上旬进行,秋播应在霜降前进行。播种时用耙子将畦面土层整平、耙细,按行距 15~18 cm 开沟,深度 2.5~3 cm,播种时拌入 2~3 倍量细湿砂(握之成团、松之散开),将种子均匀撒入沟内,覆土厚 1.5~2 cm,稍加镇压,浇透水,覆草保湿、保温。用种量 1.25~1.50 kg/亩。在小苗即将出土前撤去盖草,由初苗到齐苗需 10~15 日,播种后到出苗期间要保持土壤湿润,防止因干旱造成根芽干瘪,灌溉时间应选择气温较低的清晨进行,小苗出齐后要适当控制水量,避免徒长。苗期进行除草、间苗、补苗。当苗高 10 cm 左右时,按株距 15 cm 定苗。

2. **育苗** 育苗可分为温室育苗和室外拱膜育苗。温室育苗应在 3 月上旬进行,室外拱膜育苗应在 3 月下旬至 4 月上、中旬进行,在苗床上做畦高 5~6 cm,畦面宽 1~1.2 m。行距 10~15 cm,条播,其他措施与直播相同。无论采用温室育苗还是室外育苗,应保持土壤湿润,并且要有适宜的发芽温度,高温时注意通风。20 日左右出苗,苗齐后,揭去覆盖物,加强田间管理,培育 1 年,翌年出圃移栽。

(三) 移栽与定植

3~4 月,当小苗长出 4~5 片真叶或小苗高度在 5~6 cm 时进行移栽。按行距 15~18 cm,株距 3~4 cm,挖穴,每穴栽苗 1~2 株。或按行距 20 cm 横向开沟,沟深 10 cm,按株距 15 cm 栽种。栽后覆土,浇足定根水。及时做好保墒保苗工作是创造高产的关键。

(四) 田间管理

1. **中耕除草** 在苗高 5~6 cm 时即可结合中耕进行除草,以后每月进行除草 1 次,直至封行。

2. **追肥** 柴胡在第一年施肥 2 次。第一次在 5 月下旬进行,应以追施氮肥为主,以促进其生长发育,追肥方式为根部追肥或者叶面喷肥,根部追肥可用硫酸铵 10~15 kg/亩;喷肥浓度以肥量计算,浓度为 0.3%~0.5%。第二次在 8 月上、下旬进行,以磷、钾肥为主,可叶面喷施磷酸二氢钾,每周 1 次,连续 3 次,浓度为 0.3%~0.5%,磷肥有助于营养物质的积累,钾肥能增加植株的抗旱性;或者使用 1%~2% 的磷、钾肥的水溶液进行根部浇灌。低浓度的叶面喷肥既利于植物的吸收利用,又不易造成土壤碱化。

第二年返青前将防寒土撒下,同时撒施腐熟厩肥 750~1 000 kg/亩,稍加灌溉。谷雨过后要进行松土除草。6 月下旬、7 月中旬再进行以磷、钾肥为主的叶面喷肥。

3. **摘心除蕾**　及时打薹是提高柴胡产量和品质的有效措施。一年生柴胡应及时对抽薹者进行摘心除蕾或拔除;二年生柴胡除作留种外,其余均应摘心除蕾,摘心除蕾时间宜在 7~8 月进行。

（五）病虫害防治

1. **病害**

(1) 柴胡斑枯病 *Septoria amphigena* Miyake.：为害叶片,发病严重时,叶上病斑连成一片,导致叶片枯死。防治方法：植株枯萎后进行清园,或烧或深埋,可以减少病原菌的发生;合理施肥、灌水,雨天做好排水;发病前施用 1:1:160 波尔多液;发病后用 40% 代森锌 1 000 倍、50% 多菌灵 600 倍等进行防治 2~3 次,每次间隔 7~10 日。

(2) 白粉病 *Erysiphe* sp.：发病初期叶面出现灰白色粉状病斑,后期出现黑色小颗粒,病情发展迅速,全叶布满白粉,逐渐枯死。防治方法：参阅甘草白粉病防治。

(3) 根腐病 *Fusarium* sp.：发病初期个别支根和须根变褐腐烂,后逐渐向主根扩展,直至整个根系腐烂,地上叶片随之变褐至枯黄,最终整株死亡。防治方法：参阅川芎根腐病防治。

2. **虫害**

(1) 蚜虫：主要是棉蚜 *Aphis gossypii* Glover. 和桃蚜 *Myzus persicae* Sulz.,多为害茎梢,常密集成堆吸食内部汁液。防治方法：发现危害时,用 40% 乐果乳油 1 500~2 000 倍稀释液喷雾或吡虫啉粉剂稀释喷雾,每 7 日 1 次,连续施药 2~3 次。

(2) 根部害虫：主要是地老虎、蛴螬等害虫咬食根部,防治方法可参阅人参地老虎防治。

三、采收、加工与贮藏

柴胡种植后生长 2 年,于 8~9 月即可采收,果后期为最佳采收期。采挖时要挖全根,尽可能避免断根。挖出的根抖净泥土,剪去芦头和基生叶,晾晒 1~2 日用小木棍进行敲打,使残存的泥土脱净,晒至八成干,用线绳捆扎成小把,每把根头部直径不超过 10 cm 为宜,再晒干或烘干,烘干时的温度应控制在 60~70℃。

宜在空气相对湿度小于 75% 的干燥、通风环境下进行贮藏。

四、栽种过程的关键环节

在柴胡种植过程中,经常出现缺苗断垄的现象,主要是柴胡种子的寿命短,发芽率低。因此必须对种子进行处理以提高发芽率;及时打薹也是提高柴胡产量和品质的有效措施。

桔　梗

桔梗 *Platycodon grandiflorum* (Jacp.) A.DC.,以干燥根入药,药材名桔梗。味苦、辛,性平。

归肺经。具有宣肺散寒、祛痰镇咳、消肿排脓之功效。主要化学成分为桔梗皂苷类、桔梗酸类、远志酸类、芹菜素-7-O-葡萄糖苷、蜜橘素、α-菠菜甾醇、菊糖、桔梗多糖等。分布于我国、俄罗斯远东地区、朝鲜半岛和日本等东亚地区。在我国各地区均有分布,其范围约在北纬 20°～55°、东经100°～145°,目前在山东淄博,安徽亳州、太和,内蒙古赤峰已形成三大种植产区,此外,全国大部分地区亦有栽培。

一、生物学特征

（一）生态习性

桔梗喜凉爽湿润环境,常生于向阳山坡及草丛中,喜充足阳光,荫蔽条件下生长发育不良。耐寒性强,根能在严寒下越冬,在疏松、肥沃、土层深厚、排水良好的夹砂土中生长良好。忌积水,土壤过湿易烂根,遇大风易倒伏。对温度要求不严格,生长期最适温度是 25℃,温度对桔梗出苗有较大影响,温度在 20～25℃条件下,播种 10～15 日即可出苗;在 14～18℃时,20～25 日才能出苗。

（二）生长发育特征

桔梗种子 10～15℃时萌发,但需要 10 日以上,如果在温度 20～25℃时,7 日即可萌发。从种子萌发至 5 月底为苗期,植株生长缓慢。7～10 月孕蕾开花结果,雌雄蕊异熟,自交结实率低。一年生开花较少,2 年后开花结实多。10～11 月中旬地上部开始枯萎倒苗,根在地下越冬,至次年春出苗。种子萌发后,胚根当年主要为伸长生长,第二年 6～9 月为根的快速生长期,二年生根明显增粗。我国不同主产区桔梗生长发育特性差异明显。

二、栽培技术

（一）选地与整地

通常选在海拔 1 200 m 以下的丘陵地带,选向阳、土壤深厚、疏松肥沃、排水良好的砂质壤土为好。前茬作物以豆科、禾本科作物为宜。黏性土壤、低洼盐碱地不宜种植。种植前一年秋天,深耕25～40 mm,使土壤风化,并拣净石块,除尽草根等杂物,施腐熟农家肥 3 500 kg、草木灰 150 kg、复合肥 30 kg 做基肥。整平做畦或打垄,畦高 15～20 cm,宽 1～1.2 m。

（二）培育方法

以种子繁殖为主,有直播和育苗移栽两种方式,因直播产量高于育苗移栽法,且根直分叉少,便于刮皮加工,质量好,生产上多用。

1. 播种时期　桔梗播种时期可分为春播、秋播、夏播。水利条件好的平原地区多于春秋播种,在 4 月中下旬至 5 月中上旬;秋播于 10 月中下旬封冻以前;春季干旱地区可采用夏播,于 6 月中下旬至 7 月 15 日前。

2. 播种方法　生产上多采用条播,按行距 15～20 cm 开浅沟,沟深 2～3 cm,将种子均匀播于沟内,也可将种子拌细沙撒入沟内,覆土 1～1.5 cm,稍微压平。土壤干旱时,先向畦内浇水或淋泼稀粪水,待水渗下,表土稍松散时再播种。干旱地区播后要浇水或覆草保湿。

3. 育苗移栽　一般春播或秋播育苗,方法同直播。一般培育 1 年后出圃移栽定植。栽前将种根按大、中、小分级,分别栽植。按行距 15～20 cm 开横沟,沟深 20 cm,按株距 10～13 cm 斜栽,将根垂直舒展地栽入沟内,覆土略高于根头,稍压即可,浇足定根水。

(三) 田间管理

1. 苗期管理　苗齐后,及时松土除草。结合追肥浇水,使土壤保持湿润。并进行间苗、补苗。直播的按株距 5～8 cm 定苗。

2. 中耕除草　定植以后适时中耕除草。松土宜浅,以免伤根。定植以后适时中耕、除草、松土,保持土壤疏松无杂草。植株长大后不宜进行中耕除草。

3. 追肥　生长期应多次追肥。分别于定苗后、苗高约 15 cm 时、开花时、次春齐苗后各追施 1 次粪水或无机肥。入冬植株枯萎后,结合培土可施草木灰或土杂肥。适当施用氮肥,以农家肥、磷肥、钾肥为主,对培育粗壮茎秆,防止倒伏,促进根的生长有利。

4. 灌溉排水　干旱时适当浇水;多雨季节,及时排水,否则易发生根腐病,引起烂根。

5. 打顶与摘蕾　桔梗的花期较长,花朵的生长发育,需消耗大量营养物质,及时除花可减少对养分的消耗,使更多的营养物质供给根部生长发育所需,这是提高产量的有效措施之一。对留种田,在苗高约 15 cm 时摘去茎顶,促使侧枝生长。对非留种田,要及时除去花蕾,可采用人工手摘或乙烯利除花。前者费工又易萌发侧枝,后者省工省时,效率高,使用安全,近年来主要采用后者。采用乙烯利 1×10^{-3} 在花期喷洒 1 次,即可达到除花效果,可使产量提高 45％左右。

6. 杈根防治　要随时去除多余芽苗,尤其是第二年春天返青时,保持 1 株 1 苗。适当提高种植密度,同时适当多施磷肥,少施氮、钾肥。

(四) 病虫害防治

1. 病害

(1) 轮纹病(病原为半知菌亚门壳单孢属 *Ascochyta sp*):主要为害叶片。6 月开始发病,7～8 月发病严重。高温多湿易发此病。防治方法:冬季烧毁枯枝、病叶及杂草;加强肥水管理;发病初期 1∶1∶100 波尔多液或 65％代森锌 600 倍液或 50％多菌灵可湿性粉剂 1 000 倍液或 50％甲基托布津的 1 000 倍液等喷洒。

(2) 斑枯病(病原为半知菌亚门壳针孢属菌):为害叶片,初期病叶有病斑,严重时叶片枯死。发生时间和防治方法同轮纹病。

桔梗生长过程中的病害还有根腐病 *Fusarium solani* (Mart) Sacc. et Wollen、炭疽病、紫纹羽病、根结线虫病、立枯病、疫病等。

2. 虫害

桔梗的虫害主要有蚜虫、网目拟地甲、华北大黑鳃金龟、暗黑鳃金龟、朱砂叶螨、吹绵蚧、小地老虎、红蜘蛛等。这些害虫的成虫、若虫为害桔梗根、茎、叶。防治方法:利用灯光诱杀成虫;清除种植地内枯枝、杂草;在成虫交尾期和幼虫期,用 40％乐果乳油 1 000 倍液进行喷杀。

三、采收、加工与贮藏

桔梗生长 2～3 年后即可收获。在秋季地上部枯萎时(9～10 月)或春季(5 月)采收。采收时,先割去茎叶,从地的一端起挖,依次深挖取出。

鲜根去除芦头、泥土,清洗。清洗后刮皮或不刮皮,及时晒干或烘干。

加工后的桔梗应贮于干燥通风处,温度在 30℃以下,空气相对湿度 70％～75％,注意防潮、虫蛀。

四、栽培过程的关键环节

及时摘除花蕾;适当提高种植密度,防止杈根发生。

黄　芩

黄芩 *Scutellaria baicalensis* Georgi，以干燥根入药，药材名黄芩。性寒、味苦。归心、肺、胆、大肠、小肠经。具有清热泻火、凉血安胎等功效。主要成分为黄芩素、黄芩苷、汉黄芩素、汉黄芩苷等。分布于我国西北、东北各地区。主产于河北、山西、河南、陕西、内蒙古等地区。

一、生物学特征

（一）生态习性

黄芩多分布于田旁路边、石砾质或黏土质向阳山坡、山顶草地、丘陵坡地、草原等处。喜温暖凉爽气候，耐寒，耐瘠薄，喜阳光充足环境，年平均气温−4～8℃，最适均温 2～4℃，年降雨量 400～600 mm。耐旱，但怕水涝，在低洼积水或雨水过多的地方生长不良，易烂根死亡。以土层深厚、肥沃的中性和微碱性的壤土或砂质壤土种植为宜，土壤 pH 以 7 或稍大于 7 为好。

（二）生长发育特征

黄芩不管是用种子繁殖还是无性繁殖，当年均可开花结实，但以生长 2～3 年的植株所产种子质量为好。直播和扦插者，种植 2～3 年才能收获，分根繁殖者，当年就能收获。二年生的株苗在 4 月份开始返青，出苗后 70～80 日开始现蕾，黄芩现蕾后的 10 日左右开始开花，40 日左右果实开始成熟。黄芩 8 月中旬前以地上部分生长为主，8 月下旬至 9 月上旬转入以地下生长为主的过渡时期，9 月上旬以后转入以地下根系生长为主。

二、栽培技术

（一）选地与整地

应选择阳光充足，土层深厚、肥沃，排水良好，没有积水和盐碱的砂质土壤为好。选地后，每亩施腐熟厩肥 2 000～2 500 kg、过磷酸钙 50 kg 作基肥，深耕细耙、平整做畦，畦宽 1.2 m。因黄芩种子发芽势很差，种子的顶土能力较弱，所以播种以前一定要精细整地。要做到土壤细碎疏松，表层含水率在 15% 以上，开好排水沟。

（二）繁殖方法

主要用种子繁殖，也可用扦插和分根繁殖。

1. 种子繁殖

（1）直播：一般春播在 4 月底至 5 月中旬，夏播可于雨季播种，也可冬播，以春播的产量最高，无灌溉条件的地方，应于雨季播种。一般采用条播，按行距 25～30 cm，开 2～3 cm 深的浅沟，将种子均匀播入沟内，覆土约 1 cm，播后轻轻镇压，每亩播种量 0.5～1 kg。因种子小，为避免播种不均匀，播种时可掺 5～10 倍细砂拌匀后播种，播后及时浇水，经常保持表土湿润，大约 15 日即可出苗。

（2）育苗：育苗方法与直播法相似，选背风向阳地块作苗圃，3 月下旬做好苗床，施腐熟农家肥，播种后盖膜升温。苗高 3 cm 时，要进行放风、拔草，炼苗后，掀去农膜并及时分苗，苗高 7 cm 左右时进行移栽。

2. **扦插繁殖** 黄芩因种子细小,覆土浅,在干旱地区或干旱季节播种,常因土壤干旱出苗困难,现已推广无性扦插繁殖技术,为解决黄芩繁育过程中种质混杂的现象提供了一个很好的解决途径。最适扦插期 5~6 月,此时植株正处于旺盛的营养生长期。剪取茎枝上端半木质化的幼嫩部分,剪成 6~10 cm 长,保留上面 3~4 片叶。插床最好用砂或比较疏松的砂壤土,一般应随剪随插,按行株距 10 cm×5 cm 插于床内,插后及时浇水,并搭棚遮阴,经常喷水保持土壤湿润,但不宜太湿,否则插条变黑腐烂,插后 40~50 日即可移栽。

3. **分根繁殖** 在收获时注意选高产优质植株,把根剪下供药用,留下根茎部分作繁殖材料用。如冬季挖收,把根茎埋于室内阴凉处,第二年春季再分根栽种;如春季收获,则随挖、随栽,把根茎分开为若干块,每块都带有几个芽眼,再按行株距 30 cm×20 cm 栽于大田,栽后同一般管理。

(三)移栽与定植

第二年年春季土壤解冻后进行移栽定植。先在整平耙细的畦面上按行距 25~27 cm 开横沟,将挖取的种苗按大小分成两级,分别按株距 8~10 cm 垂直栽入沟内,以根头在土面下 3 cm 为度。栽后填土压紧,及时浇水,再盖土至与畦面齐平。浇透定根水。

(四)田间管理

1. **间苗、定苗** 幼苗长到 4 cm 高时,间去过密和瘦弱的小苗,直播田按株距 10~12 cm 定苗。育苗田按株距 6 cm 定苗。

2. **中耕除草** 幼苗出土后,应及时松土除草,并结合松土向幼苗四周适当培土,保持表土疏松,无杂草,第一年需除草 3~4 次。第二、三年,每年春季要清洁田间,返青至封垄前仍要进行 2~3 次中耕除草,中耕宜浅,不能伤苗。

3. **追肥** 苗高 10~15 cm 时,追肥 1 次,施用量为人畜粪水 1 500~2 000 kg／亩。6 月底至 7 月初,每亩追施过磷酸钙 10 kg＋尿素 5 kg,行间开沟施下,覆土后浇水 1 次。次年收获的待植株枯萎后,于行间开沟每亩追施腐熟厩肥 2 000 kg、过磷酸钙 20 kg、尿素 5 kg、草木灰 150 kg,然后覆土盖平。

4. **灌溉排水** 黄芩耐旱怕涝,雨季需注意排水,田间不可积水,否则易烂根。遇干旱严重时或追肥后,可适当浇水。

5. **摘除花蕾** 在抽出花序前,将花梗剪掉,减少养分消耗,促使根系生长,提高产量。

(五)病虫害防治

1. **病害**

(1)叶枯病 *Sclerotium* sp.:发病初期地上部叶片正常,根部出现褐色病斑,病斑上长有灰白色菌丝体,并黏结土粒覆盖在病斑上,以后从叶尖或叶缘向内延伸成不规则的黑褐色病斑,逐渐向内延伸,并使叶片干枯,迅速自下而上蔓延,最后整株叶片枯死。高温多雨季节容易发病。防治方法:秋后清理田间,除尽带病的枯枝落叶,消灭越冬菌源;发病初期喷洒 1：120 波尔多液或用 50% 多菌灵 1 000 倍液喷雾防治,每隔 7~10 日喷药 1 次,连用 2~3 次;实施轮作。

(2)根腐病 *Fusarium* sp.:是土壤中的病菌侵染黄芩幼苗根部和茎基部,造成根部腐烂,严重时会在茎基部造成腐烂,形成水渍状或环绕茎基部的病斑,茎、叶因无法得到充足水分而下垂枯死。染病幼苗常自土面倒伏造成猝死现象,如果幼苗组织已木质化,则地上部分表现为失绿、矮化和顶部枯萎,以至全株枯死。防治方法:雨季注意排水、除草、中耕,加强苗间通风透光并实行轮作,冬季处理病株,消灭越冬病菌。病初期用 50% 多菌灵可湿性粉剂 1 000 倍液喷雾,每 7~10 日喷洒 1 次,连用 2 次,或用 50% 拖布津 1 000 倍液浇灌病株。

(3) 白粉病 *Erysiphe* sp.：主要侵染叶片,但危害较小,发病初期叶面生白色粉状斑,严重时病斑连连,田间湿度大时易发病。防治方法：加强田间管理,注意田间通风透光,防止脱肥早衰等。发病初期可用 50% 代森铵或 50% 多菌灵 800～1 000 倍液或 70% 甲基拖布津 800～1 000 倍液或 25% 的粉锈宁 500 倍液喷施防治。

2. 虫害

(1) 黄芩舞蛾 *Prochoreutis* sp.：为黄芩的重要害虫,主要为害叶片。每代约需 1 个月左右,每年可繁殖数代,但一般发生不重,对产量影响不大。防治方法：秋后清园,处理枯枝落叶及残株;发病期用 90% 敌百虫 800 倍液或 40% 乐果乳油喷雾防治,每 7～10 日喷洒 1 次,连续喷 2～3 次,以控制住虫情危害为度。

(2) 菟丝子病：幼苗期菟丝子缠绕黄芩茎秆,吸取养分,造成早期枯萎。防治方法：播前净选种子;发现菟丝子随时拔除;喷洒生物农药鲁保 1 号灭杀。如发生严重,可在危害初期用 100 倍胺草磷或地乐胺药液喷雾防治。

三、采收、加工与贮藏

黄芩通常种植 2～3 年收获,年限过长,黄芩苷含量反而逐渐下降,种植效益也会降低,在秋季茎叶枯黄后到土壤土冻前或春季土壤解冻后,选择晴天将根挖出。

因黄芩主根深长,刨挖时要深挖,避免伤根和断根。挖起后,去掉茎叶,抖落泥土,晒至半干,去外皮,然后迅速晒干或烘干。在晾晒过程避免因阳光太强、晒过度而发红,同时还要防止被雨水淋湿,受雨淋后黄芩的根先变绿后发黑,都会影响质量。

置于干燥通风的地方贮藏,适宜温度 30℃ 以下,在夏季高温季节应注意防潮和虫蛀。黄芩栽培应选择适宜地块,忌连作,及时摘蕾。

四、栽种过程中的关键环节

黄芩栽培应选择适宜地块,忌连作,及时摘蕾。

黄　芪

蒙古黄芪 *Astragalus membranaceus* (Fisch.) Bge. var. *mongholicus* (Bge.) Hsiao 或膜荚黄芪 *A. membranaceus* (Fisch.) Bge.,均以干燥根入药,药材名黄芪。味甘,性温。归肺、脾经。具补气固表、利尿托毒、排脓、敛疮生肌的功效。主要化学成分为三萜皂苷、黄酮类化合物以及多糖等。蒙古黄芪主产于内蒙古、吉林、辽宁、河北、山西、陕西等地,膜荚黄芪主产于山西、甘肃、黑龙江、吉林、辽宁、陕西、宁夏等地。

一、生物学特性

(一) 生态习性

黄芪为深根性植物。喜强光照,凉爽气候;耐干旱,怕涝;耐寒,可耐受 -30℃ 低温,怕炎热,气温过高常抑制地上部植株生长;土壤湿度过大常引起根部腐烂。多生长在海拔 800～1 300 m 的山区或半山区的干旱向阳草地上,或向阳林缘树丛间,野生植株多见于海拔 1 800 m 以上的向阳山坡;植被多为针阔混交林或山地杂木林;土壤多为山地森林暗棕壤土,pH 7～8,黏重、贫瘠、低洼易积水之地不宜种植。黄芪忌重茬,不宜与马铃薯、菊花、白术等连作。

(二) 生长发育特征

黄芪从播种到种子成熟要经过 5 个时期:幼苗生长期、枯萎越冬期、返青期、孕蕾开花期和结果种熟期。通常当年播种黄芪均为幼苗期。黄芪种子萌发后,在幼苗五出复叶出现前,根系发育不完全,入土浅,吸收差,怕干旱、高温、强光。五出复叶出现后,根系吸收水分、养分能力增强,叶片面积扩大,光合作用增强,幼苗生长速度显著加快。地上部分枯萎到第二年植物返青前称为枯萎越冬期。一般在 9 月下旬叶片开始变黄,地上部枯萎,地下部根头越冬芽形成,此期需经历 180～190日。黄芪抗寒能力强,不加覆盖可安全过冬。越冬芽萌发并长出地面的过程称为返青。春天当地温达到 5～10℃时,黄芪开始返青。首先长出丛生芽,然后分化出茎、枝、叶,形成新的植株。返青初期生长迅速,30 日左右即可长到正常株高,随后生长速度又减缓下来,这一时期受温度和水分的影响很大。二年生以上植株一般在 5～6 月出现花芽,逐渐膨大,花梗抽出,花蕾逐渐形成,蕾期20～30 日。7 月初花蕾开放,花期 20～25 日,7 月中旬进入果期,约 30 日。果实成熟期若遇高温干旱,会造成种子硬实率增加,种子质量降低。黄芪根在开花结果前生长速度最快,地上光合产物主要运输到根部,以后则由于生殖生长消耗大量养分,使得根部生长减缓。

蒙古黄芪,一年生地上部分匍匐生长,二年生直立生长并开花结果,花期较早,花期 5～6 月,果期 6～7 月。膜荚黄芪,一年生茎直立,粗壮,并开花结果,花期较晚,花期 6～7 月,果期 7～8 月。

(三) 种质特性

黄芪的栽培品种主要有蒙古黄芪和膜荚黄芪,两种黄芪均具有栽培优势。值得注意的是蒙古黄芪遗传相对稳定,生长需 2 年以上才能作药材使用;膜荚黄芪根条粗长,产量高,生长 1 年即可入药使用,但品质退化比较快,种质必需提纯复壮。目前以蒙古黄芪种植面积最广。

二、栽培技术

以蒙古黄芪 *Astragalus membranaceus* (Fisch.) Bge. var. *mongholicus* (Bge.) Hsiao 为例。

(一) 选地与整地

平地栽培应选择地势高燥、排水良好、疏松肥沃的黄绵土或砂壤土,微酸或微碱性。山区应选择土层深厚、排水好、背风向阳的山坡或荒地种植。选地后,秋季翻耕。耕深 30～45 cm,同时每亩施农家肥 2 500～3 000 kg,过磷酸钙 25～30 kg;若春季翻地要注意土壤保墒。然后耙细整平,作畦,畦宽 40～45 cm,高 15～20 cm,排水好的地方可做成宽 1.2～1.5 m 的宽畦,四周开好排水沟。

(二) 繁殖方法

主要采用种子繁殖,直播或育苗移栽。

1. **种子的采集**　黄芪种子采收以 2 年生以上黄芪为佳,待荚果果皮呈绿黄色,未脱水,种子绿褐色,含水未干时即行采收,切忌待荚果果皮呈黄色,果皮、种子已干时采收,这时的种子可能成为铁子,难以发芽。

2. **种子处理**　黄芪种子的种皮具有很厚的栅栏细胞,栅栏细胞含有果胶质,失去了膨胀能力,使种皮硬化。又因黄芪种子小,种脐小而且结构紧密,故黄芪种子有硬实现象,即有相当一部分种子的种皮,在适宜的温度、水分和氧气条件下,也不能吸胀萌发。据调查,一般硬实率达50％以上。黄芪出苗率低与硬实种子有直接关系,所以生产上采用多种处理方法来打破种子的不透性和减少或控制硬实种子的产生。

(1) 浸种:播种前几日,白天用50℃的温开水浸种,晚上再浸冷水,连续处理3个昼夜,捞出种子装入罐内,上盖湿布,放在温暖的地方,3～4日即可出芽,随即播种。

(2) 机械处理:按1份沙子与2份种子均匀混合后置于石碾上,待种子碾至外皮由棕黑色变为灰棕色时即可播种。

(3) 硫酸处理:用浓硫酸处理老熟硬实种子后,发芽率可达90％以上,比不处理的提高50％。方法是每克种子用90％的硫酸5 ml,在30℃的温度条件下,处理2 min,随后立即用清水冲洗干净,催芽后即可播种。

3. 种子直播　黄芪可在春、夏、秋三季播种。春播在3～4月进行,一般地温达到5～8℃时即可播种,保持土壤湿润,15日左右即可出苗;夏播在6～7月雨季到来时进行,土壤水分充足,气温高,播后7～8日即可出苗;秋播一般在9～10月土地封冻前进行,地温稳定在0～5℃时播种。要保证秋播种子播种后不萌发,以休眠状态越冬。风沙干旱地区,春、秋播种难保全苗,且春季出苗易招引苗期害虫为害,故多采用夏季播种,这样出苗整齐,幼苗生长健壮。条播或穴播。条播行距20 cm左右,沟深3 cm,播种量2～2.5 kg/亩。播种时,将种子用甲胺磷或菊酯类农药拌种防地下害虫,播后覆土1.5～2 cm镇压,每亩施底肥磷酸二铵8～10 kg,硫酸钾5～7 kg。播种至出苗期要保持地面湿润或加覆盖物促进出苗。穴播按20～25 cm穴距开穴,每穴播种3～10粒,覆土1.5 cm,踩平,播种量1 kg/亩。苗期加强管理,苗高6～10 cm时,结合中耕除草进行间苗。苗高15～20 cm定苗,条播的株距20～30 cm,穴播的每穴留苗1～2株。

4. 育苗　春、夏季播种育苗,撒播或条播。撒播的,直接将种子撒在平畦内,覆土2 cm,用种量15～20 kg/亩。条播的行距15～20 cm,用种量2 kg/亩。苗期加强田间管理。

(三) 移栽定植

移栽时,可在秋季取苗贮藏到次年春季移栽,或在田间越冬翌春边挖边移栽。一般采用斜栽,株、行距为(15～20)cm×(20～30)cm。栽后踩实,浇足定根水。

(四) 田间管理

1. 中耕除草　苗高4～5 cm时应及时除草。第一次松土除草应以浅锄为主。以后视田间状况锄草2～3次。育苗田除草要求严格,及早进行人工除草,保持田间无杂草,地表不板结。在除草时应注意培土,防止倒伏。

2. 追肥　定苗后要追施氮肥和磷肥,一般田块每亩追施硫酸铵15～17 kg或尿素10～12 kg、硫酸钾7～8 kg、过磷酸钙10 kg。花期每亩追施过磷酸钙5～10 kg、氮肥7～10 kg,促进结实和种子成熟。土壤肥沃地区,尽量少施肥,施肥应以磷、钾肥为主,少施氮肥。在黄芪生长发育旺盛期可适当叶面喷施硼、钼微肥。

3. 打顶摘蕾　为了控制植株高度生长,减少养分消耗,于7月底以前进行打顶;孕蕾开花对根部营养物质积累不利,除留种植株外,一般于6月中旬出现花蕾时,将其摘除,可提高产量30％以上。

4. 灌溉排水　黄芪有两个需水高峰期,即种子发芽期和开花结荚期。幼苗期灌水需少量多次,小水勤浇;开花结荚期视降水情况适量浇水。黄芪地湿度过大易诱发沤根、麻口病、根腐病及地上白粉病等病害,故生长季雨季应随时进行排水。

(五) 病虫害防治

1. 病害

(1) 白粉病 *Erysiphe polygoni* DC.:生长期发病,主要为害黄芪叶片,初期叶两面生白色粉状斑,严重时,整个叶片被一层白粉所覆盖,叶柄和茎部也有白粉。被害植株往往早期落叶,产量受损。防治方法:加强田间管理,合理密植,注意株间通风透光;施肥以有机肥为主,注意氮、磷、钾肥比例配合适当,不要偏施氮肥,以免植株徒长,导致抗病性降低;实行轮作,尤其不要与豆科植物和易感染此病的作物连作;用 25% 粉锈宁可湿性粉剂 800 倍液或 50% 多菌灵可湿性粉剂 500～800 倍液喷雾,每 7～10 日喷 1 次,连续 3～4 次。

(2) 根腐病 *Fusarium solani* (Mart.) Sacc:受害黄芪地上部枝叶发黄,植株萎蔫枯死,受害根部表面粗糙,呈水渍状腐烂,严重时,整个根系发黑溃烂,7 月以后严重发生,常导致植株成片枯死。防治方法:参阅川芎根腐病防治。

(3) 黄芪紫纹羽病 *Helicobasidium mompa* Tanaka:主要为害根部。病斑初呈褐色,最后呈紫褐色,并逐渐由外向内腐烂,烂根表面有紫色菌素交织成膜和菌核,地上植株自上而下黄萎,最后全株死亡。防治方法:收获时,将病残株集中烧毁深埋,以减少越冬病菌;与禾谷类作物轮作,轮作期 3～5 年;发现病株及时挖除,病穴及周围撒上石灰粉,以防蔓延;雨季注意排水,降低田间湿度;结合整地每亩用 70% 敌克松 1.5～2 kg 进行土壤消毒处理。

2. 虫害

(1) 蚜虫:为害枝条幼嫩部分及花穗等,致使植株生长不良,造成落花、空荚等,严重影响种子和商品根的产量。防治方法:发现时,用 40% 乐果乳油 1 500～2 000 倍稀释液喷雾或吡虫啉粉剂稀释喷雾,每 7 日 1 次。

(2) 豆荚螟 *Etiella zinckenella* Treitschke:成虫在黄芪嫩荚上产卵,卵化后幼虫即蛀入荚内食害种子。防治方法:结荚初期用 40% 乐果乳油 1 000 倍稀释液喷洒防治,每 7～10 日 1 次,连续数次,直至种子全部成熟。

三、采收、加工与贮藏

膜荚黄芪可以当年采挖,蒙古黄芪需生长 2 年以上才能采挖。黄芪采收传统以 3～4 年采挖的质量最好。于秋季地上部植株枯萎时采收,先割除地上部分,然后将根部挖出。黄芪根深,采收时注意不要将根挖断,以免造成减产和商品质量下降。

黄芪根挖出后,去净泥土、残茎、根须和芦头,然后进行晾晒,待晒至七八成干时,扎成小捆,再晒至全干即可。

黄芪贮于干燥通风处,温度在 25℃ 以下,相对湿度 60%～70%,商品安全水分为 10%～13%。

四、栽种过程的关键环节

黄芪种子采收时以 2 年以上黄芪为佳,切忌在荚果果皮呈黄色,果皮、种子已干时采收,此时的种子可能成为铁子,难以发芽。黄芪种子有硬实现象,应采用多种处理方法来打破种子的不透性,促进种子发芽。

黄　　连

　　黄连 *Coptis chinensis* Franch.、三角叶黄连 *C. deltoidea* C. Y. Cheng et Hsiao 或云连 *C.teeta* Wall.,均以干燥根茎入药,药材名黄连,又分别习称为味连、雅连、云连。味苦、性寒。归心、脾、胃、肝、胆、大肠经。具清热燥湿、泻火解毒之功效。主要化学成分为小檗碱、黄连碱、甲基黄连碱、巴马亭、药根碱等,尚含酸性成分阿魏酸等。主要分布于四川、重庆、湖北、云南、陕西、湖南、福建、安徽、贵州、山西、甘肃等地区。味连主产于四川、湖北、重庆;雅连主产于四川;云连主产于云南。本节以黄连 *C. chinensis* Franch.为例。

一、生物学特性

(一) 生态习性

　　黄连性喜高寒冷凉气候,喜潮湿环境,忌强光和高温,喜荫蔽。主产区年均气温 13～17℃,最冷月平均气温 5～10℃,最热月平均气温 20～26℃,年降雨量 1 000～1 500 mm,年均空气相对湿度 85%左右。宜生长于海拔 1 000～1 600 m 山地。海拔过高,生长发育缓慢,但病害较少;海拔过低,生长发育快,但病害严重,品质变劣,产量较低。

　　对土壤要求较严格,以深厚、疏松、肥沃、排水良好、腐殖质丰富的中性壤土为宜。

(二) 生长发育特性

　　黄连栽培年限长,5～7 年才能收获。栽后 1～4 年生长快,尤以 3～4 年根茎生长最快,第五年生长减缓,第六至七年生长衰退,叶片逐渐枯萎,叶片减少,须根脱落。植株终年常绿。花期 2～3月。果期 4～5 月。3 月末到 7 月,主要是地上茎叶的生长,8 月后主要是根茎生长充实,故有"春天长叶子,秋冬长头子"的谚语。

　　黄连播种后第三至四年或移栽后第二年才开花;四年生植株所结种子(抱孙子)量少且不饱满,发芽率最低;五年生所结种子(试花种子)青嫩,发芽率也较低;六至七年生所结种子(红山种子)质优,但量少。自然成熟的黄连种子具有胚形态后熟和生理后熟的特性;需在 5～10℃冷藏,6～9个月完成种胚的形态后熟,胚分化完全,种子裂口,但播种仍不能发芽,须在－5℃低温下 1～3 个月完成生理后熟阶段。

　　黄连具混合芽与叶芽,混合芽顶生,叶芽生于根茎下部。种子发芽出土后,胚茎膨大形成最初的根茎,称峰头,秋季峰头顶端分化出叶芽,次春叶芽长细枝,顶端分化出混合芽,第三年春季混合芽抽薹开花,叶芽出土形成分枝,移栽后分枝顶端又分化出混合芽,形成结节。

二、栽培技术

(一) 选地与整地

　　在凉爽湿润、海拔 1 200～1 600 m 的山区,选择富含腐殖质、疏松肥沃、排水良好的林地或林间空地、半阴半阳地,坡度 15°～25°为好。开荒栽连应在 8～10 月砍去地面的灌木、竹丛、杂草、枯枝、落叶、杂草等收集成堆,供熏土用。林间栽应在砍尽林中竹、茅草后,留下乔灌木,保证荫蔽度 70%

以上;然后粗翻土地,深 13～16 cm,挖尽草、竹根、拣尽石块等杂物;每亩施腐熟既肥、土杂肥 3 000～5 000 kg,熟土栽每亩施基肥 4 000～6 000 kg,浅翻 10 cm,耙平做高畦。畦宽 1.5 m,沟宽 20 cm,沟深 10 cm,畦面呈龟背形,开好排水沟。

(二) 繁殖方法

主要采用种子繁殖,亦可分株繁殖。

1. 种子繁殖

(1) 种子采收:立夏前后,以采收 5～6 年生种子为好,当种子呈黄绿色即可采收,晴天摘回果枝堆放室内 1～2 日脱粒。忌日晒,保持湿润。生产中采用温床或与腐殖质混匀,埋于窖中,厚 3 cm,上覆厚 3～6 cm 的砂或腐殖质土,再盖树枝保湿。

(2) 播种育苗:多采用简易棚育苗,播种期为 10～11 月或翌年 4～5 月。将种子用 15～20 倍的细土拌匀,撒播,再用细碎牛粪土盖种,并用木板稍加镇压,盖上茅草。待要出苗时,除去盖草。3～4 月幼苗长出 1～2 片真叶时开始间苗(株距约 1 cm)和除草。间苗后每亩施稀粪水 1 000 kg 或硫酸铵 5 kg,加水 1 000 kg。6～7 月可在畦面上撒一层厚约 1 cm 的腐殖土。8～9 月每亩施饼肥 50 kg、干牛粪 150 kg。出苗后第二年春再施稀薄粪水或硫酸铵 1 次。育苗期一般为两年,第三年移栽。移栽的时间以 5～6 月份为宜,此时移栽,更利于黄连发新根,有利于提高移栽成活率。

2. 分株繁殖 宜选择 3～4 年生健壮无病虫害的,匍匐茎的芽苞以肥大饱满、笔尖形、紫红色、茎干粗壮、紫红色,质地坚实而重的植株为好;选留根茎长 0.5～1 cm 的苗作分株苗。拔苗时带芽、叶拔下。摘下的苗子每 40～50 根整齐地扎成一把,及时运到大田栽植,不能及时栽植的,宜放在屋内阴湿处。

(三) 移栽与定植

多利用林下栽或玉米套作,或搭简易棚,透光度保持在 40% 左右即可。

一年中有 3 个移栽期:第一个移栽期是 2～3 月,多用四年生苗,仅适于气候温和的低山区;第二个移栽期为 5～6 月,为最适栽植期,一般用三年生苗;第三个移栽期为 9～10 月,此栽期也只适于气候温和的低山区,成活率低。栽秧时,选择具 4～5 片真叶,高 9～12 cm 的粗壮幼苗,连根拔起剪去过长须根,留根长约 3 cm,洗净泥土,100 株一捆。装入竹篮内,用栽秧刀开穴,行株距 10 cm,深 6 cm,将苗立直放入,覆土稍加压实。根茎每株常可多达 10 个左右分枝,亦可分根繁殖移栽。

播后三年生苗称为当年秧子,栽后成活率高,易发葩,产量高,品质好。播后二年生苗称为一年青秧子,一般苗小而弱,栽后成活率低,生长迟缓。播后四年生苗称为节巴秧子,多数已长根茎,栽后易成活,但发慢,产量低,品质差。

(四) 田间管理

1. 补苗 栽种后要及时查苗补苗,5～6 月栽的秋季补苗,9 月移栽的翌春补苗。

2. 除草松土 一二年生苗田每年除草 3～5 次,三四年生的每年除草 2～3 次;第五年可不除或除草 1 次。除草要细致,勿伤植株。黄连地可不中耕,但如面泥少(把熏泥土铺于畦面),土壤板结,仍应浅松表土。

3. 施肥 黄连喜肥,除施是底肥外,从栽后第二年开始,每年都应追肥,以利提苗及根茎生长。栽后 2～3 日施 1 次稀薄人畜粪水或油饼水肥,称为刀口肥,以促苗成活生长迅速。栽种当年 9～10 月间和第二至四年的 3～4 月和 9～10 月,各施肥 1 次。春季多施速效肥,秋季以施厩肥为主,适当配合油饼、钙镁磷肥等,施肥量逐年增加。前期以施氮肥为主,后期以磷、钾肥为主,并施农家肥。科学配方施肥是黄连增产的重要措施。

4. 培土　黄连根茎有向上生长的特性,每年形成茎节,因此,在第二至四年秋季施肥后应培土。培土厚度1～1.5 cm。培土在一定程度上起着促进根茎增长的作用,还能保护植株越冬,是提高黄连产量和品质的重要措施之一。

5. 荫棚管理　黄连生长前期,其荫棚的透光度一般控制在40％左右,以后逐年增加,收获时揭去全部荫蔽物。生长期间,要经常检查荫棚是否完好,确保合适的荫蔽度。如是架子棚,在收获当年揭去遮阴材料,称为亮棚;若林间栽连,栽后第三年开始砍修树枝,遮阴50％,第四年30％,第五年20％。其目的为促使养分向根茎转化,根茎充实,提高品质。

(五) 病虫害防治

1. 病害

(1) 白粉病 *Erysiphe polygoni* DC.: 主要为害叶,严重者植株死亡。防治方法:调节荫蔽度,适当增加光照,并注意排水;发病初期,将病叶集中烧毁,防止蔓延;用庆丰霉素 80 U 或 70％甲基托布津 1 500 倍液或波美 0.3 度石硫合剂,每 10 日喷 1 次,连喷 3 次。

(2) 炭疽病 *Colletotrichurm* sp.: 主要为害叶,严重时全株枯死。防治方法:参阅山药炭疽病防治。

(3) 白绢病 *Sclerofiurm rolfsii* Sacc.: 主要为害叶、根茎,严重时全株死亡。防治方法:发现病株,立即拔除烧毁,并用石灰粉处理病穴;或用多菌灵 800 倍液淋灌。

(4) 根腐病 *Fusarium* sp.: 主要为害须根、叶片,严重时植株死亡。防治方法:一般需与禾本科作物轮作 3～5 年后才能再栽黄连,切忌与易感病的药材或农作物轮作。在黄连生长期间,要注意防治地老虎、蛴螬、蝼蛄等地下害虫,以减少发病概率;及时拔除病株,并在病穴中施石灰粉,并用2％石灰水或50％退菌特 600 倍液全面浇灌病区,可防止病害继续蔓延。发病初期喷药防治,用50％退菌特 1 000 倍液或40％克瘟散 1 000 倍液,每隔 15 日进行 1 次,连续 3～4 次。

2. 虫害

(1) 蛞蝓 *Limacina* sp.: 咬食嫩叶,雨天为害较重。防治方法:蔬菜毒饵诱杀;棚桩附近及畦四周撒石灰粉,使蛞蝓失水而死,或者每 667 m² 用 50 g 80％的四聚乙醛 300 倍液进行喷雾防治,每 7 日喷施一次,连续喷施 2 次,可对蛞蝓起到毒杀的作用。

(2) 铜绿丽金龟 *Anomala corpulenta* Motschulsky 和非洲蝼蛄 *Gryllotalpa africana* Palisot de Beauvois.: 幼虫咬食叶柄基部,严重时可将幼苗成片咬断。防治方法:参见人参地下害虫。一是人工捕杀;二是采用一般的杀虫剂进行药物喷杀。

3. 鸟兽害

(1) 锦鸡 *Chrysolophus pictus* (L.) Golden Dheasamt、鹿子 *Muntiacus reevesi* Ogilby: 春季常于早晨吃叶和花薹;野猪 *Sus scrofa* L.: 冬、春季常进入黄连地觅食,践踏或拱出连苗,为害严重。防治方法:拦好棚边阻其进入,并辅以人工捕杀或枪杀。

(2) 鼹鼠 *Scaptochirus moschatus* Milne-Edwards: 在黄连田中掘成许多纵横孔道,影响移栽苗的成活及生长。防治方法:移栽后常检查,发现孔道即压实,并用磷化锌和玉米粉 1：20 拌成毒饵,撒于田间洞口诱杀。

(3) 竹鼠 *Rhizomys sinensis* Gray: 在地内掘洞藏身、取食,伤害根系,甚至将黄连翻出地面。

防治方法：在其出入的洞口设套捕杀或用大量毒饵诱杀。

三、采收、加工与贮藏

栽培5～6年后，在10～11月间采收。挖出根茎，除净泥土，剪去须根及叶柄，一般采用炕干，炕的火力随干燥程度而减小。待干后，趁热放在竹制槽笼里来回推拉，或放在铁质撞桶里用力旋转，撞去残存须根、粗皮、鳞芽及叶柄，筛去泥沙、杂质等即为成品。

用麻袋或竹篓包装，置干燥通风处贮存。

四、栽培过程的关键环节

掌握好栽种过程中遮阴度的调整，适时亮棚；科学配方施肥；合理培土。

第十二章 皮类药材

牡 丹 皮

牡丹 *Paeonia suffruticosa* Andr.，以干燥根皮入药，药材名牡丹皮。性微寒，味辛、苦。具有清热凉血、活血化瘀的功效。主要化学成分为牡丹皮原苷、牡丹酚、芍药苷及苯甲酸、植物甾醇、蔗糖、葡萄糖、阿拉伯糖等。主产于安徽、山东、河南、河北、湖北、四川、陕西等地区。

一、生物学特性

（一）生态习性

喜冬暖夏凉的气候，耐旱怕渍，要求阳光充足、雨量适中的环境。适宜在土层深厚、肥沃疏松、排水通气良好的中性或微酸性壤土、砂质壤土中生长。对土壤中微量元素铜颇敏感，盐碱地、黏湿地、荫蔽地不宜种植。栽种的地块要隔3～5年再种。

（二）生长发育特性

牡丹为深根性植物，在春季3～5℃时，根开始活动生长，6～8℃时开始抽茎、放叶、显蕾，12～16℃根部生长加快，17～22℃时开花；夏季25～30℃时生长变慢，30℃以上生长呈半休眠状态；秋季气温降至25℃以下，根部又开始生长；4～5月开花，7月中旬果实成熟，10月上旬地上部分始渐枯萎；冬季气温降至3℃以下，根部停止生长。牡丹种子有上胚轴休眠特性，当年秋冬只有胚根发育成根，上胚轴仍处于休眠状态，经60～90日的0～10℃冬季低温后，才能打破休眠而于翌春发芽长出地面。种子寿命为1年。牡丹全年生育期140～180日。

（三）种质特性

栽培品系有以下几种：

1. **凤丹** 产于安徽铜陵地区凤凰山，品质最优。
2. **瑶丹（姚丹）** 产于安徽南陵地区，品质亦优。
3. **东丹** 产于山东菏泽等地。

以安徽铜陵、南陵的凤凰山、丫山、瑶山交界的"三山"地区所产的质量最佳，畅销海内外。

二、栽培技术

（一）选地与整地

选择地势高、阳光充足、排水良好、土层深厚肥沃且含石英砂粒的壤土和坡度在 15°～25°、地下水位较低的地块。前作以芝麻、玉米为好,忌连作。于前作收获后,最好在夏天深翻晒土,整平耙细,每 667 m² 施入厩肥或鸡粪 5 000 kg。深翻土壤 60 cm 以上,作成宽 1.3 m、高 30 cm 以上的高畦,开畦沟宽 40 cm,四周开好排水沟。

（二）繁殖方法

以种子繁殖为主,亦可分株繁殖。

1. 种子繁殖　多采用育苗移栽。

（1）采种与种子处理:于 8 月中下旬果实呈蟹黄色、开裂时采收。置室内阴凉处,使其后熟。当充分开裂,黑色光亮种子脱出时,筛出种子立即秋播。否则将 1 份种子与 3～5 倍的湿砂层积砂藏,切勿暴晒,种子一经干燥发芽力丧失。

（2）播种育苗:选择籽粒饱满、无病虫害种子,播前用 25 ppm 赤霉素(GA)溶液浸种 2～4 h,或用 50℃温水浸种 24 h,使种皮变软,吸水膨胀,促进萌发。播种方式有穴播和条播。条播按行距 25 cm、深 6 cm 开横沟;将种子拌草木灰,按每沟 130 粒均匀地条播,播幅宽 10 cm,覆盖细肥土厚 3 cm 左右,畦面盖草保湿。翌年早春 2～3 月出苗,揭去盖草,中耕除草、追肥,培育 2 年,即可移栽。穴播,按行株距 30 cm×20 cm、穴位呈品字形排列挖穴,深 7～10 cm,施入基肥与穴土拌匀,每穴播入种子 10 粒,散开呈环状排列。播后覆土压紧,浇水盖草保温保湿,翌春出苗。

2. 分株繁殖　在 8～9 月采收时,选择 3 年生健壮、无病虫害植株,挖起全株,将大根切下供药用,中、小根作种。除去泥土,顺着自然生长的形状,用刀从根茎分成 2～4 株,每株须留芽头 2～3 个,尽量保留细根。于 8 月下旬至 9 月上旬,在整好的栽植地上,按行株距(50～60)cm×(40～50)cm 挖穴,每穴栽入 1 株。栽后填土压紧,再盖细肥土至满穴。

（三）移栽与定植

9 月中下旬至 10 月上旬移栽,以早栽为好。按行株距 50 cm×40 cm 挖穴,穴深 20～25 cm,每穴施入农家肥 10 kg,上盖细土 5 cm 左右。栽入壮苗 1 株或细弱苗 2 株。栽时将芽头紧靠穴壁上部,理直根茎,舒展根部,覆土 3～4 cm 压紧。栽后浇施 1 次稀人畜粪水定根,盖细土略高出畦面,最后盖 1 层腐熟畜粪或枯草,防寒越冬。

（四）田间管理

1. 中耕除草　翌年春季萌芽出土后揭去盖草,扒开根际周围的泥土,亮出根蔸,接受光照,2～3 日后再培上肥土开始中耕除草;第二次在 6～7 月;第三次在 9～10 月,并结合培土。以后每年 3～4 次。

2. 追肥　牡丹喜肥,除施足基肥外,每年于春、秋、冬季各追肥 1 次。春肥施用人畜粪水;秋肥施人畜粪水加适量磷钾肥;冬肥施用腐熟厩肥加饼肥、过磷酸钙、火土灰等肥料。挖穴或开沟施入,施后覆土盖肥。施肥量视植株大小酌定,遵循"春秋少,冬腊肥多"的原则。

3. 灌溉排水　春季返青前及夏季干旱时灌溉,雨季应及时疏沟排水,防止积水烂根。

4. 摘蕾　除留者种外,于第三、四年春季将花蕾全部摘除,使养分集中于根部生长。摘蕾宜在晴天上午进行,以利伤口愈合,防止感病。

5. 修枝　每年于 11 月上旬前,剪除枯枝,摘除黄叶,促进植株生长健壮和减少病虫害的发生。

（五）病虫害防治

1. 病害

(1) 叶斑病 *Cladosporium paeoniae* Pass.：为害叶片。防治方法：实行三年以上的轮作;增施磷钾肥,提高抗病力;发病初期喷 50％多菌灵 800～1 000 倍液、50％托布津 1 000～1 500 倍液或 1∶1∶100 波尔多液,每隔 10 日 1 次,连续 2～3 次。

(2) 灰霉病 *Botrytis cinerea* Pers 和 *B.paeoniae* Oudem：为害叶、茎和花。防治方法：发病初期用 50％腐霉利,每 667 m² 40～50 g 兑水喷雾,其他方法同叶斑病。

(3) 锈病 *Cronartium flaccidum* (Alb.et.Schw.) Wint.：为害叶片。防治方法：选地势高燥、排水良好的地块种植;发病初期喷 97％敌锈钠 200 倍液,每 7 日 1 次,连喷 2～3 次。

(4) 白绢病 *Corticium rolfsii* (Saccardo.) Curzl.：为害根、茎。防治方法：不宜与根茎类药材和薯类、豆科、茄科等作物轮作;用木霉菌防治,木霉菌在土壤中能释放出挥发性气体,使白绢病菌丝溶解,失去侵染力,同时还能寄生在白绢病菌上,使其死亡。

(5) 根腐病 *Fusanium* sp.：为害根部。防治方法：轻者挖开周围泥土,沿沟撒石灰粉防治;挖除病株或用 50％托布津 1 000 倍液浇灌病株;与禾本类实行 3 年以上轮作;种苗用托布津 1 000 倍液浸 5～10 min;增施磷、钾肥和“5406”抗生菌肥。

2. 虫害

主要有蛴螬、地老虎,参阅人参虫害防治。

三、采收、加工与贮藏

一般移栽 3～4 年后于 8 月上旬至 10 月上旬分两次采收。在 8 月份采收的丹皮,产区称新货,10 月份采收的称老货。采收时,选晴天,先挖开四周土壤,再将根部全部刨出,除去泥土,结合分株,将大、中等粗的根齐基部剪下供药用,细根作繁殖材料。切勿在雨天采挖,否则丹皮遇水会发红变质。

将剪下的鲜根,堆放 1～2 日,待稍失水变软后,摘下须根,晒干即为丹须,再用手握紧鲜根,用力捻转顶端,使根皮一侧破裂,皮心略脱离。然后,一手捏住不裂口的一侧,另一手捏住木心,把木心顺破裂口下拉,边分离边剥出木心,再把根条捋直,晒干即成丹皮。将皮色较差的根条,用玻片或碗片刮去外表栓皮,除去木心,晒干即成刮丹皮。将不便刮皮和抽心的细根直接晒干即成粉丹皮。加工干燥时,严防雨淋、露宿和接触水分,否则发红变质。

成品置于干燥的库房内贮藏,防虫防鼠,夏季注意防潮;为保持色泽,可将干燥的丹皮放在密封的聚乙烯塑料袋中贮藏,定期检查。夏季应将丹皮转入 4～10℃低温库贮藏。

四、栽培过程中的关键环节

选择种植地块

牡丹耐旱怕渍,选择排水良好、土层深厚肥沃、地下水位较低的地块;施肥量遵循“春秋少,冬腊多”的原则;牡丹生产上连作障碍明显,常实行 3 年以上的轮作。

厚　朴

厚朴 *Magnolia officinalis* Rehd. et Wils. 或凹叶厚朴 *M. officinalis* Rehd. et Wils. var. *biloba* Rehd. et Wils.，均以干燥干皮、根皮及枝皮入药，药材名厚朴。味苦、辛，性温。归脾、胃、肺、大肠经。具温中、下气、燥湿、消痰功效。其花及果实也可入药，具理气、化湿功效。主要化学成分为挥发油，油中主含 β-桉叶醇和厚朴酚，此外还有少量的生物碱和鞣质类化合物。厚朴主要分布于四川、湖南、湖北、陕西、云南、贵州、广西等地区，主产于四川、湖北，习称川朴；凹叶厚朴主要分布于湖南、江西、浙江、安徽、福建、江苏等地，主产于江苏、浙江、江西，习称温朴。

一、生物学特征

（一）生态习性

厚朴喜凉爽、湿润气候，高温不利于生长发育，宜在海拔 800～1 800 m 的山区生长。凹叶厚朴喜温暖、湿润气候，一般多在海拔 600 m 以下的地方栽培。均为山地特有树种，为阳性树种，但幼苗怕强光。它们又都生长缓慢，一年生苗高仅 30～40 cm。厚朴十年生以下很少萌蘖；而凹叶厚朴萌蘖较多，特别是主干折断后，会形成灌木。

两者对土壤适应性较强，强酸性或强碱性的土壤均能生长。以土层深厚、肥沃、腐殖质丰富的中性或微酸性土壤为宜。

（二）生长发育特性

厚朴树龄 8 年以上才能开花结果，凹叶厚朴 5 年以上就能进入生育期。种子干燥后会显著降低发芽能力，低温层积 5 日左右能有效解除种子的休眠。种子发芽适温为 20～25℃。厚朴花期4～5 月，果熟期 10～11 月；凹叶厚朴花期 3～4 月，果熟期 9～11 月。

二、栽培技术

以厚朴 *M. officinalis* Rehd. et Wils. 为例。

（一）选地与整地

种植地以疏松、富含腐殖质、呈中性或微酸性的砂壤土和壤土为好，山地黄壤、红黄壤也可种植，黏重、排水不良的土壤不宜种植。深翻、整平，按株行距 3 m×4 m 或 3 m×3 m 开穴，穴长、宽、深分别为 60 cm、40 cm、30～50 cm，备用。

育苗地应选向阳、高燥、微酸性而肥沃的砂壤土，其次为黄壤土和轻黏土。施足基肥，翻耕耙细，整平，做成 1.2～1.5 m 宽的畦。

（二）繁殖方法

主要以种子繁殖，也可用压条和扦插繁殖。

1. **种子繁殖**　9～11 月果实成熟时，采收种子，趁鲜播种，或用湿砂贮藏至翌春播种。播前进行种子处理，浸种 48 h 后，用沙搓去种子表面的蜡质层，或浸种 24～48 h，盛竹箩内在水中用脚踩去蜡质层,或浓茶水浸种 24～48 h,搓去蜡质层。条播为主,行距 25～30 cm,株距 5～7 cm,播后覆土、盖草。也可采用撒播。每亩用种 15～20 kg。一般 3～4 月出苗,1～2 年后当苗高 30～50 cm 时即可移栽。

2. **压条繁殖**　11 月上旬或 2 月选择生长 10 年以上成年树的萌蘖,横割断蘖茎一半,向切口相反方向弯曲,使茎纵裂,在裂缝中央夹一小石块,培土覆盖。翌年生多数根后割下定植。

3. **扦插繁殖**　2 月选径粗 1 cm 左右的一至二年生枝条,剪成长约 20 cm 的插条,插于苗床中,苗期管理同种子繁殖,翌年移栽。

(三) 移栽与定植

于 2～3 月或 10～11 月落叶后进行定植。每穴施入腐熟厩肥或土杂肥 10 kg,然后覆土约 10 cm,将苗木和枝条适度修剪后,每穴栽入 1 株,使根系舒展,扶正,边覆土边轻轻向上提苗、踏实,使根系与土壤密接,覆土与地面平后浇足定根水。定植深度以根茎露出地面约 5 cm 为宜。幼树期间可套种豆类等农作物,以利幼树的抚育管理。

(四) 田间管理

1. **中耕除草**　种子繁殖者出苗后,要经常拔除杂草,并搭棚遮阴。幼树期每年中耕除草 4 次,分别于 4 月中旬、5 月中旬、7 月中旬和 11 月中旬进行。林地郁闭后一般仅冬季中耕除草,培土 1 次。

2. **追肥**　结合中耕除草进行追肥,每年追肥 1～2 次,肥料以腐熟农家肥为主,辅以适量麸饼、复合肥。每亩每次施入农家肥 500 kg、复合肥 45 kg。施肥方法是在距苗木 6 cm 处挖一环沟,将肥料施入沟内。然后覆土。若专施复合肥,其氮、磷、钾的配比为 3：2：1。

3. **除萌、截顶**　厚朴萌蘖力强,常在根际部或树干基部出现萌芽或多干现象,除需压条繁殖的外,其他应及时剪除萌蘖,以保证主干挺直,生长快。为促使厚朴的加粗生长,增厚干皮,在其定植 10 年后,当树高长到 10 m 左右时,应将主干顶端截除,并修剪密生枝、纤弱枝,使养分集中供应主干和主枝生长。

4. **斜割树皮**　当厚朴生长 10 年后,于春季用利刀从其枝下高 15 cm 处起一直至基部围绕树干将树皮等距离斜割 4～5 刀,并用 100×100^{-6} ABT2 号生根粉溶液向刀口处喷雾,促进树皮增厚。这样十五年生的厚朴即可剥皮。

(五) 病虫害防治

1. **病害**

(1) 叶枯病 *Septoria* sp.：为害树叶。8～9 月为发病高峰期。防治方法:发病初期用 1：1：100 波尔多液喷射叶片,并摘除病叶集中烧毁,减少病原。

(2) 根腐病 *Fusarium oxysporum* Schlecht：苗期易发生,为害树根及茎干树枝。防治方法:用 1：1：100 波尔多液喷射树干、树枝,发现病株及时拔除,病穴用生石灰或 50％退菌特 1 500 倍液灌根。

(3) 立枯病 *Rhizoctonia solani* Kuhn：苗期多发生。幼苗出土不久,靠近土面的茎基部呈暗褐色病斑,病部缢缩腐烂,幼苗倒伏死亡。防治方法:同根腐病,还可用 50％托布津 1 000 倍液浇灌。

2. **虫害**

(1) 褐天牛 *Nadezhdiella cantori* (Hope)：幼虫蛀食枝干。防治方法:捕杀成虫;树干刷涂白剂防止成虫产卵；用80％敌敌畏乳油浸棉球塞入蛀孔毒杀。

（2）褐刺蛾 *Setora postornata*（Hampson）：幼虫咬食叶片。防治方法：可喷90％敌百虫800倍液或Bt乳剂300倍液毒杀。

（3）白蚁 *Macrotermes barneyi* Ligh：为害根部。防治方法：可用灭蚊灵粉毒杀，或挖巢灭蚁。

三、采收、加工与贮藏

厚朴15～20年才能剥皮，宜在4～8月生长旺盛时，砍树剥取干皮和枝皮，对不进行更新的可挖根剥皮，然后3～5段卷叠成筒运回加工。厚朴皮先用沸水烫软，直立放屋内或木通内，覆盖棉絮、麻袋等使之发汗，待皮内侧或横断面都变成紫褐色或棕褐色，并呈油润光泽时，将皮卷成筒状，用竹篾扎紧，暴晒至干即成。凹叶厚朴皮只需置室内风干即成。

贮藏期间应保持环境干燥阴凉。高温高湿季节，可按垛密封保藏，减少不利环境影响。

四、栽培过程的关键环节

播前需进行种子处理，可显著提高发芽率；合理除萌截顶。

黄　　柏

黄皮树 *Phellodendron chinense* Schneid. 或黄檗 *P. amurense* Rupr.，均以干燥树皮入药，药材统称黄柏，前者习称川黄柏，后者习称关黄柏。味苦，性寒。归肾、膀胱经。具清热解毒、泻火燥湿等功能。主要化学成分为小檗碱、木兰花碱、黄柏碱、掌叶防己碱、内酯、甾醇等。黄皮树主要分布于四川、湖北、贵州、云南、湖南、江西、浙江等地；黄檗主要分布于东北和华北地区。

一、生物学特征

（一）生态习性

黄柏对气候适应性强，苗期稍能耐阴，成年树喜阳光。野生多见于避风山间谷地，混生在阔叶林中。喜深厚肥沃土壤，喜潮湿，怕涝，耐寒，尤其是关黄柏更比川黄柏耐严寒。黄柏幼苗忌高温、干旱。

（二）生长发育特性

黄皮树的根系苗期不发达，种植第一年生长较慢。幼年期1年可抽发3～4次梢，结果树1年抽梢次数一般是2～3次梢，秋梢为结果母枝。花芽分化期为当年12月至次年1月。黄柏种子具休眠特性，低温层积2～3个月能打破其休眠。

二、栽培技术

以黄皮树 *P. chinense* Schneid. 为例。

（一）选地与整地

山区、平原均可种植，但以土层深厚、便于排灌、腐殖质较高的地方为佳，零星种植可在沟边路旁、房前屋后、土壤比较肥沃、潮湿的地方种植。在选好的地上,按穴距 3～4 m 开穴,穴深 30～60 cm,80 cm 见方,每穴施农家肥 5～10 kg 作底肥。

育苗地则宜选地势比较平坦、排灌方便、肥沃湿润的地方,每亩施农家肥 3 000 kg 作基肥,深翻 20～25 cm,充分细碎整平后,做成宽 1.2～1.5 m、高 15～20 cm 的畦。

(二) 繁殖方法

主要用种子繁殖,也可用分根繁殖和扦插繁殖。

1. 选种　选生长快、高产、优质的 15 年以上的成年树留种,于 10～11 月果实呈黑色时采收,采收后,堆放于屋角或木桶里,盖上稻草,经 10～15 日后取出,把果皮捣烂,搓出种子,放水里淘洗,去掉果皮。阴干或晒干,于干燥通风处贮藏。

2. 种子繁殖　春播或秋播。春播一般在 3 月上、中旬,播前用 40℃温水浸种 1 日,然后进行低温层积处理 50～60 日,待种子裂口后,按行距 30 cm 开沟条播。播后覆土,稍加镇压、浇水。秋播在 11～12 月进行,播前 20 日湿润种子至种皮变软后播种。每亩用种 2～3 kg。培育 1～2 年后,当苗高 40～70 cm 时,即可移栽。

3. 分根繁殖　在休眠期间,选择直径 1 cm 左右的嫩根,窖藏至翌年春天解冻后取出,截成 15～20 cm 长的小段,斜插于苗床中,上端不露出地面,插后浇水,1 年后即可出圃。

4. 扦插繁殖　扦插时期为 6～8 月高温多雨季节,选取健壮枝条,剪成长 15～18 cm,斜插于苗床,经常浇水,保持一定湿度,培育至第二年秋冬季移栽。

5. 萌芽更新育苗　大树砍伐后,树根周围萌生许多嫩枝,可培土,使其生根后截离母树,进行移栽。

(三) 移栽与定植

从冬季落叶后到春季新芽萌发前均可移栽。起苗应选雨后土壤湿润时进行,连土挖出,尽量避免损伤根系。移栽时剪去根部下端过长部分。每穴栽苗 1 株,栽后填土,填上一半时,将树苗轻轻往上提,使根部展开,再填土至平,逐层压紧,然后灌水,并盖上松土。

(四) 田间管理

1. 间苗、定苗　苗齐后应拔除弱苗和过密苗。一般在苗高 7～10 cm 时,按株距 3～4 cm 间苗,苗高 17～20 cm 时,按株距 7～10 cm 定苗。

2. 中耕除草　一般在播种后至出苗前,除草 1 次,出苗后至郁闭前,中耕除草 2 次。定植后 1～2 年内,每年夏秋两季,应中耕除草 2～3 次;3～4 年后,树已长大,只需每隔 2～3 年,在夏季中耕除草 1 次,疏松土层,并将杂草翻入土内。

3. 追肥　结合间苗、中耕除草,育苗期间应追肥 2～3 次,每亩施人畜粪水 2 000～3 000 kg。定植后,于每年入冬前施 1 次农家肥,每株沟施 10～15 kg。

4. 灌溉排水　出苗期间及定植半月以内,应经常浇水,以保持土壤湿润,夏季高温也应及时浇水降温,以利幼苗生长。郁闭后,可适当少浇或不浇。多雨积水时应及时排水,以防烂根。

5. 修剪　成林后,每年冬季进行修剪,剪除枯枝、密生枝、细弱枝以及病虫枝,并除去多余的萌蘖,促使主干粗壮、通直。

(五) 病虫害防治

1. 病害

(1) 锈病 *Coleosporium phellodrndri* Kam.：5～6 月始发,为害叶片。防治方法：发病初期用

敌锈钠 400 倍液或 25％粉锈宁 700 倍液喷雾。

(2) 煤污病 *Capnodium mangiferae* P. Henn.：叶枝蒙上一层煤状物,严重时植株枯死。防治方法：冬季加强幼林管理,合理修枝,改善林内通风透光条件,减少病虫害发生;喷 40％乐果乳剂 1 000 倍液防治蚜虫、介壳虫;发病期间用 50％多菌灵 1 000 倍液或波美 0.2～0.3 度石硫合剂喷雾。

2. 虫害

(1) 花椒凤蝶 *Papilio xuthus* L.：5～8 月发生,为害幼苗叶片。防治方法：利用天敌,即寄生蜂抑制凤蝶发生;在幼龄期,用 90％敌百虫 800 倍液或青虫菌 300 倍液喷施。

(2) 棉蚜 *Aphis gossypii* Glover、桃蚜 *Myzus persicae* (Sulzer)：一般发生在幼苗及定植后 1～4 年的幼年树上。防治方法：冬季清园,将枯枝落叶深埋或烧毁;发生期可喷 40％乐果乳油 1 500～2 000 倍液,7～10 日 1 次,连续数次。

(3) 小地老虎 *Agrotis ypsilon* Rottemburg：育苗期幼虫咬断根茎,影响植物养分的传输。防治方法：参阅人参地老虎防治。

三、采收、加工与贮藏

黄柏一般在定植 15～20 年后采收。一般在 5～6 月采收。采收方法可采取砍树剥皮和环状剥皮,树皮每段长 60 cm 左右。将剥下的树皮,放在太阳下晒至半干,压平,撑开成张,晒至全干即为成品。成品应贮藏在通风干燥处,防受潮发霉和虫蛀。

四、栽培过程的关键环节

低温层积能打破种子休眠;适时整形修剪。

第十三章 花类药材

西 红 花

西红花 *Crocus satious* L.,以干燥柱头入药,药材名红红花。性平,味甘。归心、肝经。具有活血通经、消肿镇痛等功效。主要成分为番红花苷、番红花素、挥发油等。原产于地中海及中亚,我国引种成功,主产于浙江、上海、江苏、辽宁、北京、安徽、山东、河南、四川等地亦有栽培。

一、生物学特性

(一)生态习性

江浙一带的夏季气候候利于叶芽、花芽分化,温和凉爽的秋季利于花形成并开放,温暖潮湿的冬季利于植株营养生长,4~5 月份气温保持在 15℃左右的日子越长,就越有可能获得高产。

西红花生长需要充足的阳光,但室内贮藏与开花期间,需避强光直射。

西红花适宜在富含腐殖质、排水良好、pH 6~7 的砂质壤土中生长。

(二)生长发育特性

5 月上中旬西红花叶片全部枯黄后将球茎起土,放置于专门的贮藏室内过夏。天气转凉后,在 9 月初将球茎排放在室内匾架上,芽开始萌动,自芽萌动到开花约需 50 日。西红花开花期一般在 10 月下旬至 11 月上旬,整个花期约 15 日。11 月中旬下种,栽种 20 日后,开始出苗地下根系逐步形成,第二年 2~4 月是球茎迅速膨大期,物质积累较快。5 月上中旬地上部枯萎,球茎进入休眠期。

(三)种质特性

德国引进的种球茎鳞片包裹较紧密,萌芽较日本种早一星期,球茎肉质黄白色,针时较细长,但较日本种早败苗 8~10 日。日本引进的种球茎鳞片包裹较松,肉质白嫩,萌芽较迟,披针形叶较宽长,生长较旺,后期败苗较迟,花稍大、花色较浅呈浅紫色。

二、栽培技术

(一)选地和整地

选择向阳、地势高、排水方便的田块,以有机质含量高且疏松的砂壤土为好。种植西红花的土地应实行水旱轮作,有条件的最好间隔 2~3 年。深翻土壤并耙平,施足基肥,打碎土块,剔除老草、稻茬,做龟背形畦,畦宽 120~130 cm,沟宽 30~40 cm,沟深 20 cm,要求平直保持通畅。

（二）繁殖方法

用球茎繁殖。选择大小均匀、健壮无病、重量在 18 g 以上的球茎作种球。剥去球茎表面的鳞片,抹去侧芽(留下开花的顶芽)。用农用链霉素 1×10^5 U/10 kg 混合 25% 施保克 1 000 倍液浸种 10 min,浸种后马上栽种。

（三）移栽与定植

在 11 月中旬,最迟不要迟于 25 日进行栽种。种植密度以大球茎株行距 20 cm×12 cm;中球茎株行距 15 cm×10 cm;小球茎株行距 12 cm×8 cm 为宜。球茎应在表土下 2～3 cm。下种时,在畦上横向开沟,将球茎摆入沟内,主芽向上,轻压入土,上面覆盖约 3 cm 厚火灰土,要让主芽露出土面。栽后行间覆盖稻草,然后用沟间土压实稻草。

（四）田间管理

1. 中耕除草　3 月进入西红花生长旺期,也是球茎膨大的关键期,气温转暖,雨水增多,杂草生长快,易引起草害,视杂草情况酌情人工除草 2～3 次,除草一定要在晴天露水干后进行。

2. 施肥　整地时,每亩施过磷酸钙 50 kg 或饼肥 200 kg,深翻入土作基肥;栽种时每亩施腐熟厩肥 4 000～5 000 kg,用 150 kg/亩的稻草覆盖行间作面肥。追肥:1 月中旬进行第一次追肥,每亩用腐熟人畜粪尿 1 000 kg 或 45% 硫酸钾复合肥 20 kg,冲水浇施。2 月上旬进行第二次追肥,每亩用 45% 硫酸钾复合肥 15 kg 冲水浇施。2 月中旬至 3 月初,用 0.2% 硫酸二氢钾溶液进行根外追肥,每隔 10 日 1 次,连喷 2～3 次。

3. 灌溉排水　西红花田间应保持湿润,干旱年份要注意浇水,土壤被水湿透后,要立即排水。球茎在田间生长阶段忌涝渍水,春后返青雨水过多,应及早清沟,疏通沟渠,排除积水。

（五）室内管理

1. 球茎休眠期管理　西红花球茎采收后摊放在通风良好的房屋内,及时捡出病烂球茎,经 20～30 日的通风阴干后齐顶剪去球茎残叶,剔除有病和受损伤的球茎。随后将球茎头朝上排列在竹匾上,将装好西红花球茎的匾放在层架上,底层离地面应在 20 cm 以上,层间距 40 cm。球茎上架后,室内门窗应挂上深色窗帘遮光,室内温度控制 30℃ 以下,空气相对湿度控制在 70% 以下。

2. 球茎萌芽期管理　西红花球茎经过一段休眠期后,到 9 月初开始萌芽,此时要增加湿度,空气相对湿度调节到 80% 左右。到萌芽中后期,在增加透光的同时,进一步加大空气湿度,将空气相对湿度调至 85% 左右。在萌芽至播种应分 2～4 次分批抹去侧芽,根据球茎大小留 1～3 个顶部主芽。待芽长 3 cm 时,逐渐增加光照强度。为了每匾创造较为一致的环境条件,利于匾之间西红花生长整齐,在抹除侧芽时将匾上下左右调换位置。

3. 花期管理　西红花开花期一般在 10 月下旬至 11 月上旬,整个花期约 15 日,但集中花期只有 2～3 日。开花期温度应控制在 15～18℃,空气相对湿度调节至 85% 以上,开花期可除去深色窗帘,增加光线,但太阳光不能直射球茎和花。

（六）病虫害防治

1. 病害

(1) 腐烂病 *Fusarium* sp.:田间发病先是地表叶片茎部白化,随后逐渐枯萎,地下部球茎发病部位先表现为水渍状,最后为褐色水腐状腐烂。该病一经发生,发病和传播较快。防治方法:采用

"预防为主,综合防治"一整套农业综合防治措施。用 $5×10^{-4}$ 链霉素下种前浸球茎 $30～60$ min,田间发病时浇灌病穴。

(2) 枯萎病 *Fusarium orysporm* Sch. var. *rdeolen*（wr）Gordon：初期地上部分不易发现症状,后期叶片干枯,球茎皱缩干腐。病原菌在带菌球茎和土壤中越夏、越冬。$2～4$ 月发生较多,在土温 $25～28℃$ 时易严重发生。防治方法：播前用 $1:1:150$ 波尔多液或 96% 福美双 500 倍液浸种 15 min,在生长期间发病用 50% 退菌特 $1\ 500$ 倍液或 50% 托布津 $1\ 000$ 倍液浇灌。

2. **虫害**　西红花虫害少有发生,一般与前作有关,以预防为主。防治方法：3 月下旬每亩用 50% 辛硫磷乳油 0.4 kg 或 98% 晶体敌百虫 0.5 kg 兑水 $2\ 500$ kg 泼浇防治。

三、采收、加工与贮藏

在 5 月上中旬,当西红化叶片全部枯黄后,可采收球茎放置室内贮藏,选晴天挖取球茎,置室内通风处,在最短的时间内将球茎风干。药材的采收通常在 10 月底至 11 月中、下旬。当柱头挺直伸出花瓣时,先将整朵花集中采下,放花篮里。采后随即剥花,取出柱头。数量少时可用烘箱烘干,数量多时可用烘房烘干。将采下的柱头平直均匀地放置于烘盘内,厚度不能超过 0.5 cm,柱头上盖透气的宣纸 $1～2$ 层,然后将烘盘放入烘房(烘箱)。最初柱头含水量高,温度应调节至 $28～30℃$,打开烘房(箱)的全部通风口,此时期需 $1～1.5$ h;柱头半干时,温度调至 $30～35℃$,时间 $1.5～2$ h;柱头基本干时,温度调高至 $38℃$,烘至全干,时间 $1～2$ h。西红花干燥后装入瓶中或铁盒里,存放在干燥、阴凉、通风的仓库中,避光密闭保存。

四、栽培过程的关键环节

选择肥沃的砂质壤土,忌积水;气温超过 $25℃$ 应适当遮阴;开花期温度应控制在 $15～18℃$,空气相对湿度调节至 85% 以上。

金 银 花

忍冬 *Lonicera japonica* Thunb.,以干燥花蕾或带初开的花入药,药材名为金银花。其茎藤亦可入药,药材名为忍冬藤。金银花味甘,性寒。归心、肺、胃经。具清热解毒、凉散风热等功效。主要化学成分为绿原酸、异绿原酸、环烯醚萜苷、木樨草素、木樨草素 $-7-O-\alpha-D-$ 葡萄糖苷、马钱苷、金丝桃苷、芳樟醇、双花醇等。除黑龙江、内蒙古、新疆、海南外,全国各地均有分布。主产于山东、河南、河北等地。为山东道地药材之一。全国大部分地区有栽培。

一、生物学特性

(一) 生态习性

忍冬对环境的适应性较强,喜温暖湿润气候,喜光亦耐阴,耐旱、耐寒性强。

对土壤要求不严,喜肥沃砂质壤土。耐盐碱,适宜在偏碱性的土壤中生长。根深,能防止水土流失。$-10℃$ 条件下叶子不落,$-20℃$ 下能安全越冬。一般气温不低于 $5℃$ 时便可萌芽生长。

（二）生长发育特性

忍冬植株侧根发达，生根力强，以4月上旬至8月下旬生长最快。具多次抽梢、多次开花的习性。人工栽培条件下，花期较集中。在山东5月初为现蕾期，5月中旬进入花期，通常年产花四茬。5月中旬至下旬产头茬花，6月下旬至7月中旬产二茬花，7月下旬到8月下旬产三茬花，9月中旬至10月初产四茬花。花多着生在植株外围阳光充足的枝条上，光照不足会减少花蕾分化。

（三）种质特性

在长期种植过程中，形成了许多传统农家品种，大体上可划分为三大品系。

1. 墩花系　枝条较短，直立，整个植株呈矮小丛生灌木状，花芽分化可达枝条顶部，花蕾比较集中。墩花系具有较好的丰产性能。

2. 中间系　枝条较长，整个植株株丛较为疏松，花芽分化一般在枝条的中上部，不到达枝条顶端，花蕾较为肥大。

3. 秧花系　枝条粗壮稀疏，不能直立生长，整个植株不呈墩状，花蕾稀疏、细长，枝条顶端不着生花蕾。

除了传统的农家品种外，还有一些近年来选育的新品种，如华金2号、华金3号、华金6号、亚特1号金银花、亚特2号金银花、亚特3号金银花、亚特4号金银花等。

主产区栽培的农家品种多属于墩花系。

二、栽培技术

（一）选地与整地

1. 育苗地　选择背风向阳、光照良好的缓坡地或平地。以土层深厚、疏松、肥沃、湿润、排水良好的砂质壤土为好。入冬前进行1次深耕，结合整地施厩肥2 500～3 000 kg/亩。播种或扦插前，再整地作平畦，一般畦面宽1.5 m。

2. 栽植地　选背风向阳的山坡地为好，荒坡、地边等地也可种植。在深翻整地的基础上，挖穴，穴径50 cm左右，深30～50 cm，施足基肥。

（二）繁殖方法

以扦插繁殖为主，也可用种子、分株、压条繁殖。

1. 扦插繁殖　一年四季均可，以春、秋季和伏雨季节为宜。可直接扦插或育苗扦插。选取当年生或两年生健壮、充实的枝条直接扦插，密度一般为1.2 m×1.8 m左右，每穴放4～5个穗条。扦插育苗的插条准备同直接扦插，于整好的育苗床上开沟，深25 cm左右，行距20 cm左右，间隔3 cm左右进行扦插。半年到1年后即可移栽定植。

2. 种子繁殖　采摘成熟果实，置清水中搓揉，漂洗，选择饱满种子，晾干贮藏备用，也可随采随播。春播时，种子需进行湿砂层积催芽处理。播种时，在整好的畦面上开横沟，沟深3～5 cm，行距30 cm，播幅10 cm。撒种后覆土稍压紧，盖草保温保湿。当年秋冬或翌年早春即可移栽定植。

3. 压条繁殖　选择健壮的母株于冬季休眠期或早春萌发期进行。第二年春季可将发根的枝条与母体分离，另行移植。

4. 分株繁殖　较少用。于冬季休眠期挖取母株，将根系及地上茎适当修剪后，挖穴分株栽培，栽后第二年可开花。

(三) 移栽与定植

一般于秋、冬季休眠期或早春萌芽前进行。在整好的栽植地上，按行距 130 cm、株距 100 cm 挖穴，穴宽深各 30～40 cm，施入基肥，每穴栽壮苗 1 株，浇足定根水。

(四) 田间管理

1. **中耕除草**　定植后及时中耕除草，促进生长。每 3～4 年深翻改土 1 次，结合深翻，增施有机肥，促使土壤熟化。

2. **追肥**　可土壤追施，亦可叶面追施。在春季植株发芽后及一、二、三茬花采收后，分别施用 1 次。土壤追施宜在冬季进行，宜用有机肥料，配合施用无机肥料，可在株基周围开环状沟施入，覆土；叶面追施宜用无机肥料，在每茬花蕾孕育之前进行，喷洒于植株叶面，如施磷酸氢二铵，浓度宜控制在 2～3 g/L。

3. **灌溉排水**　一般土壤封冻前浇 1 次水，次春解冻后浇 1～2 次水，在每茬花蕾采收前，结合施肥浇 1 次水。土壤干旱时及时浇水。雨季注意及时排水。

4. **整形修剪**

(1) 时期：休眠期修剪在 12 月至翌年 3 月上旬进行；生长期修剪在 5 月至 8 月上旬进行。

(2) 方法：一至五年生的植株在休眠期进行，以整形为主，重点培养一、二、三级骨干枝。盛花期植株的修剪，主要选留健壮结花母枝及调整更新二、三级骨干枝。树龄 20 年以上的植株，重点进行骨干枝的更新复壮。

(五) 病虫害防治

1. **病害**　目前记载的病害有褐斑病、炭疽病、锈病、干枯病、根腐病、立枯病、白绢病、白粉病、叶斑病等，多数病害的病原不详，这里只介绍忍冬褐斑病。

忍冬褐斑病 *Cercospora rhamni* Fack.：为害叶片。多雨年份易发生，发病时间一般在 7～8 月份。防治方法：发病初期及时摘除病叶；雨后及时排除田间积水，清除杂草；增施有机肥；从 6 月下旬开始，每 10～15 日喷洒 1 次 1∶1.5∶300 的波尔多液或 50％多菌灵 800～1 000 倍液，连续进行 2～3 次。

2. **虫害**

(1) 中华忍冬圆尾蚜 *Amphicercidus sinilonicericola* Zhang、胡萝卜微管蚜 *Semiaphis heraclei* Takahashi、桃粉蚜 *Hyalopterus arundinis* Fabr.：各种蚜虫均以成虫或若虫为害新梢和嫩叶。一般每年发生 10～20 余代，4～5 月份发生严重。防治方法：及时清理田间杂草与枯枝落叶，铲除越冬虫卵；发生期间喷洒 40％乐果乳油 800～1 000 倍液。

(2) 金银花尺蠖 *Heterolocha jinyinhuaphaga* Chu：为害叶片。防治方法：合理修剪，消灭越冬蛹；人工捕杀幼虫；5～10 月，用青虫菌或苏云金杆菌 100 倍液喷雾；幼虫大量发生时，喷洒 80％敌敌畏乳剂 2 000 倍液或 90％敌百虫 800～1 000 倍液。

(3) 咖啡虎天牛 *Xylotrechus grayii* White 与中华锯花天牛 *Apatophysis sinica* Semenov-Tian-Shanskij：前者为蛀茎性害虫，均严重影响植株生长发育，常导致植株死亡。防治方法：结合冬剪剥除枝干老皮；及时清除、烧毁虫蛀枯枝；在初孵幼虫尚未蛀入木质部之前，各喷洒 1 次 1 500 倍的敌敌畏乳油液。

(4) 柳干木蠹蛾 *Holcocerus vicarious* Walker、豹纹木蠹蛾 *Zeuzera* sp.：幼虫为害植株主干或枝条韧皮部，致使树势衰弱。防治方法：及时清理、烧毁残叶虫枝；加强修剪、及时更新老植株；在幼虫孵化盛期用50%杀螟松乳油1 000倍液加0.5%煤油喷洒枝干。

三、采收、加工与贮藏

一般在5～8月采收,尤以5～6月为最适。最适采摘标准:"花蕾由绿色变白,上白下绿,上部膨胀,尚未开放。"这时的花蕾处于二白期、大白期。黎明至午前9时以前,采摘花蕾最为适时。采摘的花蕾均应轻放入透气性好的盛具内,并"轻摘、轻握、轻放"。

采收后的金银花需要及时进行干燥。干燥的方法有多种,如蒸后晒干、阴干、晒干、烘房烘干、烘箱烘干、真空干燥、冷冻干燥、微波干燥、蒸后烘干等,不同干燥方法加工出的金银花药材质量有较大差异。研究表明,蒸后烘干和微波干燥技术可作为规模化干燥加工的最佳方法。

干燥的金银花应置于室内高燥冷凉的地方贮藏,避免阳光直射和防止老鼠的危害。

四、栽培过程的关键环节

选择优良品系、品种;科学配方施肥;适时整形修剪。

菊　花

菊 *Chrysanthemum morifolium* Ramat.以干燥头状花序入药,药材名菊花。味甘、苦,性微寒。归肺、肝经。具有疏风散热、清肝明目的功效。主要化学成分为挥发油、菊苷、萜烯类及其含氧衍生物、黄酮、氨基酸、维生素E等。全国各地都有分布,以河南、安徽、浙江栽培最多。

一、生物学特性

(一)生态习性

喜温暖、阳光充足的环境。能耐寒,耐旱,忌涝。最适宜生长温度为20℃左右,幼苗期、分枝至孕蕾期要求较高气温。菊花为短日照植物,花期每日光照小于10 h花芽才能分化。

在肥沃、疏松、排水良好、含腐殖质丰富、中性至微酸性的砂壤土中生长良好,黏土或低洼、盐碱地不宜种植。忌连作。

(二)生长发育特性

菊花以宿根越冬,根茎在地下仍不断发育。次年春萌发新芽,长成新株。苗期生长缓慢,10 cm高以后生长加快,高50 cm后开始分枝。9月中旬,不再增高和分枝。9月下旬现蕾,10月中下旬开花,11月上中旬进入盛花期,花期30～40日,地上部枯死后,根抽生地下茎。一般母株能活3～4年。

(三)种质特性

菊花栽培类型很多,以产地和商品名称分就有亳菊、滁菊、杭菊(杭白菊、杭黄菊)、贡菊、川菊、资菊等,其中前四种为常用品种。以花的颜色分则有白菊和黄菊二大类。以栽培品种分则有20多个,如主产于浙江的大洋菊和小洋菊,主产于江苏的小白菊和红心菊等,均为当地的优良品种。

二、栽培技术

(一) 选地与整地

育苗地应选地势平坦、土质疏松肥沃、有灌溉条件的地块,施入腐熟的厩肥或堆肥作基肥,作宽 1.3 m 的高畦,畦面整细耙平。

种植地,宜选地势高、阳光充足、土层深厚、排水良好的砂壤土。深翻土壤 25 cm 左右,每亩施入腐熟堆肥或厩肥 2 000 kg。作高畦,畦宽 1.3 m,开畦沟宽 40 cm,四周做好排水沟。北方多作成平畦。

(二) 繁殖方法

以分株和扦插繁殖为主。

1. 分株繁殖 11 月采收后,将茎齐地面割除,选择生长健壮、无病害植株,将根蔸挖起,重新栽植在另一地块上,覆盖腐熟厩肥或土杂肥保暖越冬。翌年 3～4 月浇施 1 次稀薄人畜粪水,促其萌发。4～5 月,当苗高 15～20 cm 时,挖取全株及根蔸,顺着苗株分成带根的单株,选取茎粗壮、须根发达的新苗,按行株距各 40 cm 立即栽植于大田,每穴栽苗 1～2 株,覆土压实,浇透定根水。

2. 扦插育苗 于 4～5 月或 6～8 月对菊花进行打顶时,选择充实粗壮、无病虫害的新枝作插条。取中段,剪成 10～15 cm 长的小段,下端近节处削成斜面,用 1 500～3 000 ppm 吲哚乙酸湿润,随即插入苗床,行距 20～25 cm,株距 6～7 cm,深度为插条的 1/2。压实浇水,盖松土与畦面齐平,保持苗床湿润,20 日左右即可生根。生根后浇 1 次稀薄人畜粪水,以后每隔 1 个月追施 1 次。当苗高 20 cm 左右时,即可出圃定植。

(三) 移栽与定植

分株苗于 4～5 月、扦插苗于 5～6 月移栽。选阴天、雨后或晴天的傍晚进行。在整好的畦面上,按行株距各 40 cm、深 6 cm 挖穴。挖取带土幼苗(可将顶端掐去约 3 cm 的梢头,减少养分的消耗),扦插苗每穴栽 1 株,分株苗每穴栽 1～2 株。栽后覆土压紧,浇透定根水。

(四) 田间管理

1. 中耕除草 植株成活后到现蕾前要进行 4～5 次中耕除草。第一次在立夏后,第二次在芒种前后,第三次在立秋前后,第四次在白露前,第五次在秋分前后。前二次中耕宜浅不宜深;后三次宜深不宜浅。后二次在中耕的同时进行培土,防止植株倒伏。

2. 追肥 生长期应进行 3 次追肥。第一次于移栽后半个月,每亩追施稀薄人畜粪水 1 000 kg 或尿素 8～10 kg 兑水浇施;第二次在植株开始分枝时,每亩施入稍浓的人畜粪水 1 500 kg 或腐熟饼肥 50 kg 兑水浇施;第三次在孕蕾前,追施 1 次较浓的人畜粪水,每亩施 2 000 kg 或尿素 10 kg 加过磷酸钙 25 kg 兑水浇施。此外,可在花蕾期给叶面喷施 0.2% 的磷酸二氢钾。

3. 摘心 当苗高 15～20 cm 时,进行第一次摘心,选晴天摘去顶心 1～2 cm。以后每隔半个月摘心 1 次,共分 3 次完成。在大暑后必须停止,否则分枝过多,花头细小,影响产量和质量。对生长不良的植株,应少进行摘心。

4. 灌溉排水 6 月下旬后天气干旱要多浇水,花蕾期应注意浇水。雨季应清沟排水,以免田间积水造成烂根。

（五）病虫害防治

1. 病害

(1) 霜霉病 *Peronospora danica* Cröumann：为害叶片和嫩茎。防治方法：选育抗病品种,在未曾发生霜霉病的田块种植菊花；用75%百菌清500~600倍液浸苗5~10 min后栽种；春季发病时,喷75%百菌清500~600倍液,每隔7~10日1次,共喷2次；秋季发病时,喷50%多菌灵800~1 000倍液或50%瑞毒霉300倍液,每10日1次,连喷3次。

(2) 斑枯病 *Septoria chrysanthemella* Sacc.：为害叶片。防治方法：给叶面喷施磷酸二氢钾,提高抗病能力；发病初期喷50%多菌灵800~1 000倍液或50%托布津1 000~1 500倍液。在梅雨季节喷1次1∶1∶100波尔多液,在9月上旬和中旬再喷上述农药2次。每次相隔10日。

(3) 花叶病毒 *Chrysanthemum virus* B.：为害叶片。防治方法：选择健壮的种株,防治蚜虫；增施磷钾肥,增强抗病力；喷洒5%菌毒清可湿性粉剂400倍液或20%病毒宁水溶性粉剂500倍液,隔7~10日1次,连防3次。采收前3日停止用药。

2. 虫害

(1) 菊天牛 *Phytoecia cufuantris* Gautier：为害茎。防治方法：5~7月在清晨露水未干前捕杀成虫；大量发生时喷40%乐果1 000倍液；结合摘心打顶,从断茎以下4 cm处,摘除枯茎。

(2) 菊小长管蚜 *Macrosi phoniella* sanborni (Gillette)：为害嫩梢、花蕾及叶。防治方法：用40%乐果1 000~1 500倍液喷杀。

其他尚有蛴螬 *Hocotrichia gaeberi* Faldermann、菊花瘿蚊 *Epimgia* sp.、斜纹夜蛾 *Prodenia litura* (Fabricius)等为害,常规防治。

三、采收、加工与贮藏

霜降至立冬采收。以管状花(即花心)散开2/3时为宜,选晴天露水干后进行。

各地不同品种加工方法不同,主要有以下几种：

1. 亳菊　花盛开、花瓣普遍洁白时,连茎秆割下,扎成小捆,倒挂于通风干燥处晾干,不能暴晒,否则香气差。晾至八成干时,即可将花摘下干燥。可装入木板箱或竹篓,内衬牛皮纸,1层亳菊1层纸相间压实贮藏。

2. 滁菊　采后先薄薄地摊晾,使花略收水分,用微量硫黄或微波杀青(否则氧化变色),而后再晒至全干。晒时切忌用手翻动,可用竹筷轻轻翻晒。

3. 贡菊　采后烘焙干燥。以无烟木炭作燃料,烘房温度控制在40~50℃。烘时将贡菊薄摊于竹帘上,烘至九成干时,降低温度至30~40℃。当花色呈象牙白时取出,置通风干燥处阴干。可每0.5 kg压成宽15 cm、长20 cm、厚6 cm的长方形菊花砖,用防潮纸包紧,装入竹篓或木板箱内贮藏。

4. 杭菊　将花置竹帘上晒2 h,放入蒸笼内蒸3~5 min,至笼有气冒出即可。然后摊在竹帘上在太阳下晒干。初晒时不能翻动,收花时平放在室内不能压,晒2日后翻一次,再晒3~4日,基本干燥后收起放数日回潮,再晒1~2日,至花心完全变硬即为干燥。

5. 怀菊　将花置架子上经1~2个月阴干,下架时轻拿轻放,防止散花。

菊花加工后多用瓦楞纸盒包装,置于室内通风干燥处贮藏。

四、栽培过程中的关键环节

正确把握打顶摘心的时间和次数,可解除顶端优势,增加分枝,又可避免分枝过多而导致的花头细小；加强病虫害的前期预防,尤其加强对病毒病和菊天牛的防治。

第十四章　果实种子类药材

山　茱　萸

山茱萸 *Cornus officinalis* Sieb. et Zucc.,以干燥成熟果肉入药,药材名山茱萸。味酸、涩,性微温。归肝、肾经。具有补益肝肾、收敛固涩之功效。主要化学成分为山茱萸苷、皂苷、鞣质、熊果酸、没食子酸、苹果酸、没食子酸甲酯等。主产于河南、陕西、浙江、安徽、四川等地区。

一、生物学特性

(一) 生态习性

适宜于温暖、湿润的地区生长,畏严寒。正常生长发育、开花结实要求平均气温为 5～16℃。冬季最低温度一般不得低于-8℃,夏季最高温度不超过 38℃,花芽萌发最适温度为 10℃左右,如果温度低于 4℃则受危害,花期遇冻害是山茱萸减产的主要原因。喜光,不耐荫蔽,怕干旱,忌积水;对土壤要求不严,耐瘠薄,但在土壤肥沃、湿润、深厚、疏松、排水良好的砂质壤土中生长良好。冬季严寒、土质黏重、低洼积水以及盐碱性强的地方不宜种植。

(二) 生长发育特性

从种子播种到挂果一般需要 7～10 年。利用嫁接苗繁殖,2～3 年就能开花结果。其生命周期根据树龄可分为幼龄期(实生苗长出至第一次结果,一般为 8～10 年)、结果期初期(第一次结果至大量结果,一般延续 10 年左右)、盛果期(大量结果至衰老以前,一般持续百年左右)、衰老期(植株衰老到死亡)4 个阶段。山茱萸的年生育周期一般于 3 月上中旬开花,4 月上中旬抽梢发叶,幼果在 4 月上旬形成,9 月下旬至 10 月中旬果实成熟,11 月中下旬落叶,全年生长时间 270日左右。

(三) 种质特性

山茱萸在栽培过程中,并没有形成真正的栽培品种。但由于山茱萸具有种内变异现象,在产区出现较多栽培类型。有按果实形状分圆柱形果型(石磙枣)、椭圆形果型(正青头枣)、长梨形果型(大米枣)、短梨形果型、长圆柱形果型(马牙枣)、短圆柱形果型(珍珠红)、纺锤形果型(小米枣)等,一般认为圆柱形果型(石磙枣)、短圆柱形果型(珍珠红)为优质类型。

二、栽培技术

(一) 选地与整地

育苗地宜选背风向阳、光照良好的缓坡地或平地。以土层深厚、疏松、肥沃、湿润、排水良好的砂质壤土,酸碱度为中性或微酸性的地块为好。入冬前深耕 30～40 cm,后整细耙平。结合整地每亩可施腐熟厩肥 2 500～3 000 kg 作基肥。播种前进行一次整地做畦。

种植地宜选海拔在 200～1 200 m,背风向阳的山坡,坡度不超过 30°,以中性或偏酸性,具团粒结构,透气性佳,排水良好,富含腐殖质的土壤为最佳。由于山茱萸种植多为山区,在坡度小的地块按常规进行全面耕翻;在坡度为 25°以上的地段按坡面一定宽度沿等高线带垦。在坡度大、地形破碎的山地或石山区采用穴垦,其主要形式是鱼鳞坑整地。全面垦复后按株距 2 m×2 m 或 3 m×2 m 挖穴,穴径 50 cm 左右,深 30～50 cm。挖松底土,每穴施土杂肥 10 kg 左右,与底土混匀。

(二) 繁殖方法

以种子繁殖为主,少数地区采用压条繁殖和嫁接繁殖。

1. 种子繁殖

(1) 播种育苗:选择树势健壮、冠形丰满、生长旺盛、抗逆性强的中龄树(25 年)作为采种树,选果大、核饱满、无病虫害的果实进行采摘,微晒 3～4 日,待果皮柔软去皮肉后即可获得种子。山茱萸种子属于低温型种子,需通过低温阶段才能发芽。且种子坚实,又有胶质层,水分不宜浸入,发芽困难,常采用浸沤法、腐蚀法或湿砂层积催芽法进行种子处理,以湿砂层积催芽为最佳。经 5 个多月的湿砂层积,可明显提高出苗率(达 93%左右),且可促进早出苗。

冬播或春播。催芽种子春播,鲜籽于初冬播。在春分前后,将已催芽的种子播入整理好的育苗地。按 25～30 cm 的行距开沟,沟深 3～5 cm,播幅 7 cm,均匀撒播,覆土耧平,稍镇压,浇水覆膜或覆草。10 日左右即可出苗。冬播于翌年春出苗。每亩用种量 30～40 kg。

出苗后除膜或除去盖草,进行松土除草、追肥、灌溉、间苗、定苗等常规苗期管理。间苗株距 7 cm。5 月中旬及 7 月上旬各追肥 1 次,结合中耕每亩施尿素 4 kg 或饼肥 100 kg,翻入土中,苗期如遇干旱、强光天气要注意防旱遮阴。入冬前浇 1 次封冻水,在根部培施土杂肥,保苗安全越冬。培育 2 年后,当苗高 80 cm 时,在春分前后移栽定植。

(2) 移栽定植:栽植时间,南方以冬季为宜,北方以春季解冻后为宜。选阴天移栽。在备好栽植地上,每穴栽入带土苗木 1 株,埋土,提苗,浇定根水。

2. 嫁接繁殖 嫁接移植采用嫁接苗栽植,可以提早结果,提前进入盛果期。砧木选用本砧的实生苗,接穗从高产、果大的优良单株采取。枝接在 3～4 月份进行,芽接在 8～9 月份。

3. 压条繁殖 早春芽萌动前,将根际周围萌蘖的枝条,或将近地面的 2～3 年生枝条,弯曲固定埋于土中,枝条入土处,刻伤木质部 1/3,先端露出地面。第二年春,将生根的压条割离母株,另行定植。苗木不够高度,可在苗圃中再培育 1～2 年。

(三) 田间管理

1. 树盘覆草 树盘覆盖可以减少地表蒸发,保持土壤水分,提高地温,有利于根系活动,从而促进山茱萸的新梢生长和花芽分化。树盘覆盖的材料,可用地膜、稻草、麦秸、马粪及其他禾谷类秸秆等,覆盖面积以超过树冠投影面积为宜。

2. 追肥 除定植时施肥外,1 年还需追肥 4 次,第一次在 3 月上旬至 4 月上旬,第二次在 6 月上中旬,第三次在 7 月下旬到 8 月中旬,第四次在 10 月下旬至 11 月上旬。施肥方式可采用土壤追肥和根外追肥(叶面喷肥)。土壤追肥在树盘土壤中施入,前期追施以氮素为主的速效性肥料,后期追肥则应以氮、磷、钾,或氮、磷为主的复合肥为宜。根外追肥在 4～7 月,用 0.5％～1％尿素和 0.3％～0.5％的磷酸二氢钾混合液进行叶片喷洒,以叶片正反面均被溶液小滴沾湿为宜。

3. **疏花与灌溉**　根据树冠大小、树势的强弱、花量多少确定疏除量,一般逐枝疏除 30％的花序,可达到连年丰产结果的目的;在小年则采取保果措施,即在 3 月盛花期喷 0.4％硼砂和 0.4％的尿素。

山茱萸在定植后和成树开花、幼果期,或夏、秋两季遇天气干旱,要及时浇水保持土壤湿润,保证幼苗成活和防止落花落果,造成减产。

4. **整形与修剪**　矮冠密植是目前山茱萸生产上主要采用方法。其目的是使其早结果,提早进入盛果期,且能保证优质高产,提高经济效益。通过矮冠密植可使山茱萸于定植后 2～3 年结果,10 年跨入盛果期,比一般栽培分别提前 7～10 年;每亩产鲜果可达 600 kg 以上,比一般栽培提高 2 倍,且果大、肉厚、出皮率高。矮冠密植首先要求冠矮、树小。冠矮需要控制树势,树小骨干枝不宜太多。因此,幼树以整形为主,培养骨干枝,使主枝、副主枝分布合理,开张角度适宜,为多结果打好基础。进入结果期后,要调节树势及花芽和叶芽、长枝和短枝的比例,加强结果枝培养。进入衰老期后,应注意树冠更新复壮,延长结果年限。对生长时间长、枝条生长量大或土层深厚、土质疏松肥沃的宜培育成大树冠,修剪宜轻;对土层浅薄、肥力差的宜培育成小树冠,骨干枝要少,修剪量则稍重。矮冠密植应以自然开心形树形为好。

(四) 病虫害防治

1. **病害**

(1) 炭疽病 *Colletotrichum gloeosporioides* Penz.：主要为害果实和叶片。发病盛期为 5～8 月,多雨年份发病重。防治方法：病期少施氮肥,多施磷、钾肥,提高抗病力;选育优良品种;清除落叶、病僵果;发病初期用 1∶2∶200 波尔多液或 50％多菌灵可湿性粉剂 800 倍液喷施,10 日左右喷 1 次,连续 3～4 次。

(2) 角斑病 *Ramularia* sp.：为害叶片和果实。多在 5 月初田间出现病斑,7 月份为发病高峰期,湿度较大时易发生。防治方法：增施磷、钾和农家肥,提高抗病力;5 月份树冠喷洒 1∶2∶200 波尔多液,每 10～15 日 1 次,连续 3 次,或者喷 50％可湿性多菌灵 800～1 000 倍液。

除此外,还发现有白粉病 *Phylicctinia corylea* (Pers) Karst.、叶枯病 *Septoria chrysanthemella* Sacc.等,但在产区没有造成危害。

2. **虫害**

(1) 蛀果蛾 *Asiacarposina cornusvora* Yang：一年发生一代,8 月下旬至 9 月初为害果实。防治方法：及时清除早期落果,果实成熟时,适时采收,可减少越冬虫口基数;在山茱萸蛀果蛾化蛹、羽化集中发生的 8 月中旬,喷洒 40％乐果乳剂 1 000 倍液,每隔 7 日左右 1 次,连续喷 2～3 次。

(2) 大蓑蛾 *Crytothelea variegata* Snellen：幼虫以取食叶片为主,也可食害嫩枝和幼果。多发生在十至二十年生山茱萸树上,尤以长江以南地区发生更为严重。一年发生一代,以老熟幼虫悬吊在寄主枝条上的囊中越冬。防治方法：在冬季人工摘除虫囊;可选用青虫菌或 BT 乳剂(孢子量 100 亿／g 以上)500 倍液喷雾,效果亦好。

三、采收、加工与贮藏

当山茱萸果皮呈鲜红色,便可采收。一般成熟时间为 10～11 月。果实成熟时,枝条上已着生许多花芽,因此采收时,应动作轻巧,一束束地往下摘,以免影响来年产量。

将采摘的果实除去其中的枝梗、果柄、虫蛀果等杂质,将果实倒入沸水中,上下翻动 10 mm 左右至果实膨胀,用手挤压果核能很快滑出为好,捞出去核。采用自然晒干或烘干干燥。

干燥后的山茱萸包装后宜置阴凉干燥的室内贮藏,同时应防止老鼠等啮齿类动物的危害。在贮藏过程中要定期检查,既要防止受潮,但也不宜过分干燥,以免走油。一般贮藏温度 28℃,空气相对湿度 70%～75%,商品安全水分 13%～16%。

四、栽培过程的关键环节

整形修剪是山茱萸矮冠密植栽培措施的关键;科学防治病虫害。

五 味 子

五味子 *Schisandra chiaensis* (Turcz) Baill.,以干燥成熟果实入药,药材名五味子,又名北五味子、辽五味子。味酸,性温。归肺、肾经。具有敛肺滋肾、止泻、生津、止汗涩精的功效。主要成分有柠檬醛、α-依兰烯、维生素 C 等,种子含五味子素、五味子醇甲等。主产于东北、河北、山西、陕西、宁夏、山东、内蒙古等地区。以东北三省产者质量最佳。

一、生物学特征

(一)生态习性

五味子野生于针阔混交林中,山沟、溪流两岸的小乔木及灌木丛间,缠绕其他树木上,或生长在林缘及林中空旷的地方。喜湿润环境,但不耐低洼水浸,怕干旱。耐寒,可耐受-30℃的低温,生长适温 20～25℃,高于 30℃生长缓慢。耐阴性较强,幼苗期喜阴(荫蔽度 50%),成株时喜光。喜肥。适于疏松肥沃、富含腐殖质、排水良好的砂质壤土栽培。

(二)生长发育特性

野生五味子需 5 年才能结果,人工栽培的五味子二年生就有零星开花结果,三年生即大量开花结果。5 月上旬至 6 月初开花,花期 15 日左右。雌雄同株,植株下部多生雄花,上部多生雌花;野生老龄植株或生长在瘠薄土壤上的植株多开雄花,光照充足、土壤肥沃、湿润条件下生长的幼龄植株多开雌花。每年 4 月中下旬萌芽,6 月上旬至 7 月上旬结果,8 月下旬至 9 月上旬果熟。随后落叶,进入休眠。

五味子种子胚后熟要求低温和湿润条件。五味子种皮坚硬,光滑有油层,不易透水,播种前需低温砂藏及其他处理。种子空瘪率很高(30%),发芽率较低。种子干藏 1～2 个月即全部丧失生活力。也可用无性繁殖,但无性繁殖成活率较低,且长势不如实生苗。

二、栽培技术

(一)选地与整地

选疏松肥沃、排水良好的砂质壤土或林缘熟地。地选好后每亩施厩肥 2 000～3 000 kg,深翻

20～25 cm,整平耙细,育苗地做畦宽 1.2 m、高 15 cm、长 10～20 m 的高畦。移植地穴栽。

(二) 繁殖方法

主要用种子繁殖。亦可用压条和扦插繁殖。

1. 种子繁殖

(1) 种子的选择:五味子的种子最好在秋季收获期间进行穗选,选留果粒大、均匀一致的果穗作种用。单独晒干保管,放通风干燥处贮藏。

(2) 种子处理:① 室外处理。秋季将选做种用的果实,搓去果肉,取种子与 2～3 倍于种子的湿砂混匀,放入大小适宜的坑中,上面盖上 10～15 cm 的细砂,再盖上稻草或草帘子,进行低温处理。翌年 4～5 月即可裂口播种。② 室内处理。2～3 月间,将经湿砂低温处理的种子移入室内,装入木箱中进行砂藏处理,其温度保持在 10～15℃。经 2 个月后,再置 0～5℃处理 1～2 个月,当种子裂口时即可播种。

(3) 育苗:一般在 5 月上旬至 6 月中旬播种经过处理已裂口的种子。条播或撒播。条播行距 10 cm,覆土 1～2 cm。也可在 8 月上旬至 9 月上旬播种当年鲜籽。播后搭 0.6～0.8 m 高的棚架,上面用草帘或苇帘等遮阴,透光度 40%,土壤干旱时浇水,使土壤湿度保持在 30%～40%,待小苗长出 2～3 片真叶时可逐渐撤掉遮阴帘。并经常除草松土,保持畦面无杂草。翌年春或秋季可移栽定植。

2. 压条繁殖　早春植株萌动前,将植株枝条外皮割伤部分埋入土中,经常浇水,保持土壤湿润,待枝条生出新根和新芽后,于晚秋或翌春剪断枝条与母枝分离,进行移栽定植。

3. 扦插繁殖　于早春萌动前,剪取健壮枝条,截成 12～15 cm 小段,截口要平,生物学下端用 100×10^{-6} 萘乙酸处理 30 min,稍晾干,斜插于苗床,行距 10～12 cm,株距 6～8 cm,搭棚遮阴,并经常浇水,促使生根成活,翌春移栽定植。

4. 根茎繁殖　于早春萌动前,刨出母株周围横走根茎,截成 6～10 cm 一段,每段上有 1～2 个芽,按行距 12～15 cm,株距 10～12 cm 栽于苗床上,成活后,翌春萌动前移栽定植于大田。

(三) 移栽与定植

于 4 月下旬或 5 月上旬移栽,也可在秋季落叶后移栽。按行距 1.2～1.5 m,株距 50～60 cm 穴栽。挖深 30～35 cm,直径 30 cm 的穴,每穴栽 1 株。栽时使根系舒展,栽后覆土,踏实,灌足水,待水渗完后用土封穴。

(四) 田间管理

1. 中耕除草　一般每年中耕除草 3～4 次。以除去杂草、土壤不板结为原则。春夏宜浅锄,防止积水烂根。秋季适当深锄,以利保水防旱。冬季可结合施冬肥中耕 1 次。

2. 追肥　方式有盘施、沟施等,以盘施较为普遍。年施肥 3 次,以氮、磷、钾肥配合,农家肥与化肥相结合为原则。第一次在 3 月中旬,施春肥以利枝梢抽生和开花结果,每株施沤肥 25 kg,尿素 0.5 kg,开盘沟施后盖土;第二次在采果后,施保树肥以利恢复树势和花芽分化,利于越冬,每株施沤肥 20～50 kg 或饼肥 1 kg;第三次结合防霜冻,每株堆塘泥或草皮、火土灰、猪牛粪 50～100 kg,培土护蔸。树干刷白以利过冬,刷白剂按石灰:硫磺粉:水:食盐＝10:1:60:(0.2～0.3)调配。

3. 灌溉排水　4～7 月雨水多,应及时排水,以防烂根,引起落叶落果、植株死亡;8～10 月气温高,雨水少,应灌水防旱。

4. 整形修剪　整形以多主蔓式为好。在苗木定植后,留 4～5 个饱满芽,其余去掉,初期需要绳索将蔓引到架上。架杆埋于五味子种植行 30～40 cm 处,4～5 m 一根。主蔓的数量以 4～8 条为宜,并让它在架上呈扇形分布。各条主蔓上每隔 20～30 cm 培养一个结果母枝,再在基轴上培养出 3～5 个枝条。在移栽后 2～3 年,基生枝大量萌发,生长迅速,消耗大量养分,这时除选择 1～2 条健壮留作更新外,其余的要全部剪除。春、夏、秋三季均可修剪。春剪一般在萌发前进行,主要剪去过密枝和枯枝;夏剪于 6 月中旬至 7 月中旬进行,剪去膛枝、徒长枝、重叠枝、基生枝、细软枝和病虫枝;秋剪在落叶后进行,主要剪掉夏剪后的病虫枝、过密枝、过高枝及基生枝。

5. 搭架　移植后当年应搭架,可用木杆、水泥柱等做立柱,再用铁丝在立柱上部拉 4 条横线,将藤蔓用绑绳固定在横线上。每亩用立柱 90～112 根。

6. 保花保果　在花谢 3/4 时和幼果期,以 50 mg/L 赤霉素加 0.5% 尿素溶液进行根外追肥,或喷施 10 mg/L 的 GGR 生长调节剂加 0.2% 的磷酸二氢钾,可起到保花保果作用。

(五) 病虫害防治

1. 病害

(1) 白粉病 *Microsphaera schizandrae* Sawada：白粉病危害五味子的叶片、果实和新梢,以幼叶和幼果发病最为严重。高温干旱有利于白粉病发病,5 月下旬至 6 月初,6 月下旬达到发病盛期。防治方法：加强栽培管理注意枝蔓的合理分布,通过修剪改善架面通风透光条件。适当增加磷、钾肥的比例,以提高植株的抗病力,增强树势。药剂防治,在 5 月下旬喷洒 1∶1∶100 倍等量式波尔多液进行预防,如没有病情发生,可 7～10 日喷 1 次。

(2) 叶枯病 *Alternaria tenuissima* (Fr.) Wiltshire：从植株基部叶片开始发病,逐渐向上蔓延,5 月下旬开始发病,6 月下旬至 7 月下旬为发病的高峰期。病叶干枯破裂而脱落,造成叶枯和早期落果。防治方法：加强栽培管理注意枝蔓的合理分布,避免架面郁闭,增强通风透光。适当增加磷、钾肥的比例,以提高植株的抗病力。发病前用 1∶1∶120 波尔多液喷雾,每 7～10 日 1 次;发病初期可用 50% 甲基托布津 1 000 倍液喷雾防治,喷药次数视病情而定。

2. 虫害　柳蝙蛾 *Phassus excrescens* Butler,此害虫以其幼虫为害幼树枝干,直接蛀入树干或树枝,啃食木质部及蛀孔周围的韧皮部,对幼树危害最重,轻则阻滞养分、水分的运输造成树势衰弱,重则失去主枝,且常因虫孔原因,使雨水进入而引起病腐。6 月上旬向当年新发嫩枝转移为害 10～15 日,即陆续迁移到粗的侧枝上为害,7 月末开始化蛹,8 月下旬开始成虫,9 月中旬羽化盛期。防治方法：进入 7 月是杀灭柳蝙蛾幼虫的关键期,用 80% 敌敌畏乳油 500 倍液注入钻蛀孔中后封洞,杀虫效果显著,利用黑光灯诱杀成虫。

三、采收、加工及贮藏

五味子生长 3 年后大量结果,即可采收。于秋季 9～10 月果实变软呈紫红色时采收。于晴天上午露水消退后,用采收剪剪下果穗,放入筐内,运至加工场地加工。勿挤压。

采收的鲜果先去除杂质、烂果、病果及非药用部位,然后平铺在席上晾干,晾晒过程中要经常翻动,防止霉变。若遇阴雨天要用微火烘干,温度以 60℃ 左右为宜。干至手攥成团有弹性,松手后能恢复原状即可。

成品装入编织袋,置通风、干燥、阴凉仓库中贮藏。

四、栽培过程的关键技术

合理修剪能调节体内营养,节省养分,是提高产量的重要措施;适时搭设支架,可提高通风透光效果,以利植株生长。

连　　翘

连翘 *Forsythia suspensa* (Thunb.) Vahl,以干燥果实入药,药材名连翘。味苦,性微寒。归心、胆经。具有清热解毒、消痈散结之功效。果实中含有连翘脂素、连翘苷、连翘酚、熊果酸、齐墩果酸、牛蒡子苷及其苷元等。种子含三萜皂苷,枝叶含连翘苷及熊果酸,花含芦丁。主产于河北、山西、河南、陕西、甘肃、宁夏、山东、四川、云南等地区。一般为野生,也有栽培。

一、生物学特性

(一)生态习性

连翘适应性强,野生于海拔 800～1 600 m 的山坡、林下和路旁。低于 650 m 的地段只开花但不结果,高于 2 000 m 的山坡上既不开花也不结果;800～1 800 m 的山坡上,枝繁叶茂,花艳果硕。一般酸碱性土壤均可生长,盐碱地例外。性喜湿润、凉爽气候,较耐寒,幼龄阶段较耐阴,成年阶段要求阳光充足。在阳光充足的地方则枝壮叶茂,结果多,产量高。

(二)生长发育特性

连翘萌芽力强,每对叶芽都能抽枝梢,每年基部均长出大量新的枝条。生长枝 1 年能生长 2 次,少数生长旺盛的枝条,在 2 次枝上当年还能抽生 3 次枝。小枝一般于 2 月下旬到 3 月上旬萌动,3 月中旬至 4 月中、下旬先开花,后放叶。花可延续到 4 月中旬。8～10 月果实成熟,11 月落叶,进入越冬时期。

连翘属同株自花不孕植物,在栽培上必须使其长花柱花与短花柱花混交,相互授粉,才能结果和提高产量。连翘的花可分为两种:一种花柱长,柱头高于花药,称长花柱花;一种花柱短,柱头低于花药,称短花柱花。在自然生长情况下,这两种不同类型的花不生长在同一植株上,只开花而不结果。只有两者混杂种植时才能既开花,又结果。据报道,相间栽培(行间混交)下,结果率为63.9%;而在自然情况下即使结果较多的地块,其结果率仅 47%。若改为株间混交配置栽植,将大大提高结果率。

二、栽培技术

(一)选地与整地

育苗地宜选择背风向阳、水源好、排灌方便之地。要求土层深厚、土质疏松、肥沃的砂壤土。圃地要深耕细作,施足底肥,做成 1～1.3 m 宽的平畦,雨水多,易积水的作高畦。开好排水沟,待播。

栽植地宜选土层深厚、土质疏松、背风向阳的缓坡地。先翻地,而后按株行距 1.5 m×2 m 挖穴,挖长、宽、深为 0.8 m×0.8 m×0.7 m 的穴,施基肥与底土混匀,待种,一般秋后整地。

(二) 繁殖方法

采用种子、扦插、压条和分株繁殖。生产上以种子、扦插繁殖为主。

1. 种子繁殖

(1) 采种：选择生长健壮、枝条节间短而粗壮、花果着生紧密而饱满、无病虫害的优良单株作母树，于 9 月中、下旬到 10 月上旬采集成熟果实，阴干，脱粒，得纯净种子备用。

(2) 种子处理：连翘种皮较坚硬，播前应将种子用 25～30℃温水浸泡 4～6 h 捞出，掺湿砂 3 倍用木箱或小缸装好，封盖塑料薄膜，置背风向阳处，每日翻动 2 次，保持湿润，10 日后，种子萌芽即播种。

(3) 播种育苗：3 月上、中旬播种。种子经处理萌芽后即行播种，8～9 日可出苗。播时在畦面上开横沟条播，行距 25～30 cm，每亩用种量 3 kg 左右。播后覆土一般为 1 cm 左右，再盖草保持湿润。种苗出土后，随即揭草，当苗高 10 cm 左右时按株距 3～4 cm 定苗。做好松土除草、追肥、排灌等管理。当年秋或翌年春即可出圃定植。

2. 扦插繁殖

秋季落叶后至发芽前扦插。在优良母株上，选用 1～2 年生健壮枝条，截成 15～20 cm 长的插穗，留 2～3 个芽，其上端在节上方 1～1.5 cm 处削成平面，下端在节下 1 cm 处削成斜面。将插穗扎成 30～50 根 1 捆，用 $5×10^{-4}$ 生根粉(ABT)或 $5×10^{-4}～1×10^{-3}$ 吲哚丁酸(IBA)溶液，将插穗基部浸泡 10 s，取出晾干。按 10 cm×25 cm 株行距插入苗床，深度以露出床面 1～2 个芽为宜。插后立即灌透水保持床面湿润，30 日可生根。成活 15 日后追肥、松土锄草。秋后即可出圃定植。

3. 压条繁殖

连翘下垂枝条多，便于压条。3～4 月，可将其下垂枝弯曲压入土内，露出梢端，在入土处刻伤，用枝杈固定，覆盖细肥土，刻伤处能生根。如用当年生嫩枝，在 5～6 月间压条，不用刻伤，亦能生根。当年或翌年春可截离母体，定植。

4. 分株繁殖

连翘萌蘖力强，秋季落叶后，或春季萌芽前，可挖取三年生以上植株根际周围的根蘖苗栽植。

(三) 移栽与定植

苗高 50 cm 时，即可出圃定植。栽植前先在穴内施肥，每穴施有机肥 30～40 kg，栽时要使苗木根系舒展，分层踏实，定植点要高于穴面。

(四) 田间管理

1. 中耕除草

连翘定植后到郁闭，一般需 5～6 年时间。郁闭前，应及时中耕除草，间种农作物或蔬菜。

2. 追肥

郁闭前，每年于 4 月下旬、6 月上旬结合中耕除草各施肥 1 次，每次每亩施腐熟人粪尿 2 000～2 500 kg 或尿素 15 kg，过磷酸钙 38 kg，氯化钾 18 kg。

郁闭后，每隔 4 年深翻林地 1 次，每年 5 月和 10 月各施肥 1 次，5 月以化肥为主，10 月施厩肥。化肥每株施复合肥 300 g，厩肥每株施 30 kg 于根际周围，沟施。

3. 灌溉

连翘耐旱，但幼苗期和栽移后缓苗期，需要保持土壤的湿润。天旱时需适当浇水，雨季及时排除积水。

4. 整形与修剪

根据连翘自然树形生长的特点，其整形修剪所用树形以自然开心形和灌丛形为好。前者常在定植后幼树高 1 m 左右时，通过整形修剪若干年形成。同时于每年冬季将枯枝、重叠枝、交叉枝、纤弱枝以及徒长枝和病虫枝剪除。生长期还要适当进行疏剪短截。对已经开花结果多年,开始衰老的结果枝群,也要进行短截或重剪,可促使剪口以下抽生壮枝,恢复树势,提高结果率。

(五) 病虫害防治

(1) 钻心虫 *Epinotia leucantha* Meyrick:钻心虫的幼虫钻入茎秆木质部髓心为害,严重时,不能开花结果,甚至整株枯死。防治方法:用80%敌敌畏原液沾药棉堵塞蛀孔毒杀。

(2) 蜗牛 *Fruticicolidae* sp.:为害花及幼果。防治方法:在清晨撒石灰粉防治或人工捕杀。

三、采收、加工与贮藏

连翘果实初熟期在8月上、中旬,果皮呈青色时采下,置沸水中煮片刻或放蒸笼内蒸0.5 h,取出晒干,外表呈青绿色,商品称为青翘。完熟期在9月下旬至10月上中旬,果实熟透变黄,果实裂开时采收,晒干,筛出种子及杂质,称为老翘。贮藏在阴凉、干燥、通风处。防潮、防霉、防蛀。商品安全水分8%~12%,空气相对湿度65%~75%。

四、栽培过程的关键环节

长花柱花植株与短花柱花植株的配置对连翘的结果率乃至产量影响显著;从结果习性看,连翘第三年开始结果,6~8年进入结果盛期一直持续到12年,第13年开始应注意更新复壮,可采取平茬或间伐干枝等方法,增加枝条发育的幼龄化,提高单株和单位面积的产量。

枳　　壳

酸橙 *Citrus aurantium* L.及其栽培变种,以干燥未成熟果实入药,药材名枳壳。味苦、辛、酸,性微寒,归脾胃经。具理气宽中、行滞消胀之功效。主要化学成分为柚皮苷、新橙皮苷、橙皮苷、芸香柚皮苷等,并含挥发油。主产于我国长江流域的江西、湖南、四川等地。

一、生物学特性

(一) 生态习性

枳壳多生于丘陵、低山地带及江河湖泊沿岸,适宜生长于阳光充足、温暖、湿润的气候环境。以年平均气温15℃以上为宜,生长最适温度20~25℃。降雨分布均匀,年降雨量1 500 mm左右。性稍耐阴,但以向阳处生长较好,开花及幼果生长期,日照不足易引起落花落果。以排水良好、疏松、湿润、土层深厚的微酸至中性砂壤土和冲积土种植为好。

(二) 生长发育特性

枳壳结果年龄因种苗来源不同而异,一般无性繁殖苗4~5年可结果,种子实生苗需8~10年才能结果。结果期长达50年以上。枝梢在一年中可萌芽3~4次,有春梢、夏梢、秋梢和冬梢,其中以春、夏、秋梢发生为多。一年四季均可发生新叶,以春季最多,其次为夏季和秋季。花期4~5月,果熟期11~12月。

（三）种质特性

枳壳的栽培品系有臭橙、香橙、勒橙、鸡婆橙、芝麻花橙、柚子橙等。目前生产上常用的品系以臭橙和香橙为主，一般臭橙的产量和质量明显优于其他栽培品系。

二、栽培技术

（一）选地与整地

育苗地应选土层深厚、质地疏松、排水良好的壤土或砂壤土，且未培育过柑橘类苗木的地块。整地前施足基肥，深翻 25～30 cm，于播前耙平，做 1.3 m 宽高畦。整地后进行土壤消毒，可用硫酸亚铁、生石灰等土壤消毒剂于播种或移栽前的 7～10 日进行床土消毒。

定植地选择阳光充足、排水良好、疏松、湿润、土层深厚的砂壤土和冲积土为好。丘陵和山地应在定植前一年进行全面垦复。整细耙平，按行距 3～4 m，株距 2～3 m 开穴，穴深 50～60 cm。每穴施 20～30 kg 腐熟堆肥或厩肥作基肥。

（二）繁殖方法

以嫁接繁殖为主，也可种子繁殖。

1. 嫁接繁殖　一般采用芽接和枝接。砧木可选择本砧或者枸橘 *Poncirus trifolia* J.。接穗选用已开花结果的酸橙优良品种臭橙，选择生长旺盛、无病虫害的母树，剪取树冠外围中上部向阳处的一年生健壮枝梢做接穗。枝接以 2～3 月为好。芽接以 7～9 月为好。

嫁接成活后，在苗圃培育 1 年，当苗高 40～50 cm 以上、茎干粗 0.8 cm 以上时，可出圃定植。

2. 种子繁殖　可冬播或春播，冬播采种应在种子成熟后随采随播，春播在 3 月下旬至 4 月上旬进行。播种时将选留的优良种子先用 1% 高锰酸钾浸 5～10 min，后用清水洗净后播种。多用条播，苗床按行距 20 cm 横向开沟，沟深 4～5 cm，种子按株距 4～6 cm 播入沟内。播后用火土灰和肥土盖种，以不见种子为度，床面再盖草。幼苗出土后及时揭去盖草。苗高 10～15 cm 时，结合中耕除草，追施腐熟的人畜粪尿或尿素。培育 1 年即可定植。

（三）移栽与定植

可在 10 月下旬至 11 月上旬或者 3 月进行定植。起苗后苗木用钙镁磷肥拌黄泥浆沾根，也可在调泥浆时用 GGR 30 mg/L 溶液以利生根成活。移栽时将苗木扶正入穴，当填土至一半时将幼苗向上稍提，使根系舒展，然后填土至满穴，用脚踏实，浇透定根水，表面再覆土。

（四）田间管理

1. 中耕除草　一般每年中耕除草 3～4 次。以除去杂草、土不板结为原则。春夏宜浅锄，防止积水烂根。秋季适当深锄，以利保水防旱。冬季可结合施冬肥中耕 1 次。

2. 追肥　施肥方法有盘施、沟施等。以盘施较为普遍。年施肥 3 次，以氮、磷、钾肥配合，农家肥与化肥相结合为原则。第一次在 3 月中旬，施春肥以利枝梢抽生和开花结果，每株施沤肥 25 kg、尿素 0.5 kg，开盘沟施后盖土。第二次在采果后，施保树肥以利恢复树势和花芽分化，利于越冬，每株施沤肥 25～50 kg 或饼肥 1 kg。第三次在 11 月中旬施冬肥，促进花芽分化和树势恢复，以备越冬。每株施塘泥或草皮、火土灰、猪牛粪 50～100 kg。

3. 防寒　酸橙根茎部易受冻害。简便的防寒措施，一是施冬肥，每株施草皮土 100～150 kg 盖蔸护根；二是防冻结合防虫，冬季树干涂刷白剂[按石灰：硫磺粉：水：食盐＝10：1：60：(0.2～

0.3)调配]。

4. **排灌** 4～6 月雨水多,应及时排水,以防烂根,引起落叶落果、植株死亡;7～10 月气温高,雨水少,应灌水防旱。

5. **整形修剪** 合理的整形修剪,能改善树冠内膛通风透光条件,调节生长和结果关系,减少病虫害危害,提高产量。

(1)幼年树的整形:在幼树树干高 1 m 左右,短截中央主干,头一年选粗壮的 3～4 个枝条,培养成第一层骨干主枝,第二年再在第一层主枝 50～60 cm 处留枝梢 4～5 个,培养成第二层骨干主枝,然后在其上 70～75 cm 处选留 5～6 个枝梢,使之成为第三层骨干主枝,使幼树树冠成自然半圆形。

(2)成年树的修剪:应掌握强疏删、少短截、疏密留稀、去弱留强的原则。一般宜在早春进行,剪去枯枝、霉桩、病虫枝、丛生枝、下垂枝、衰老枝和徒长枝,培养预备枝。形成树体结构合理,冠形匀称,空间利用充分,通风透光良好的丰产树形。

(3)衰老树的修剪:以更新复壮为主,进行强度短截,删去细弱、弯曲的大枝,培育新梢,同时勤施肥松土,促使当年能抽生充实新梢,翌年可少量结果,第三年可逐渐恢复树势。

(五)病虫害防治

1. **病害**

(1)疮痂病 *Sphaceloma fawcetti* Jenk.:为害新梢、叶片、花果等幼嫩部分。果实在 5 月下旬至 6 月上、中旬发病最严重。防治方法:在春芽萌发前,喷 0.5:1:100 波尔多液 1 次。生理落花停止或花谢后再喷 0.5:1:100 波尔多液 1 次。

(2)溃疡病 *Xanthomonas citri* (Hasse) Dowson.:为害嫩叶、幼果和新梢。防治方法:严格检疫,选用无病苗木栽植;合理修剪,剪除病枝叶,集中烧毁;抽春梢或花蕾将现白时,以及谢花后,喷 1:1:200 波尔多液,每隔 7 日 1 次,连续喷 2～3 次;冬季至早春喷波美 0.5～1 度石硫合剂 1～2 次。

2. **虫害**

(1)星天牛 *Anoplophora chinensis* Forst.:一年一代,以幼虫在树干基部木质部蛀洞越冬,5～6 月间羽化成虫,7～8 月尚有少量成虫出现,产卵于树干基部,初孵幼虫在树干基部蛀食,逐步蛀入木质部,可见有虫粪自树干基部排出。防治方法:羽化期及时捕杀;用铁丝钩杀幼虫,后用 80% 敌敌畏等注入虫孔,用泥封口,毒杀幼虫。用白僵菌液(每 1 ml 含活孢子 1 亿)从虫孔注入。树干涂石硫合剂或者刷白剂,防止成虫产卵及幼虫蛀食。

(2)潜叶蛾 *Phyllocnistis citrella* Stainton:为害嫩叶。防治方法:冬季清理枯枝落叶,消灭越冬蛹;夏、秋梢芽出现时,喷 90% 敌百虫 500 倍液(或喷阿维菌素 500～800 倍液),7 日 1 次,连喷 2～3 次。

三、采收、加工与储藏

在果实近成熟时采收。通常于小暑后 5～6 日采摘的枳壳品质好,折干率和产量都较高。选晴天露水干后,用带网罩钩杆采摘。

将采摘果实横剖两半,外果皮向上晒 1～2 日,以固定皮色。再翻转仰晒至六七成干时,收回堆放一夜,使之发汗,再晒至全干即可。也可用烘干处理。

加工好的枳壳均以外皮绿色,果肉厚、质坚硬、香气浓者为最佳。

干燥的枳壳应置于室内高燥的地方贮藏,应有防潮设施。

四、栽培过程的关键环节

根据树势,正确调整主枝和侧枝,营养枝和结果枝的关系;选择优良品系。

栀 子

栀子 *Gardenia jasminoides* Ellis,以干燥成熟果实入药,药材名为栀子。味苦,性寒。归心、肺、三焦经。具泻火除烦、清热利湿、凉血解毒之功效。临床用于急性黄疸型肝炎、出血、扭挫伤等疾病。主要化学成分有黄酮类(栀子素类)、环烯醚萜类(栀子苷类)等。栀子不仅入药,也是化工、食品工业的重要原料。主要分布于江西、浙江、福建、湖南、湖北、安徽、四川等地。

一、生物学特性

(一) 生态习性

栀子幼龄较耐阴,在30%的荫蔽条件下生长良好,进入结果年龄后(四年生以上)则喜光,如过阴,生长纤弱,花芽减少,落果率提高,果实成熟期推迟,单株产量可下降30%左右。栀子喜湿润气候,适宜在年降水量1 100~1 300 mm,降水分布较均匀的地方生长。忌积水,较耐旱,5~7月开花坐果期间,如降雨较多,落花落果现象明显。栀子年生长周期中,日均气温>10℃开始萌芽,14℃开始展叶,18℃以上花蕾开放,低于15℃或高于30℃,均可促使落花落果。11月中旬,气温下降到12℃以下,地上部分停止生长,进入休眠。

栀子对土壤的适应范围较广,在紫色土、红壤、黄壤、黏土上均能生长,但以土层深厚、质地疏松、排水透气良好的冲积土及砂质壤土为好。盐碱地、低洼积水地不宜栽培。土壤酸碱度以pH 5.1~8.3为宜。低山、丘陵、平原均可生长。

(二) 生长发育特性

栀子根系较发达,一二年生植株主根生长明显,随后侧根生长量大于主根。一年中根系生长有3个高峰期,第一高峰期出现在春梢停止生长后至夏梢抽发前,这时发根数量最多,伸长较快;第二高峰期在夏梢抽发后,这时发根数量较少,伸长最快;第三高峰期在秋梢停止生长后,发根数量最少,伸长较慢。

栀子的芽分顶芽和腋芽,顶芽萌发力强,腋芽多呈隐芽,萌发率低,但在主干根颈部的隐芽萌发力较强。栀子一年萌芽抽枝3次,即春梢、夏梢和秋梢。春梢抽生于3月下旬至5月下旬;夏梢在6月上旬至8月上旬,抽生于春梢顶端;秋梢于8~9月抽生,春梢、秋梢群体抽生较夏梢整齐,但夏梢是扩大树冠的主要枝条,秋梢则是主要的结果母枝。

栀子于4月中旬至5月上旬孕蕾,5月下旬~6月中旬开花,果期7~11月。落果多在花谢后的幼果期(6月下旬),落果率可达24%~41%;果实膨大期在7~8月;果实着色期始于9月上旬,至11月上旬果实成熟。每果含种子多达340粒,种子千粒重3.2 g。

二、栽培技术

（一）选地与整地

育苗地宜选东南向的山脚处或半阳的丘陵地。土壤以疏松、肥沃、透水通气良好的砂壤土为宜。播前深翻土地，每亩施腐熟厩肥或土杂肥 4 000 kg，耙细整平，做宽 1.2 m、高 17 cm 左右的苗床，以待播种。

种植地应选地形起伏不大的缓坡，如坡度较大，应作梯田，以利保水保土。9 月下旬开始整地，全面深翻。

（二）繁殖方法

栀子可用种子、扦插、分株、压条等方法。但生产上常用的是种子繁殖和扦插繁殖。

1. 种子繁殖

（1）采种：选树势健壮、结果多且果实饱满、色泽鲜艳的植株，待充分成熟时采摘作种。

（2）种子处理：果实采后晒至半干再浸入 40℃ 左右的温水中浸泡，待果壳软化后用手揉搓，将籽揉散，捞出沉于水底的饱满种子，晒干贮藏，也可用细砂拌匀覆盖贮藏备播。播种前用 45℃ 温汤浸种 12 h。

（3）播种育苗：春季 3～4 月或秋季 9～10 月进行播种，在整好的苗床上，按行距 15 cm，开深 1 cm 左右的播种沟，将处理后的种子均匀撒入播种沟内，盖火土灰至畦面，再盖上稻草或薄膜，保持土壤湿润。用种量 2～3 kg／亩。出苗后除去薄膜或揭去盖草，进行常规苗期管理。育苗 1 年即可移栽。

2. 扦插繁殖　3 月上旬至 4 月中旬进行，成活率高。从树势健壮的中幼龄树上选择生长健壮、无病虫害的 1～2 年枝条，剪成 10～15 cm 长的插穗，按株行距 10 cm×15 cm，将插穗长度的 2/3 斜插入苗床，成活后加强管理，培育 1 年即可定植。

（三）移栽定植

栀子在秋季寒露至立冬间或春季雨水至惊蛰间进行定植。选择苗干通直、完全木质化、高度在 30 cm 以上，根系发达健壮无病虫害的苗木，按株行距 1 m×1.5 m，450 株／亩定点挖穴，穴径、深均 50 cm，穴内施磷肥和生物有机肥各 0.25 kg 左右与土拌匀，每穴栽苗 1 株，根系尽量带土，主根过长可剪除部分，做到苗正根舒土实，并浇定根水。定植 1 个月内，应定期浇水保苗。

（四）田间管理

1. 中耕除草　栀子栽后当年，生长缓慢，要及时中耕除草，全年中耕 3～4 次，冬季锄草结合根际培土。

2. 追肥　栀子定植后，每年追肥 2 次。第一年春季浇稀熟人畜粪 2～3 次，冬季挖穴埋肥 1 次，施用生物有机肥 50 kg／亩；第二年 4～5 月份追肥 1 次，施用生物有机肥 50 kg／亩，12 月份施用厩肥 1 000～2 000 kg 和生物有机肥 50 kg／亩。随着植株长大，每年可增加磷肥和有机肥的用量。

3. 整形修剪　栀子的整形在定植的第一年进行。当其长到 40 cm 高左右时就要摘心定干，使之发枝。选 3 个生长发育良好、分枝角度大的发枝作主枝，使其成为自然开心形树形。当主枝长到 15 cm 时，再行摘心，培养副主枝和侧枝。树高和冠幅均保持在 1 m 左右。

栀子的修剪，一般在冬季或早春进行。修剪时，先除去主干根颈部的萌蘖和主干、主枝上的萌芽,然后剪去病虫枝、枯枝、交叉枝和徒长枝。对树冠内部生长过密或细弱的枝条,应行疏删,使枝条分布均匀。对 7 月中旬以前抽生的夏梢应进行摘心,促进多抽秋梢。须将定植后的第二、三年的花蕾及时摘除,以减少养分消耗。从第四年起,应加强保花保果工作,以提高产量。

4. 保花保果　栀子在第二至第三年就能开花,应及时把花摘除,减少养分消耗,使树体健壮。第四年起不再摘花,需进行保花保果,开花期用 0.15% 硼砂加 0.2% 磷酸二氢钾喷施叶面,谢花 3/4 时喷洒 50 mg/L 赤霉酸加 0.3% 尿素和 0.2% 磷酸二氢钾混合液,每隔 10~15 日喷 1 次,连续 2 次,可提高坐果率。

(五) 病虫害防治

1. 病害

(1) 褐纹斑病 *Mlcosphear Bliatheae* Hara:主要为害叶片和嫩果。多发生在植株的中下部叶片,从叶尖和叶缘处发生,病斑呈不规则形,褐色或中央淡褐色,有显著同心轮纹,后期病斑上散生小黑点,严重时叶片枯萎脱落。3~11 月份都可发生,特别是当气温在 25℃ 以上,湿度大、通风不良的多年生园地发病重。防治方法:修剪后集中烧毁枯枝病叶,减少越冬病源,发病初期,喷洒 50% 多菌灵 800~1 000 倍液或 1∶2∶100 波尔多液。

(2) 炭疽病 *Colletotrichum gloeosporioides* Penz:主要为害叶片。从叶尖或叶缘上形成不规则形或近圆形褐色病斑,严重时造成枝枯或全株枯死。湿度大时病斑上产生黑色分生孢子小颗粒。以菌丝体潜伏在病叶上越冬。高温、高湿、通风不良的园区发病重,4~10 月均可发生。防治方法:提高植株抗病力,减轻危害;加强栽培管理,冬季做好清园工作,以减少侵染源。发病初期用 1∶2∶200 波尔多液或 50% 多菌灵可湿性粉剂 800 倍液喷施。

(3) 黄化病:黄化病多因铁元素缺乏,发生量大,危害严重。轻则生长迟缓,重则枝条焦梢,甚至死亡。受害初期叶片发黄,后呈现黄白色,尤以新叶表现得最为明显。防治方法:增施生物有机肥,改善土壤性状,提高根系吸收铁元素的能力;增施硫酸亚铁、硼砂、硫酸锌等,或叶面喷施 0.2%~0.3% 硫酸亚铁溶液,每周 1 次,连喷 3 次。

2. 虫害

(1) 栀子卷叶蛾 *Homona magnanima* Diakonoff:幼虫为害枝梢、嫩叶。防治方法:用 90% 敌百虫 1 000 倍喷洒或用杀虫螟杆菌 1∶1∶100 倍液喷雾。

(2) 日本龟蜡蚧 *Ceroplastes japonicus* Green:为害枝梢、叶片及主干。防治方法:用 40% 的乐果乳油 1 000~1 500 倍液喷洒。

(3) 咖啡透翅天蛾 *Cephonodes hylas* L.:幼虫为害树梢、嫩叶和花蕾,通常 1~2 条幼虫即可将整株大部分嫩梢全部吃掉。防治方法:用 20% 杀灭菌酯 EC 1 500~2 000 倍液喷雾。

三、采收、加工与贮藏

栀子的采收期应以果皮由青转黄,即青中透黄、黄中带青时为最佳采收期。以 11 月中旬前后为最佳采收期。采摘后的栀子应及时加工,将刚摘下的鲜果置通风处摊开,防霉变,及时用沸水烫或蒸至半熟后取出晒干或烘干。晒时要日晒夜露,至七成干时,堆沤回潮 2~3 日,再摊开晒干即成,这样可确保果实内外干燥一致,成色佳,品质好;若采用烘干应注意烘干的温度不能过高,一般不超过 60℃,应随时轻轻翻动,火势先大后小,白天烘,晚上回潮,反复数次即成干果。折干率为 (3~3.1)∶1。包装后置阴凉干燥处贮藏。

四、栽培过程的关键环节

科学花果管理,促进保花保果;合理整形修剪,协调树体各部分间平衡。

枸　杞　子

宁夏枸杞 *Lycium barbarum* L.,以干燥成熟果实入药,药材名枸杞子。味甘,性平。归肝、肾经。具滋补肝肾、益精明目之功效。主要化学成分为枸杞多糖、黄酮类、生物碱类、萜类、甾醇等多种化合物。主产于宁夏,内蒙古,新疆也有大量引种。

一、生物学特征

(一) 生态习性

枸杞为长日照植物,需通风透光。宜冷凉气候,耐寒,耐瘠薄,耐盐碱;忌高温,干旱和水涝。喜湿润,土壤含水量宜为 18%～22%。对土壤的质地要求不严,适应性强,但以排水良好、肥沃的中性偏碱富含有机质的壤土为宜。在强盐碱、黏重土壤,或水稻田、沼泽地,不宜种植。

(二) 生长发育特性

枸杞的植株生命年限 30 年以上,可分为 3 个生长龄期。幼龄期:树龄 4 年以内,此期年株高生长量为 20～30 cm,树冠增幅 20～40 cm。壮龄期:树龄 5～20 年,此期植株的营养生长与生殖生长同时进行,为树体扩张及大量结果期。老龄期:株龄 20 年以上,此期生长势逐渐减弱,结果量减少,生产价值降低,一般生产中要进行更新。花期 5～9 月,果期 6～10 月。每年具有两次开花结果的习性,第一次在 5 月上中旬开花,6 月中旬至 8 月上旬结果。第二次在 8 月上、中旬抽生秋梢展叶后,于 9 月上中旬开花结果,10 月上旬果熟,10 月下旬至 11 月上旬植株落叶休眠。

(三) 种质特性

宁夏枸杞有 10 余个品种,如麻叶枸杞、大麻叶枸杞、白条枸杞、麻尖头黄叶枸杞、圆果枸杞、宁夏 1 号枸杞、宁夏 2 号枸杞等。目前生产上以宁夏 1 号枸杞为主,有的老产区用大麻叶品种。

二、栽培技术

(一) 选地与整地

育苗地应选择向阳地,以地势平坦、排灌方便、土壤较肥沃的砂壤土或轻壤土、含盐量 0.2% 以下为好。于冬前深翻 25 cm,结合翻地施充分腐熟厩肥作基肥,并灌好冬水。育苗前,细耙整平,做畦,畦宽 1～1.5 m。

定植地应选择土层深厚的壤土、砂壤土或冲积土,含盐量低于 0.5%,灌溉水源充足。先进行秋耕,第二年春季再平整,按一定株行距开穴,备好基肥以待栽苗。

(二) 繁殖方法

大面积栽培主要采用种子繁殖和扦插繁殖,其次是分株繁殖。

1. **种子繁殖** 以春播为主。3月下旬至4月上旬播种,以行距30 cm开10 cm宽的浅沟,将种子进行条播。每亩用种量300~500 g。播种后适当灌水,保持土壤湿度,促使种子发苗高3~6 cm间苗,以株距12~15 cm定苗。

2. **扦插育苗** 注意选择3~5年树龄、无病无虫、健壮的植株作母树。

(1) 硬枝扦插育苗:春季萌芽前采集树冠中、上部着生的一至二年生的徒长枝和中间枝,直径0.5~0.8 cm,截成15~18 cm长的插条,上端留好饱满芽,用萘乙酸低浓度($1.5×10^{-5}$)浸泡24 h或高浓度($1.0×10^{-4}$)浸泡2~3 h。按行距25~30 cm,株距10 cm放入已挖好的沟中,覆土压实,地上部留1 cm,外露一个饱满芽,再覆一层细土。插后注意除草,保持床土湿润。苗高20 cm以上时,选一健壮枝作主干,将其余萌生的枝条剪除。苗高40 cm以上时剪顶,促发侧枝。次年3月下旬至4月上旬出圃。

(2) 绿枝扦插育苗:5~6月选择无病斑,无虫口、无破伤、壮实,直径在0.3~0.4 cm的春发半木质化嫩茎,截成10 cm长,去除下部1/2的叶片,同时保证上部留有2~3片叶的嫩茎作为插穗,经生根剂处理,按3 cm×10 cm的行株距插入土中3 cm,插后立即浇足水分。

3. **分株繁育(根蘖苗)** 在枸杞树冠下,由不定芽萌发形成的苗,待苗高长至50 cm时,剪顶促发侧枝,当年秋季即可起苗。此苗多带有一段母根,呈"丁"字形。

(三)移栽与定植

秋末落叶后至第二年春季萌芽前进行,以春季3月下旬至4月上旬为宜。按行株距70 cm×70 cm挖穴,将苗圃中幼苗连土挖起,带土移栽。定植时施与土拌匀的腐熟厩肥,再放入苗木并舒展根系,填土踏实,拖入清粪水,盖上松土保墒。

(四)田间管理

1. **中耕除草** 培土开春和秋天要翻地10~15 cm。5~7月每月中耕除草1次。除草时铲除行间过多分蘖苗,同时注意培土。

2. **施肥** 定植后每年施肥2~3次。9月下旬至10月中旬施基肥。将饼肥、腐熟厩肥或枸杞专用肥按株施纯氮0.177 5 kg、纯磷0.120 1 kg,纯钾0.072 9 kg的标准沿树冠外缘开沟施入,覆土略高于地面。4月中旬至6月上旬进行追肥。追施枸杞专用肥,株施纯氮0.059 2 kg、纯磷0.040 0 kg、纯钾0.024 3 kg,方法同基肥。5~7月叶面喷施枸杞专用营养液肥,每月2次。

3. **灌溉** 每年4月下旬至5月上旬正值枸杞树体大量萌芽,需进行灌溉;5~6月生育高峰期,需及时灌水;7~8月采果期是枸杞需水关键期,一般每15日灌水1次;9月上旬灌白露水;11月上旬灌冬水。每次灌水不得漫灌、串灌,低洼地不能积水。

4. **整形修剪**

(1) 对一至四年生苗木整形修剪:采取第一年定干剪顶,即将主干上距根茎30 cm内的萌芽剪除,30 cm以上选留生长不同方向的侧枝3~5条,间距3~5 cm作为骨干枝(第一冠层),视苗木主干粗细及侧枝分布,于株高40~50 cm处定干剪顶。第二、第三年培养基层。5月下旬至7月下旬,剪除主干上的萌条,选留和短截主枝上的中间枝促发结果枝,扩大充实树冠。此期株高1.2 m左右,冠幅1.3 m左右,单株结果枝100条左右。第四年放顶成型。在树冠心部位选留2条生长直立的中间枝,呈对称状,枝距10 cm,于30 cm处短截后分生侧枝,形成上层树冠。同时对树冠下层的结果枝要逐年剪旧留新充实树冠,使树冠骨架稳固,结果层次分明,形成半圆树型。

（2）对五年以生苗木整形修剪：采取巩固充实半圆形树型，冠层结果枝更新，控制冠顶优势，注意树冠的偏冠补正和冠层补空，调整生长与结果的关系。春季修剪于4月下旬至5月上旬，主要是抹芽剪干枝。夏季、秋季，剪除徒长枝，短截中间枝，摘心二次枝。

（五）病虫害防治

1. 病害

（1）黑果病 *Glomerella cingulata* (Stonem.) Spauld et Schrenk：为害枝、叶、花、果。6～9月雨水较多时，发病严重。防治方法：有连续阴雨时，提前喷施50％托布津1 000倍液；发病初期，摘除病叶、病花、病果，再喷洒1次百菌清或绿得保800倍液。

（2）流胶病：病原菌不详。为害植株枝、干皮层。多在夏季发生。防治方法：一旦发现皮层破裂或伤口，立即涂刷石硫合剂。

（3）根腐病 *Fusarium solani* (Mart.) App. et Wr., *F. oxysporum* Schl., *F. concolor* Reinking, *F. moniliforme* Sheldon：为害根颈部或枝干。根朽型多发生在春季；腐烂型多发生在夏季的高温季节。田间积水是增加发病率的重要原因。防治方法：发现病斑立即用灭病威500倍液灌根，同时用三唑酮100倍液涂抹病斑。

2. 虫害

（1）蚜虫 *Aphis* sp.：1年发生19～21代，为害枸杞嫩枝叶，危害期4～10月上旬。防治方法：枸杞展叶、抽枝期使用2.5％扑虱蚜3 500倍液，对树冠喷雾；开花坐果期使用1.5％苦参素1 200倍液树冠喷雾。

（2）木虱 *Bactericera gobica* Loginova：每年3～4代，为害枝、叶。防治方法：成虫出蛰期，使用40％辛硫磷500倍液喷洒园地后浅耙；若虫发生期使用1.5％苦参素1 200倍液树冠喷雾防治。

（3）瘿螨 *Aceria macrodonis* Keifer：为害叶片，使树势衰弱，早期脱果落叶。防治方法：成虫转移期用15％哒螨灵3 500倍液防治。

（4）锈螨 *Aculops lycic* Kuang：又名枸杞刺皮瘿螨。1年发生17代，为害新芽及叶片，被害叶片变厚质脆，呈锈褐色而早落。防治方法：成虫期选用硫磺胶悬剂600～800倍防治。若虫期选用1％阿维菌素2 000～3 000倍夜树冠喷施防治。

（5）红瘿蚊 *Jaapiella* sp.：1年发生6代，为害枸杞幼蕾、子房，造成花蕾和幼果脱落。防治方法：4月中旬羽化期结合灌水，用40％辛硫磷微胶囊500倍液拌毒土，均匀地撒入树冠下及园地后耙地，灌头水土壤封闭。成虫发生期喷洒乐果1 000倍液防治。

（6）负泥虫 *Lema decempunctata* Cebler：为害叶片。防治方法：成虫期选用40％乐果1 000倍液。若虫期用3％乐果粉全园喷粉防治。

三、采收、加工与贮藏

果实膨大后果皮红色、发亮、果蒂松即可采摘。春果：9～10日采1次；夏果：5～6日采1次；秋果：10～12日采1次最为适宜。采用日光晒干或热风烘干。干果分级包装，置于干燥、清洁、阴凉、通风的地方贮藏或采用低温冷藏法，温度控制在5℃以下。

四、栽培过程的关键环节

扦插繁殖时注意选择优良母树；合理灌水；适时整形修剪。

砂　仁

阳春砂 *Amomum villosum* Lour.、绿壳砂 *A. villosum* Lour. var. *xanthioides* T. L. Wu et Senjen 或海南砂 *A. longiligulare* T. L. Wu，以干燥成熟果实入药，药材名为砂仁。味辛，性温。归脾、胃、肾经。具化湿开胃、温脾止泻、理气安胎之功效。主要化学成分为龙脑、乙酸龙脑酯、右旋樟脑、柠檬烯、樟烯等挥发油成分。主要分布于广东、福建、广西和云南等地区。

一、生物学特性

(一) 生态习性

阳春砂适宜生长在温暖、湿润的气候环境。年平均温度在 22～30℃时生长良好，14～19℃时生长缓慢，但可以忍受 0℃的短暂低温，偶尔有短期霜冻仍能越冬生长，无休眠期。冬末春初，月平均气温为 12℃以上时，花芽开始萌动；花期气温要求 22～30℃，22℃以下开花不正常。忌阳光直射。苗期和新栽种植株的荫蔽度以 70％～80％为宜，种植 3 年以上进入开花结果期植株的荫蔽度为 50％～60％。年降水量要求在 1 000 mm 以上，孕蕾期至开花结实期，要求空气相对湿度在 90％以上，土壤含水量达 30％左右时结果率较高。

以土层深厚、疏松、保水保肥力强的壤土和砂壤土种植为好。

(二) 生长发育特性

砂仁实生苗 2～3 年可开花、结果。一年四季有新芽萌发。花期 4～6 月，果期 7～9 月。

(三) 种质特性

阳春砂有 4 个不同类型，即长果 1 号、长果 2 号、圆果 1 号和圆果 2 号。长果 1 号植株较高大，果实长形，早熟；长果 2 号植株高适中，果实长形，迟熟；圆果 1 号植株较矮，果实圆形，早熟；圆果 2 号植株较矮，果实圆形，迟熟。其中以长果 2 号品质较优良。

二、栽培技术

(一) 选地与整地

育苗地应选择排灌方便、荫蔽良好、疏松肥沃、富含腐殖质、保水保肥强的砂质壤土。深翻 25～30 cm，每亩施土杂肥 1 250～1 500 kg 作基肥。播前整平耙细，起畦，畦高 15～20 cm，宽 1 m，长度视地形而定。在苗床上搭设荫棚。

定植地应选择土层深厚、疏松肥沃、保水保肥强、常年有流水，并有阔叶杂木林作荫蔽的山坑或山窝地。除净杂草和砍除不需要做荫蔽树的灌木植物，全垦，深翻 25～30 cm，使土壤风化，种植前打碎耙细，整平。通过砍伐或补种荫蔽树来调整荫蔽度至 70％～80％。

(二) 繁殖方法

用种子繁殖和分株繁殖。

1. 种子繁殖

(1) 选种和种子处理:挑选生长健壮、无病虫害的母株,选出穗大粒多的果穗留种。7 月底至 8 月初采收成熟果实。在温和阳光下连晒 2 日,除去果皮,加入细砂,摩擦种皮至有明显的砂仁香气,用清水漂洗多次,取出种子,放在阴凉处晾干,立即进行秋播。如要春播,则将处理好的种子于湿砂中保存。

(2) 适时播种:播种期分为春播和秋播两种,一般采用秋播。秋播宜于处暑摘果后,白露至秋分时期;春播宜于春分前后。秋播发芽率高。结合赤霉素处理种子可提高出苗率。

(3) 播种方法:条播或点播。条播时,开行距 13~17 cm,深 1~1.5 cm 的沟,每亩播 0.75~1 kg 种子;点播时,按行株距 13 cm×5 cm 播种,每亩播 0.5~0.6 kg 种子。播后盖上一薄层有机肥。有机肥以土杂肥、牛尿糠、鸡屎、草木灰等,混合沤制腐熟而成。

(4) 苗期管理:开始出苗时,苗床的荫蔽度应在 80%~90%,幼苗长至 7~8 片叶后,荫蔽度可降为 70% 左右。经常保持土壤湿润,低凹地注意排水。及时除草。如出苗过密,在苗高 3 cm 左右时,结合除草松土进行间苗,追施稀薄人粪尿。在苗高 15 cm 时定苗,株距 6~12 cm。并培土、施土杂肥,促进分根发芽。苗高 30~45 cm,即可移苗定植。

2. 分株繁殖　选茎秆粗,叶 5~10 片,具有 1~2 条地下茎并带有鲜红色嫩芽的植株作分株苗。在母株地下茎的 12~15 cm 处割断,分出新株,修剪部分长根和叶片,置于阴湿处,避免日晒和折断幼苗。取苗后立即定植。

(三) 移栽与定植

春秋两季都可以移栽定植,但以春季 3~5 月为好。宜选择阴天或小雨天气定植,按行株距 100 cm×100 cm 挖穴,穴中施腐熟畜肥或堆肥作基肥,每穴种植 1 株苗,红芽微露,其余埋入土中,稍加压紧(注意防止损伤幼芽)。晴天种植要浇定根水。

(四) 田间管理

1. 除草　定植后 1~2 年,每年除草 2~3 次;第三年后,每年除草 1~2 次,分别在开花和收果后进行。杂草只能用手拔,不能用锄头除草,以免伤及根茎。

2. 施肥培土　每年施肥 2~3 次。施肥以农家肥为主,适当增施氮肥。开花结实后,结合除草割苗,施磷、钾肥。每年秋季摘果后,在砂仁地上均匀地撒一层含有机质的表土或火烧土。

3. 调整荫蔽度　砂仁属于半阴性植物,不同生长时期要求不同荫蔽度,因此调整荫蔽度是成功栽培的关键。分株繁殖阶段的适宜荫蔽度为 70%~80%,花芽分化期适宜的荫蔽度为 50%~60%。随着荫蔽树的生长,如林间过阴,应适当疏枝,以调节适宜荫蔽度。

4. 人工辅助授粉　砂仁花为虫媒花,在授粉昆虫少的地区,必须进行人工辅助授粉,才能大幅度提高结实率和产量。人工辅助授粉一般采用推拉法。即用拇指和示指(或中指)夹住大唇瓣和雄蕊,并用拇指将雄蕊先往下轻推,然后再往上拉,并将重力放在柱头的头部,一推一拉可将大量花粉塞进柱头上孔。授粉时间一般是上午 8 点至下午 2 点。

5. 衰退苗群更新　砂仁生长多年后出现衰退,此时应让苗群恢复长势。收果后将老、弱、病、枯苗全部清除,施基肥,待新苗长出后追肥。

(五) 病虫害防治

1. 病害

(1) 苗疫病 *Phytophthora nicotianae* P.capsici:为害幼茎及幼叶。防治方法:育苗地应通风

透光;播种前用 20%甲醛消毒苗床;发病初期用 1:1:300 波尔多液喷淋,7～10 日喷 1 次,连喷 2～3 次。

(2) 叶斑病 *Phyllosticata zingiberi* Hori:为害叶片和叶鞘。防治方法:清洁苗床,烧毁病枝;苗床通风透光,降低湿度;多施磷钾肥,增强抗病力;发病初期用 50%多菌灵可湿性粉剂 800 倍液喷洒,每 10 日喷 1 次,直到病情控制为止。

(3) 果腐病 *Phytiphthora* sp.:为害叶片、果实和果序。防治方法:每年收果后清洁种植园;多施磷钾肥,增强抗病力;合理密植,通风透气;发病初期用 1%甲醛喷洒,每 10 日喷 1 次,连喷 2～3 次。

(4) 纹枯病 *Rhizoctonia* sp.:为害叶片。防治方法:增施磷钾肥,适当补充微量元素;清除烧毁病叶;发病初期用 50%多菌灵可湿性粉剂 500 倍液喷洒茎基及叶片。

2. 虫害　钻心虫 *Epinotia leucantha* Meyrick:为害幼苗。防治方法:加强水肥管理,促进植株健壮生长,提高抵抗力;成虫产卵期可用 90%敌百虫原粉 800 倍液喷洒,每隔 5～7 日 1 次,连喷 2～3 次。

三、采收、加工与贮藏

阳春砂仁种植 2～3 年后收获。一般在 8 月中旬至 9 月中旬砂仁果实成熟时采收,采收过早影响品质,过晚遭野鼠危害。阳春砂仁成熟果实有浓烈的辛辣味。采收时用小刀割取果穗,不能用手拉,以防损伤根茎,影响砂仁植株生长。采回果穗后摘下果实及时加工。

传统加工方法是烘焙干燥法。将鲜果摊在竹筛上面,置于炉上用文火焙干。当焙至果皮软(五至六成干)时,趁热喷水 1 次。

在通风、干燥条件下全密闭贮藏。

四、栽培过程中的关键环节

合理调整荫蔽度;保持孕蕾、开花结实期的湿度;及时更新衰退苗群。

第十五章 全草类药材

广 藿 香

广藿香 *Pogostemon cablin* (Blanco) Benth.,以干燥地上部分入药,药材名广藿香。味辛、性微温。归脾、胃、肺经。具芳香化浊、开胃止呕、发表解暑之功效。主要化学成分为广藿香酮、广藿香醇、刺蕊草烯、α-广藿香烯等萜类化合物,也含有黄酮类化合物。原产于菲律宾、马来西亚、印度等国,我国广东、广西、海南等地有栽培。

一、生物学特性

(一)生态习性

广藿香适宜生长于阳光充足、温暖的气候环境,喜湿润,忌干旱,怕积水。以年平均温度 17℃以上为宜,生长最适温度为 22～28℃。适宜年降水量为 1 600～2 000 mm。喜阳光,但苗期不耐强光照,需适度荫蔽。

以排水良好、疏松、土层深厚的微酸性砂质壤土种植为好。

(二)生长发育特性

广藿香在原产地菲律宾常开花,但在印度、马来西亚和我国栽培区则不易开花,即使开花也不结果。国内栽培区广藿香的花期为 4 月,一年四季均有新叶发生。

二、栽培技术

(一)选地与整地

选择土层深厚、质地疏松、排水良好、富含腐殖质的砂壤土、缓坡地或稻田均可。深耕 30～40 cm,使土壤充分风化,施足基肥(农家肥混合过磷酸钙),于扦插前耕翻耙平,做 1 m 宽、30～40 cm 高的畦,畦沟宽 30 cm,畦长视地形而定。

繁殖方法以扦插繁殖为主,也可组织培养繁殖。扦插繁殖是传统的繁殖方法。

1. 扦插繁殖

(1)插穗选择与处理:选择当年生 5 个月以上、茎秆粗壮、节密、无病虫害的枝条作插穗,以髓部白色,折之有响声,断面有汁液流出的枝条为好。将嫩枝顶梢截成 10～15 cm 长、含 3～4 个节的小段,剪去下部叶片,仅留顶端一节的两片叶和心叶。用锋利的剪刀将插穗下端剪成 45°角斜面。

用生长素处理插穗可提高成活率。

（2）扦插时间与方法：可于春秋两季扦插。在苗床上开行距 10 cm 的横沟，沟深 10 cm，将处理好的插穗斜靠在沟壁上，覆土，轻轻压紧，仅留上端 1～2 节露出地面，浇透水，盖 50％的遮阳网。

2. 组织培养繁殖　以叶片为外植体。消毒后切成 2 cm×2 cm 小块，在愈伤组织诱导培养基（MS＋6BA 0.3 mg／L）上培养 30 日后，可形成大量淡绿色的胚性愈伤组织，并很快分化出许多丛芽和长出真叶的小苗。选取高 1～2 cm，有 1～3 对真叶的小苗，转接到生根壮苗培养基（MS＋15％～20％的香蕉汁）中培养，25 日后，植株长到 6～8 cm 高，并长出根时，即可出瓶炼苗。炼苗后移栽到砂质苗床上，浇透水，将苗床盖上塑料薄膜保湿，并用 50％遮阳网遮光。移栽 1 个月后即可定植。

3. 移栽与定植　于春秋两季均可定植，但以春季温暖天气定植为好。起苗时应尽量避免伤根，并多带宿土，以利于种苗快速成活。按行株距 15 cm×15 cm 开穴，每穴栽苗 1 株，扶正，使根系舒展，用细土培根踩实，覆土，浇定根水。盖草或搭棚遮阴。

（二）田间管理

1. 调整荫蔽度　为防止广藿香幼苗受烈日晒伤而枯死，定植初期应在畦面上盖遮阳网，荫蔽度以 50％为宜，高度以方便人工管理为度。也可在广藿香植株的行间先种上丝瓜、冬瓜、苦瓜等藤本植物，利用瓜棚为广藿香的幼苗遮阴。

2. 灌溉排水　广藿香既怕干又怕涝。在整个生长期都要注意经常浇水，保持土壤湿润。如遇久旱不雨，可在傍晚时分引水灌溉，将水引入畦沟，水深达畦高的 1／2～2／3 为度，在第二日早晨排干。严防积水，在雨季或遇大雨，要注意排水，以免涝害。

3. 施肥　一般每隔 1～2 个月施肥 1 次。第一次施肥是在定植后 1 个月，植株有新芽、新叶长出时；最后一次施肥是在收获前 1 个月。施肥掌握先淡后浓、勤施薄施的原则。肥料以氮肥为主。第一次施肥以稀薄的人畜粪尿水即可。干旱季节应多施水肥，可每亩用尿素 3.5 kg 稀释成 1 000 倍后喷施。也可施厩肥和堆肥。

4. 除草培土　定植后半个月可进行第一次除草，以后每月除草 1 次。除草后要及时培土，培土可防止广藿香植株被风刮倒，提高农家肥的利用，使植株健壮生长。

5. 防霜冻　有霜冻地区，对需要过冬的植株，需盖草或搭棚防霜，或盖塑料薄膜以保暖防寒。

（三）病虫害防治

1. 病害

（1）根腐病 *Fusarium oxysporum* Schl. var. *emend* Sngderet Hansen：为害根、茎。一般在 4～5 月开始发病，7～8 月为发病盛期，8 月以后逐渐减少。发病植株根部腐烂，植株死亡。防治方法：参阅川芎根腐病防治。

（2）斑枯病 *Ascochyta plantaginis* Sacc et Speg：主要为害叶片。一般在 6 月中旬开始发病，7～8 月为发病盛期。防治方法：防止积水，及时排涝，改善通风透光条件；发病初期可用 1∶1∶100～140 倍波尔多液或 50％多菌灵 500 倍液喷洒。每 7～10 日喷 1 次，连喷 2～3 次。

2. 虫害

（1）蚜虫 *Delphiniobium yezoense* Miyazaki：主要为害叶片和嫩枝。一般在 3 月底 4 月初开始发生。防治方法：用 40％乐果乳剂 800～1 000 倍液喷洒，每 7～10 日喷 1 次，连喷 2～3 次。

（2）红蜘蛛 *Breipalpus* sp.：为害叶片。7、8月高温干旱时为害严重。防治方法：清园,种植前将病株残体处理干净。可用40%乐果乳剂800～1 000倍液喷杀。

（3）小地老虎 *Agrotss ypsilon* Rottemberg：为害根茎。以4～5月对幼苗为害最严重。防治方法：参阅人参地老虎防治。

三、采收、加工与贮藏

广藿香以全草入药,应在枝叶旺盛生长期采收。花序刚抽出时采收的广藿香质量最佳。因各地气候、栽培习惯和轮作方法不同,采收的时间有差异,有当年11～12月采收,有翌年4～5月或7～8月采收的。采收时宜选择晴天,叶面露水干后,把植株全株挖起或拔起,去净根上泥土。也可以留下宿根分期收割。

广藿香收获后,及时摊晒数小时,使叶片稍呈皱缩状态,收回捆扎成把(每把7.5～10 kg),然后分层交错堆放。第二日再摊开日晒,然后再堆闷一夜,再日晒。如此反复进行,直至全干。

成品置阴凉干燥处贮藏,注意防止香气散失、防潮、防虫、防霉变。

四、栽培过程的关键环节

适时调整荫蔽度;保湿防涝。

细　　辛

北细辛 *Asarum heterotropoides* Fr. Schmidt var. *mandshuricum*（Maxim.）Kitag.、汉城细辛 *A. sieboldii* Miq. var. *seoulense* Nakai 或华细辛 *A. sieboldii* Miq.,以干燥根和根茎入药,药材名细辛。味辛,性温,有小毒。归心、肺、肾经。具有发表散寒、温肺化饮、宣通鼻窍等功效。主要化学成分为挥发油,主含甲基丁香酚,另含黄樟醚、α-蒎烯、β-蒎烯、细辛醚、榄香素等。主要分布于辽宁、吉林、黑龙江等地。

一、生物学特性

（一）生态习性

北细辛属阴生植物,喜湿润、喜肥、喜阴、怕强光。根系虽然发达,但是由于上土层中营养物质丰富,根多数不向下深扎,而形成了浅根系植物,吸水力较弱,因此不耐干旱,但却很耐严寒。根系生长发育最适宜温度为20～25℃。

对土壤要求较为严格,喜土层深厚、有机质丰富的腐殖土,特别是林下地,土壤pH 6.5～7为佳,土壤含水量为40%～60%,这样的土壤湿润肥沃疏松,通气性好,保肥性能好。

（二）生长发育特性

北细辛从播种到新种子形成需5～7年时间,以后年年开花结果。6～7月播种后,8月中旬长出胚根,10月下旬胚根长约8 cm,生有1～3条支根,当年胚芽不萌发出土,以幼根在土壤中越冬,第二至四年只长出一片真叶,第五年以后,多数为两片真叶,并开始开花结实。每年4月下旬出苗,花期 5 月中下旬,果期 5～6 月中下旬,9 月下旬地上部分枯萎,随之进入休眠。

二、栽培技术

(一)选地与整地

适宜山区栽培。林下栽培选择地势不超过 20°的坡地,坡向以背阴坡或东、西向的山坡为宜。植被以针阔混交林或阔叶林幼林为佳。农田栽培选择土质疏松肥沃,并具备排灌条件的砂质壤土。要求腐殖土层稍厚,土质疏松,透气性好,排水良好。

林下栽培先要清林、翻地、清除树根、平整土地。顺坡向做畦,畦高 15～25 cm,畦面宽 1.0 m,畦长视地势而定。

农田栽培地深翻后,施腐熟农家肥 2 000～3 000 kg/亩,做畦,畦规格同上。

利用旧参地栽培北细辛经过实践证明切实可行,旧参地栽培北细辛时要深翻,根据土壤的肥力情况适当增施底肥,并搭设遮阴设施。旧参地也可以用于育苗,畦的规格同上。

(二)繁殖方法

主要采用种子繁殖。也可用根茎分段繁殖,但生产上少用。

1. 制种 单独制种时要模仿野生环境条件,减少松土、施肥、浇水、除草等一系列环节的次数或量,让一部分种苗自然淘汰,使其适者生存,以获得抗性好的良种。另外,要增大株行距,并适当疏去末花期的花。种子成熟时每隔 2～3 日采收 1 次,采收 3～4 次。留种田可连续收种子 6～8 年。

2. 播种 分为种子直播和育苗移栽两种方式。

(1)种子直播:种子采收后应立即趁鲜播种。如果种子采收之后不能立即播种,必须及时拌入种量 3 倍体积的干净潮湿细砂,置于排水良好的阴凉处,防止积水,上盖遮阴物,播种时取出即播。7 月下旬之前必须将种子播完,否则胚根过长,易折断,影响出苗率。

可采用条播、穴播、撒播方法,但主要用条播。方法是在畦面上按行距 10 cm 横开沟,沟深 2～3 cm,将种子均匀撒入沟中,每行播种 120～140 粒,覆土 1.5～2 cm,稍镇压,再盖上一层枯叶或草帘等物。每 10 m² 用种 0.15 kg。

(2)育苗移栽:先播种育苗,种子间距为 1 cm。方法同上。第三年秋天起苗移栽。

(三)移栽与定植

细辛播种后生长 2～3 年可进行移栽。春栽在 4 月中、下旬,秋栽在 9 月下旬至 10 月中旬。栽前施足基肥,将床面整平。移栽以单行为主,挖全根系小苗,随挖随栽。按行距 15～20 cm 开沟,株距 5～7 cm,摆入移栽苗,覆土厚度以盖过根系 2～3 cm 即可。然后在行间盖一层树叶。

(四)田间管理

1. 松土与除草 当年幼苗仅 2 片子叶,而各类杂草生长较快,一定要及时除草。结合除草适当松土,每年进行 3～4 次,既不要伤芽,又不要损伤根系。

2. 追肥与覆盖 土壤结冻前在畦面上盖一层腐熟的过筛厩肥,厚度 1.5～2 cm,起到防寒、保水的作用。播种 3～4 年的北细辛多数是 1 片真叶,4 年生有少数开花。为了培育壮苗和加速幼苗生长,5 月下旬和 8 月上、中旬各追肥 1 次,第一次追肥每亩用复合肥 20～25 kg,第二次追肥以磷、钾肥为主,每亩用 15～20 kg,或进行叶面喷肥。

3. 调节透光度 保持透光度在 40%～55%。旧参地、农田栽植的北细辛遮光主要是搭设遮阳棚,或者适当稀植阔叶高秆农作物,如玉米、高粱等。林地若透光度太小,应对树枝进行修剪;透光度过大,则采取适当遮光措施。

另外,北细辛属于多年生植株,每年开花结实影响产量,因此除留种地块,在早春摘去花蕾。

(五) 病虫害防治

1. 病害

(1) 菌核病 Sclerotinia asari Wu et. C. R. Wang.:为主要病害,对根的危害最重,茎、叶次之。发病初期叶片变成淡黄绿色,后期萎蔫,病斑呈褐色或粉红色,后期出现黑色颗粒,此时根系已腐烂。防治方法:发病初期将病株及时挖出集中烧毁,病穴用5%石灰水消毒,或者用50%的多菌灵1 000倍液加50%代森锌800倍液喷雾,根部灌注均可,7日1次,连续3次。

(2) 疫病 Phytophthora cactorum (Leb. et Cohn) Schirt.:为害叶片。防治方法:雨季之前喷洒1∶1∶120波尔多液;及早拔除发病的植株,病穴处用5%石灰水消毒。

2. 虫害

(1) 凤蝶 Luehdrrfia chinensss Leech:幼虫咬食叶片,多数在6月中下旬发生,一年发生一代。防治方法:用生物农药杀虫剂或80%敌百虫1 000倍液,40%乐果1 200~1 500倍液等,必要时间隔7~10日再次喷杀。

(2) 小地老虎 Agrotid ypsilon Rottemberg:咬食北细辛芽苞,截断叶柄及根茎而造成危害。防治方法:参阅人参地老虎防治。

三、采收、加工与贮藏

北细辛从幼苗到采收需要5~6年。在9月下旬植株枯萎前,挖出全根系,除净泥土,晾晒。晾晒时不宜堆放过厚,每日翻动1~2次,全草晒至五六成干时扎成小把,并稍堆压,使之平整,再阴干。

干燥的细辛分级后密封包装。贮藏时要防止因吸潮发生霉变。避免阳光直射,防止挥发油散失。

四、栽培过程的关键环节

实行科学配方施肥;适时调节荫蔽度。

穿　心　莲

穿心莲 Andrographis paniculata (Burm. f.) Nees,以干燥地上部分入药,药材名为穿心莲。味苦,性寒。归心、肺、大肠、膀胱经。具有清热解毒、凉血、消肿之功效。全草主要化学成分有穿心莲内酯、新穿心莲内酯和14-去氧穿心莲酯等,还有香荆芥酚等。主要分布于福建、广东、广西、海南、云南等地。

一、生物学特性

(一) 生长习性

穿心莲多产于炎热潮湿、雨量充沛、日照时间长、温暖湿润的地区,适合在我国长江以南地区栽培。最适生长温度25～30℃,空气相对湿度70％～80％,土壤含水量在25％～30％有利于生长。

穿心莲栽培以肥沃、疏松、排水良好、pH 5.6～7.4的微酸性或中性砂壤土或壤土较好,pH为8.0的碱性土仍能正常生长。在贫瘠的砂质土上的植株生长缓慢,叶色发黄。在黏质土地上的植株较易染病。

(二) 生长发育特性

我国栽培的穿心莲为一年生草本,一般在清明前后播种,出苗的快慢主要取决于当地的气温和土壤温度。幼苗生长缓慢,出苗后,经30日以上才长出第三对真叶,6～8月,进入快速生长期。花期常常因栽培地气候及育苗早晚不同而异,广东、福建等地栽培的穿心莲一般在8月中下旬现蕾,9月中下旬开花,10月下旬果实成熟。

二、栽培技术

(一) 选地与整地

育苗地应选土层深厚、质地疏松、排水良好的壤土或砂壤土,且上茬未种过穿心莲的地块。整地前施足基肥,深翻25～30 cm,整地时进行土壤消毒,并于播前将土块打碎耙平,开沟做1.3 m宽的高畦,准备播种。

栽植地宜选择阳光充足、肥沃疏松、排灌方便的山地或平地。不宜在荫蔽和低洼渍水地种植。整地时宜深翻土壤,同时施入腐熟的有机肥作基肥,每亩施2 000～3 000 kg。然后耙平,做100～120 cm宽、15～20 cm高的畦,开好排水沟,以便排灌。

(二) 繁殖方法

以种子繁殖为主,亦可扦插繁殖。

1. **种子繁殖** 有以育苗移栽法为主,也有直播法。

(1) 育苗移栽:清明前后播种。选择优良的种子,播前用45℃左右的温水浸种1～2日,或用细沙拌种,擦伤种皮。种子处理后,可与草木灰拌匀,撒播于苗床上。播后,盖一层细土或火土灰约3 mm。随即用喷雾器淋水,使表土湿润。然后盖上地膜,以保温保湿。

(2) 直播:播种期与气候条件有关。北方地区以5月中旬为宜,江浙一带不宜早于4月中、下旬,四川于4月中旬至5月上旬。播种方法采用穴播或条播。穴播按株行距各26～33 cm开浅穴,覆土厚度以不见种子为宜,播后浇水,每亩播种量0.25 kg。条播按行距17 cm开1 cm深沟播种,播后浇水,覆土,盖草保摘。

2. **扦插繁殖** 选择排水良好、疏松肥沃的壤土或砂壤土作为苗床,将穿心莲枝条剪成约10 cm长的小段,除去下部叶片,按行株距7 cm×15 cm斜插入苗床,必须有1个以上的节埋入土中。插后保持土壤湿润,8日左右生根,15日左右即可移栽。

(三) 移栽与定植

当苗高6～7 cm,具4～5对真叶时可进行移栽与定植。移栽前先把苗圃土壤浇透,选取健壮的植株带土移栽。定植行株距为20 cm×20 cm或25 cm×20 cm均可,每穴栽苗1～2株。

(四) 田间管理

1. **灌溉排水** 移栽后田间管理的重点是保持畦面湿润,移栽后如无雨,每日浇1～2次水;缓苗后,需保持畦面湿润,3～5日浇1次水。封垄后,不需要经常浇水。4～6月雨水多,应注意及时排水。

2. **追肥**　穿心莲生长需要大量的氮肥,必须适时追肥。一般需要追肥 3 次。第一次是缓苗后,每亩追施尿素 10 kg 或稀薄的人粪尿 3 000 kg;第二次是在第一次追肥后 20 日左右,每亩追施硫酸铵 15～20 kg 或尿素 10 kg;第三次在封垄后,结合灌水,进行施肥。

3. **中耕除草**　穿心莲移栽定植后到封垄前,杂草较多,需中耕除草 3～4 次,中耕宜浅,以 2 cm 深为宜,以免伤根。

4. **培土**　当株高 30～40 cm 时,结合中耕适当培土,促进不定根生长,增强吸收水肥能力。

5. **摘顶芽**　栽培地,当苗高 15～20 cm 时,摘除顶芽,促进侧芽萌发,枝叶增多,有利于提高产量。

(五) 病虫害防治

1. 病害

(1) 立枯病 *Rhizoctonia solani* KÜhn:为害苗茎基部,4～5 月育苗期为多发时期。防治方法:降低土壤湿度;用福美双或 50％多菌灵等混土或淋浇土壤、浸种或浇灌病区。发现病苗时,应及时拔除,用 5％石灰乳消毒,或 50％托布津可湿性粉剂 1 000 倍液喷雾,或用 69％安克锰锌 1 000 倍液或 20％利克菌 1 200 倍液喷洒。

(2) 黑茎病 *Fusarium solani* (Mart.) App. et Wollenw:多发生在 7～8 月高温多雨季节,在接近地面的茎部长出长条状黑斑,并向上下扩展,使茎秆抽生细瘦,叶色黄绿,叶片下垂,边缘向内卷。防治方法:加强田间管理,增施磷钾肥,及时排除积水,防止田间湿度过高。播种前用苯菌灵、甲基托布津等药剂进行土壤消毒。发现病苗时,应及时拔除,发病期用 50％多菌灵 1 000 倍液喷雾或浇灌病区,或用 1∶1∶120 的波尔多液喷洒。

2. 虫害

(1) 蝼蛄 *Gryllotalpa orientalis* Burmeister:主要为害幼苗,在土下咬食刚播下或萌发的种子,或咬断幼苗的细根嫩茎。被害植株往往发育不良或枯萎死亡。此外,因其在苗床土内钻成纵横交错的隧道,伤害根部,也会造成死苗,严重时造成缺苗断垄。防治方法:在前茬收获后及时深耕,以减少虫源;早春时挖窝灭虫,夏季挖卵室,杀死虫卵和雌虫;于田间可设置黑光灯、马灯或电灯诱杀成虫。发生期用 90％晶体敌百虫 1 000 倍或 50％E605 乳油 1 000 倍液或 75％辛硫磷乳油 700 倍液浇灌等。

(2) 斜纹夜蛾 *Prodenia litura* Fabricius:7～9 月为害叶片。防治方法:及时清除杂草落叶,以减少虫源,及时摘除卵块和初孵幼虫。对斜纹夜蛾的幼虫,可用 90％晶体敌百虫 1 000 倍液喷雾或用 50％辛硫磷乳油 1 000 倍液或用 20％杀灭菊酯乳油 3 000～4 000 倍液喷雾。

此外,还有棉铃虫、疫病、枯萎病等病虫害。

三、采收、加工与贮藏

穿心莲于栽种的当年采收,以现蕾期至始花期采收较好,最迟不能迟于果期。采收时,齐地割去地上部分,晒干即可。药材打捆后宜贮藏于通风干燥处。

四、栽培过程的关键环节

适时追肥;及时摘顶。

薄　荷

薄荷 *Mentha haplocalyx* Briq.，以干燥地上部分入药，药材名为薄荷。味辛，性凉。归肺、肝经。具疏散风热、清利头目、利咽、透疹、疏肝行气之功效。主要化学成分为挥发油，如左旋薄荷醇、左旋薄荷酮、异薄荷酮等，还含薄荷异黄酮苷、氨基酸等。其加工品薄荷油、薄荷脑是医药、食品、香料、化妆品等工业的重要原料。主产于江苏、安徽，称为苏薄荷，尤以江苏南通、苏州出者为佳。江西、河南、四川、云南也有栽培。

一、生物学特性

（一）生态习性

薄荷对环境条件的适应性较强，在海拔 2 100 m 以下地区均可生长，但以低海拔（300～1 000 m）栽培的精油和薄荷脑含量较高。喜温暖湿润环境，生长适宜温度为 20～30℃，气温降到 4℃ 以下时，茎叶枯萎。生长期间阳光充足有利于薄荷油和薄荷脑的积累，光照不足对植株生长不利。植株生长初期和中期要求水分较多，现蕾开花期则需要晴天和干燥的环境条件。

（二）生长发育特性

薄荷地下部分包括根茎和根。根茎发生于薄荷的茎基部，在 8～10℃ 时，其节上又会萌发生苗。苗生长到一定阶段，又长出新的根茎。在适宜环境条件下，根茎一年四季均可发芽，长成植株。根茎入土浅，大部分集中在土壤表层 15 cm 左右的范围内。根茎和茎的节上还生有须根和气生根。须根集中分布在 15～20 cm 的土层内，为薄荷吸收水分和养分的主要器官。

薄荷茎有直立茎和匍匐茎。直立茎上的腋芽萌发成分枝。而茎基部节上的芽，能萌发成沿地面横向生长的匍匐茎。当头茬或二茬薄荷收割后，茎节或匍匐茎上的芽，均可萌发成新苗，并向上发生分枝。薄荷叶片上的油腺分布于上、下表皮，以下表皮为多，是贮藏挥发油的场所。

（三）种质特性

在长期栽培过程中，已培育出 60 多个品种在生产上应用。目前江苏、安徽主产区采用的品种主要为 73-8、上海 39 号（亚洲 39）、阜油 1 号。

1. 73-8　　该品种为青茎高产品种，其生长旺盛，抗逆性强，叶片油腺密度大，原油产量较高，品质较好，香味好，薄荷脑含量为 80%～87%，已在薄荷产区大量推广栽培。

2. 上海 39 号　　该品种为紫茎类型，生长旺盛，头茬株高 90～120 cm，二茬株高 70～80 cm，分枝多，抗逆性、适应性强，鲜草产量高，出油率高，原油品质好，香气纯正，薄荷脑含量 81%～87%。

3. 阜油 1 号　　该品系是用上海 39 号地下茎经 ^{60}Co 射线处理所选育出来的，属于青茎类型。该品系生长健壮、抗倒伏、抗逆性强，具早熟性。原油质量好，香味纯正，薄荷脑含量 82%～88%。

二、栽培技术

（一）选地与整地

对土壤的要求不严，但以疏松肥沃、排水良好的微酸性砂质壤土种植为好，忌黏土及低洼地，

pH 以 5.5~6.5 较适宜。在种植前结合翻地,每亩施厩肥 2 000~3 000 kg,过磷酸钙 15 kg 作基肥,耕深 20~25 cm,耙细整平做宽 1.2~1.5 m 高畦或平畦。

(二) 繁殖与定植

主要采用根茎繁殖,也可种子繁殖、扦插繁殖、分枝繁殖。

11 月至翌年 3 月均可繁殖,选择节间短、色白、粗壮、无病虫害的根茎作种,随挖随种。按行距 25 cm 开条沟,沟深 6~10 cm,将切成 6~10 cm 长的种根茎小段栽于条沟内,密度以根茎首尾相接为好。下种后随即覆土,耙平压实。每亩用种量 50~150 kg。

(三) 田间管理

1. 中耕除草　第一次除草,在定植成活后进行,中耕宜浅,不宜深锄,避免伤根;第二次于 6 月上旬植株封行前进行,也只能浅锄表土;第三次于 7 月第一次收割薄荷后,锄净杂草,并铲除老根,以促新苗萌发;第四次于 9 月,拔除杂草,不必中耕;第五次于 10~11 月第二次收割后再进行 1 次中耕除草,并结合清洁田园,将枯枝病残叶集中烧毁,堆沤作肥。

2. 追肥　在每次中耕除草后进行。生长前期,以氮肥为主,同时辅以磷钾肥,可促茎叶生长旺盛。

3. 灌溉排水　7~8 月高温干燥及伏旱天气,要及时浇水抗旱保苗。另外每次收割后,应及时浇水湿润土壤,以利于新苗萌发。在梅雨季节及大雨过后,要及时疏沟排水,田间不能积水。

4. 打顶摘心　在 5 月选晴天摘去苗株的顶芽,可促其多分枝。分株繁殖的幼苗生长较慢,而且密度较稀,通过打顶可促进侧枝生长。

(四) 病虫害防治

1. 病害

(1) 锈病 *Puccinia menthae* Pers.：为害茎叶。严重时,叶片枯死脱落。防治方法：及时排除田间积水,降低湿度;发病初期喷 25% 粉锈宁 1 000 倍液防治。

(2) 白星病 *Septoria menthicola* Sacc. et Let.：又名斑枯病,5~10 月发生。严重时叶片枯死脱落。防治方法：发现病叶及时摘除;发病初期喷 50% 多菌灵 1 000 倍液,或者与 1∶1∶200 波尔多液交替喷治。在收获前 20 日停止喷药。

2. 虫害

(1) 小地老虎 *Agrotis ypsilon* Rottemberg：春季幼虫咬食幼苗,导致缺苗。防治方法：参阅人参地老虎防治。

(2) 银纹夜蛾 *Plusia agnata* Staudinger：为害叶片,吸取汁液,导致叶片发黄。防治方法：人工捕杀或用 90% 敌百虫 1 000~1 500 倍液喷洒。

三、采收、加工与贮藏

薄荷在江苏和浙江地区,每年收获 2 次;在华北地区每年采收 1~2 次;四川则可收 2~4 次。江苏、浙江一带第一次收割于 7 月中下旬选晴天上午在离地面 2~3 cm 处割取,第二次在 10 月选晴天近地面收割。

把收割的薄荷摊晒 2 日,注意翻晒,稍干后将其扎成小把,扎时茎要对齐,然后铡去叶下 3~5 cm 的无叶梗子,再晒干或阴干。薄荷茎叶晒至半干,即可分批放入蒸馏锅内蒸馏,得挥发油即为薄荷油。

将薄荷药材在28℃以下,空气相对湿度65％～70的阴凉干燥处贮藏。防止受潮、霉变、虫蛀、鼠害。不应与其他有毒、有害、易串味物质混装。薄荷干药材贮藏期间挥发油会发生较大变化,因此薄荷药材不宜久存。

四、栽培过程的关键环节

薄荷品种间原油质量、含薄荷脑量及抗逆能力差异较大,因此优良品系的选择是生产的关键;同时科学配方施肥以提高产量,适时采收以保证品质。

第十六章　菌类药材

灵　芝

赤芝 *Ganoderma lucidum*（Leyss. ex Fr.）Karst.或紫芝 *G. sinense* Zhao，Xu et Zhang，以干燥子实体入药，药材名灵芝。味甘、苦涩，性温平。归肾、肝、心、肺、脾五经。具有补气安神、止咳平喘等功效。主要化学成分有灵芝多糖、灵芝酸、内酯、麦角甾醇、灵芝碱、三萜类等。分布于山东、吉林、河北、山西、陕西、安徽、江苏、湖北、浙江、福建等地区。

一、生物学特性

（一）生态习性

灵芝常生于散射光的阔叶林中，尤以稀疏林地上的阔叶树桩、腐朽木及立木上较多。属于高温型腐生真菌，其营养以碳水化合物和含氮化合物为基础，碳氮比为 22∶1。孢子萌发及菌丝生长阶段在黑暗或微弱光照下进行，菌丝体在 24～28℃生长迅速；子实体分化和发育需要散射光，以温度 24～28℃，空气相对湿度为 85％～90％最适宜。喜偏酸性环境，以 pH 5～6 最为适宜。

（二）生长发育特性

灵芝的担孢子在适宜条件下萌发成芽管，经过质配、核配、减数分裂亲和过程，形成单核菌丝（初生菌丝）；两个单核菌丝经过锁状联合，形成双核菌丝（次生菌丝）；双核菌丝生长到一定阶段，形成子实体原基，进而形成子实体；当生理成熟后，从菌盖下的子实层菌管中散发出担孢子，又开始新的发育周期。

二、栽培技术

灵芝栽培分菌种培养和子实体栽培两个阶段。

（一）菌种制备和培养

灵芝菌种培养包括纯菌种的分离与母种培养、原种及栽培种生产。各级菌种的培养或生产均包括培养基的制备、灭菌、消毒、接种、培养及保存等环节；所用器具均需消毒，并在无菌条件下操作。

1. **灵芝菌种的分离与母种培养**　采用组织分离法或孢子分离法得到原始菌种，再接种到培养基上培养得到母种（一级种）。培养基的配方及制备：马铃薯 200 g，葡萄糖 20 g，琼脂 20 g，磷酸二氢钾 3 g,硫酸镁 1.5 g,维生素 B₁₂ 20 mg,水 1 000 ml。配制好的培养基,分别装入试管,灭菌,取出并摆成斜面,冷却后即为试管斜面培养基。

(1) 组织分离法:选菌蕾大、未木栓化的灵芝子实体,用 75％乙醇进行表面消毒,在无菌条件下,取菌盖及近菌柄处菌管上方的组织,再切成多个 3～5 mm 的小块,取 1 块放在试管斜面培养基上。在温度 25～28℃下避光培养 3～4 日,当小块组织的周围有白色菌丝长出时,挑选纯白无杂的菌丝转接到新的斜面培养基上,继续培养 5 日左右,即为灵芝母种。

(2) 孢子分离法:选生长良好并已开始释放孢子的灵芝子实体,消毒备用。在无菌条件下,收集孢子,取孢子接种在培养基上。经过培养可获得一层薄薄的菌苔状的菌丝,挑取白色无杂的菌丝接种到新的斜面培养基上,继续培养,得到灵芝母种。

2. 原种或栽培种的培养 将母种接种到培养料上,扩大培养成原种(二级种),由原种再扩大培养为栽培种(三级种)。培养料配方及制备:① 木屑 78％,麸皮 20％,石膏 1％,黄豆粉 1％。② 棉籽壳 80％,麸皮 16％,蔗糖 1％,生石灰 3％。③ 麦粒 99％,石膏 1％。按配方每 100 kg 干料加水 140～160 kg,将料拌匀,装入菌种瓶内,至瓶高的 2/3 处,中间打一孔至近瓶底,封口,灭菌,冷却后备用。

在无菌条件下接种,1 支试管母种接 5 瓶原种,1 瓶原种再扩大为 50～60 瓶栽培种。接种后放入培养室,25～30 日后菌丝长满瓶,可用做接种栽培。

(二) 栽培

灵芝栽培有袋栽法、段木栽培法和瓶栽法等。

1. 袋栽法

(1) 培养料配方:见"原种或栽培种的培养料配方"中①、②。

(2) 装袋与接种:常选用厚约 0.04 mm 的聚氯乙烯或聚丙烯塑料袋,常见规格为长 36 cm,宽18 cm。将配好的培养料装至离袋口约 8 cm,装料量合干料约 500 g,料要装实,袋口扎紧,灭菌。在无菌条件下进行接种,菌种与培养料要接触紧密,把袋口及时扎好。

(3) 菌丝培养:把接种好的菌袋放在温度 24～28℃条件下避光培养,注意通风降温。

(4) 出芝管理:菌丝生长到 30 日左右,其表面会形成白色疙瘩或突起物,即子实体原基,又称芝蕾或菌蕾。这时要解开袋口,使芝蕾向外延长形成菌柄,约 15 日菌柄上长出菌盖,30～50 日后成熟,菌盖开始散出孢子,可以采收。

子实体培养也可以埋于土中进行,称室外栽培、露地栽培、埋土栽培或脱袋栽培。挖宽 80～100 cm、深 40 cm 的菌床,长度视地块条件和培养量而定。将培养好菌丝的菌袋脱去塑料袋,竖放在菌床上,间距 6 cm 左右,覆盖富含腐殖质细土 1 cm 厚,浇足水分。床上搭建塑料棚并遮阴,避免直射光,保持温度在 22～28℃,空气新鲜,空气相对湿度 85％～95％。10 日后床面出现子实体原基,再经 25 日后陆续成熟,可以采收。

2. 段木培养法

(1) 选料与制料:选用直径 8～20 cm 的板栗、楸、柳、杨、刺槐、枫等阔叶树作段木,锯成长为15～20 cm 的段木。

(2) 装袋灭菌与接种:将段木装入塑料袋内,袋口扎紧,灭菌。无菌条件下进行打孔接种或段面接种。在段木上打孔,直径 1～1.2 cm,深度 1 cm,行距约 5 cm,每行 2～3 孔,呈品字形错开排列。打孔后,立即接种,盖上木塞或树皮。段面接种需要一个袋中两段木料,将菌种均匀地涂在两段木间及上方段木表面,袋口塞一团无菌棉花,扎紧。

（3）菌丝培养：将接好种的段木菌袋放在通风干燥处培养,温度控制在22～25℃。

（4）选地埋土：选择土质疏松偏酸性、排灌方便的地方作培养场地,翻土25 cm,暴晒后做畦。畦宽1.5～1.8 m,畦长以实际而定。畦上搭建塑料棚,覆盖草帘子,要求能保温、保湿、通气、遮阴。将段木接种端朝下立于沟中,间距6 cm左右,覆土1～2 cm。埋好后喷水1次。若天气干旱可喷水湿润土壤,遇雨天要注意排水,避免积水。

（5）出芝管理：控制棚内温度在24～28℃,空气相对湿度85％～90％。通过喷水、通气、遮阴、保温等措施,埋土后10～15日可出现芝蕾,芝体不再增大即可采收,从芝体出现到采收约40日,可连续采收2～3年。

3. **瓶栽法**　瓶栽灵芝是最早应用的栽培方式,便于灵芝孢子粉采集。

（1）培养料的配方与制作：① 木屑78％,麸皮20％,蔗糖1％,石膏1％。② 木屑36％,棉籽壳36％,麸皮或米糠26％,蔗糖1％,石膏1％。任选一配方,先将木屑与麸皮等拌匀,再将石膏、蔗糖溶于水后拌入料中,料水比例约为1∶1.5,培养料含水量约为65％。

（2）装瓶灭菌与接种：装瓶要松紧适度,培养料至装瓶口齐肩处。封口,灭菌,接种。

（3）菌丝培养：置温度25℃条件下避光培养,20日后菌丝可布满料面,并向料内深入发展。30日左右,子实体原基即可形成。

（4）出芝管理：当菌蕾形成后,要及时揭盖,将菌瓶移入栽培室进行管理。此时要注意创造适合灵芝生长的温度、湿度、通风、光照等环境条件。室内温度控制在25～28℃的范围内,空气相对湿度90％～95％,每天向空中喷雾状水4～5次,保持地面湿润状态。切忌将水直接喷到子实体上或瓶内,以免诱发杂菌,导致菌体霉烂。

（5）孢子粉收集：子实体生长后期,进入孢子释放阶段,要适时套袋。套袋最佳时间应选择子实体的白色边缘完全消失后。用纸制袋,从上往下套,套到菌瓶肩部,用皮筋扎紧,防孢子粉向外飞散,成熟一个套一个。栽培室应控制在最佳温度24℃,空气相对湿度保持在85％左右,加强通风,保持室内空气新鲜。从套袋到孢子粉的采收大约为20日。收集时,要先取下纸袋,用毛刷将瓶肩及纸袋内的孢子粉轻轻刷入器皿内,然后再将子实体割下。

（三）田间管理

1. **光照控制**　光线控制应为前阴后阳,前期光照度低有利于菌丝的恢复和子实体的形成,后期应提高光照度,有利于菌盖的增厚和干物质的积累。

2. **温度控制**　灵芝子实体形成为恒温结实型,最适范围为26～28℃,当菌柄生长到一定程度后,温度、湿度、光照度适宜时,即可分化菌盖。

3. **湿度调控**　从菌蕾发生到菌盖分化未成熟前的过程中,要经常保持空气相对湿度在85％～95％,以促进菌蕾表面细胞分化。

4. **氧浓度的调控**　灵芝子实体的生长需要充足的氧气。在良好的通气条件下,可形成正常肾形菌盖。

5. **菌体数量控制**　埋土段木要有一定间隔以防止联体子实体的发生。要控制短段木上灵芝的朵数,一般直径15 cm以上的灵芝以3朵为宜,15 cm以下的以1～2朵为宜。

（四）病虫害防治

1. **病害**　灵芝栽培过程中主要易受青霉菌、毛霉菌、根霉菌等杂菌感染为害。防治方法：轻度感染,可用烧过的刀片将局部杂菌及周围刮除,再涂抹浓石灰乳防治或用蘸75％乙醇的脱脂棉填入孔穴中,严重污染的应及时淘汰。在埋木后如有发现裂褶菌、桦褶菌、树舌等菌类,可用利器将污染处刮去,涂上波尔多液,如杂菌严重,应将杂菌菌木烧毁。

2. 虫害

(1) 白蚁防治:采用诱杀为主。即在芝场四围,每隔数米挖坑,坑深0.8 m、宽0.5 m。将芒萁枯枝叶埋于坑中,外加灭蚁药粉,然后再覆薄土。投药后5～15日可见白蚁中毒死亡。

(2) 其他害虫防治:用菊酯类或石硫合剂对芝场周围进行多次喷施,发现蜗牛类可人工捕杀。

三、采收、加工与贮藏

灵芝的采收可从菌柄基部剪下或摘下。采收后,晒干或烘干。分级后放入塑料袋或木箱内密封,置阴凉干燥处贮藏。防止虫蛀、霉变。

四、栽培过程的关键环节

正确掌握光照和氧浓度的调控,以保证正常肾形菌盖的形成。

茯　　苓

茯苓 *Poria cocos* (Schw.) Wolf.,以干燥菌核入药,药材名茯苓。性平,味甘淡。归心、胃、脾、肺、肾经。具有利水渗湿、健脾和中、宁心安神等功效。主要化学成分为多糖类、三萜类、甾醇、卵磷脂、酶类及多种氨基酸等。除东北、西北西部、内蒙古、西藏外,其余地区均有分布。主产于云南、安徽、湖北。此外福建、湖南、四川、广东、广西、贵州等地区均有栽培。

一、生物学特性

(一) 生态习性

茯苓喜温暖、干燥、向阳、雨量充沛的环境。适宜在坡度10°～35°、寄主含水量在50％～60％、土壤含水量为25％～30％、疏松通气、土层深厚并上松下实、pH为5～6的微酸性砂质壤土中生长,忌碱性土。野生茯苓从海拔50～2 800 m均可生长,但以600～900 m的松林中分布最广,喜生于地下20～30 cm深的腐朽松根之上,因此在主产区多栽培于海拔600～1 000 m的山地。

(二) 生长发育特性

茯苓的生活史在自然条件下可经过担孢子、菌丝体、菌核、子实体四个阶段。在栽培条件下主要经过菌丝体和菌核两个阶段。菌丝生长阶段,主要是菌丝从松木中吸收水分和营养,繁殖出大量的菌丝体。到了生长中后期,菌丝体聚结成团,形成深褐色菌核,进入菌核生长阶段,即结苓阶段。

茯苓菌丝生长温度为18～35℃,以25～30℃生长最快且健壮;小于5℃或大于30℃,生长受到抑制;0℃以下处于休眠状态,能短期忍受−1～−5℃的低温。子实体在24～26℃,空气相对湿度为70％～85％时发育最快,并能产生大量孢子散发;20℃以下孢子不能散发。

二、栽培技术

主要采用段木栽培和树兜栽培,其中以段木窖培为主,现介绍如下:

(一)选地与挖窖

选择选排水良好、向阳、土层 50～80 cm、含砂 60％～70％的缓坡地(坡度 15°～20°),最好是林地、生荒地或 3 年以上的放荒地。一般于 12 月下旬至翌年 1 月底,顺山坡挖深 20～30 cm、宽 25～45 cm、长视段木长短而定(一般 65～80 cm)的长方形土窖,窖距 15～30 cm。将挖出的窖土清洁并保留在一侧,窖底按原坡度倾斜整平,窖场沿坡开好排水沟并挖几个白蚁诱集坑。

(二)备料

以松木为主,一般在 10～12 月进行。砍伐后立即修去树桠并削皮留筋(相间削掉树皮,不削皮的部分称为筋),削皮要达木质部。削面宽 3～6 cm,筋面不得小于 3 cm,使树木内的水分和油脂充分挥发。此工作必须在立春前完成,然后干燥半个月,将木料锯成长约 80 cm 的小段,在向阳处堆叠成"井"字形,约 40 日左右,敲之发出清脆响声,两端无松脂分泌时可供接种。在堆放过程中要上下翻晒 1～2 次,使木料干燥一致。

(三)培养菌种

菌种亦称引子,常见的有肉引(用菌核组织直接接种)、浆引(将菌核压碎成糊状接种)、木引(把肉引接段木,待菌丝充分生长后挖起,锯成小段接种)和菌(丝)引(采用组织或孢子分离制作纯菌种接引)四种。

其中肉引和浆引栽种一窖要耗费茯苓 0.2～0.5 kg,用种量大,不经济;木引操作繁琐,菌种质量难以稳定;而菌引既可节约大量商品茯苓,又能获得高产,是当前广泛应用的最好方法。具体操作如下:

1. **母种(一级菌种)培养** 多采用马铃薯-葡萄糖(或蔗糖)-琼脂(PDA)培养基。配方是:马铃薯：葡萄糖(或蔗糖)：琼脂：水＝20～25：2～5：2：100,pH 6～7,按常规方法制成斜面培养基。选择品质优良的成熟菌核,表面消毒,挑取菌核内部白色苓肉黄豆大小,接入培养基中央,置 25～30℃恒温箱或培养室内培养 5～7 日,待菌丝布满培养基时,即得纯菌种。上述操作均在无菌条件下进行,在培养过程中,发现有杂菌感染,应立即剔除。

2. **原种(二级菌种)培养** 母种不能直接用于生产,须进行扩大再培养。多采用木屑米糠培养基,配方是:松木屑 55％、松木块(30 mm×15 mm×5 mm)20％、米糠或麦麸 20％、蔗糖 4％、石膏粉 1％。先将木屑、米糠、石膏粉拌匀;另将蔗糖加水(1～1.5 倍)溶化,放入松木块煮沸 30 min 充分吸收糖液后捞出;再将木屑、米糠等加入糖液中拌匀,含水量为 60％～65％,即手可握之成团不松散但指缝间无水下滴为度;然后拌入松木块,分装于 500 ml 的广口瓶内,装量为 4/5 瓶,中央留一食指粗的小孔,高压蒸气灭菌 1 h,冷却后接种。在无菌条件下,挑取黄豆大小的母种,放入培养基中央的小孔中,置 25～30℃中培养 20～30 日,待菌丝长满全瓶即得原种。

3. **栽培种(三级菌种)的培养** 仍选择木屑米糠培养基,配方为:松木块(120 mm×20 mm×10 mm)66％、松木屑 10％、麦麸或细糠 21％、葡萄糖 2％或蔗糖 3％、石膏粉 1％、尿素 0.4％、过磷酸钙 1％。分装于菌种袋内,装量为 4/5 袋,高压蒸气灭菌 1 h,冷却后接种。在无菌条件下,夹取 1～2 片原种瓶中长满菌丝的松木块和少量混合物接入袋内,恒温培养 30 日(前 15 日 25～28℃,后

15 日 22～24℃）。待菌丝长满全袋、有特殊香气时，即可接入段木。

（四）下窖与接种

1. 下窖　宜在春季 3 月下旬至 4 月上旬，与接种同时进行。选连续晴天土壤微润时，从山下向山上进行，将干透的松树段木逐窖摆入。一般每窖放入直径在 4～5 cm 的小段木可 5 根，上 2 根下 3 根，呈"品"字形排列；中等粗细的段木 2 根 1 窖。将两根段木的留筋面靠在一起，使中间呈"V"字形，以便传引。

2. 接种　首先在段木的两端用利刀刮削成长 15 cm×10 cm 的新伤口，将三级菌种袋从中间划开，贴到两端的新伤口处，如需培养茯神，可在段木的一段放入松根也可用镊子将三级菌种袋内长满菌丝的松木块取出，顺段木的"V"形缝中平铺其上，撒上木屑，然后将 1 根段木削皮处紧压其上，使呈"品"字形；或用鲜松毛、松树皮把松木块菌种盖好。接种后立即覆土，厚 7～10 cm，使窖顶呈龟背形，以利排水。

（五）苓场管理

1. 检查　接种后严禁人畜践踏苓场，以免菌丝脱落。7～10 日后检查，以后每隔 10 日检查 1 次，若菌丝延伸到段木上生长，显示已上引。若发现没有上引或污染杂菌，应选晴天将原菌种取出，换上新菌种（补引）。1 个月后再检查 1 次，2 个月左右检查时，菌丝应长到段木料底或开始结苓；若此时只有菌丝零星缠绕即为"插花"现象，将来产量不高；若窖内菌丝发黄，或有红褐色水珠渗出，称为"瘟窖"，将来无收。

2. 除草、排水　苓场保持干燥，无杂草丛生，雨后及时排水。

3. 覆盖　窖顶前期盖土宜浅，厚 7 cm 左右；开始结苓后，盖土可稍加厚，约 10 cm 左右，过厚窖内土温偏低，昼夜温差小，透气性差，不利于幼苓迅速膨大；太薄幼苓易暴露或灼伤，苓形不佳，品质差。雨后或随菌核的增大，常使窖面泥土龟裂，应及时培土填塞，防止菌核晒坏或霉烂。

（六）病虫害防治

1. 病害　茯苓在生长期间，常被霉菌侵染，侵染的霉菌主要有绿色木霉 *Frichoderma viride* (Pers.) Fr.、根霉 *Rhizopus* spp.、曲霉 *Aspergillus* spp.、毛霉 *Mucor* spp.、青霉 *Penicillum* spp. 等。为害茯苓菌核，使菌核皮色变黑，菌肉疏松软腐，严重时渗出黄棕色黏液。防治方法：段木要清洁、干净；苓场要保持通风透气和排水良好；发现此病应提前采收；苓窖用石灰消毒。

2. 虫害　黑翅土白蚁 *Odontotermes formosanus* Shiraki 蛀食段木，不能结苓。防治方法：苓场要选南或西南向，段木要干燥；接苓前在苓场附近挖几个诱集坑，每隔 1 个月检查 1 次，发现白蚁时，可用煤油或开水灌蚁穴，并加盖砂土，灭除蚁源。或在 5～6 月白蚁分群时，悬黑光灯诱杀。

三、采收、加工与贮藏

茯苓接种后，经 6～8 个月生长成熟。成熟的菌核外皮为褐色，裂纹渐趋弥合（俗称封顶）。一般于 10 月下旬至次年 3～4 月陆续采收。采收时，光挖去窖面泥土，轻轻取出菌核，放入筐内。

将鲜苓除去杂质，以不同起挖时间和大小分别置于稻草上，草、苓相间逐层铺放，覆盖稻草或麻袋，四周封严，使其发汗。第一周每日翻转 1 次，取出晾干表皮，再堆置发汗。第二周后，每隔 2～3 日翻转 1 次，注意发汗均匀。如此反复 3～4 次，当表皮长出白色绒毛状菌丝时，取出刷净，至表皮皱缩褐色时阴干，即成个苓。在茯苓起皱纹时，用刀剥下外表黑皮，即为茯苓皮；切取皮下赤色部分称赤茯苓;菌核内部白色、细致、坚实的部分称白茯苓;若中心有一木心的称茯神;其中的木心称茯神木。然后分别摊于席上,一次晒干,即成成品。

成品装入纸窖内,置于通风干燥的室内贮藏。严防受潮、霉变。

四、栽培过程中关键环节

准确把握苓场覆盖的厚度和时机;加工时注意发汗均匀。

附 录

附录 1 中药材规范化生产肥料使用原则

一、主题内容与适用范围

规定了中药材规范化生产过程中允许使用的肥料种类、组成和使用原则。

适用于中药材生产的农家肥及有机肥、腐殖酸类肥、微生物肥、半有机肥(有机复合肥)、无机(矿质)肥和叶面肥等肥料。

二、允许使用的肥料种类

1. **农家肥** 指自行就地取材、积制、就地使用的,含有大量生物物质、动植物残体、排泄物、生物废物等物质的各种有机肥料。施用农家肥料不仅能为农作物提供全面营养,而且肥效长,可以增加和更新土壤有机质,促进微生物繁殖,改善土壤的理化性质和生物活性,是中药材生产的主要养分来源。

(1) 堆肥:以各类秸秆、落叶、湖草等为原料,与少量泥土混合堆积而成的一种有机肥料。

(2) 沤肥:所用物料与堆肥基本相同,只是在淹水条件下发酵而成。

(3) 厩肥:指猪、牛、马、羊、鸡、鸭等畜禽粪尿与秸秆垫料堆制成的肥料。

(4) 沼气肥:在密封的沼气池中,有机物在嫌气条件下腐解产生沼气后的副产物。包括沼气液和残渣。

(5) 绿肥:利用栽培或野生的绿色植物体作肥料。主要分为豆科和非豆科两大类。豆科:绿豆、蚕豆、草木樨、沙打旺、田菁、苜蓿、柽麻、紫云英、苕子等。非豆科:禾本科,如黑麦草;十字花科,如肥田萝卜;菊科,如肿柄菊、小葵子;满江红科,如满江红;雨久花科,如凤眼蓝;苋科,如水花生等。

(6) 作物秸秆:作物秸秆是重要的有机肥源之一。秸秆含有作物所必需的营养元素(N、P、K、Ca、S等)。在适宜的条件下通过土壤微生物的作用,这些元素经过矿化再回到土壤中,为作物吸收利用。

(7) 泥肥:未经污染的河泥、塘泥、沟泥、港泥、湖泥等。

(8) 饼肥:菜籽饼、棉籽饼、豆饼、芝麻饼、花生饼、蓖麻饼、茶籽饼等。

2. **商品肥料** 按国家法规规定受国家肥料部门管理,以商品形式出售的肥料。

(1) 商品有机肥料:指以大量生物物质、动植物残体、排泄物、生物废物等物质为原料,加工制成的商品肥料。

(2) 腐殖酸类肥料:指泥炭(草炭)、褐煤、风化煤等含有腐殖酸类物质的肥料。

(3) 微生物肥料:指用特定微生物菌种培养生产具有活性的微生物制剂。它无毒无害、不污染环境,通过特定微生物生命活动能改善植物营养或产生植物生长激素促进植物生长。根据微生

物肥料对改善植物营养元素的不同,可分成五类:

1) 根瘤菌肥料:能在豆科植物上形成根瘤,可同化空气中的氮气,改善豆科植物的氮素营养。有花生、大豆、绿豆等根瘤菌剂。

2) 固氮菌肥料:能在土壤中和许多作物根际固定空气中的氮气,为作物提供氮素营养;又能分泌激素刺激作物生长。有自生固氮菌,联合固氮菌剂等。

3) 磷细菌肥料:能把土壤中难溶性磷转化为作物可以利用的有效磷,改善作物磷素营养。有磷细菌、解磷真菌、菌根菌剂等。

4) 硅酸盐细菌肥料:能对土壤中云母、长石等含钾的铝硅酸盐及磷灰石进行分解,释放出钾、磷与其他灰分元素,改善作物的营养条件。有硅酸盐细菌、其他解钾微生物制剂等。

5) 复合微生物肥料:含有二种以上有益的微生物(固氮菌、磷细菌、硅酸盐细菌或其他一些菌菌),它们之间互不拮抗并能提高作物一种或几种营养元素的供应水平,并含有生理活性物质的制剂。

(4) 半有机肥料(有机复合肥):由有机和无机物质混合或化合制成的肥料。

1) 经无害化处理后的畜禽粪便,加入适量的锌、锰、硼、钼等微量元素制成的肥料。

2) 发酵废液干燥复合肥料:以发酵工业废液干燥物质为原料,配合种植蘑菇或养禽用的废弃混合物制成的肥料。

(5) 无机(矿质)肥料:矿质经物理或化学工业方式制成,养分呈无机盐形式的肥料。包括:矿物钾和硫酸钾肥、矿物磷肥(磷矿粉)、煅烧磷酸盐(钙镁磷肥、脱氟磷肥)、石灰石(限在酸性土壤使用)、粉状硫肥(限在碱性土壤使用)。

(6) 叶面肥料:喷施于植物叶片并能被其吸收利用的肥料,叶面肥料中不得含有化学合成的生长调节剂。

1) 微量元素肥料:以 Cu、Fe、Zn、Mn、B、Mo 等微量元素及有益元素为主配制的肥料。

2) 植物生长辅助肥料:用天然有机物提取液或接种有益菌类的发酵液,再配加一些腐殖酸、藻酸、氨基酸、维生素、糖等配制的肥料。

3. 其他肥料

(1) 包括不含合成添加剂的食品、纺织工业的有机副产品。

(2) 包括不含防腐剂的鱼渣、牛羊毛废料、骨粉、氨基酸残渣、骨胶废渣、家畜加工废料、糖厂废料等有机物料制成的肥料。

三、使用原则

1. 尽量选用本规则规定允许使用的肥料种类。如生产上实属必须,允许生产基地有限度地使用部分化学合成肥料,但禁止使用硝态氮肥。

2. 化肥必须与有机肥配合施用,有机氮与无机氮之比 1∶1 为宜,大约厩肥 1 000 kg 加尿素 20 kg(厩肥作基肥,尿素可作基肥和追肥用)。最后一次追肥必须在收获前 30 日进行。

3. 化肥也可与有机肥、微生物肥配合施用。厩肥 1 000 kg,加尿素 10 kg 或磷酸二铵 20 kg,微生物肥料 60 kg(厩肥作基肥,尿素、磷酸二铵和微生物肥料作基肥和追肥)。最后一次追肥必须在收获前 30 日进行。

4. 城市生活垃圾在一定的情况下,使用是安全的。但要防止金属、橡胶、砖瓦石块的混入,还要注意垃圾中经常含有重金属和有害毒物等,因此城市生活垃圾要经过无害化处理,质量达到国家标准后才能使用。每年每亩农用限制用量,黏性土壤不超过 3 000 kg,砂性土壤不超过 2 000 kg。

5. 秸秆还田包括堆沤还田(堆肥、沤肥、沼气肥)、过腹还田(牛、马、猪等牲畜粪尿)、直接翻压还田、覆盖还田等多种形式。各地可因地制宜采用。秸秆直接翻入土中,注意盖土要严,不要产生根系架空现象,并加入含氮丰富的畜禽粪尿调节碳氮比,有利秸秆分解。允许用少量氮素化肥调节碳氮比。

6. 绿肥可利用覆盖、翻入土中、混合堆沤。栽培绿肥最好在盛花期翻压,翻埋深度为 15 cm 左右,盖土要严,翻后耙匀。压青后 15～20 日才能进行播种或移苗。

7. 腐熟达到无害化要求的沼气肥水可用作追肥。严禁使用未经腐熟的农家肥。

8. 叶面肥料,喷施于作物叶片。可施一次或多次,但最后一次必须在收获前 20 日喷施。

9. 微生物肥料可用于拌种,也可作基肥和追肥使用。使用时应严格按照使用说明书的要求操作。

四、其他规定

1. 鼓励研究、开发、生产和使用有利于附加种或某类中药材生长需要的中药材专用肥。

2. 秸秆烧灰还田方法只有在病虫害发生严重的地块采用较为适宜。应当尽量避免盲目放火烧灰的做法。

3. 中药材生产的农家肥料无论采用何种原料(包括秸秆、杂草、泥炭等)制作堆肥,必须高温发酵,以杀灭各种寄生虫卵和病原菌、杂草种子,去除有害有机酸和有害气体,使之达到无害化卫生标准。

农家肥料原则上就地生产就地使用。外来农家肥料应确认符合要求后才能使用。商品肥料及新型肥料必须通过国家有关部门的登记认证及生产许可。

4. 因施肥造成土壤、水源污染,或影响农作物生长,农产品达不到卫生标准时,要停止施用这些肥料。

附录2 中药材规范化生产农药使用原则

一、主题内容和适用范围

规定了中药材规范化生产过程中允许使用的农药种类、毒性分级、卫生标准和使用原则。

适用于在我国取得登记的生物源农药（biogenic pesticides）、矿物源农药（pesticides of fossil origin）和有机合成农药（synthetic organic pesticides）。

二、允许使用的农药种类

1. 生物源农药　指直接利用生物活体或生物代谢过程中产生的具有生物活性的物质或从生物体提取的物质作为防治病虫草害的农药。

(1) 微生物源农药

1) 农用抗生素

防治真菌病害：沟瘟素，春雷霉素，多抗霉素（多氧霉素），井冈霉素，农抗120。

防治螨类：浏阳霉素，华光霉素。

2) 活体微生物农药

真菌剂：绿僵菌，鲁保一号。

细菌剂：苏云金杆菌，乳状芽孢杆菌。

拮抗菌剂："5403"，菜丰宁B1。

线虫：昆虫病原线虫。

原虫：微孢子原虫。

病毒：核多角体病毒，颗粒体病毒。

(2) 动物源农药

昆虫信息素（或昆虫外激素）：如性信息素。

活体制剂：寄生性、捕食性的天敌动物。

(3) 植物源农药

杀虫剂：除虫菊素、鱼藤酮、烟碱、植物油乳剂。

杀菌剂：大蒜素。

拒避剂：印楝素、苦楝、川楝素。

增效剂：芝麻素。

2. 矿物源农药　有效成分起源于矿物的无机化合物和石油类农药。

(1) 无机杀螨杀菌剂

硫制剂：硫悬浮剂，可湿性硫，石硫合剂。

铜制剂：硫酸铜,王铜,氢氧化铜,波尔多液。

(2) 矿物油乳剂。

(3) 有机合成农药：由人工研制合成,并由有机化学工业生产的商品化的一类农药,包括杀虫杀螨剂、杀菌剂、除草剂。

此类农药只允许在中药材 GAP 产品生产上限量使用。

三、使用原则

中药材 GAP 产品生产应从作物—病虫草等整个生态系统出发,综合运用各种防治措施,创造不利于病虫草害孳生和有利于各类天敌繁衍的环境条件,保持农业生态系统的平衡和生物多样化,减少各类病虫草害所造成的损失。

优先采用农业措施,通过选用抗病抗虫品种,非化学药剂种子处理,培育壮苗,加强栽培管理,中耕除草,秋季深翻晒土,清洁田园,轮作倒茬、间作套种等一系列措施起到防治病虫的作用。

还应尽量利用灯光、色彩诱杀害虫,机械捕捉害虫,机械和人工除草等措施,防治病虫草害。特殊情况下,必须使用农药时,应遵守以下原则：

1. 允许使用植物源杀虫剂、杀菌剂、拒避剂和增效剂。如除虫菊素、鱼藤根、烟草水、大蒜素、苦楝、川楝、印楝、芝麻素等。

2. 允许释放寄生性捕食性天敌动物,如赤眼蜂、瓢虫、捕食蜗、各类天敌蜘蛛及昆虫病原线虫等。

3. 允许在害虫捕捉器中使用昆虫外激素如性信息素或其他动植物源引诱剂。

4. 允许使用矿物油乳剂和植物油乳剂。

5. 允许使用矿物源农药中的硫制剂、铜制剂。

6. 允许有限度地使用活体微生物农药,如真菌制剂、细菌制剂、病毒制剂、放线菌、拮抗菌剂、昆虫病原线虫、原虫等。

7. 允许有限度地使用农用抗生素,如春雷霉素、多抗霉素(多氧霉素)、井冈霉素、农抗120等防治真菌病害,浏阳霉素防治螨类。

8. 严格禁止使用剧毒、高毒、高残留或者具有三致(致癌、致畸、致突变)的农药。

9. 如生产上实属必需,允许生产基地有限度地使用部分有机合成化学农药,并严格按照附表2中规定的方法使用。

(1) 应选用低毒农药和个别中等毒性农药。

(2) 有机合成农药在农产品的最终残留应从严掌握,采用国际上最低的残留限量标准或国家标准的$1/2$。

(3) 最后一次施药距采收间隔天数不得少于附表2中规定的日期(中药材 GAP 产品生产中的最后一次施药时间,较国家规定的安全间隔严格)。

(4) 每种有机合成农药在二年作物的生长期内只允许使用一次(使用次数较国标大为减少)。

(5) 在使用混配有机合成化学农药的各种生物源农药时,混配的化学农药只允许选用附表1中列出的品种。

(6) 严格控制各种遗传工程微生物制剂(genetical engineered microorganisms,GEM)的使用。

附表 1　生产 A 级绿色食品禁止使用的农药

种　类	农　药　名　称	禁用作物	禁用原因
有机氯杀虫剂	滴滴涕、六六六、林丹、甲氧 DDT、硫丹	所有作物	高残毒
有机氯杀螨剂	三氯杀螨醇	蔬菜、果树、茶叶	工业品中含有一定数量的滴滴涕
有机磷杀虫剂	甲拌磷、乙拌磷、久效磷、对硫磷、甲基对硫磷、甲胺磷、甲基异柳磷、治螟磷、氧化乐果、磷胺、地虫硫磷、灭克磷(益收宝)、水胺硫磷、氯唑磷、硫线磷、杀扑磷、特丁硫磷、克线丹、苯线磷、甲基硫环磷	所有作物	剧毒高毒
氨基甲酸酯杀虫剂	涕灭威、克百威、灭多威、丁硫克百威、丙硫克百威	所有作物	高毒、剧毒或代谢物高毒
二甲基甲脒类杀虫杀螨剂	杀虫脒	所有作物	慢性毒性、致癌
拟除虫菊酯类杀虫剂	所有拟除虫菊酯类杀虫剂	水稻及其他水生作物	对水生生物毒性大
卤代烷类熏蒸杀虫剂	二溴乙烷、环氧乙烷、二溴氯丙烷、溴甲烷	所有作物	致癌、致畸、高毒
阿维菌素		蔬菜、果树	高毒
克螨特		蔬菜、果树	慢性毒性
有机砷杀菌剂	甲基胂酸锌(稻脚青)、甲基胂酸铁铵(田安)、福美甲胂、福美胂	所有作物	高残留
有机锡杀菌剂	三苯基醋酸锡(薯瘟锡)、三苯基氯化锡、三苯基羟基锡(毒菌锡)	所有作物	高残留、慢性毒性
有机汞杀菌剂	氯化乙基汞(西力生)、醋酸苯汞(赛力散)	所有作物	剧毒、高残毒
有机磷杀菌剂	稻瘟净、异稻瘟净	水稻	异臭
取代苯类杀菌剂	五氯硝基苯、稻瘟醇(五氯苯甲醇)	所有作物	致癌、高残留
2,4 - D 类化合物	除草剂或植物生长调节剂	所有作物	杂质致癌
二苯醚类除草剂	除草醚、草枯醚	所有作物	慢性毒性
植物生长调节剂	有机合成的植物生长调节剂	所有作物	
除草剂	各类除草剂	蔬菜生长期(可用于土壤处理与芽前处理)	

＊以上所列是目前禁用或限用的农药品种,该名单随国家新规定而修订。